線型代数学

足助太郎［著］

東京大学出版会

Linear Algebra
Taro ASUKE
University of Tokyo Press, 2012
ISBN978-4-13-062914-0

はじめに

　本書は大学における教養課程向けの線型代数[†1]の入門書である．線型代数は数学のうちでは早い段階で学ぶものの一つであり，その意味で基礎的である．実際，内容は決して難しいわけではないが，一方，学習という点では，学ぶ目的，例えば「〜の定理について学ぶ」といったもの，が必ずしもはっきりしなかったり，抽象度が高くなりがちであったりするため，難しさを感じることがあるようである．これにはいくつか理由があるのだろうが，その一つとして，数学において現れるいろいろな考え方や事柄（概念）を整理して共通する部分を抜き出したという側面が線型代数にはあることが考えられる．しかし，これは逆にいえば線型代数から一歩踏み出すと様々な数学に繋がっているということでもある．そのため，数学を用いて何かしようとすると線型代数や，線型代数で用いる考え方が必要になる．本書の内容を学ぶことによって，さらに専門的な数学について学んだり，例えば物理や統計などの，数学を用いる諸分野についてよりよく理解することができるようになることを著者としては期待している．このようなことを念頭に置いて，数学のごく限られた分野のみについてであるが直接的に関係する，あるいは引き続き学ぶのがよいと思われることを脚注などで示した[†2]．

　本書では予備知識として簡単な連立一次方程式を解いたことがある程度のことのみを仮定している．例えば，行列について知らなくてよいのかと不安になる読者がいるかもしれないが，本書を読むための予備知識としては不要である（ある程度既知であれば読みやすいのは確かではある）．特に，いわゆる理系の学生のみを念頭には置いておらず，文系の学生でも焦らなければ読み進められるようにしたつもりである．読み進めるうちに分からないところ

　[†1] 本書で扱う空間や写像の多くは「線型」と呼ばれる型を持っている．「線形」と書くことも多いが，空間や写像の形について述べているのではないので「型」を用いる．
　[†2] 本書の内容を理解するのに必要ということではない．確か線型代数の教科書で見た気がする，位に覚えていればよい．巻末の参考文献も参照のこと．

が出てくるかもしれないが，それは「〜を学んだことがないから」ではなく，「そこまでに書かれていることをどこかで理解し損なったから」であると考えてほしい[†3]．

　本書は著者が過去にいくつかの大学で行った線型代数の講義（理系・文系）を基にしている．内容はおおむね以下の通りである．序章は，線型代数に限らず，一般的に数学で用いる記号などについて簡単にまとめたものである．既知であれば読み飛ばしてしまって構わない．第1章ではベクトルや行列を扱っている．ここでは行列のランクという概念がとりわけ大切である．第2章では行列式について扱っている．少し進んだ内容として，体積や終結式との関連についても述べた．第3章から本書の主題である線型空間について本格的に扱う．第3章には，第4章以降で用いる線型空間に関する基礎的な概念についてまとめた．第4章では線型空間の基底について述べた．基底を用いることにより，線型空間について調べるために行列を有効に用いることができるようになる．第5章では計量（内積）について述べた．直感的に言えば，線型空間に基底を定めることは座標軸を描くことに対応する．一方，計量を定めることは，線型空間に長さと角度を定めることに対応する．第6章では行列や線型変換の対角化やジョルダン標準形について述べた．線型変換の多くは複雑に見えるが，うまく基底を定める（うまく座標軸を描く）と比較的簡単な形になる．これは線型変換を扱う基本的な技法の一つであって応用も多い．第7章では対称双一次形式や二次形式について述べた．また，関連して第9章では二次曲線や二次曲面について述べた．少し線型代数から離れた話題になるため本書では二次形式についてこれ以上は述べなかったが，より専門的な数学を学ぶ際に現れると思う．第8章では最小多項式と固有多項式について述べた．これらは対角化やジョルダン標準形と関連が深いほか，方程式の根の性質などにも関連する．これらもより専門的な数学を学ぶ際に現れると思う．付録では線型代数の範囲には必ずしも含まれないが，深く関連することについていくつか述べた．

　目次に * が付いているところは主に，講義では時間の問題で扱えないが，本来は扱っておきたいことである．また，数学を道具として用いる諸分野で

[†3]. 分からないときに，そこで立ち止まって考えることは大切である．しかし，「まだ分かっていない」ことを気にしつつとりあえず先を読み進めてしまい，ある程度慣れたところでもう一度考え直すことも大切である．

は早い時期から比較的高度な数学を用いることがあるので，線型代数に関わることについていくつか†4簡単に述べた．これらは初読の際には飛ばしてしまうなり，そのうち分かると思って斜め読みしてしまってもよいかと思う．なお，本書では線型代数の基礎的な事柄についてはなるべく触れるようにしたが，それでも完全というには程遠い．ほかの教科書などにもなるべくあたってみて欲しい．

演習問題は既存のものとの重複を避けるべく，すべて新たに作成した†5が，記憶違いで引用してしまっているかもしれない．万一，そのような例を発見された場合にはお知らせいただければ幸いである．作問においては逆井卓也・山口寛史・山本顕哲（五十音順）の三君にご協力いただいた．なお，解答は付けてしまうと考え方を固定し，解き方を狭めることになりかねない†6のであえて付けなかった．時々ヒントを付けたが，無理に参考にする必要はない．また，章末の問題についてはそこまでに書かれていることで解けるが，後に書かれていることを学んでからのほうがよくわかるものもいくつかあるので留意されたい．逆に，例えば第6章の問であっても，第5章までの知識で解けるようなものもある．

内容全般については同僚との講義に関する日常の議論を参考にした．特に何名かからは直接に助言をいただいた．また，巻末に挙げたものなど，多くの教科書や講義も参考にした．皆様にはこの場を借りて感謝申し上げる．また，東京大学出版会の丹内利香氏には終始お世話いただいたが，遅筆と原稿の分量で大いにご迷惑をおかけした．お礼とお詫び申し上げる．なお，本書の誤りはひとえに著者によるものである．見付けられた場合にはぜひご教示願いたい．

---

†4. 例えば無限次元の線型空間に関わる話など．これらについては主に本文中に述べた．
†5. とは言うものの，標準的な問題については既出の問題も多いと思われる．
†6. 同様のことは本文中の証明についてもあてはまる．ある程度線型代数に慣れてきたら，記された証明がどうも理解し難い場合に自分で証明を付け直すのもよいことである．

文字について

ギリシア文字[1]

大文字	小文字	読み	大文字	小文字	読み
A	α	アルファ	N	ν	ニュー
B	β	ベータ	Ξ	ξ	クシー（クサイ）
Γ	γ	ガンマ	O	o	オミクロン
Δ	δ	デルタ	Π	π	パイ（ピー）
E	ϵ	イプシロン	P	ρ	ロー
Z	ζ	ゼータ	Σ	σ	シグマ
H	η	イータ（エータ）	T	τ	タウ
Θ	θ	シータ（テータ）	Υ	υ	ユプシロン（ウプシロン）
I	ι	イオタ	Φ	ϕ	ファイ（フィー）
K	κ	カッパ	X	χ	カイ（キー）
Λ	λ	ラムダ	Ψ	ψ	プサイ（プシー）
M	μ	ミュー	Ω	ω	オメガ

スクリプト体（2行目）とフラクトゥール体（3, 4行目）[2]

A B C D E F G H I J K L M N O P Q R S T U V W X Y Z
$\mathcal{A}\mathcal{B}\mathcal{C}\mathcal{D}\mathcal{E}\mathcal{F}\mathcal{G}\mathcal{H}\mathcal{I}\mathcal{J}\mathcal{K}\mathcal{L}\mathcal{M}\mathcal{N}\mathcal{O}\mathcal{P}\mathcal{Q}\mathcal{R}\mathcal{S}\mathcal{T}\mathcal{U}\mathcal{V}\mathcal{W}\mathcal{X}\mathcal{Y}\mathcal{Z}$
$\mathfrak{A}\mathfrak{B}\mathfrak{C}\mathfrak{D}\mathfrak{E}\mathfrak{F}\mathfrak{G}\mathfrak{H}\mathfrak{I}\mathfrak{J}\mathfrak{K}\mathfrak{L}\mathfrak{M}\mathfrak{N}\mathfrak{O}\mathfrak{P}\mathfrak{Q}\mathfrak{R}\mathfrak{S}\mathfrak{T}\mathfrak{U}\mathfrak{V}\mathfrak{W}\mathfrak{X}\mathfrak{Y}\mathfrak{Z}$
$\mathfrak{a}\mathfrak{b}\mathfrak{c}\mathfrak{d}\mathfrak{e}\mathfrak{f}\mathfrak{g}\mathfrak{h}\mathfrak{i}\mathfrak{j}\mathfrak{k}\mathfrak{l}\mathfrak{m}\mathfrak{n}\mathfrak{o}\mathfrak{p}\mathfrak{q}\mathfrak{r}\mathfrak{s}\mathfrak{t}\mathfrak{u}\mathfrak{v}\mathfrak{w}\mathfrak{x}\mathfrak{y}\mathfrak{z}$

---

[1]. 読み方は慣用的なもので，ギリシア語として正しいとは限らない．また，A や B など，ローマ文字と区別の付かないものはギリシア文字としては通常は用いない．

[2]. フラクトゥール体の I と J は通常ほとんど同一である．また，フラクトゥール体については小文字もよく使われるので併記した．

目次

はじめに iii

文字について vi

序章　準備 1
  0.1　よく使う記号・用語 1
  0.2　複素数 5

第 1 章　ベクトルと行列 9
  1.1　ベクトルや行列の例 9
  1.2　ベクトルと行列 11
  1.3　行列に対する演算・操作 15
  1.4　行列の基本変形 20
  1.5　行列のランク 26
  1.6　連立一次方程式の解 42
  1.7　演習問題 51

第 2 章　行列式 54
  2.1　定義 54
  2.2　行列式の存在と一意性 56
  2.3　行列式の主な性質 62
  2.4　置換を用いた行列式の表示・クラメルの公式 69
  2.5　行列式と体積* 73
  2.6　終結式と判別式* 76
  2.7　演習問題 81

第 3 章　線型空間と線型写像 82
- 3.1　線型空間の定義と例 82
- 3.2　部分線型空間 86
- 3.3　ベクトルの線型結合・線型空間の生成系 92
- 3.4　写像に関するいくつかの注意 95
- 3.5　線型写像 98
- 3.6　線型写像の核と像 107
- 3.7　連立一次方程式と線型写像 109
- 3.8　線型写像全体のなす線型空間・双対空間* 113
- 3.9　射影と鏡映* 115
- 3.10　直和と直積* 120
- 3.11　商線型空間* 128
- 3.12　演習問題 132

第 4 章　基底と次元 136
- 4.1　ベクトルの線型独立性と基底 136
- 4.2　部分線型空間と次元 148
- 4.3　行列のランクと次元 152
- 4.4　線型写像と基底 155
- 4.5　実線型空間の向き* 166
- 4.6　演習問題 172

第 5 章　計量線型空間 176
- 5.1　計量とノルム 176
- 5.2　直交系・正規直交基底 184
- 5.3　計量線型空間に関わる種々の写像 194
- 5.4　計量線型空間の部分線型空間と直交射影 200
- 5.5　計量線型空間における射影と鏡映* 206
- 5.6　演習問題 211

第 6 章　行列や線型変換の対角化 215
- 6.1　行列や線型変換の固有値と固有空間 215

- 6.2 行列や線型変換の対角化 ………………………………… 225
- 6.3 正規行列・正規変換とその対角化 ……………………… 231
- 6.4 ジョルダン標準形* …………………………………………… 239
- 6.5 可換な線型変換* ……………………………………………… 248
- 6.6 スペクトル分解* ……………………………………………… 253
- 6.7 演習問題 ………………………………………………………… 262

第 7 章 二次形式 ………………………………………………………… 267
- 7.1 対称双一次形式と二次形式 ………………………………… 267
- 7.2 標準形 …………………………………………………………… 272
- 7.3 演習問題 ………………………………………………………… 280

第 8 章 最小多項式と固有多項式* …………………………………… 282
- 8.1 多項式 …………………………………………………………… 282
- 8.2 行列の多項式と最小多項式・固有多項式 ……………… 285
- 8.3 最小多項式・固有多項式とジョルダン標準形 ………… 288
- 8.4 演習問題 ………………………………………………………… 290

第 9 章 二次曲線と二次曲面 …………………………………………… 291
- 9.1 二次曲線・二次曲面とアフィン変換・合同変換 …… 291
- 9.2 二次曲線・二次曲面の分類 ………………………………… 303
  - 9.2.1 二次曲線の分類 ……………………………………… 303
  - 9.2.2 二次曲面の分類 ……………………………………… 305
- 9.3 射影平面・射影空間と二次曲線・二次曲面* ………… 311
  - 9.3.1 二次曲線の分類 ……………………………………… 314
  - 9.3.2 二次曲面の分類 ……………………………………… 314
  - 9.3.3 射影直線と射影平面 ………………………………… 315

付録 A 平面や空間内の直線・平面などについて ………………… 321
- A.1 直線・平面と超平面 ………………………………………… 321
- A.2 K^2 内の二直線の交わり …………………………………… 325
- A.3 K^3 内の二直線の交わり …………………………………… 326

A.4　K^3 内の二平面の交わり ································· 327

付録 B　行列の指数写像と行列群 ································· 330

付録 C　群・環・体について ································· 336

付録 D　人名抄録 ································· 344

参考文献 ································· 346

索引 ································· 349

序章　準備

0.1　よく使う記号・用語

まず，本書に限らず数学で一般的に用いる記号や用語について簡単に述べる．

記号 0.1.1.

$$\mathbb{N} = \{\text{自然数全体 (0 も含める)}\} = \{0, 1, 2, \ldots\},$$
$$\mathbb{Z} = \{\text{整数全体}\} = \{\ldots, -3, -2, -1, 0, 1, 2, 3, \ldots\},$$
$$\mathbb{Q} = \{\text{有理数全体}\} = \left\{\frac{m}{n} \,\middle|\, m, n \in \mathbb{Z}, n \neq 0\right\},$$
$$\mathbb{R} = \{\text{実数全体}\},$$
$$\mathbb{C} = \{\text{複素数全体}\} = \{x + \sqrt{-1}\,y \mid x, y \in \mathbb{R}\},$$

ここで $\sqrt{-1}$ は虚数単位（2 乗すると -1 になる複素数）である．自然数全体のなす集合 $\mathbb{N}$ には 0 を含めない文献も少なくないので注意が必要である．また，上の 5 個のうちでは実数の定義が一番難しい．

記号 0.1.1 にはいくつか定義していない記号があるが，それらの定義は順次述べる．

数学においては多くの概念や事実は集合や写像を用いて表される（定式化されるなどとも言う）．集合や写像について深く突き詰めることも大事である[†1]が，ここでは以下のように扱うことにする．

[†1] さらに専門的に数学を学ぶ際に，集合や写像についてのより正確な扱いを学ぶことになると思う．

定義 0.1.2.
1) 集合とは「ものの集まり」である．集合を構成する「もの」を集合の元(げん)と呼ぶ．a が集合 A の元であることを $a \in A$ と表し，a は A に属するという．a が A に属していないことを $a \notin A$ と表す[2]．
2) 元を全く持たない集合を**空集合**と呼び，$\emptyset$ で表す．

例 0.1.3. $\mathbb{N}, \mathbb{Z}, \mathbb{Q}, \mathbb{R}, \mathbb{C}$ は集合である．整数 3 は $\mathbb{N}, \mathbb{Z}, \mathbb{Q}, \mathbb{R}, \mathbb{C}$ のいずれにも属する．$3 \in \mathbb{N}$ などが成り立つ．実数 $\sqrt{2}$ は有理数ではない，すなわち $\sqrt{2} \notin \mathbb{Q}$ である．一方 $\sqrt{2} \in \mathbb{R}$, $\sqrt{2} \in \mathbb{C}$ が成り立つ．虚数単位 $\sqrt{-1}$ は実数ではない．したがって $\sqrt{-1} \notin \mathbb{R}$ であり，$\sqrt{-1} \in \mathbb{C}$ である．

定義 0.1.4. A, B を集合とする．
1) 「$a \in A$ ならば $a \in B$」が成り立つとき，A は B に含まれる，あるいは B は A を含むと言い，$A \subset B$ と表す．また，A は B の**部分集合**であると言う．逆に，B が A の部分集合であることを $A \supset B$ で表す．
2) $A \subset B$ かつ $A \supset B$ のとき，A と B は**等しい**といい，$A = B$ と表す．$A = B$ が成り立たないことを $A \neq B$ で表す[3]．
3) $A \subset B$ かつ $A \neq B$ であることを $A \subsetneq B$ と表す．

記号 0.1.5.
1) 集合を元を列挙して表す場合には，元を中括弧 $\{,\}$ で括って表す．
2) ある条件，例えば条件 (c) を充たす B の元全体のなす B の部分集合を $\{x \in B \mid 条件 (c)\}$ などと表す．

定義 0.1.6. A, B を集合とする．
1) A と B の**和集合**を $\{x \mid x \in A \text{ または } x \in B\}$ により定め，$A \cup B$ で表す．
2) A と B の**共通部分（交わり）**を $\{x \mid x \in A \text{ かつ } x \in B\}$ により定め，$A \cap B$ で表す．
3) A に属するが，B には属さない元全体のなす集合を $A \setminus B$ で表し，A から B を引いた集合などと呼ぶ．つまり，

---

[2]. このように，記号に斜線を引いて否定を表すことが多い．例えば，定義 0.1.4 や定義 1.2.4 にある $\neq$ も $=$ の否定を表している．これ以降あまり断らずに否定の記号を用いる．
[3]. $A \neq B$ は「$A \subset B$ あるいは $A \supset B$ が成り立つ」こととは**異なる**（同値ではない）ので注意せよ．同値については定義 0.1.13 を参照のこと．

$$A \setminus B = \{a \in A \mid a \notin B\}$$

である[†4]．$A \supset B$ とは仮定しないことに注意せよ．例えば $A \cap B = \varnothing$ であれば $A \setminus B = A$ が成り立つ．

例 0.1.7. （集合などの例）
1) $\mathbb{N} = \{n \in \mathbb{Z} \mid n \geq 0\}$.
2) $\{1, 2, 3\} = \{n \in \mathbb{Z} \mid n > 0$ かつ $n < 4\} = \{n \in \mathbb{Z} \mid n > 0,\ n < 4\}$. 条件が複数あり，それらがすべて「かつ」で結ばれているときには「かつ」を単に「，」で表すことが多い．
3) $\{0, 4, 5, 6, \ldots\} = \{n \in \mathbb{Z} \mid n = 0$ または $n \geq 4\} = \{n \in \mathbb{N} \mid n \neq 1, 2, 3\} = \mathbb{N} \setminus \{1, 2, 3\}$.
4) $\varnothing = \{\}$.
5) $\mathbb{N} \subsetneq \mathbb{Z} \subsetneq \mathbb{Q} \subsetneq \mathbb{R} \subsetneq \mathbb{C}$.

定義 0.1.8. A, B を集合とする．A の元に対して B の元を一つ与える規則が定まっているとき，その規則のことを A から B への**写像**と呼ぶ．f が A から B への写像であることを $f \colon A \to B$ と表す．$f \colon A \to B$ が A の元 a に対して B の元 b を与えることを，f は a を b に写す，あるいは a は f により b に写されるなどといい，このことを $b = f(a)$ で表す．文脈によっては $f \colon a \mapsto b$ とも表す．

函数[†5]は写像の一種である．

注 0.1.9. $f \colon A \to B$ が写像であれば，任意の $a \in A$ について $f(a)$ が B の元として定まっている．一方，任意の B の元 b について，ある $a \in A$ であって $b = f(a)$ を充たすものが存在するかどうかは一般には分からない．例えば，$f \colon \mathbb{R} \to \mathbb{R}$ を $f(t) = t^2$ とすると，$f(t) = -1$ なる $t \in \mathbb{R}$ は存在しない．

定義 0.1.10. （基本的な論理記号）
1) （全称記号）「任意の〜に関して（ついて）…」ということを $\forall$ で表す．

[†4] 引き算なので "−" で表しても良さそうなものだが，数の引き算と区別するために斜線を用いる．

[†5] 最近は「関数」と記すことが多いが，「かんすう」はもともと中国語に由来するなどの理由により本書では常に「函数」と記す．

2)（存在記号）「～が存在して … 」ということを∃で表す．

例 0.1.11.　「任意の $x \in \mathbb{R}$ に関して（ついて），ある $y \in \mathbb{R}$ が存在して $x+y=0$ が成り立つ．」という命題は，

$$\forall x \in \mathbb{R},\ \exists y \in \mathbb{R},\ x+y=0.$$

と表す．「条件 $x+y=0$ を充たすような y が存在する．」ことをより明示するために，

$$\forall x \in \mathbb{R},\ \exists y \in \mathbb{R}\ \text{s.t.}\ x+y=0.$$

とすることも多い．ここで「s.t.」は「such that」の略である[†6]．

例 0.1.12.　∀と∃の順序は極めて重要である．例えば上の命題に関して，順序を変えた命題

$$\exists y \in \mathbb{R},\ \forall x \in \mathbb{R},\ x+y=0.$$

を考えてみる．これは，「ある $y \in \mathbb{R}$ が存在して，（それはどのようなものかと言えば）任意の $x \in \mathbb{R}$ について $x+y=0$ が成り立つ（ようなものである）．」という主張であり，正しくない．

定義 0.1.13.

1) 命題「A ならば B」を $A \Rightarrow B$ で表す．$A \Rightarrow B$ が成り立つとき，A を B が成り立つための**十分**[†7]**条件**，B を A が成り立つための**必要条件**と呼ぶ．

2) 命題「B ならば A」を命題「A ならば B」の逆と呼び，$B \Rightarrow A$ で表す．

3) $A \Rightarrow B$ かつ $B \Rightarrow A$ が成り立つとき，A と B は**同値**であるといい，$A \Leftrightarrow B$ と表す．このとき，A は B が（B は A が）成り立つための**必要十分条件**であると言う．

4) A が命題であるとき，その**否定**を $\neg A$ で表す．例えば命題 $A \Rightarrow B$ の否定は $\neg(A \Rightarrow B)$ である．これは「A かつ $\neg B$」と同値である[†8]．

[†6]. 英文法の立場からはこれは正しくないようであるが，数学では日常的に用いられる用法である．

[†7]. 「充分」としてもよいようであるが，『岩波数学辞典 第 4 版』に従い「十分」とする．

[†8]. 平たく言えば「A ならば B」の否定は「A であっても B でないことがある」である．注 0.1.14 も参照のこと．

5) 命題「$(\neg B) \Rightarrow (\neg A)$」を命題「$A \Rightarrow B$」の**対偶**と呼ぶ．対偶は元の命題と同値である[†9]．

ほかにもいくつか記号や約束事があるが，それはそのつど注意する．本書では命題や論理についてはこれで十分であるが，もう少し補足しておく．

注 0.1.14.
1) 「A または B」を $A \vee B$ で表す．また，「A かつ B」を $A \wedge B$ で表す．
2) $A \vee B \Leftrightarrow B \vee A$ および $A \wedge B \Leftrightarrow B \wedge A$ が成り立つ．
3) $\neg(\neg A) = A$ とする．
4) $A \vee (\neg A)$ は常に真とする．
5) $A \wedge (\neg A)$ は常に偽である．
6) $\neg(A \vee B) \Leftrightarrow (\neg A) \wedge (\neg B)$ が成り立つ．
7) 命題「$(\neg A) \vee B$」を「$A \Rightarrow B$」で表す[†10]．
8) 「$(\neg B) \Rightarrow (\neg A)$」$\Leftrightarrow$「$A \Rightarrow B$」が成り立つ．実際，「$(\neg B) \Rightarrow (\neg A)$」$\Leftrightarrow$「$(\neg(\neg B)) \vee (\neg A)$」$\Leftrightarrow$「$(\neg A) \vee B$」$\Leftrightarrow$「$A \Rightarrow B$」が成り立つ．
9) $\neg(A \Rightarrow B) \Leftrightarrow \neg((\neg A) \vee B) \Leftrightarrow A \wedge (\neg B)$ が成り立つ．直感的には右辺は「A が成り立つが B が成り立たない」ことを意味する．

論理などについての詳細については論理学や集合論の教科書を参照のこと．

0.2 複素数

本書では実数と複素数を多く用いる．

定義 0.2.1. 複素数の和と積を，

$$(x_1 + \sqrt{-1}y_1) + (x_2 + \sqrt{-1}y_2) = (x_1 + x_2) + \sqrt{-1}(y_1 + y_2),$$
$$(x_1 + \sqrt{-1}y_1) \cdot (x_2 + \sqrt{-1}y_2) = (x_1 x_2 - y_1 y_2) + \sqrt{-1}(x_1 y_2 + x_2 y_1)$$

により定める．ただし，$x_i, y_i \in \mathbb{R}$, $i = 1, 2$, とする．

[†9]. 注 0.1.14 も参照のこと．
[†10]. 仮定 A が偽であれば主張 $A \Rightarrow B$ は真である．定義なので仕方がないと考えてもよいし，次のように直観的に考えることもできる．つまり，決して A が成り立たないのだから，「（万が一）A が成り立つならば B である」と言ってもこれは A が成り立つときにはじめて問題になる命題なので，誤り（偽）ではないはずである．すると 4) により「A ならば B」は真である．

複素数の和と積は実数と同様の性質を持つ.

命題 0.2.2. 複素数について以下が成り立つ.
1) $\forall z_1, z_2, z_3 \in \mathbb{C}, (z_1 + z_2) + z_3 = z_1 + (z_2 + z_3)$.
2) $\forall z \in \mathbb{C}, z + 0 = 0 + z = z$.
3) $\forall z \in \mathbb{C}, \exists w$ s.t. $z + w = w + z = 0$. この w は一意的なので $-z$ で表す.
4) $\forall z, w \in \mathbb{C}, z + w = w + z$.
5) $\forall z_1, z_2, z_3 \in \mathbb{C}, (z_1 z_2) z_3 = z_1 (z_2 z_3)$.
6) $\forall z \in \mathbb{C}, z1 = 1z = z$.
7) $\forall z \neq 0, \exists w$ s.t. $zw = wz = 1$. この w は一意的なので z^{-1} で表す.
8) $\forall z, w \in \mathbb{C}, zw = wz$.
9) $\forall z_1, z_2, z_3 \in \mathbb{C}, z_1(z_2 + z_3) = z_1 z_2 + z_1 z_3$.

注 0.2.3. 3) における w が唯一つであることは次のように示せる. w' が $z + w' = w' + z = 0$ を充たすとすれば, $w = w + 0 = w + (z + w') = (w + z) + w' = 0 + w' = w'$ が成り立つので, $w = w'$ である. 7) における w が唯一つであることも同様に示せる. したがって $-z, z^{-1}$ という表記に曖昧さはない.

定義 0.2.4. $z = x + \sqrt{-1}y, x, y \in \mathbb{R}$, とする.
1) x を z の**実部** (real part), y を z の**虚部** (imaginary part) と呼び, $x = \mathrm{re}\, z, y = \mathrm{im}\, z$ などと記す. re は real, im は imaginary の最初の二文字を取っている.
2) z の**共役**(共軛)**複素数** $\bar{z}$ を $\bar{z} = x - \sqrt{-1}y$ により定める.
3) $|z| = \sqrt{z\bar{z}}$ と置き, z の**絶対値**と呼ぶ (問 0.2.5 も参照のこと).
4) $z \neq 0$ のとき, $e^{\sqrt{-1}\theta} = \dfrac{z}{|z|}$ を充たす $\theta \in \mathbb{R}$ を z の**偏角**と呼び, $\theta = \arg z$ と表す. また, $z \in \mathbb{C}, z \neq 0,$ を $re^{\sqrt{-1}\theta}, r > 0, \theta \in \mathbb{R}$, と表したときの形を z の**極形式**と呼ぶ. θ が z の偏角であれば, 任意の $n \in \mathbb{Z}$ について $\theta + 2n\pi$ は z の偏角である. 別の言い方をするならば, $\arg z$ は数のように扱うが, 常に $2\pi n, n \in \mathbb{Z}$, の不定性 (任意性) があると考える. これを偏角には $2\pi \mathbb{Z}$ だけの任意性があるなどと言う. 任意性があることを明示するためには $\arg z = \theta + 2\pi n, n \in \mathbb{Z}$, としたり, $\arg z \equiv \theta \mod 2\pi \mathbb{Z}$

などとする（これら二つの表記は全く同じ意味である）．このように，偏角は自然には一通りには定まらないので，定めたい場合には目的に応じて適宜（人為的に）選ぶ．偏角の選び方としては，$0 \leq \arg z < 2\pi$ あるいは $-\pi \leq \arg z < \pi$ などがしばしば用いられる．$z = 0$ のときは偏角は通常は考えない．

問 0.2.5. $z \in \mathbb{C}$ のとき，$\operatorname{re} z = \dfrac{z + \bar{z}}{2}, \operatorname{im} z = \dfrac{z - \bar{z}}{2\sqrt{-1}}$ が成り立つことを示せ．また，$x \in \mathbb{R}$ のとき，$x \in \mathbb{C}$ とみなして $|x|$ を定義 0.2.4 の 3) により定めると，これは実数としての x の絶対値に等しいことを示せ．

注 0.2.6. im とよく似た記号 Im が別の意味で用いられる（第 3 章などを参照のこと）．通常は区別できるが，どうしても紛らわしい場合にはいずれか，あるいは両方の記号を適宜変える．

複素共役に関して次が成り立つ．

補題 0.2.7. $z, w \in \mathbb{C}$ とすると以下の等式が成り立つ．
1) $\overline{z + w} = \bar{z} + \bar{w}$．
2) $\overline{zw} = \bar{z}\,\bar{w}$．
3) $\bar{\bar{z}} = z$．

定義 0.2.8. $n \in \mathbb{N}$ とする．$0! = 1$ と定め，$n > 0$ であれば $n! = n \cdot (n-1)! = n \cdot (n-1) \cdots 1$ と定める．$n!$ を n の**階乗**と呼ぶ．

定義 0.2.9. $z \in \mathbb{C}$ に関する**指数関数**を $z \in \mathbb{C}$ に対して
$$e^z = 1 + z + \frac{1}{2}z^2 + \frac{1}{6}z^3 + \cdots = \sum_{n=0}^{\infty} \frac{1}{n!} z^n$$
と定める．ただし，$z^0 = 1$ とみなす．e^z を $\exp z$ と記すこともある．

定義 0.2.9 にある級数は任意の $z \in \mathbb{C}$ に対して収束する．

定理 0.2.10.（指数法則）　$\forall z, w \in \mathbb{C}, e^{z+w} = e^z e^w$ が成り立つ．

定理 0.2.11.（オイラーの公式）　$\forall \theta \in \mathbb{R}, e^{\sqrt{-1}\theta} = \cos\theta + \sqrt{-1}\sin\theta$ が成り立つ．

補題 0.2.12. $\forall z \in \mathbb{C}, \overline{e^z} = e^{\overline{z}}$ が成り立つ.

指数函数に関する詳細は微積分学の教科書を参照のこと.

第1章 ベクトルと行列

1.1 ベクトルや行列の例

ベクトルや行列は例えば次のようにして現れる．まだ定義を一切述べていないので，初読の際には大まかな雰囲気をつかめれば十分である．1.2 節以降の内容を学習してからこの節を再度読むとよい．

例 1.1.1. （連立方程式）　$c \in \mathbb{R}$ とする．$x, y \in \mathbb{R}$ に関する連立方程式

$$(1.1.2) \quad \begin{cases} 5x - 3y = 2c, \\ -3x + 5y = 2c \end{cases}$$

を考える．この方程式は次のようにして変数を消去していけば解くことができる．まず，第一式を 5 倍する．第二式はそのまま残しておく．すると

$$(1.1.3) \quad \begin{cases} 25x - 15y = 10c, \\ -3x + 5y = 2c \end{cases}$$

を得る．次に，第二式の 3 倍を第一式に加え，

$$\begin{cases} 16x = 16c, \\ -3x + 5y = 2c \end{cases}$$

を得る．第一式を 16 で割って

$$\begin{cases} x = c, \\ -3x + 5y = 2c \end{cases}$$

を，次いで第一式の 3 倍を第二式に加えて

$$\begin{cases} x = c, \\ 5y = 5c \end{cases}$$

を順に得る.最後に,第二式を 5 で割って

$$\begin{cases} x = c, \\ y = c \end{cases}$$

を得る.ここでは変数として x, y を用いたが,例えば u, v などを用いても方程式は全く同様に解ける.つまり,変数の名前自体はそれほど重要ではない(もちろん一貫していなければならない).そこで,一度変数を隠して次のように上の経過を書き直してみる.

まず最初の方程式 (1.1.2) を,係数や定数を抜き書きして

$$\begin{pmatrix} 5 & -3 & 2c \\ -3 & 5 & 2c \end{pmatrix}$$

と表す.このように数を並べたものを**行列**と呼ぶ.第一式を 5 倍したことに対応して,最初の行(数の横の並び)を 5 倍すると

$$\begin{pmatrix} 25 & -15 & 10c \\ -3 & 5 & 2c \end{pmatrix}$$

を得るが,これは方程式 (1.1.3) の係数を抜き書きしたものに等しい.同様に,方程式を解いた作業に応じて行列を書いていく.まず第一行に第二行の 3 倍を加えて $\begin{pmatrix} 16 & 0 & 16c \\ -3 & 5 & 2c \end{pmatrix}$ を得る.次に,第一行を 16 で割り $\begin{pmatrix} 1 & 0 & c \\ -3 & 5 & 2c \end{pmatrix}$ を,次いで第二行に第一行の 3 倍を加えて $\begin{pmatrix} 1 & 0 & c \\ 0 & 5 & 5c \end{pmatrix}$ を得る.最後に第二行を 5 で割って $\begin{pmatrix} 1 & 0 & c \\ 0 & 1 & c \end{pmatrix}$ を得る.最初に方程式を行列で書き換えたのと逆の要領でこれを方程式とみなせば,$x = c, y = c$ となる.

例 1.1.4.(二直線の交点) xy-平面を $\mathbb{R}^2$ で表す.$\mathbb{R}^2$ の点をここでは $\begin{pmatrix} x \\ y \end{pmatrix}$ のように縦に数を並べて表す.$c \in \mathbb{R}$ とし,$\mathbb{R}^2$ 内の直線 L_1, L_2 を

$$L_1 = \left\{ \begin{pmatrix} x \\ y \end{pmatrix} \in \mathbb{R}^2 \,\middle|\, 5x - 3y = 2c \right\},$$
$$L_2 = \left\{ \begin{pmatrix} x \\ y \end{pmatrix} \in \mathbb{R}^2 \,\middle|\, -3x + 5y = 2c \right\}$$

により定める．p が L_1 と L_2 の交点であるならば，$p = \begin{pmatrix} x \\ y \end{pmatrix}$ とすると，p は $5x - 3y = 2c, -3x + 5y = 2c$ をともに充たす．逆に p がこの連立方程式を充たせば $p \in L_1 \cap L_2$ が成り立つ．この連立方程式は例 1.1.1 の要領で解くことができて，解は $\begin{pmatrix} c \\ c \end{pmatrix}$ である．したがって，交点は $\begin{pmatrix} c \\ c \end{pmatrix}$ で与えられる．

行列やベクトルは例えば微積分学とも関連する．少し複雑になるのでこのような例は後で挙げる（例 3.5.7）．

1.2　ベクトルと行列

定義 1.2.1.

1) n 個の実数を縦に並べたものを n 次（の）列ベクトル，あるいは少し砕けて n 次（の）縦ベクトルと呼ぶ．n のことは**次数**と呼ぶ．また，次数が前後関係から明らかであったり，重要ではないときなどは単に列ベクトルと呼ぶ．列ベクトルは $\begin{pmatrix} a_1 \\ a_2 \\ \vdots \\ a_n \end{pmatrix}, \begin{bmatrix} a_1 \\ a_2 \\ \vdots \\ a_n \end{bmatrix}$ などと表すが，本書では前者の丸い括弧を用いる．$a = \begin{pmatrix} a_1 \\ a_2 \\ \vdots \\ a_n \end{pmatrix}$ であるとき，$a_k, 1 \leq k \leq n$, を a の**第 k 成分**と呼ぶ．成分が実数であることを強調したいときには n 次の実列ベクトルなどと呼ぶこともある．

2) n 個の実数を横に並べたものを n 次（の）行ベクトル，あるいは少し砕けて n 次（の）横ベクトルと呼ぶ．列ベクトルのときと同様に，単に行ベクトルと呼ぶこともある．行ベクトルは $(a_1\ a_2\ \cdots\ a_n), [a_1\ a_2\ \cdots\ a_n]$ などと表すが，本書では最初の丸い括弧を用いる．$a = (a_1\ a_2\ \cdots\ a_n)$ であるとき，$a_k, 1 \leq k \leq n$, を a の**第 k 成分**と呼ぶ．また，本書では行ベク

トルを表すにあたり，成分の境目が紛らわしいときには $(a_1, a_2, \ldots, a_n)$ とカンマを入れることにして，カンマの有無については特別な場合を除いて区別しないことにする．
3) 実数の代わりに複素数を成分とする列ベクトルあるいは行ベクトルを考えることもある．通常は文脈から明らかなのでこれらもやはり n 次の列ベクトル（行ベクトル）などと呼ぶが，成分が複素数であることを明らかにしたい場合には複素列ベクトル，複素行ベクトルなどと呼ぶこともある．

ここで定めたようなベクトルは，数が並んでいるという特徴があるので，より一般のベクトル（第 3 章以降を見よ）と対比して**数ベクトル**と呼ぶことがある．

定義 1.2.2. $\mathbb{R}^n$ で実数を成分とする n 次列ベクトル全体のなす集合を表す．すなわち，

$$\mathbb{R}^n = \{n \text{ 次の実列ベクトル全体}\} = \left\{ \begin{pmatrix} a_1 \\ a_2 \\ \vdots \\ a_n \end{pmatrix} \middle| a_1, a_2, \ldots, a_n \in \mathbb{R} \right\}$$

と置く．$\mathbb{R}^1$ の元は (a_1), $a_1 \in \mathbb{R}$, の形をしているが，多くの場合単に a_1 と書いてしまう．つまり $\mathbb{R}^1 = \mathbb{R}$ と考える．

複素数を成分とするベクトルもよく用いる．

$$\mathbb{C}^n = \{n \text{ 次の複素列ベクトル全体}\} = \left\{ \begin{pmatrix} a_1 \\ a_2 \\ \vdots \\ a_n \end{pmatrix} \middle| a_1, a_2, \ldots, a_n \in \mathbb{C} \right\}$$

と置く．$\mathbb{C}^1 = \mathbb{C}$ と考えることは実数の場合と同様である．$\mathbb{R}^n$ の元を実ベクトル，$\mathbb{C}^n$ の元を複素ベクトルと呼ぶことがある．

定義 1.2.1, 1.2.2 では実数の範囲で考える場合と複素数の範囲で考える場合は平行に扱うことができた．今後もこのようなことが続くので，著しい差異がある場合を除いて両者を一度に扱う[†1]．読んでいて混乱をきたしたとき

[†1]. これ以降で扱う事柄は，いくつかの例外を除くと $\mathbb{R}$ や $\mathbb{C}$ についてだけではなく，より一般の体と呼ばれるものについて成り立つ．体については付録 C を見よ．

には，まず実数の場合を考えるのがよい．以下では本書を通じて $K=\mathbb{R}$ あるいは $K=\mathbb{C}$ とし，定理などでは「実数」「複素数」の代わりに「K の元」という表現を用いる．例えば $K=\mathbb{R}$ の場合には $K^n=\mathbb{R}^n$ であり，$K=\mathbb{C}$ の場合には $K^n=\mathbb{C}^n$ である．

定義 1.2.3. すべての成分が 0 であるような K^n の元を n 次の零(ゼロ)ベクトルあるいは零元と呼ぶ．次数が既に明確であったり，次数が重要でないときなどには単に零ベクトルなどと呼ぶ．零ベクトルは本書では o を多く用いて表すが，一般には零ベクトルは数字の 0 で表されることも多い．

定義 1.2.4. K の元を成分とする **m 行 n 列の行列**あるいは **$(m \times n)$ 行列**とは，縦に m 個，横に n 個ずつ K の元を並べたものである．組 (m,n) を行列の**大きさ**あるいは**サイズ**と呼ぶ．上から数えて i 番目の横の K の元の並びのことを行列の**第 i 行**と呼ぶ．左から数えて j 番目の縦の K の元の並びのことを行列の**第 j 列**と呼ぶ．行列に現れる各々の K の元を行列の成分と呼ぶ．特に，上から数えて i 番目，左から数えて j 番目の成分を **(i,j) 成分**と呼ぶ．行列の (i,j) 成分とは行列の第 i 行第 j 列にある成分のことである．A が $(m \times n)$ 行列であれば，適当な mn 個の K の元 $a_{11}, \ldots, a_{mn}$ を用いて

$$A = \begin{pmatrix} a_{11} & a_{12} & \cdots & a_{1n} \\ a_{21} & a_{22} & \cdots & a_{2n} \\ \vdots & & \ddots & \vdots \\ a_{m1} & a_{m2} & \cdots & a_{mn} \end{pmatrix}$$

と表すことができ[†2]，A の (i,j) 成分は a_{ij} である．A が a_{ij} を (i,j) 成分とする行列であることをしばしば $A = (a_{ij})_{i,j}$ と表す．K の元を成分とする $(m \times n)$ 行列全体のなす集合を $M_{m,n}(K)$ あるいは $M(m,n;K)$ で表す．

二つの行列 A, B は，
1) 両者のサイズが等しく，かつ，
2) すべての i, j について A の (i,j) 成分と B の (i,j) 成分が等しい

とき，またそのときのみ等しいとする．A と B が等しいことを $A=B$ と表し，等しくないことを $A \neq B$ と表す[†3]．

[†2]. ベクトルを角括弧 [,] を用いて表すのであれば，行列も丸括弧ではなく角括弧を用いて表す．

[†3]. 否定を表す記号については定義 0.1.2 の脚注 2 も参照のこと．

K の元を成分とする行列を，$K = \mathbb{R}$ のときには**実行列**，$K = \mathbb{C}$ のときには**複素行列**とも呼ぶ．

注 1.2.5. $(1 \times n)$ 行列は n 次行ベクトルであって，$(m \times 1)$ 行列は m 次列ベクトルである．

定義 1.2.6. K の元を成分とする $(n \times n)$ 行列のことを K の元を成分とする **n 次行列**あるいは K の元を成分とする **n 次正方行列**と呼ぶ．K の元を成分とする n 次正方行列全体のなす集合は $M_{n,n}(K)$ であるが，これを $M_n(K)$ あるいは $M(n;K)$ で表す．

以下のような行列は特別で重要である．

定義 1.2.7.
1) すべての成分が 0 であるような行列を**零行列**と呼ぶ．一般的に零行列は O で表すことが多い．特にサイズを指定して $(m \times n)$ 行列であるような零行列を $O_{m,n}$ で表す．また，n 次正方行列であるような零行列は少し省略して O_n で表す．
2) すべての (i,i) 成分が 1，その他の (i,j) 成分 $(i \neq j)$ が 0 である正方行列を**単位行列**と呼び，E で表す．n 次の単位行列は E_n で表す．

$$E_n = \begin{pmatrix} 1 & 0 & 0 & \cdots & 0 \\ 0 & 1 & 0 & \cdots & 0 \\ \vdots & & \ddots & & \\ \vdots & & & \ddots & \\ 0 & 0 & 0 & \cdots & 1 \end{pmatrix}$$

文字は E の代わりに I を用いることも少なくない．

3) もう少し一般に $i \neq j$ であれば (i,j) 成分が 0 であるような正方行列のことを**対角行列**と呼ぶ．

$$\begin{pmatrix} a_{11} & 0 & 0 & \cdots & 0 \\ 0 & a_{22} & 0 & \cdots & 0 \\ \vdots & & \ddots & & \\ \vdots & & & \ddots & \\ 0 & 0 & 0 & \cdots & a_{nn} \end{pmatrix}$$

1.3　行列に対する演算・操作

まず，行列同士の和などを数の場合（K の元の場合）とほぼ同様に定める．

定義 1.3.1. $A, B \in M_{m,n}(K)$ とする．このとき A と B の和 $A + B \in M_{m,n}(K)$ を成分ごとに和を取ることにより定める．すなわち，A, B それぞれの (i, j) 成分を a_{ij}, b_{ij} とするとき，$A + B$ を，(i, j) 成分が $a_{ij} + b_{ij}$ であるような $M_{m,n}(K)$ の元として定める．

定義 1.3.2. $A \in M_{m,n}(K), \lambda \in K$ とする．A の **λ 倍** λA とは，A の成分を一斉に λ 倍して得られる $M_{m,n}(K)$ の元のことを言う．A の (i, j) 成分が a_{ij} であれば λA の (i, j) 成分は λa_{ij} である．このように行列に K の元を掛けることを定数倍するという．

行列の和や定数倍は以下のような性質を持つ．

補題 1.3.3. （交換律・結合律・分配律[†4]）　$A, A', A'' \in M_{m,n}(K), \lambda, \mu \in K$ とする．このとき以下が成り立つ．

1) $A + A' = A' + A$ （和に関する交換律）．
2) $A + O_{m,n} = O_{m,n} + A = A$.
3) $(A + A') + A'' = A + (A' + A'')$ （和に関する結合律）．この等しい元を通常は $A + A' + A''$ で表す．
4) $(\lambda + \mu)A = \lambda A + \mu A$ （定数倍の定数に関する分配律）．
5) $\lambda(A + A') = \lambda A + \lambda A'$ （定数倍の行列に関する分配律）．
6) $\lambda(\mu A) = (\lambda \mu) A$. この等しい元を $\lambda \mu A$ で表す．
7) $1A = A$.

証明は容易なので省略する[†5]．

補題 1.3.4. $A \in M_{m,n}(K)$ とすると，$B \in M_{m,n}(K)$ であって，$A + B = B + A = O_{m,n}$ なるものが唯一つ存在する．この B を加法に関する A の逆元と呼び，$-A$ で表す．また，$(-1)A = -A$ が成り立つ．

[†4] これらの用語をわざわざ暗記する必要はない．
[†5] 序章にも述べたように以下では証明をときどき省略する．省略された証明はすべて読者自身で付けること．

証明. $A + (-1)A = (1 + (-1))A = 0A = O_{m,n}$ が成り立つ．同様に $(-1)A + A = O_{m,n}$ も成り立つから $(-1)A$ は A の逆元である．また，$B, C \in M_{m,n}(K)$ がともに加法に関する A の逆元であれば，$B = B + O_{m,n} = B + (A + C) = (B + A) + C = O_{m,n} + C = C$ が成り立つから，B と C は等しい． □

行列同士の積を次のように定める．例 1.3.16, 3.5.7 も参照のこと．

定義 1.3.5. $A = (a_{ij}) \in M_{k,m}(K)$, $B = (b_{ij}) \in M_{m,n}(K)$ に対して A と B の積 AB を (i,j) 成分が $\sum_{l=1}^{m} a_{il} b_{lj}$ であるような $M_{k,n}(K)$ の元として定める．

注 1.3.6. ベクトルは行列の特別な場合であった（注 1.2.5）から，行列とベクトルの積が定義 1.3.5 により定まる．

次のことは当たり前に見えるが重要である．

補題 1.3.7. （積に関する結合律）$A \in M_{k,m}(K)$, $B \in M_{m,n}(K)$, $C \in M_{n,l}(K)$ とすると $(AB)C = A(BC)$ が成り立つ．

証明. $AB \in M_{k,n}(K)$ であるので，$(AB)C \in M_{k,l}(K)$ であるし，$BC \in M_{m,l}(K)$ であるので $A(BC) \in M_{k,l}(K)$ である．したがって $(AB)C$ と $A(BC)$ のサイズは等しい．さて，$A = (a_{ij})$, $B = (b_{ts})$, $C = (c_{pq})$ とすると，AB の (i,s) 成分は $\sum_{r=1}^{m} a_{ir} b_{rs}$ で与えられる．したがって $(AB)C$ の (i,j) 成分は

$$\sum_{s=1}^{n} (AB \text{ の } (i,s) \text{ 成分}) \times c_{sj} = \sum_{s=1}^{n} \left(\sum_{r=1}^{m} a_{ir} b_{rs} \right) \times c_{sj} = \sum_{s=1}^{n} \left(\sum_{r=1}^{m} a_{ir} b_{rs} c_{sj} \right)$$

である．先に s に関して和を取っても，先に r に関して和を取っても結局のところすべての s と r の組に関して和を取ることには変わりはないので，最後の和は

$$\sum_{r=1}^{m} \left(\sum_{s=1}^{n} a_{ir} b_{rs} c_{sj} \right)$$

に等しい（なお，この等しい和を $\sum_{r=1}^{m} \sum_{s=1}^{n} a_{ir} b_{rs} c_{sj}$, あるいは $\sum_{\substack{1 \leq r \leq m \\ 1 \leq s \leq n}} a_{ir} b_{rs} c_{sj}$ とも表す．どちらの総和記号[†6]を先に書いてもよいし，$1 \leq r \leq m$ と $1 \leq s \leq n$

[†6] 和を取ることを表す記号 $\sum$ を総和記号と呼ぶ．

のどちらを上に書いてもよい）．一方，$A(BC)$ の (i,j) 成分は，上と同様に計算すると，

$$\sum_{r=1}^{m} a_{ir} \times (BC \text{ の } (r,j) \text{ 成分}) = \sum_{r=1}^{m}\sum_{s=1}^{n} a_{ir}b_{rs}c_{sj}$$

であるから，これは $(AB)C$ の (i,j) 成分に等しい．したがって $(AB)C = A(BC)$ が成り立つ． □

補題 1.3.7 をふまえて，積を取る順序を特に気にしない場合には $(AB)C$ も $A(BC)$ も区別せずに ABC で表す．

補題 1.3.8. $A \in M_{m,n}(K)$ とすると，$E_m A = A E_n = A$ が成り立つ．また，$O_m A = A O_n = O_{m,n}$ が成り立つ．

証明は易しい．

問 1.3.9. $A \in M_{m,n}(K)$ とする．任意の正の整数 k,l について $O_{k,m}A = O_{k,n}$, $AO_{n,l} = O_{m,l}$ が成り立つことを示せ．

注 1.3.10. 行列同士の和や定数倍（K の元を掛ける操作）では行列のサイズは変わらない．一方，行列の積ではサイズが変わる可能性がある．例えば (2×3) 行列と (3×1) 行列（すなわち 3 次列ベクトル）の積は (2×1) 行列である．

行列の積，和や定数倍について次が成り立つ．

補題 1.3.11. $A, A' \in M_{m,n}(K)$, $B, B' \in M_{n,l}(K)$, $\lambda \in K$ とする．このとき以下が成り立つ．
1) $A(B+B') = AB + AB'$, $(A+A')B = AB + A'B$（分配律）．
2) $(\lambda A)B = A(\lambda B) = \lambda(AB)$. この等しい元を λAB で表す．

証明は省略する．

注 1.3.12. 補題 1.3.3 や 1.3.11 は，行列の和，積や定数倍は数（K の元）に関する演算と同様に振る舞うことを示している．しかし，全く同じというわけではなく，例えば行列の積に関して，一般には $XY = YX$ が成り立たなかったり，$A, B \neq O$ であっても $AB = O$ となったりする．言い換えれば，

$AB = O$ であっても $A = O$ または $B = O$ は一般には成り立たない. 分かっているようでもしばしば間違えてしまうので注意を要する.

問 1.3.13. $X, Y \in M_n(K)$ とする.
1) $(X+Y)^2 = X^2 + 2XY + Y^2$ が成り立つための X, Y に関する必要十分条件は $XY = YX$ であることを示せ.
2) 一般には $XY = YX$ は成り立たないことを示せ. また, そのような X, Y について $(X+Y)^2 \neq X^2 + 2XY + Y^2$ が成り立つことを確かめよ.
3) 条件 $XY = YX$ が成り立つような X, Y の例をいくつか挙げよ. そのうちの一つについて, $(X+Y)^2 = X^2 + 2XY + Y^2$ が成り立つことを確かめよ.

複素行列について, 複素共役を複素数と同様に定める.

定義 1.3.14. $A = (a_{ij}) \in M_{m,n}(\mathbb{C})$ のとき, (i,j) 成分が $\overline{a_{ij}}$ であるような $M_{m,n}(\mathbb{C})$ の元を A の**複素共役**（複素共軛）と呼び, $\overline{A}$ で表す. $\frac{1}{2}(A + \overline{A}) \in M_{m,n}(\mathbb{R})$ を A の**実部**, $\frac{1}{2\sqrt{-1}}(A - \overline{A}) \in M_{m,n}(\mathbb{R})$ を A の**虚部**と呼び, それぞれ $\operatorname{re} A, \operatorname{im} A$ で表す.

複素共役に関して次が成り立つ.

補題 1.3.15. $A, A' \in M_{k,m}(\mathbb{C}), B \in M_{m,n}(\mathbb{C}), \lambda \in \mathbb{C}$ とすると次が成り立つ.
1) $\overline{A} = \operatorname{re} A - \sqrt{-1}\operatorname{im} A$.
2) $\overline{A + A'} = \overline{A} + \overline{A'}$.
3) $\overline{AB} = \overline{A}\,\overline{B}$.
4) $\overline{\lambda A} = \overline{\lambda}\,\overline{A}$.
5) $\overline{\overline{A}} = A$.

行列の積に関連して一つ例を挙げる（微積分学について学習したら例 3.5.7 も参照せよ）.

例 1.3.16. （一次変換（線型変換））　xy-平面において, $\begin{pmatrix} x \\ y \end{pmatrix}$ で表される点

を $\begin{pmatrix} x+y \\ y \end{pmatrix}$ で表される点に写す写像を f とする．すると，$f\begin{pmatrix} x \\ y \end{pmatrix} = \begin{pmatrix} x+y \\ y \end{pmatrix}$ である[†7]．これは行列とベクトルの積を用いて $f\begin{pmatrix} x \\ y \end{pmatrix} = \begin{pmatrix} 1 & 1 \\ 0 & 1 \end{pmatrix}\begin{pmatrix} x \\ y \end{pmatrix}$ と表すことができる．つまり，f を施すことは行列 $\begin{pmatrix} 1 & 1 \\ 0 & 1 \end{pmatrix}$ を掛けることとみなすことができる．ここで f を二回続けて施してみる．$f\left(f\begin{pmatrix} x \\ y \end{pmatrix}\right) = f\begin{pmatrix} x+y \\ y \end{pmatrix} = \begin{pmatrix} x+2y \\ y \end{pmatrix} = \begin{pmatrix} 1 & 2 \\ 0 & 1 \end{pmatrix}\begin{pmatrix} x \\ y \end{pmatrix}$ であるから，f を二回続けて施すことは行列 $\begin{pmatrix} 1 & 2 \\ 0 & 1 \end{pmatrix}$ を掛けることとみなすことができる．一方 $\begin{pmatrix} 1 & 2 \\ 0 & 1 \end{pmatrix} = \begin{pmatrix} 1 & 1 \\ 0 & 1 \end{pmatrix}\begin{pmatrix} 1 & 1 \\ 0 & 1 \end{pmatrix}$ なので，「f を二回施す」ことを「行列 $\begin{pmatrix} 1 & 1 \\ 0 & 1 \end{pmatrix}$ を二回掛ける」こととみなしてあらかじめこの操作を行っておいてもつじつまがあっている．行列同士や行列とベクトルの積はこのような性質を持つように定めると言える．

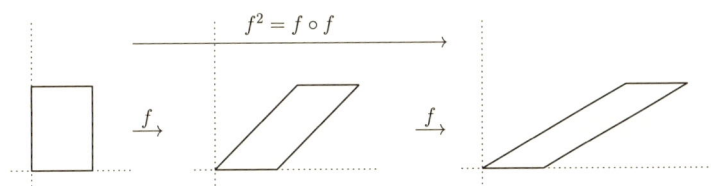

図 1.1．f と $f^2 = f \circ f$ のおおよその様子（f を二回続けて施す写像を f^2 あるいは $f \circ f$ で表す．詳しくは定義 3.4.1 を参照のこと）．f を一回施すと左図の長方形は中央図の四角形に写される．これは行列 $\begin{pmatrix} 1 & 1 \\ 0 & 1 \end{pmatrix}$ を左から掛けることに相当する．さらにもう一回 f を施すと，中央図の四角形は右図の四角形に写される．これは上の行列をもう一回左から掛けることに相当する．全体としてみれば，f を二回続けて施したこと，あるいは上の行列を二回左から掛けたことに相当する．そこで先に上の行列を 2 乗しておき，それを左から掛けるという操作を考えると，f^2 を施すことと一致する．

[†7]．本来は左辺は $f\left(\begin{pmatrix} x \\ y \end{pmatrix}\right)$ とするべきであるが，見づらいので省略する．これ以降，本書の最後までこの略記法を断りなく用いる．

1.4 行列の基本変形

例 1.1.1 で見たように，連立一次方程式は行列にいくつかの操作を施すことで解くことができるのであった．その際，例えば

1) ある行にある数を一斉に掛ける．
2) ある行にある別の行を加える，あるいはある行からある別の行を引く．

などの操作を行った．方程式を解くためにはこれらの操作で足りるが，他にも有用な操作がいくつかあるのでここでそれらをまとめておく．

定義 1.4.1. 以下の操作を行列の**左基本変形**あるいは**行に関する基本変形**と呼ぶ．

$A \in M_{m,n}(K)$ とする．

1) A の第 i 行を λ 倍する．ただし λ は <u>0 でない</u> K の元とする．すなわち，

$$i) \begin{pmatrix} a_{11} & \cdots & a_{1n} \\ \vdots & & \vdots \\ a_{i1} & \cdots & a_{in} \\ \vdots & & \vdots \\ a_{m1} & \cdots & a_{mn} \end{pmatrix} \xrightarrow{\text{第 } i \text{ 行を } \lambda \text{ 倍する}} i) \begin{pmatrix} a_{11} & \cdots & a_{1n} \\ \vdots & & \vdots \\ \lambda a_{i1} & \cdots & a_{in} \\ \vdots & & \vdots \\ a_{m1} & \cdots & a_{mn} \end{pmatrix}$$

と変形する[†8]．

2) A の第 i 行と第 j 行 $(i \neq j)$ を入れ替える．すなわち，

$$\begin{matrix} i) \\ \\ j) \end{matrix} \begin{pmatrix} a_{11} & \cdots & a_{1n} \\ \vdots & & \vdots \\ a_{i1} & \cdots & a_{in} \\ \vdots & & \vdots \\ a_{j1} & \cdots & a_{jn} \\ \vdots & & \vdots \\ a_{m1} & \cdots & a_{mn} \end{pmatrix} \xrightarrow[\text{入れ替える}]{\text{第 } i \text{ 行と第 } j \text{ 行を}} \begin{matrix} i) \\ \\ j) \end{matrix} \begin{pmatrix} a_{11} & \cdots & a_{1n} \\ \vdots & & \vdots \\ a_{j1} & \cdots & a_{jn} \\ \vdots & & \vdots \\ a_{i1} & \cdots & a_{in} \\ \vdots & & \vdots \\ a_{m1} & \cdots & a_{mn} \end{pmatrix}$$

と変形する．

3) A の第 i 行に第 j 行の μ 倍を加える $(i \neq j)$．すなわち，

[†8] 小さな $i)$ は横にある行が第 i 行であることを表す．ここでは左に記したが，右に記すこともある．列についても同様である．補題 1.4.3 も参照のこと．

$$i) \begin{pmatrix} a_{11} & \cdots & a_{1n} \\ \vdots & & \vdots \\ a_{i1} & \cdots & a_{in} \\ \vdots & & \vdots \\ a_{j1} & \cdots & a_{jn} \\ \vdots & & \vdots \\ a_{m1} & \cdots & a_{mn} \end{pmatrix} \xrightarrow{\text{第}i\text{行に第}j\text{行の}\mu\text{倍を加える}} \begin{matrix} \\ \\ i) \\ \\ j) \\ \\ \end{matrix} \begin{pmatrix} a_{11} & \cdots & a_{1n} \\ \vdots & & \vdots \\ a_{i1}+\mu a_{j1} & \cdots & a_{in}+\mu a_{jn} \\ \vdots & & \vdots \\ a_{j1} & \cdots & a_{jn} \\ \vdots & & \vdots \\ a_{m1} & \cdots & a_{mn} \end{pmatrix}$$

と変形する．

補題 1.4.2. 左基本変形は可逆な操作である．また，逆の操作も左基本変形である．具体的には以下が成り立つ．

1) 第 i 行を λ 倍することの逆操作は第 i 行を $\dfrac{1}{\lambda}$ 倍する（あるいは第 i 行を λ で割る）ことである．

2) 第 i 行と第 j 行を入れ替えることの逆操作は，（再び）第 i 行と第 j 行を入れ替えることである．

3) 第 i 行に第 j 行の μ 倍を加えることの逆操作は，第 i 行に第 j 行の $-\mu$ 倍を加える（あるいは第 i 行から第 j 行の μ 倍を引く）ことである．

証明は実際に変形を考えてみればよいので読者に任せる．

左基本変形は行列の積を用いて表すことができる．

補題 1.4.3. $A \in M_{m,n}(K)$ とする．

1) $\lambda \in K$, $\lambda \neq 0$ とする．$P_m(i;\lambda) = \begin{pmatrix} 1 & 0 & 0 & \cdots & & 0 \\ 0 & 1 & 0 & \cdots & & 0 \\ \vdots & & \ddots & & & \vdots \\ 0 & \cdots & & \lambda & & 0 \\ \vdots & & & & \ddots & \vdots \\ 0 & \cdots\cdots\cdots & & & 1 & 0 \\ 0 & \cdots\cdots\cdots & & & & 1 \end{pmatrix}$ (i

とすると，A の第 i 行を λ 倍して得られる行列（定義 1.4.1 の 1)）は $P_m(i;\lambda)A$ に等しい[†9]．

[†9]. ここでは基本変形を考えているので $\lambda \neq 0$ としたが，主張自体は $\lambda = 0$ でも正しい．

2) $Q_m(i,j) = \begin{pmatrix} 1 & 0 & 0 & \cdots & & & 0 \\ 0 & 1 & 0 & \cdots & & & 0 \\ \vdots & & \ddots & & & & \vdots \\ 0 & \cdots & & 0 & \cdots & 1 & & 0 \\ \vdots & & & & \ddots & & & \vdots \\ 0 & \cdots & & 1 & \cdots & 0 & & 0 \\ \vdots & & & & & & \ddots & \vdots \\ 0 & \cdots\cdots\cdots & & & & & 1 & 0 \\ 0 & \cdots\cdots\cdots\cdots & & & & & & 1 \end{pmatrix} \begin{matrix} \\ \\ \\ (i \\ \\ (j \\ \\ \\ \end{matrix}$

とすると，A の第 i 行と第 j 行を入れ替えて得られる行列（定義 1.4.1 の 2)）は $Q_m(i,j)A$ に等しい．

3) $R_m(i,j;\mu) = \begin{pmatrix} 1 & 0 & & \cdots & & \\ \vdots & \ddots & & & & \\ 0 & \cdots & 1 & \cdots & \mu & \\ \vdots & & & \ddots & & \\ 0 & \cdots & & & 1 & \\ \vdots & & & & & \ddots \\ 0 & \cdots\cdots\cdots & & & & 1 \end{pmatrix} \begin{matrix} \\ \\ (i \\ \\ (j \\ \\ \end{matrix}$

とする（対角成分と (i,j) 成分以外の成分はすべて 0）と，A の第 i 行に第 j 行の μ 倍を加えて得られる行列（定義 1.4.1 の 3)）は $R_m(i,j;\mu)A$ に等しい．

これらの三種類の行列を**基本行列**と呼ぶ．

証明は直接計算すればできるので省略する．

注 1.4.4. 補題 1.4.3 における $P_m(i;\lambda)$, $Q_m(i,j)$, $R_m(i,j;\mu)$ は本書での記号であり，特にこれらが一般的というわけではない．

補題 1.4.5. 以下が成り立つ[10]．
1) $P_m(i;\lambda)P_m(i;1/\lambda) = P_m(i;1/\lambda)P_m(i;\lambda) = E_m$.
2) $Q_m(i,j)Q_m(i,j) = E_m$.
3) $R_m(i,j;\mu)R_m(i,j;-\mu) = R_m(i,j;-\mu)R_m(i,j;\mu) = E_m$.

---

[10] 以下では紙幅の都合で，分数 $\dfrac{a}{b}$ を a/b で表すことがある．

定義 1.4.6.　$A \in M_n(K)$ とする．$B \in M_n(K)$ であって $AB = BA = E_n$ なるものが存在するとき，A は**正則**である，あるいは**可逆**であるという．また，このような B を A の**逆行列**と呼び，A^{-1} で表す．K の元を成分とする正則な n 次正方行列全体のなす集合を $\mathrm{GL}_n(K)$, $\mathrm{GL}(n,K)$ あるいは $\mathrm{GL}(n;K)$ などと表し**一般線型群**などと呼ぶ．

補題 1.4.7.　$A \in \mathrm{GL}_n(K)$ ならば $A^{-1} \in \mathrm{GL}_n(K)$ が成り立つ．また，$(A^{-1})^{-1} = A$ が成り立つ．

証明．定義により $A^{-1}A = AA^{-1} = E_n$ が成り立つから $A^{-1} \in \mathrm{GL}_n(K)$ であって $(A^{-1})^{-1} = A$ である．　　　□

問 1.4.8.　$E_n \in \mathrm{GL}_n(K)$ が成り立つことを示せ．また，${E_n}^{-1} = E_n$ が成り立つことを示せ．

注 1.4.9.　正方行列とは限らない行列については後で述べる（定義 1.5.29）．

　基本行列は正則であって，さらに逆行列も基本行列であることを補題 1.4.5 は示している．また，単位行列を左から掛けることを基本変形とみなすと，これは何もしないことである．一方，補題 1.4.3 によれば，基本行列を左から掛けることと，左基本変形を施すことは同じことであった．したがって，左基本変形は可逆な操作であって，逆操作は左基本変形で与えられる．このことを平たく述べたのが補題 1.4.2 である．

　逆行列の性質をいくつか述べておく．

補題 1.4.10.　（補題 1.3.4 も参照のこと）　$A \in M_n(K)$ とする．A の逆行列は存在すれば唯一である．

証明．　$B, C \in M_n(K)$ がともに A の逆行列であったとする．補題 1.3.7 により $B = BE_n = B(AC) = (BA)C = E_nC = C$ が成り立つので $B = C$ である．　　　□

補題 1.4.11.　$A, B \in \mathrm{GL}_n(K)$ とすると $AB \in \mathrm{GL}_n(K)$ であって $(AB)^{-1} = B^{-1}A^{-1}$ が成り立つ．

証明. 補題 1.3.7 により $(AB)(B^{-1}A^{-1}) = A(BB^{-1})A^{-1} = AE_nA^{-1} = E_n$ が成り立つ．同様に $(B^{-1}A^{-1})(AB) = E_n$ が成り立つ． □

補題 1.4.12. $A \in \mathrm{GL}_n(\mathbb{C})$ であれば $\overline{A} \in \mathrm{GL}_n(\mathbb{C})$ である．また $(\overline{A})^{-1} = \overline{(A^{-1})}$ が成り立つ．

証明. $AA^{-1} = A^{-1}A = E_n$ より $\overline{A(A^{-1})} = \overline{(A^{-1})}\overline{A} = E_n$ が成り立つ．よって $\overline{A} \in \mathrm{GL}_n(\mathbb{C})$ であって $(\overline{A})^{-1} = \overline{(A^{-1})}$ が成り立つ． □

補題 1.4.13. $\mathrm{GL}_n(\mathbb{R}) = \mathrm{GL}_n(\mathbb{C}) \cap M_n(\mathbb{R})$ が成り立つ．つまり，実行列が複素行列として正則であることと，実行列として正則であることは同値である．

証明. $A \in \mathrm{GL}_n(\mathbb{R})$ であれば，$A \in M_n(\mathbb{C})$ である．また，B を A の実行列としての逆行列とすれば，$B \in M_n(\mathbb{R})$ であって，$AB = BA = E_n$ が成り立つ．特に $B \in M_n(\mathbb{C})$ であって，$AB = BA = E_n$ が成り立つから $A \in \mathrm{GL}_n(\mathbb{C})$ が成り立つ．もともと $A \in M_n(\mathbb{R})$ であったから $A \in \mathrm{GL}_n(\mathbb{C}) \cap M_n(\mathbb{R})$ が成り立つ．したがって $\mathrm{GL}_n(\mathbb{R}) \subset \mathrm{GL}_n(\mathbb{C}) \cap M_n(\mathbb{R})$ が成り立つ．

逆の包含関係を示す．$A \in \mathrm{GL}_n(\mathbb{C}) \cap M_n(\mathbb{R})$ とすると，ある $B \in M_n(\mathbb{C})$ が存在し $AB = BA = E_n$ が成り立つ．この式の複素共役を取ると $A\overline{B} = \overline{B}A = E_n$ を得る．したがって $\overline{B}$ も A の逆行列であるから補題 1.4.10 により，$\overline{B} = B$ が成り立つ．よって $B \in M_n(\mathbb{R})$ であるから $A \in \mathrm{GL}_n(\mathbb{R})$ が成り立つ． □

左基本変形と同様に右基本変形も定義される．

定義 1.4.14. 以下の操作を行列の**右基本変形**あるいは**列に関する基本変形**と呼ぶ．

$A \in M_{m,n}(K)$ とする．

1) A の第 i 列を λ 倍する．ただし，λ は <u>0 でない</u> K の元とする．
2) A の第 i 列と第 j 列 $(i \neq j)$ を入れ替える．
3) A の第 i 列に第 j 列の μ 倍 $(i \neq j)$ を加える．

これらの操作もやはり可逆であって，右基本変形の逆操作は再び右基本変形であることは補題 1.4.2 と同様である．また，補題 1.4.3 に対応して次が成り立つ．行列の形は同じであるがサイズが異なることに注意せよ．

補題 1.4.15. $A \in M_{m,n}(K)$ とする.

1) A の第 i 列を λ 倍して（定義 1.4.14 の 1)）得られる行列は $AP_n(i;\lambda)$ に等しい[†11].

2) A の第 i 列と第 j 列を入れ替えて（定義 1.4.14 の 2)）得られる行列は $AQ_n(i,j)$ に等しい.

3) A の第 i 列に第 j 列の μ 倍を加えて（定義 1.4.14 の 3)）得られる行列は $AR_n(j,i;\mu)$ に等しい（$AR_n(i,j;\mu)$ では<u>ない</u>ことに注意）.

以下では行列を例えば $(A\,|\,w)$ のようにしばしば分けて考える. これを行列の**区分け**と呼んだりする. なお, 縦線は便宜的に考えたものであって通常はあまり書かないが, 邪魔にならなければ書いても構わない. また, 必要に応じて横線を引くこともある.

補題 1.4.16. $A_{11} \in M_{m_1,n_1}(K)$, $A_{12} \in M_{m_1,n_2}(K)$, $A_{21} \in M_{m_2,n_1}(K)$, $A_{22} \in M_{m_2,n_2}(K)$ とする. また, $B_{11} \in M_{n_1,l_1}(K)$, $B_{12} \in M_{n_1,l_2}(K)$, $B_{21} \in M_{n_2,l_1}(K)$, $B_{22} \in M_{n_2,l_2}(K)$ とする. このとき,
$$\begin{pmatrix} A_{11} & A_{12} \\ A_{21} & A_{22} \end{pmatrix} \begin{pmatrix} B_{11} & B_{12} \\ B_{21} & B_{22} \end{pmatrix} = \begin{pmatrix} A_{11}B_{11} + A_{12}B_{21} & A_{11}B_{12} + A_{12}B_{22} \\ A_{21}B_{11} + A_{22}B_{21} & A_{21}B_{12} + A_{22}B_{22} \end{pmatrix}$$
が成り立つ.

つまり適切に行列が区分けされていれば, その区分けされた部分に着目して計算することができる. 特に $P(A\,|\,w) = (PA\,|\,Pw)$ が成り立つ. 一般の場合は問 1.7.2 を見よ. また,
$$(1.4.17) \qquad \begin{pmatrix} A_{11} & O \\ O & A_{22} \end{pmatrix} \begin{pmatrix} B_{11} & O \\ O & B_{22} \end{pmatrix} = \begin{pmatrix} A_{11}B_{11} & O \\ O & A_{22}B_{22} \end{pmatrix}$$
などはよく用いるので次のように略記する.

定義 1.4.18. $A_i \in M_{n_i}(K)$, $i = 1,\ldots,r$, とする. $M_{n_1+\cdots+n_r}(K)$ の元 $A_1 \oplus \cdots \oplus A_r$ を $A_1 \oplus \cdots \oplus A_r = \begin{pmatrix} A_1 & & & \\ & A_2 & & \\ & & \ddots & \\ & & & A_r \end{pmatrix}$ により定める.

[†11]. 基本変形を考えるのであれば $\lambda \neq 0$ を仮定すべきであるが, 補題 1.4.3 と同様に, 主張自体は $\lambda = 0$ でも成り立つのでここでは仮定 $\lambda \neq 0$ は外した.

ただし，空白の部分の成分はすべて 0 であるとする．これを $A_1,\ldots,A_r$ の**直和**と呼ぶ．

この記法を用いるならば式 (1.4.17) は $(A_1\oplus A_2)(B_1\oplus B_2)=A_1B_1\oplus A_2B_2$ と表される．

問 1.4.19. $A_i\in \mathrm{GL}_{n_i}(K)$, $i=1,\ldots,r$, とすると $A_1\oplus\cdots\oplus A_r\in \mathrm{GL}_{n_1+\cdots+n_r}(K)$ が成り立つことを示せ．

問 1.4.20. 補題 1.4.3 の記号を用いる．

$$Q_n(i,j) = P(j;-1)R(i,j;1)R(j,i;-1)R(i,j;1)$$

が成り立つことを示せ．したがって，基本変形のうち行の入れ替えや列の入れ替えは実は不要である．

1.5 行列のランク

一番最初に考えた連立方程式を解く問題に戻る．$a_{ij}\in K$, $1\leq i\leq m$, $1\leq j\leq n$, $c_k\in K$, $1\leq k\leq m$, とし，$x_1,\ldots,x_n\in K$ に関する連立一次方程式

$$(1.5.1) \quad \begin{cases} a_{11}x_1+a_{12}x_2+\cdots+a_{1n}x_n=c_1, \\ a_{21}x_1+a_{22}x_2+\cdots+a_{2n}x_n=c_2, \\ \quad\vdots \\ a_{m1}x_1+a_{m2}x_2+\cdots+a_{mn}x_n=c_m \end{cases}$$

について考える．$A=\begin{pmatrix} a_{11} & a_{12} & \cdots & a_{1n} \\ a_{21} & a_{22} & \cdots & a_{2n} \\ \vdots & & & \vdots \\ a_{m1} & a_{m2} & \cdots & a_{mn} \end{pmatrix}$, $v=\begin{pmatrix} x_1 \\ x_2 \\ \vdots \\ x_n \end{pmatrix}$, $w=\begin{pmatrix} c_1 \\ c_2 \\ \vdots \\ c_m \end{pmatrix}$

とすると，$A\in M_{m,n}(K)$, $w\in K^m$ であって，連立一次方程式 (1.5.1) は $v\in K^n$ に関する方程式

$$(1.5.2) \quad Av=w$$

に書き換えることができる．本書ではこれ以降，ほとんどの場合 $x_1, \ldots, x_n$ に関する連立一次方程式 (1.5.1) と，$v = \begin{pmatrix} x_1 \\ x_2 \\ \vdots \\ x_n \end{pmatrix}$ に関する方程式 (1.5.2) をこの方法で同じものとみなす．

定義 1.5.3. A を方程式 (1.5.1) の**係数行列**と呼ぶ．また，K^n の部分集合

$$\{v \in K^n \mid Av = w\}$$

を方程式 (1.5.2) の**解空間**と呼ぶ．方程式 (1.5.2) と (1.5.1) は同じものであるとみなしているので，これを方程式 (1.5.1) の解空間ともみなす．

仮に A が正則行列であるとすると，$Av = w$ の両辺に A^{-1} を左から掛けて $v = A^{-1}w$ を得る．逆に $v = A^{-1}w$ であれば $Av = w$ が成り立つので，$Av = w$ は解を持ち，それは $v = A^{-1}w$ のみであることが分かる．したがって，解空間は $\{A^{-1}w\}$ に等しい．一般には A は正則ではないし，そもそも正方行列とも限らない．そのような場合であっても，もし適当な行列 B を左から掛けて $BAv = Bw$ としたときに BA が単位行列あるいはそれに近い簡単な形であればこの新しい方程式は解けると考えられる．一度で簡単な形にならないのであれば，さらに行列 B' を左から掛けて $B'BAv = B'Bw$ を考えていくことにする．ここで，それぞれの方程式の解空間 $\{v \in K^n \mid Av = w\}$ と $\{v \in K^n \mid BAv = Bw\}$ は必ずしも等しくないことに注意が必要である．実際，$Av = w$ であれば $BAv = Bw$ は常に成り立つが，逆は必ずしも正しくない．つまり，$\{v \in K^n \mid Av = w\} \subset \{v \in K^n \mid BAv = Bw\}$ は常に成り立つが，逆の包含関係は必ずしも成り立たない[†12]．もしこれらが等しくないとすれば，方程式 $BAv = Bw$ がたとえ簡単な形をしていても得られた解が本当に元の方程式 $Av = w$ の解であるかどうか調べ直さなければいけない．このような煩雑さを避けるためには，上の B としては解空間が最初に与えられた方程式のものと等しいようなものを考える必要がある．一般にはどのような B について解空間が変化しないかということは方程式（A や w）に依る．しかし，少なくとも B が正則であれば $BAv = Bw$ の両辺に B^{-1} を左から掛

---

†12. 逆の包含関係が成り立たないような例を考えてみよ．

ければ $Av = w$ が従うので, $\{v \in K^n \mid BAv = Bw\} \subset \{v \in K^n \mid Av = w\}$ が成り立ち, 解空間は等しい.

ところで, 正則行列を左から掛けることは行列の左基本変形に対応した. そこで, ここでは行列の左基本変形により, 係数行列を十分簡単な, 単位行列に比較的近い形に変形できることをまず示す (一次方程式の解空間については後で扱う (定理 1.6.7) ことにする). 正則行列を左から掛ける際には BA と Bw の両方を計算する必要がある. これは次のように考えれば少し楽になる. つまり, A の代わりに行列

$$(A \mid w) = \begin{pmatrix} a_{11} & a_{12} & \cdots & a_{1n} & c_1 \\ a_{21} & a_{22} & \cdots & a_{2n} & c_2 \\ \vdots & & & \vdots & \vdots \\ a_{m1} & a_{m2} & \cdots & a_{mn} & c_m \end{pmatrix}$$

を考えておく. ここで縦線は便宜的に入れた. この行列を**拡大係数行列**と呼ぶこともある. $B(A \mid w) = (BA \mid Bw)$ であるから, 一度の計算で BA と Bw の両方が求まる.

係数行列をなるべく簡単な形にすることに関しては, 次が一つの結論である.

定理 1.5.4. $A \in M_{m,n}(K)$ とする. 左基本変形により A を以下の条件を充たすような行列に変形できる.

1) ある行が (行として) o であるならば, そこから下の行はすべて o である.

2) o でない行が r 個あるとし, k は $1 \leq k \leq r$ を充たすとする. 第 k 行について, 成分を左から見ていくと, 最初に現れる 0 でない成分は 1 である. これを (k, j_k) 成分であるとすると, $1 \leq j_1 < j_2 < \cdots < j_r \leq n$ が成り立つ. 直感的に言えば 1 の位置は下の行になればなるほど, 右にずれる.

3) また, (k, j_k) 成分である 1 の上には 0 が並んでいる ($l < k$ であれば (l, j_k) 成分は 0 である).

この形の行列を**階段行列**と呼ぶ[13]. より詳しく, 行階段行列とも呼ぶ. 階段

---

[13]. 条件 2) において, 行ごとに左から見たとき, 最初に現れる 0 でない成分が必ずしも 1 でなくともよい, としたものを階段行列と呼び, この定理の形を**既約階段行列**と呼ぶこともある. また, 条件 3) を落とすこともあるが, これらの場合には階段行列は A から一意的には定まらない.

行列は A により一意的に定まる．特に r も行列 A により一意的に定まる．

模式的には階段行列は下のように表される．

$$r) \begin{pmatrix} 0 & \cdots & 0 & \overset{j_1}{1} & * & \cdots & * & 0 & * & \cdots & * & 0 & * & \cdots & * & 0 & * & \cdots & * \\ 0 & \cdots & 0 & 0 & 0 & \cdots & 0 & \overset{j_2}{1} & * & \cdots & * & 0 & * & \cdots & * & 0 & * & \cdots & * \\ & & & & & & & & & & & \overset{j_3}{1} & * & \cdots & * & 0 & * & \cdots & * \\ & & & & & & & & & & & & & \ddots & & \vdots & & & \\ & & & & & \mathbf{0} & & & & & & & & & & \overset{j_r}{1} & * & \cdots & * \end{pmatrix}$$

ここで，「$*$」は何か成分があるが，それは具体的に何であるかは分からない，あるいは気にしていないことを表す．また，大きな「0」はこの辺りの（今の場合には右上の実線より下の部分の）成分がすべて 0 であることを表す[†14]．階段行列は第 $j_1,\ldots,j_r$ 列だけを考えれば単位行列のように見えるとも言える．

定理 1.5.4 の証明は後で行うこととし，その前にいくつか準備をしておく．

定義 1.5.5. 第 i 成分のみが 1 であって，その他の成分がすべて 0 であるような n 次列ベクトルを K^n の**第 i 基本ベクトル**と呼ぶ[†15]．また，基本ベクトルたちを K^n の基本ベクトルと総称する．具体的には $e_i = i) \begin{pmatrix} 0 \\ \vdots \\ 0 \\ 1 \\ 0 \\ \vdots \\ 0 \end{pmatrix}$ である．

注 1.5.6. e_i を K^m の第 i 基本ベクトルとすると，階段行列について次が成り立つ．

1) 第 1 列から第 $(j_1 - 1)$ 列までは（該当する列が存在すれば）$o \in K^m$ に等しい．
2) $k = 1,\ldots,r$ について，第 j_k 列は $e_k \in K^m$ に等しい．
3) $k = 1,\ldots,r$ について，第 $(j_k + 1)$ 列から第 $(j_{k+1} - 1)$ 列までは

[†14]. 仮にこの部分の成分が何であるか分からず，また気にしてもいない場合には大きな「$*$」によってそのことを表すこともできる．
[†15]. 基本ベクトルという用語はしばしば見られるが，必ずしも一般的なものではないので用いる際には断った方が無難である．

$\lambda_1 e_1 + \cdots + \lambda_k e_k, \lambda_i \in K$, の形をした K^m の元である.
階段行列は行ごとに見れば，与えられた方程式を変形した結果得られた方程式であると考えることもできる．一方，階段行列をこのように列ごとに捉えることも方程式の解空間を記述する際など，さまざまな場面で有用である．

定義 1.5.7. $A \in M_{m,n}(K)$ とし，A の (i, j) 成分 $a_{i,j}$ は 0 でないとする．このとき A に以下のような操作を施す．
1) A の第 i 行を $a_{i,j}$ で割り，得られた行列を A' とする．
2) A' の (k, j) 成分 $(k \neq i)$ が 0 でなければ，A' の第 k 行から第 i 行の $a_{k,j}$ 倍を引く．これを $k \neq i$ なる k すべてについて行い，得られた行列を A'' とする．

すると A'' の第 j 列は e_i となる．このような操作を（A の）(i, j) 成分を 要 として第 j 列を掃き出すと呼ぶ．

同様に，
1) A の第 j 列を $a_{i,j}$ で割り，得られた行列を A' とする．
2) A' の (i, l) 成分 $(l \neq j)$ が 0 でなければ，A' の第 l 列から第 j 列の $a_{i,l}$ 倍を引く．これを $l \neq j$ なる l すべてについて行い，得られた行列を A'' とする．

という操作を (i, j) 成分を要として第 i 行を掃き出すと呼ぶ．このとき，A'' の第 i 行は $(0 \cdots 0 \overset{j}{1} 0 \cdots 0)$ となる．

列の掃き出しは左基本変形，行の掃き出しは右基本変形で行うことができる．これらの変形は基本行列を左右からいくつか掛けることにより実現できるが，補題 1.4.5 と 1.4.11 により基本行列の積は正則行列である．

正則行列に関して一つ注意しておく．

補題 1.5.8. $A \in M_n(K)$ とする．
1) A が正則行列であれば，A に左右の基本変形を施して得られる行列も正則である．逆に，A に左右の基本変形を施して正則行列が得られるならば A は正則である．
2) A に左右の基本変形を繰り返したとき，o であるような行あるいは列が現れれば A は正則ではない．特に，A のある行，あるいはある列が o であれば A は正則ではない．また，A が同じ行，あるいは同じ列を

含めば A は正則ではない.

証明. <u>1) の証明</u>. $P, Q \in \mathrm{GL}_n(K)$ とする. $A \in \mathrm{GL}_n(K)$ であれば補題 1.4.11 により $PAQ \in \mathrm{GL}_n(K)$ が成り立つ. 逆に $PAQ \in \mathrm{GL}_n(K)$ であれば $A = P^{-1}(PAQ)Q^{-1}$ なので, 再び補題 1.4.11 により $A \in \mathrm{GL}_n(K)$ が成り立つ. よって 1) が成り立つ.

<u>2) の証明</u>. まず A の第 i 行が o であるとする. このとき, 任意の $B \in M_n(K)$ について AB の第 i 行は o となるので, $AB = E_n$ は成り立ち得ない. したがって A は正則ではない. 同様に, A の第 j 列が o であれば任意の $B \in M_n(K)$ について BA の第 j 列は o となるのでやはり A は正則ではない. $A \in M_n(K)$ が同じ行 (同じ列) を含めば左基本変形 (右基本変形) で A のある行 (列) が o であるように変形できる. すると 1) により A は正則ではない. したがって 2) が成り立つ. □

定理 1.5.4 の証明[16]. $e_1, \ldots, e_n$ を K^n の基本ベクトルとする.

<u>変形できること</u>. $A \in M_{m,n}(K)$ とする. $A = O_{m,n}$ ならば A は既に階段行列であるので, $A \ne O_{m,n}$ とする. $A = (a_1 \cdots a_n)$ と列に分け, $a_j \ne o$ なる最小の j を j_1 とする. すると, a_{j_1} の第 i 成分が 0 でないとしてよい. このとき, A の第 1 行と第 i 行を入れ替えて得られる行列を $A^{(0)} = (a_1^{(0)} \cdots a_n^{(0)})$ とする. $a_1^{(0)} = \cdots = a_{j_1-1}^{(0)} = 0$ であって, 一方, $a_{j_1}^{(0)}$ の第 1 成分は 0 ではない. そこで $A^{(0)}$ の第 j_1 列を $(1, j_1)$ 成分を要として掃き出す. 得られた行列を $A^{(1)} = (a_1^{(1)} \cdots a_n^{(1)})$ とすれば, $a_1^{(1)} = \cdots = a_{j_1-1}^{(1)} = 0$, $a_{j_1}^{(1)} = e_1$ が成り立つから, $A^{(1)}$ は第 j_1 列まで階段行列である. もし $A^{(1)}$ が全体として階段行列であれば作業はここで終わる. $A^{(1)}$ が階段行列ではないとすると, ある (i, j), $i \ge 2$, $j \ge j_1 + 1$, について $A^{(1)}$ の (i, j) 成分は 0 でない. このような成分のうち, j が最小であるようなものの一つを a_{i,j_2} とする. $A^{(1)}$ の第 2 行と第 i 行を入れ替えて得られた行列を $(2, j_2)$ 成分を要として掃き出し, その結果を $A^{(2)} = (a_1^{(2)} \cdots a_n^{(2)})$ とする. すると $a_{j_2}^{(2)} = e_2$ が成り立つ. 一方, $A^{(1)}$ の第 2 行以下については第 $(j_2 - 1)$ 列までは 0 なので, この掃き出しの操作によって $A^{(1)}$ の第 1 列から第 $(j_2 - 1)$ 列までは変化しない. したがって, $a_1^{(2)} = \cdots = a_{j_1-1}^{(2)} = 0$, $a_{j_1}^{(2)} = e_1$ である. さらに $a_{j_1+1}^{(2)}, \ldots, a_{j_2-1}^{(2)}$ はい

---

[16] この証明は与えられた行列を階段行列に変形する手順を具体的に示していることに注意せよ. 定理の証明が具体的な方法を与えることはしばしばある.

ずれも e_1 の定数倍である. よって $A^{(2)}$ は第 j_2 列まで階段行列に変形されている. また, 定め方から $1 \leq j_1 < j_2$ である.

 以下, この作業を繰り返していけば $1 \leq j_1 < \cdots < j_r < n$ であって, $A^{(r)}$ が階段行列となるか, あるいは $1 \leq j_1 < \cdots < j_r = n$ が成り立ち $A^{(r)}$ が階段行列となるか, のいずれかが成り立つ. この操作は高々 n 回で終了するので, 確かに上の操作で階段行列を得ることができる.

得られる階段行列は変形の仕方に依らないこと. A が零行列である場合にはどんな基本変形を施しても零行列のままであるから一意性が成り立つ. そこで A は零行列ではないとする. A を左基本変形により階段行列に変形し, B と C を得たとする. それぞれの左基本変形に対応する基本行列の積で表される正則行列を $P, Q \in \mathrm{GL}_m(K)$ とすれば $B = PA, C = QA$ が成り立つ. すると $A = P^{-1}B = Q^{-1}C$ であるから $C = QP^{-1}B$ が成り立つ. したがって, 定理を示すためには, B, C がともに階段行列であって, $C = PB$ がある $P \in \mathrm{GL}_m(K)$ について成り立つならば $C = B$ であることを示せばよい[17].

 $B = (b_1 \cdots b_n), C = (c_1 \cdots c_n), P = (p_1 \cdots p_m)$ と列ベクトルを用いて表す. また, B について r と $j_1, \ldots, j_r$ を定理の主張にあるように定める. $C = PB$ であるから, $c_j = Pb_j$ が $1 \leq j \leq n$ について成り立つ. $b_1 = \cdots = b_{j_1-1} = o$ が成り立つから, $c_1 = \cdots = c_{j_1-1} = o$ が成り立つ. また, $c_{j_1} = Pb_{j_1} = Pe_1 = p_1$ が成り立つ. C は階段行列であったから, $c_{j_1} = o$ あるいは $c_{j_1} = e_1$ が成り立つが, $c_{j_1} = p_1$ であることと, 補題 1.5.8 により $p_1 \neq o$ であることから $c_{j_1} = e_1$ と $p_1 = e_1$ が成り立つ. そこで, 第 1 列から第 j_k 列まで B と C は等しく, また, 第 1 列から第 k 列までは $p_l = e_l$ が成り立つと仮定する (ただし $k < r$ とする). B は階段行列であるから, $j_k + 1 \leq l < j_{k+1}$ とすると, $\lambda_{l,1}, \ldots, \lambda_{l,k} \in K$ が存在して $b_l = \lambda_{l,1}e_1 + \cdots + \lambda_{l,k}e_k$ が成り立つ (b_l の最初の k 個の成分のみが 0 でない可能性がある). したがって $c_l = Pb_l = \lambda_{l,1}Pe_1 + \cdots + \lambda_{l,k}Pe_k = \lambda_{l,1}p_1 + \cdots + \lambda_{l,k}p_k = \lambda_{l,1}e_1 + \cdots + \lambda_{l,k}e_k = b_l$ が成り立つ. C は階段行列であるから, $c_{j_{k+1}} = \mu_1 e_1 + \cdots + \mu_k e_k, \mu_1, \ldots, \mu_k \in K$, あるいは $c_{j_{k+1}} = e_{k+1}$ のいずれか一方が成り立つ. 一方, $c_{j_{k+1}} = Pb_{j_{k+1}} = Pe_{k+1} = p_{k+1}$ が成り立つ. もし $c_{j_{k+1}} = \mu_1 e_1 + \cdots + \mu_k e_k$ が成り立つとすると, P に右基本変形を

---

[17]. 最初の QP^{-1} は基本行列の積であるから, QP^{-1} を改めて P と置いて $C = PB$ としたとき P も基本行列の積であると仮定することもできるが, 以下ではこの条件は用いない.

施して P の第 $(k+1)$ 列を o にすることができる．実際，P の第 $(k+1)$ 列に P の第 l 列の $-\mu_l$ 倍を，$l = 1, \ldots, k$ として順次加えればよい．これは補題 1.5.8 により P が正則であることに反するから，$c_{j_{k+1}} = e_{k+1}$ が成り立つ．よって $p_{k+1} = e_{k+1}$ も成り立つ．したがって帰納法により B と C は第 1 列から第 j_r 列まで等しく，$P = \begin{pmatrix} E_r & * \\ O & * \end{pmatrix}$ が成り立つ．$s > r$ であれば B の第 s 行は o であるから $B = PB$ が成り立つので，$C = B$ が成り立つ[18]． □

定義 1.5.9. 定理 1.5.4 で定まる r を A のランク（**rank**, 階数）と呼び，通常は rank A あるいは rk A で表す．K を強調したい場合には $\mathrm{rank}_K A$ などと表す[19]．

例 1.5.10.
1) $\mathrm{rank} \begin{pmatrix} 2 & 1 \\ 0 & 1 \end{pmatrix} = 2$. ここでの rank は $\mathrm{rank}_{\mathbb{R}}$ とも $\mathrm{rank}_{\mathbb{C}}$ とも考えられるが，系 1.5.32 で述べるように実はどちらでもよい．
2) $\mathrm{rank} \begin{pmatrix} 1 & \sqrt{-1} \\ \sqrt{-1} & -1 \end{pmatrix} = 1$ が成り立つ．ここでは複素行列のランクを考えているので，rank は $\mathrm{rank}_{\mathbb{C}}$ のことである．

後で見るように連立方程式の解空間の様子は係数行列や拡大係数行列のランクと直接関係する．1.6 節を参照のこと．

補題 1.5.11. $A \in M_{m,n}(K)$ とすると $\mathrm{rank}\, A \leq \min\{m, n\}$ が成り立つ．

証明． rank A は A を階段行列に変形したとき，階段状に表れる 1 の数に等しいので，$\mathrm{rank}\, A \leq m$, $\mathrm{rank}\, A \leq n$ が成り立つ． □

定理 1.5.12. $A \in M_n(K)$ とすると以下の条件は同値である．
1) $A \in \mathrm{GL}_n(K)$.
2) A に左基本変形を施して得られる階段行列が単位行列である．
3) A を左基本変形のみで単位行列に変形できる．
4) A を基本行列の積として表すことができる．
5) $\mathrm{rank}\, A = n$.

---

[18] P はほぼ単位行列であったが，それでは P の E_r 以外の部分はどのような基本変形を表すのか考えてみよ．
[19] ここでのランクを**行ランク**と呼ぶこともある．

証明. まず $A \in \mathrm{GL}_n(K)$ とし，A を左基本変形して得られる階段行列を L とする．すると補題 1.5.8 により L には o であるような行は存在しない．一方，L は階段行列であって，正方行列であるから単位行列である．よって 1)⇒2) が成り立つ．2) が成り立てば，得られた階段行列の形から 5) が成り立つ．5) が成り立つとする．ランクの定義により，A を左基本変形により階段行列に変形すると，o でない行は n 個である．$A \in M_n(K)$ であるからこの階段行列は単位行列である．したがって 3) が成り立つ．3) が成り立つとする．すると，基本行列 $P_1, \ldots, P_k$ が存在して $P_k \cdots P_1 A = E_n$ が成り立つ．各 i について P_i は正則であるから $A = P_1^{-1} \cdots P_k^{-1}$ が成り立つ．一方，各 i について P_i^{-1} は基本行列であるから，A は基本行列の積として表されている．よって 4) が成り立つ．4) が成り立てば補題 1.4.11 により 1) が成り立つ． □

注 1.5.13. これまでは基本行列の積であるような正則行列を単なる正則行列と区別してきたが，定理 1.5.12 によりその区別は不要であることが分かる．今後はこれらを区別しない．

補題 1.5.14. $A \in M_{m,n}(\mathbb{C})$ とすると $\mathrm{rank}\,\overline{A} = \mathrm{rank}\,A$ が成り立つ．

証明. $P \in \mathrm{GL}_m(\mathbb{C})$ とし，PA は階段行列であるとする．$\overline{P} \in \mathrm{GL}_m(\mathbb{C})$ であって，一方 $\overline{PA}$ は階段行列である．$\mathrm{rank}\,A$ は PA の 0 でない行の数に等しいが，これは $\overline{P}\,\overline{A} = \overline{PA}$ の 0 でない行の数に等しいので，$\mathrm{rank}\,\overline{A} = \mathrm{rank}\,A$ が成り立つ． □

系 1.5.15. $A \in M_n(K)$ とし，$A = \begin{pmatrix} A_{11} & A_{12} \\ A_{21} & A_{22} \end{pmatrix}$, $A_{11} \in M_{n_1}(K)$, $A_{22} \in M_{n_2}(K)$, と区分けされていて[20]，さらに $A_{12} = O$ あるいは $A_{21} = O$ が成り立つとする．このとき，$A \in \mathrm{GL}_n(K)$ であることと，$A_{11} \in \mathrm{GL}_{n_1}(K)$ かつ $A_{22} \in \mathrm{GL}_{n_2}(K)$ であることは同値である．

証明. $A_{12} = O$ の場合に示す．$A_{21} = O$ の場合も同様である．$A \in \mathrm{GL}_n(K)$ とする．A_{11} を左基本変形して得た階段行列を L とする．もし A_{11} が正則でなければ，L の第 n_1 行は o である．同様の左基本変形を A に施して A の第 1 行から第 n_1 行までを左基本変形すれば，A の第 n_1 行を o にすることができる．したがって，補題 1.5.8 により A は正則ではない．これは仮定

---

[20] 当然 $n = n_1 + n_2$ である．

に反するから A_{11} は正則である．すると定理 1.5.12 により，$L = E_{n_1}$ が成り立つ．よって A に左基本変形を施して A_{11} の部分を E_{n_1} に変形した後，さらに左基本変形を施して A_{21} の部分を O にできる．この際，$A_{12} = O$ であるから A_{22} の部分は変化しないことに注意すると，A は $\begin{pmatrix} E_{n_1} & O \\ O & A_{22} \end{pmatrix}$ に変形されている．A_{22} が正則でなければ上と同様の議論により A の第 n 行を左基本変形により o にできることが分かるから，やはり仮定に反する．したがって A_{22} も正則である．逆に，$A_{12} = O$ であって，$A_{11} \in \mathrm{GL}_{n_1}(K)$，$A_{22} \in \mathrm{GL}_{n_2}(K)$ が成り立つとする．このとき $X = \begin{pmatrix} A_{11}^{-1} & O \\ -A_{22}^{-1} A_{21} A_{11}^{-1} & A_{22}^{-1} \end{pmatrix}$ と置けば $AX = XA = E_n$ が成り立つので，$A \in \mathrm{GL}_n(K)$ である． □

命題 1.5.16. $A \in M_{m,n}(K)$ に左右の基本変形を適当に施すと

$$\begin{pmatrix} E_r & O_{r,n-r} \\ O_{m-r,r} & O_{m-r,n-r} \end{pmatrix}$$

の形の行列に変形できて，$r = \mathrm{rank}\, A$ が成り立つ．特に変形の結果は一意的である．また，$r = 0, r = m, r = n$ のいずれの場合も起こりうる．

注 1.5.17. 上の形の行列を標準形と呼ぶこともある．ただし，何をもって標準形と呼ぶかは文脈により異なり，「行列の標準形」はたくさんある．

命題 1.5.16 の証明． $\widetilde{E}_r = \begin{pmatrix} E_r & O_{r,n-r} \\ O_{m-r,r} & O_{m-r,n-r} \end{pmatrix}$ と置く．さて，A を階段行列に変形しておく．すると，各行を右基本変形で掃き出すことにより，階段状に現れていた 1 である成分はそのままで，それ以外の成分はすべて 0 にすることができる．あとは列を右基本変形で入れ替えて左に寄せていけば $\widetilde{E}_r$ の形に変形できて，$r = \mathrm{rank}\, A$ が成り立つ．さて，A をある左右の基本変形で $\widetilde{E}_r$ の形に変形できたとする．これは $P \in \mathrm{GL}_m(K)$ と，$Q \in \mathrm{GL}_n(K)$ が存在して $PAQ = \widetilde{E}_r$ が成り立つことと同値である．一方，別な左右の基本変形で A を $\widetilde{E}_s$ の形に変形できたとする．すると，$P' \in \mathrm{GL}_m(K)$ と，$Q' \in \mathrm{GL}_n(K)$ が存在して $P'AQ' = \widetilde{E}_s$ が成り立つ．必要なら P と P'，Q と Q' をそれぞれ入れ替えて $r \leq s$ としてよい．このとき $P'P^{-1}\widetilde{E}_r = \widetilde{E}_s Q'^{-1} Q$ が成り立つので，$P'P^{-1} = \begin{pmatrix} P_{11} & P_{12} & P_{13} \\ P_{21} & P_{22} & P_{23} \\ P_{31} & P_{32} & P_{33} \end{pmatrix}$，$Q'^{-1}Q = \begin{pmatrix} Q_{11} & Q_{12} & Q_{13} \\ Q_{21} & Q_{22} & Q_{23} \\ Q_{31} & Q_{32} & Q_{33} \end{pmatrix}$ と，

$P_{11}, Q_{11} \in M_r(K)$, $\begin{pmatrix} P_{11} & P_{12} \\ P_{21} & P_{22} \end{pmatrix}$, $\begin{pmatrix} Q_{11} & Q_{12} \\ Q_{21} & Q_{22} \end{pmatrix} \in M_s(K)$ となるように区分けする ($s \leq m, s \leq n$ に注意せよ). すると, 上の式は $\begin{pmatrix} P_{11} & O & O \\ P_{21} & O & O \\ P_{31} & O & O \end{pmatrix} =$ $\begin{pmatrix} Q_{11} & Q_{12} & Q_{13} \\ Q_{21} & Q_{22} & Q_{23} \\ O & O & O \end{pmatrix}$ と書き換えることができる. よって $Q_{12}, Q_{13}, Q_{22}, Q_{23}$ はいずれも零行列であるから, $Q'^{-1}Q = \begin{pmatrix} Q_{11} & O & O \\ Q_{21} & O & O \\ Q_{31} & Q_{32} & Q_{33} \end{pmatrix}$ が成り立つ. ところで, $Q'^{-1}Q$ は正則であったから, 系 1.5.15 により, $\begin{pmatrix} Q_{11} & O \\ Q_{21} & O \end{pmatrix} \in \mathrm{GL}_s(K)$ が成り立つが, もし $r < s$ であればこれは補題 1.5.8 に反する. よって $r = s$ が成り立つ. □

右基本変形も左基本変形と同様の性質を持つ. ここまでの議論と同様の議論を繰り返して示すこともできるが, 以下で定める転置行列を用いて示すこともできる.

定義 1.5.18. $A \in M_{m,n}(K)$ の**転置行列**とは, A の (i,j) 成分を (j,i) 成分とする $M_{n,m}(K)$ の元のことである. A の転置行列を ${}^tA$ で表す.

注 1.5.19. ${}^tA$ を A^t, A^T と表す流儀もある.

次の補題は易しい.

補題 1.5.20. $A, B \in M_{m,n}(K), \lambda \in K$ とすると次が成り立つ.
1) ${}^t(\lambda A) = \lambda {}^tA$.
2) ${}^t(A+B) = {}^tA + {}^tB$.

また, 行列の積に関連して次が成り立つ.

補題 1.5.21. $A \in M_{m,n}(K), B \in M_{n,l}(K)$ とすると ${}^t(AB) = {}^tB \, {}^tA$ が成り立つ.

証明. $A = (a_{i,j}), B = (b_{i,j})$ とすると ${}^t(AB)$ の (i,j) 成分は AB の (j,i) 成

分だから，$\sum_{k=1}^{n} a_{jk}b_{ki}$ に等しい．この和は $\sum_{k=1}^{n} b_{ki}a_{jk}$ に等しいが，b_{ki} は ${}^t\!B$ の (i,k) 成分，a_{jk} は ${}^t\!A$ の (k,j) 成分なので，求める和は ${}^t\!B{}^t\!A$ の (i,j) 成分に等しい． □

系 1.5.22. $A \in \mathrm{GL}_n(K)$ であれば，${}^t\!A \in \mathrm{GL}_n(K)$ であって，$({}^t\!A)^{-1} = {}^t(A^{-1})$ が成り立つ．

証明． $AA^{-1} = A^{-1}A = E_n$ より，${}^t(AA^{-1}) = {}^t(A^{-1}A) = {}^t\!E_n$ が成り立つ．したがって ${}^t(A^{-1}){}^t\!A = {}^t\!A{}^t(A^{-1}) = E_n$ が成り立つ．よって，${}^t\!A$ は正則で，逆行列は ${}^t(A^{-1})$ で与えられる． □

系 1.5.22 により，転置を取ることと逆行列を取ることは可換な操作である．そこで，特に順序を強調する必要がない場合には ${}^t(A^{-1})$ も $({}^t\!A)^{-1}$ もともに ${}^t\!A^{-1}$ で表す．

命題 1.5.23. $A \in M_{m,n}(K)$ とすると $\mathrm{rank}\, A = \mathrm{rank}\, {}^t\!A$ が成り立つ．

証明． $\mathrm{rank}\, A = r$ であることは，$P \in \mathrm{GL}_m(K)$ と $Q \in \mathrm{GL}_n(K)$ が存在して $PAQ = \begin{pmatrix} E_r & O_{r,n-r} \\ O_{m-r,r} & O_{m-r,n-r} \end{pmatrix}$ が成り立つことと同値であった．すると ${}^t\!Q\,{}^t\!A\,{}^t\!P = \begin{pmatrix} E_r & O_{r,m-r} \\ O_{n-r,r} & O_{n-r,m-r} \end{pmatrix}$ が成り立つ．系 1.5.22 により ${}^t\!Q \in \mathrm{GL}_n(K)$，${}^t\!P \in \mathrm{GL}_m(K)$ が成り立つから $\mathrm{rank}\, {}^t\!A = r$ である． □

定理 1.5.24. $A \in M_{m,n}(K)$ とすると，右基本変形により A を定理 1.5.4 の条件 1)–3) において「行」と「列」をすべて入れ替えた条件を充たすような行列（行階段行列の転置行列）に変形できて，変形の結果は一意的である．この形の行列を（列）階段行列と呼ぶ．A から得られる列階段行列において，o でない列の数を r とすると $r = \mathrm{rank}\, A$ が成り立つ．また，定理 1.5.4 と同様に，条件をゆるめたものを（列）階段行列と呼び，ここにあるものを既約（列）階段行列と呼ぶこともある[21]．

証明． ${}^t\!A$ は左基本変形により行階段行列に変形できるから，ある正則行列

---
[21]. ここでの r を A の列ランクと呼ぶことがある．命題 1.5.23 により行ランクと列ランクは等しいので，本書では両者を単にランクと呼ぶ．もう少し複雑なことを考えるときには行ランクと列ランクを区別することが有用なこともあるが，それは本書の範囲からは外れる．

P が存在して $P{}^tA$ は行階段行列である．したがって $A{}^tP$ は列階段行列である．一方，基本行列の転置行列は基本行列である．P は基本行列の積であるから，補題 1.5.21 により ${}^tP$ も基本行列の積である．したがって ${}^tP$ を A に右から掛けることは A を右基本変形することに対応している[†22]．A を右基本変形により階段行列 L, L' に変形できたとする．このとき，右基本変形に対応する正則行列 P, P' が存在して $AP = L, AP' = L'$ が成り立つ．すると ${}^tP{}^tA = {}^tL, {}^tP'{}^tA = {}^tL'$ が成り立つが，${}^tL, {}^tL'$ はともに行階段行列であるから，定理 1.5.4 により ${}^tL = {}^tL'$ が成り立つ．したがって $L = L'$ が成り立つ．また，$\operatorname{rank} A = \operatorname{rank} {}^tA$ なので，上のような列階段行列において $\operatorname{rank} A = r$ が成り立つ． □

定理 1.5.12 と同様に次が成り立つ．

命題 1.5.25. $A \in M_n(K)$ とすると以下の条件は同値である．
1) $A \in \operatorname{GL}_n(K)$.
2) A に右基本変形を施して得られる列階段行列が単位行列である．
3) A は右基本変形のみで単位行列に変形できる．
4) A は基本行列の積として表すことができる．
5) $\operatorname{rank} A = n$.

次の定理はランクの基本的な性質の一つである．

定理 1.5.26. $A \in M_{m,n}(K), B \in M_{n,l}(K)$ とすれば $\operatorname{rank} AB \le \min\{\operatorname{rank} A, \operatorname{rank} B\}$ が成り立つ．また，$\operatorname{rank} A = n$ であれば $\operatorname{rank} AB = \operatorname{rank} B$ が，$\operatorname{rank} B = n$ であれば $\operatorname{rank} AB = \operatorname{rank} A$ がそれぞれ成り立つ．

証明． $\operatorname{rank} A = r, \operatorname{rank} B = s$ とする．また，$\widetilde{E}_r = \begin{pmatrix} E_r & O \\ O & O \end{pmatrix}$ と置く．ただし，三つある O のサイズは $\widetilde{E}_r$ のサイズに応じて適宜定める．すると，ある $P \in \operatorname{GL}_m(K), Q, R \in \operatorname{GL}_n(K), S \in \operatorname{GL}_l(K)$ が存在して $PAQ = \widetilde{E}_r$, $RBS = \widetilde{E}_s$ が成り立つ．よって $PABS = \widetilde{E}_r Q^{-1} R^{-1} \widetilde{E}_s$ が成り立つ．すると，$PABS = \begin{pmatrix} C \\ O \end{pmatrix} = (D\ O)$ がある $C \in M_{r,l}(K)$ と $D \in M_{m,s}(K)$ について

[†22]. $P \in \operatorname{GL}_n(K)$ であれば ${}^tP$ を A に右から掛けることが基本変形に対応することは系 1.5.22 を用いても示せる．

成り立つ．まず C の部分だけに着目して，下の O の部分を変えずに基本変形を行って $PABS$ を $\widetilde{E}_t$ の形に直すことができるから $\operatorname{rank} AB \leq r$ が成り立つ．同様に $\operatorname{rank} AB \leq s$ も成り立つ．もし $\operatorname{rank} A = n$ が成り立つならば，$PABS = \begin{pmatrix} Q^{-1}R^{-1} \\ O \end{pmatrix} \widetilde{E}_s$ が成り立つ．ここで，補題 1.5.11 により $s \leq n \leq m$ が成り立つことに注意して $T = (RQ) \oplus E_{m-n}$ と置くと，$T \in \operatorname{GL}_m(K)$ であって $TPABS = \widetilde{E}_s{}'$ が成り立つ（この $\widetilde{E}_s{}'$ は $\widetilde{E}_s$ と同様の形をしているが，一般には RBS とはサイズが異なるので記号を変えた）から $\operatorname{rank} AB = \operatorname{rank} B$ が成り立つ．同様に $\operatorname{rank} B = n$ であれば $\operatorname{rank} AB = \operatorname{rank} A$ が成り立つ． □

定理 1.5.27. $A, B \in M_n(K)$ が $AB = E_n$ を充たせば $A, B \in \operatorname{GL}_n(K)$ が成り立つ．特に $BA = E_n$ が成り立つ．

証明． 仮定と定理 1.5.26 により $n = \operatorname{rank} E_n = \operatorname{rank} AB \leq \operatorname{rank} A$ が成り立つ．補題 1.5.11 により $\operatorname{rank} A \leq n$ であるから $\operatorname{rank} A = n$ が成り立つ．したがって，定理 1.5.12 により $A \in \operatorname{GL}_n(K)$ が成り立つ．よって $B = A^{-1}$ であるから $BA = E_n$ も成り立つ． □

注 1.5.28. 定理 1.5.27 において $BA = E_n$ かどうかは自明ではなく，したがって A^{-1} の存在は $AB = E_n$ からは直ちには保証されない．例えば $BA = A^{-1}(AB)A = A^{-1}E_nA = A^{-1}A = E_n$ という式は，A^{-1} があらかじめ存在して初めて意味を持つ式である．この式から分かることは「A^{-1} が存在し，かつ $AB = E_n$ が成り立つならば $BA = E_n$ が成り立つ」ことであって，A^{-1} の存在そのものではない．

前節で正方行列について正則行列を定めた（定義 1.4.6）が，ここで一般に定義しておく[†23]．

定義 1.5.29. $A \in M_{m,n}(K)$ が**正則行列**であるとは，ある $B \in M_{n,m}(K)$ が存在して $AB = E_m$ かつ $BA = E_n$ が成り立つことである．このとき B を A の**逆行列**と呼び，A^{-1} で表す．

正則行列の逆行列が一意的であることは補題 1.4.11 と全く同様に示せる．

[†23]. 定理 1.5.30 が成り立つのでこの定義は無意味に思えるかもしれないが，線型空間や線型写像との関係で言えば正方行列とは限らない行列についても正則行列を定めておいた方が一貫性がある．

正則行列は次の著しい特徴を持つ.

定理 1.5.30. $A \in M_{m,n}(K)$ が正則であれば $m = n$ が成り立つ.

証明. $B \in M_{n,m}(K)$ とし,$AB = E_m, BA = E_n$ が成り立つとする.すると,定理 1.5.26 により $m = \mathrm{rank}\, E_m = \mathrm{rank}\, AB \leq \mathrm{rank}\, A$, $n = \mathrm{rank}\, E_n = \mathrm{rank}\, BA \leq \mathrm{rank}\, A$ が成り立つ.よって,$\max\{m,n\} \leq \mathrm{rank}\, A$ が成り立つ.一方,補題 1.5.11 により $\mathrm{rank}\, A \leq \min\{m,n\}$ が成り立つのだから,$m = n = \mathrm{rank}\, A$ が成り立つ. □

問 1.5.31. $m > n$ とし,$A \in M_{m,n}(K), B \in M_{n,m}(K)$ とする.$AB = E_s$ はいかなる $s > 0$ についても成り立たないことを示せ.また,$BA = E_n$ が成り立つような A, B の例を挙げよ.

したがって主張「$A \in M_{m,n}(K), B \in M_{n,m}(K)$ について,$AB = E_m$ が成り立てば $BA = E_n$ が成り立つ」は $m = n$ のときのみ成り立つ.この主張は $m = n$ であっても $m = n = +\infty$ に相当する場合には成り立たない.これについては第 3 章で扱う「線型空間」や「線型写像」などの概念を用いるのが便利なので後で扱う.問 3.12.8 を参照のこと.

ここで実行列のランクについて一つ注意しておく.$M_{m,n}(K)$ の元を基本変形するときには K の元を用いて基本変形したので,$M_{m,n}(\mathbb{C})$ の元のランクは紛れがなく定まる.一方,$M_{m,n}(\mathbb{R})$ の元については,実数の範囲で基本変形をしてランクを定めるのが自然に思えるが,$M_{m,n}(\mathbb{R})$ の元は $M_{m,n}(\mathbb{C})$ の元と考えることもできるから,複素数の範囲で基本変形をしてランクを定めることもできる.このようにランクが二種類現れるようにも考えられるが,これらは一致する.

系 1.5.32. $M_{m,n}(\mathbb{R})$ の元は $M_{m,n}(\mathbb{C})$ の元とみなして左基本変形により階段行列に変形しても実行列と考えたときと同じ行列が得られる.命題 1.5.16 の意味での標準形や列階数行列についても同様である.特に,$A \in M_{m,n}(\mathbb{R})$ であれば $\mathrm{rank}_{\mathbb{R}}\, A = \mathrm{rank}_{\mathbb{C}}\, A$ が成り立つ.

証明. ここでは実数の範囲での基本変形を実基本変形,複素数の範囲での基本変形を複素基本変形と呼ぶことにする.実基本変形で A を階段行列に変形した結果を A' とする.実基本変形は複素基本変形の特別な場合であるから,

A を複素基本変形で A' に変形できることになる．定理 1.5.4 によれば，階段行列は基本変形の仕方には依らないのだから，ほかの複素基本変形を用いても得られる階段行列は A' である．特に $\mathrm{rank}_{\mathbb{R}}\, A = \mathrm{rank}_{\mathbb{C}}\, A$ が成り立つ．標準形や列階数行列についても同様に示せるので省略する． $\square$

系 1.5.32 は連立一次方程式の解について論じる際に重要である．

この節の最後に，定理 1.5.12 を用いて与えられた正方行列が正則かどうか判定し，正則であれば逆行列を求める方法を一つ考えてみる．$A \in M_n(K)$ とし，L を A から左基本変形によって得られる階段行列とする．このとき，左基本変形に対応する基本行列 $P_1, \ldots, P_k$ が存在して $L = P_k P_{k-1} \cdots P_1 A$ が成り立つ．定理 1.5.12 によれば $A \in \mathrm{GL}_n(K)$ と $L = E_n$ は同値である．もし $L = E_n$ であれば，$A^{-1} = P_k P_{k-1} \cdots P_1 = P_k P_{k-1} \cdots P_1 E_n$ が成り立つから，A^{-1} は E_n に対して P_1 に対応する左基本変形，P_2 に対応する左基本変形，$\cdots$，P_k に対応する基本変形と，この順序で左基本変形を繰り返し施すことにより得られる．このことを踏まえれば，次のような作業をすればよい．まず行列 A と単位行列 E_n を並べて $(A \,|\, E_n)$ とする．そして A の部分が階段行列になるように左基本変形を繰り返していく．上の記号を用いるならば，$P_1, \ldots, P_k$ に対応する左基本変形をこの順序で施せば $(P_k \cdots P_1 A \,|\, P_k \cdots P_1 E_n)$ を得る．A が正則であれば，これは $(E_n \,|\, A^{-1})$ となっているし，A が正則でなければ左半分は E_n 以外の階段行列となっている．言い換えれば，A の部分を E_n に変形する作業が完結すれば右半分が逆行列となっているし，作業がどこかで行き詰まれば A は逆行列を持たない．

次のように考えることもできる．$e_1, \ldots, e_n$ を K^n の基本ベクトルとする．$A \in M_n(K)$ のとき，$v \in K^n$ に関する一次方程式 $Av = e_i$ がすべての i について解けたとして，それぞれの解を $v_1, \ldots, v_n$ とする．ここで，$B = (v_1 \; v_2 \; \cdots \; v_n)$ とすると，$AB = (Av_1 \; Av_2 \; \cdots \; Av_n) = (e_1 \; e_2 \; \cdots \; e_n) = E_n$ だから $B = A^{-1}$ である．これを踏まえて，n 個の方程式 $Av = e_i$ を一斉に解こうとすると，$(A \,|\, e_1 \; e_2 \; \cdots \; e_n)$ を左基本変形して，A をなるべく簡単な形にすることになる．この作業は上に述べた逆行列の求め方に他ならない．もし A の部分を E_n に変形できれば方程式 $Av = e_i$ はすべての i について唯一の解を持ち，A^{-1} が求まる．そうでなければ，ある方程式には解が存在せず，また別の方程式には解が複数存在する（解の個数に関しては次節で扱う）．こ

のような場合には途中で作業が破綻する．

1.6 連立一次方程式の解

この節では連立一次方程式の解について考察する．まず写像に関する用語をいくつか導入しておく．

定義 1.6.1. V, W を集合，f, g を V から W への写像とする．f と g が等しいとは，$\forall v \in V,\ f(v) = g(v)$ が成り立つことを言い，このことを $f = g$ で表す．

定義 1.6.2. V, W を集合，$f \colon V \to W$ を写像とする．
  1) $v_1, v_2 \in V,\ f(v_1) = f(v_2) \Rightarrow v_1 = v_2$, が成り立つとき，$f$ は**単射**であると言う．
  2) $\forall w \in W,\ \exists v \in V$ s.t. $w = f(v)$ が成り立つとき f は**全射**であると言う．
  3) f が単射かつ全射であるとき f は**全単射**であると言う．

集合 V から W への全単射 f があれば，V と W は f を通じて同じ集合と考えることができる（詳しくは3.4節を参照のこと）．このように考えることを V と W を f により集合として同一視するなどという．

連立一次方程式の解については重ね合わせの原理と呼ばれる性質が本質的である．

定理 1.6.3.（重ね合わせの原理）$A \in M_{m,n}(K),\ w \in K^m$ を用いて $Av = w$ で与えられる $v \in K^n$ に関する方程式を考え，その解空間を V_w で表す．すなわち，
$$V_w = \{v \in K^n \mid Av = w\}$$
と置く（$V_w = \varnothing$ の場合もあり得ることに注意）．このとき以下が成り立つ．
  1) $u \in V_{w_1},\ v \in V_{w_2}$ であれば[†24] $u + v \in V_{w_1 + w_2}$. ただし $w_1, w_2 \in K^m$.
  2) $u \in V_w,\ \lambda \in K$ であれば $\lambda u \in V_{\lambda w}$.
  3) $v \in V_w$ とする．このとき $v' \in V_o$ とすると $v + v' \in V_w$ である．逆に，

---

†24. $V_{w_1} = \varnothing$ あるいは $V_{w_2} = \varnothing$ であれば主張は自動的に成り立つことに注意．注 0.1.14 も参照のこと．

任意の $u \in V_w$ に対して V_o の元 $T_v(u)$ が唯一つ存在して $u = v + T_v(u)$ が成り立つ．T_v を V_w から V_o への写像とみなせば T_v は全単射である．また，もし $v_1, v_2 \in V_w$ について $T_{v_1} = T_{v_2}$ が成り立てば $v_1 = v_2$ である．

4) $u, v \in V_o$ であれば $u + v \in V_o$ が成り立つ．また，$\lambda \in K$ であれば $\lambda u \in V_o$ が成り立つ．

特に最後の事実を指して重ね合わせの原理と呼ぶこともある．これは数学的には V_o が K^n の部分線型空間であるということである．部分線型空間については 3.2 節で扱う．

証明． まず 1) を示す．$u \in V_{w_1}$ は $Au = w_1$ を，$v \in V_{w_2}$ は $Av = w_2$ を意味するから $A(u+v) = Au + Av = w_1 + w_2$ である．したがって $u + v \in V_{w_1 + w_2}$ である．2) も同様に示せる．3) を示す．$v \in V_w, v' \in V_o$ であれば $A(v + v') = Av + Av' = w + o = w$ であるから $v + v' \in V_w$ である．また，もし主張にあるような元 $T_v(u)$ が存在すれば $T_v(u) = u - v$ であるから一意性が成り立つ[25]．そこで $T_v(u) = u - v$ と定める．すると $u, v \in V_w$ により $A(u-v) = Au - Av = w - w = o$ であるから $T_v(u) \in V_o$ が成り立つ．T_v が全単射であることを示す．$u, u \in V_w$ について $T_v(u) = T_v(u')$ が成り立てば $u - v = u' - v$ であるから，$u = u'$ が成り立つので T_v は単射である．また，$v' \in V_o$ が与えられたとき，$u = v + v'$ と定めれば $Au = A(v + v') = Av + Av' = w + o = w$ であるから $u \in V_w$ であって，また，$T_v(u) = (v + v') - v = v'$ であるから T_v は全射である．最後に $v_1, v_2 \in V_w$ について $T_{v_1} = T_{v_2}$ が成り立つとする．このとき $o = v_1 - v_1 = T_{v_1}(v_1) = T_{v_2}(v_1) = v_2 - v_1$ より $v_1 = v_2$ が成り立つ．4) は 1), 2) の特別な場合である． □

連立一次方程式の解空間の構造については線型空間・線型写像を用いてさらに整理した形で述べることができる．これは 3.7 節に譲ることとし，ここでは単に次の事実を指摘するにとどめる．

補題 1.6.4. 定理 1.6.3 の仮定の下で $K^n = \bigcup_{w \in K^m} V_w$ が成り立つ．また，

---

[25] 右辺は $T_v(u)$ の存在に関係なく一意的に定まる元である．

$w_1 \neq w_2 \in K^n$ であれば $V_{w_1} \cap V_{w_2} = \emptyset$ である.

証明. $v \in V_{Av}$ であるから最初の主張が成り立つ. また, $v \in V_{w_1} \cap V_{w_2}$ とすると $w_1 = Av = w_2$ が成り立つから $w_1 = w_2$ が成り立つ. □

補題 1.6.4 は, V_w と V_o を T_w で同一視すると K^n が V_o のコピーにより分割されていることを意味している.

ここで方程式 $Av = m$ の解空間をあらためて V とし, V についてもう少し詳しく調べてみる. そのために A の成分を a_{ij}, v の成分を x_i とする. $(A\ w)$ に左基本変形を繰り返し施して A の部分を階段行列 A' に変形し, 全体としては $(A'\ w')$ を得たとする. 左基本変形は基本行列を左から掛けることに対応していたので, 基本行列 $P_1, \ldots, P_k$ が存在して $(A'\ w') = P_k P_{k-1} \cdots P_1(A\ w) = (P_k P_{k-1} \cdots P_1 A \quad P_k P_{k-1} \cdots P_1 w)$ が成り立つ. また, $V = \{v \in K^n \mid A'v = w'\}$ が成り立つのであった. $r = \mathrm{rank}\, A$ とすると, A' の第 $(r+1)$ 行以下の成分はすべて o だから, 左辺 $A'v$ の第 $(r+1)$ 行以下の成分は v に依らずすべて o である. このとき以下の二つの場合が起こりうる. w' の成分を $c'_1, \ldots, c'_m$ とする.

1) $\exists k$ s.t. $r+1 \leq k$, $c'_k \neq 0$ が成り立つ.

このときは $A'v = w'$ の第 k 行は $0 = c_k$ という方程式を表すが, $c_k \neq 0$ なのだから $A'v = w'$ は解を持たない. すなわち $\{v \in K^n \mid A'v = w'\} = \emptyset$ が成り立つので, $V = \emptyset$ が成り立つ.

2) $\forall k$, $k \geq r+1 \Rightarrow c'_k = 0$ が成り立つ.

このときは, 第 $(r+1)$ 行以下はすべて $0 = 0$ という式を表し, これらは必ず成り立つ. 一方, $k = 1, \ldots, r$ について j_k を A' の第 k 行において左から成分を見て行ったとき初めて 1 が現れる列とする. つまり A' の (k, j) 成分は $j < j_k$ であれば 0 であり, (k, j_k) 成分は 1 であるとする. すると $1 \leq j_1 < j_2 < \cdots < j_r \leq n$ が成り立つ. A' の (i, j) 成分を $a'_{i,j}$ として方程式 $A'v = w'$ を書き下すと

$$(1.6.5) \quad \begin{cases} x_{j_1} + a'_{1, j_1+1} x_{j_1+1} + \cdots + a'_{1, n} x_n = c'_1, \\ \qquad\qquad\qquad\vdots \\ x_{j_r} + a'_{r, j_r+1} x_{j_r+1} + \cdots + a'_{r, n} x_n = c'_r \end{cases}$$

を得る．ここで $k = 1, \ldots, r-1$ のとき, k 番目の式は $x_{j_{k+1}}, \ldots, x_{j_r}$ を含まないことに注意しておく．

さて, $v \in K^n$ を $Av = w$ の解とする．このとき $x_{j_1}, \ldots, x_{j_r}$ は式 (1.6.5) を充たす．一方, $x_{j_1}, \ldots, x_{j_r}$ <u>以外の</u> x_k については条件がない．そこで, 逆に $x_{j_1}, \ldots, x_{j_r}$ 以外の x_k に勝手な値を代入し, 式 (1.6.5) を用いて $x_{j_1} = -(a'_{1,j_1+1}x_{j_1+1} + \cdots + a'_{1,n}x_n) + c'_r$ として x_{j_1} を定める．同様に, 二番目の方程式から x_{j_2}, 三番目の方程式から $x_{j_3}, \cdots$, と x_{j_r} まで値を定める．このように定めた $v \in K^n$ は確かに $A'v = w'$ を充たすから $Av = w$ の解である．これらのことを踏まえて, $v \in V$ に対して v の第 $j_1, \ldots, j_r$ 成分を取り除いて得られるベクトルを与える写像を f とする．$v \in V$ について $f(v) \in K^{n-\mathrm{rank}\, A}$ であるが, f は V と $K^{n-\mathrm{rank}\, A}$ の間の全単射を与えている．このことを確かめてみる．まず $v_1, v_2 \in V$ について $f(v_1) = f(v_2)$ が成り立つとする．これは v_1, v_2 は第 $j_1, \ldots, j_r$ 成分を除けば一致していることを意味する．ところが, v_1, v_2 の成分は式 (1.6.5) を充たすのだから, v_1, v_2 の第 $j_1, \ldots, j_r$ 成分も一致している．したがって $v_1 = v_2$ が成り立つ．一方, $v' \in K^{n-\mathrm{rank}\, A}$ を勝手な元とする．ここで v' は本来 K^n の元であるが, 第 $j_1, \ldots, j_r$ 成分が与えられていないと考える．そして第 $j_1, \ldots, j_r$ 成分を式 (1.6.5) で定めて v' に補い, K^n の元 v とみなすことにすると, v は $Av = w$ を充たす．v の定め方から $f(v) = v'$ であるから f は全射である[†26]．解空間は 1 点からなるか, あるいは無限集合となる[†27]．

問 1.6.6. $K = \mathbb{R}$ あるいは $K = \mathbb{C}$ の場合に最後の解空間の元の数に関する主張を確かめよ．

ここまでの話をまとめて次を得る．

定理 1.6.7. これまでの記号をそのまま用いることとし, $A \in M_{m,n}(K)$, $w \in K^m$ として $v \in K^n$ に関する方程式 $Av = w$ を考える．$(A\ w)$ を A の部分が階段行列となるように左基本変形して得られる行列を $(A'\ w')$ とする．A' の (i, j) 成分を $a'_{i,j}$, w' の第 k 成分を c'_k, v の第 l 成分を x_l とする．

[†26] この部分の作業は f の逆写像 (定義 3.4.5) を定義していることにほかならない．
[†27] 一般の K については必ずしも無限集合とはならない．一般には解空間は 1 点からなるか, あるいは 2 点以上からなるというのがより正確である．

また, $Av = w$ の解空間を V とし, $r = \operatorname{rank} A$ とする. このとき, V は $c'_{r+1} = \cdots = c'_m = 0$ のとき, そのときのみ空集合ではない. $V \neq \emptyset$ のとき, V と $K^{n-\operatorname{rank} A}$ の間に全単射が存在し,

$$V = \left\{ \begin{pmatrix} x_1 \\ \vdots \\ x_n \end{pmatrix} \in K^n \; \middle| \; \begin{array}{l} x_{j_1} = -(a'_{1,j_1+1} x_{j_1+1} + \cdots + a'_{j,n} x_n) + c'_1, \\ \vdots \\ x_{j_r} = -(a'_{r,j_r+1} x_{j_r+1} + \cdots + a'_{j,n} x_n) + c'_r \end{array} \right\}$$

が成り立つ.

$V \neq \emptyset$ のとき, これは次のように書き換えることができる. $v_k = \begin{pmatrix} v_{1,k} \\ \vdots \\ v_{n,k} \end{pmatrix}$,

$k \neq j_1, \ldots, j_r$, を $v_{j,k} = \begin{cases} -a'_{j,k}, & \exists l \text{ s.t. } j_l < k, \; j = j_l, \\ 1, & j = k, \\ 0, & \text{その他}, \end{cases}$ により定め[28], ま

た, $d \in K^n$ を d の第 j_k 成分が c'_k であって $(k = 1, \ldots, r)$, ほかの成分がすべて 0 であるようなベクトルとする. すると

$$V = \left\{ v \in K^n \; \middle| \; \exists \lambda_k \in K, \; k \neq i_1, \ldots, i_r, \; v = \sum_{\substack{1 \leq k \leq n \\ k \neq j_1, \ldots, j_r}} \lambda_k v_k + d \right\}$$

が成り立つ. また, $v \in V$ のとき $v = \sum_{\substack{1 \leq k \leq n \\ k \neq j_1, \ldots, j_r}} \lambda_k v_k + d$ と表す表し方は一意的である.

証明. 最後の一意性だけ証明が残っているのでこれだけ示す. ある $\lambda_k, \mu_k \in K, k \neq j_1, \ldots, j_r$, について $\sum_{\substack{1 \leq k \leq n \\ k \neq j_1, \ldots, j_r}} \lambda_k v_k + d = \sum_{\substack{1 \leq k \leq n \\ k \neq j_1, \ldots, j_r}} \mu_k v_k + d$ が成り立つとする. すると $\sum_{\substack{1 \leq k \leq n \\ k \neq j_1, \ldots, j_r}} (\lambda_k - \mu_k) v_k = 0$ が成り立つ. ここで $1 \leq k \leq n$, $k \neq j_1, \ldots, j_r$, とする. v_l たち $(l \neq j_1, \ldots, j_r)$ のうち第 k 成分が 0 でないようなものは v_k のみであるから, $\lambda_k = \mu_k$ がすべての k について成り立つ. □

注 1.6.8. 定理 1.6.7 において v_i たちは A のみにより定まる. 一方, d は

---

[28]. 注 1.6.8 も参照のこと.

w のみにより定まるように見えるが，A の基本変形の仕方に d は依存するので，d は w と A の両方に依存する．v_k の定め方は実際には次のようにするのが簡明である．V を解空間とすると，$v = \begin{pmatrix} x_1 \\ \vdots \\ x_n \end{pmatrix} \in V$ であることは

$$j_1) \begin{pmatrix} x_1 \\ \vdots \\ x_{j_1} \\ \vdots \\ x_{j_r} \\ \vdots \\ x_n \end{pmatrix} = \begin{pmatrix} x_1 \\ \vdots \\ -(a'_{1,j_1+1} x_{j_1+1} + \cdots + a'_{1,n} x_n) + c'_1 \\ \vdots \\ -(a'_{r,j_r+1} x_{j_r+1} + \cdots + a'_{r,n} x_n) + c'_r \\ \vdots \\ x_n \end{pmatrix}$$

が成り立つことと同値である．そこで，上式の右辺の x_j の係数を $v_j \in K^n (j \neq j_1, \ldots, j_r)$ とし，d を第 k 成分が，k がある j_l に等しければ c'_l に等しく，そうでなければ 0 に等しいようなベクトルとすれば右辺は

$$x_1 v_1 + \cdots + x_n v_n + d$$

と書き換えることができる．$v_1 x_1 + \cdots + v_n x_n + d$ と書いても本質的には何ら変わらない[29]が，習慣的に係数は左に書く．

このように，n 個の変数（未知数）$x_1, \ldots, x_n$ のうち $(n - \operatorname{rank} A)$ 個の変数については自由に値を決めることができて，その決めた値に応じて残りの $\operatorname{rank} A$ 個の変数の値が定まる．特に $\operatorname{rank} A = n$ であれば n 個の変数すべての値が定まるので解には任意性がない．言い換えれば解は一意である．また，$Av = w$ が解を持つのは $c'_{r+1} = \cdots = c'_m = 0$ のとき（ただし $r = \operatorname{rank} A$），そのときのみであったから，このような w は直感的には $\operatorname{rank} A$ 個のパラメータで記述される．したがって（解を記述するためのパラメータの個数）＋（解が存在するような w を記述するためのパラメータの個数）$= n$ が常に成り立つ．このことはいくつかの準備の後，定理 3.7.1 として述べる．

[29]. 本来はきちんとした意味があるが，本書の範囲ではほとんど意味がないので気にしないことにする．

さて，定理 1.6.7 によれば方程式が解ける，つまり解が存在するかどうかは w に依る．$Av = w$ の解空間を V_w とすると，解が存在することは $V_w \neq \varnothing$ であることと同値である．$V_w \neq \varnothing$ である場合には w に直接的に依存する d や c'_k の部分を除けば常に（A のみにより定まる）v_k たちにより一定の方法で解は記述されている．また，このときには定理 1.6.3 により V_w と V_o の間に全単射が存在する．したがって一番簡単な $w = o$ の場合が方程式の解を調べるにあたり重要であると考えられる．

定義 1.6.9. $A \in M_{m,n}(K)$ を用いて $Av = o$ と表すことのできる $v \in K^n$ に関する方程式を**斉次方程式**と呼ぶ．また，$A \in M_{m,n}(K)$, $w \in K^m$ を用いて $Av = w$ で与えられる方程式について，$Av = o$ を**随伴する斉次方程式**と呼ぶ．連立一次方程式

$$\begin{cases} a_{11}x_1 + \cdots + a_{1n}x_n = c_1, \\ \quad\quad\quad \vdots \\ a_{m1}x_1 + \cdots + a_{mn}x_n = c_m \end{cases}$$

は，$c_1 = \cdots = c_m = 0$ であれば**斉次**であると言い，また，一般には $c_1, \ldots, c_m$ を 0 に置き換えて得られる連立一次方程式を**随伴する斉次連立一次方程式**と呼ぶ．斉次方程式は $v = o$ あるいは $x_1 = \cdots = x_n = 0$ を必ず解に持つ．この解を**自明な解**と呼ぶ．

斉次方程式の解空間は次のような構造を持つ．

系 1.6.10. $A \in M_{m,n}(K)$ とする．$v \in K^n$ に関する斉次一次方程式 $Av = o$ の解空間を V とすると，

$$V = \left\{ v \in K^n \,\middle|\, \exists \lambda_k \in K, k \neq i_1, \ldots, i_r, v = \sum_{\substack{1 \leq k \leq n \\ k \neq i_1, \ldots, i_r}} \lambda_k v_k \right\}$$

が成り立つ．ただし $r = \operatorname{rank} A$ とし，$j_1, \ldots, j_r$ と $v_1, \ldots, v_r$ は定理 1.6.7 のように定める．このとき $v \in V$ に対して $(x_i)_{\substack{1 \leq i \leq n \\ i \neq j_1, \ldots, j_r}} \in K^{n - \operatorname{rank} A}$ を与える対応は V から $K^{n - \operatorname{rank} A}$ への全単射である．特に，$\operatorname{rank} A = n$ であれば解は $v = o$ のみである．

証明. 定理 1.6.7 で $w = o$ とした場合であるから，w' と d はともに零ベクトルであるので解は主張のように記述される． □

最後に実係数の連立一次方程式を複素数の範囲で解くことについて考える．$A \in M_{m,n}(\mathbb{R})$ とする．このとき連立一次方程式は実数の範囲で解いてきたが，$A \in M_{m,n}(\mathbb{C})$ とみなせば複素数の範囲で解くこともできる．

定理 1.6.11. $A \in M_{m,n}(\mathbb{R})$, $w \in \mathbb{R}^m$ とする．$Av = w$, $v \in \mathbb{R}^n$, が解を持つことは $Av = w$, $v \in \mathbb{C}^n$, が解を持つことと同値である．さらに，$Av = w$, $v \in \mathbb{R}^n$, が解を持つとき，$r = \operatorname{rank} A$ として定理 1.6.7 のように $j_1, \ldots, j_r, v_k, d$ を定めた上で，$V = \{v \in \mathbb{R}^n \mid Av = w\}$ を実数の範囲での解空間，$V_{\mathbb{C}} = \{v \in \mathbb{C}^n \mid Av = w\}$ を複素数の範囲での解空間とする．このとき

$$V = \left\{ v \in \mathbb{R}^n \,\middle|\, \exists \lambda_k \in \mathbb{R},\ k \neq j_1, \ldots, j_r,\ v = \sum_{\substack{1 \le k \le n \\ k \neq j_1, \ldots, j_r}} \lambda_k v_k + d \right\},$$

$$V_{\mathbb{C}} = \left\{ v \in \mathbb{C}^n \,\middle|\, \exists \lambda_k \in \mathbb{C},\ k \neq j_1, \ldots, j_r,\ v = \sum_{\substack{1 \le k \le n \\ k \neq j_1, \ldots, j_r}} \lambda_k v_k + d \right\}$$

が成り立つ．

証明. 系 1.5.32 により，A を複素数の範囲で基本変形しても実数の範囲で基本変形したときと同じ階段行列が得られる．したがって $V_{\mathbb{C}} \neq \varnothing$ であれば $V_{\mathbb{C}}$ は v_i, d を用いて主張のように表される．また，解空間は階段行列のみで定まるが，その定まり方から $V \neq \varnothing$ と $V_{\mathbb{C}} \neq \varnothing$ は同値である． □

問 1.6.12. 定理 1.6.11 は方程式を実部と虚部に分けてそれぞれに対して定理 1.6.7 を用いることによっても示すことができる．この方針で定理 1.6.11 を示せ．

最後に計算例を一つだけ挙げる．

例 1.6.13. t, r, s を実数とするとき

$$\begin{pmatrix} 0 & 2 & -2 & 4 \\ 1 & 4 & -1 & 1 \\ 2 & 3 & 3 & -8 \end{pmatrix} \begin{pmatrix} x_1 \\ x_2 \\ x_3 \\ x_4 \end{pmatrix} = \begin{pmatrix} t \\ r \\ s \end{pmatrix}$$

の解を求める．

略解． $A = \begin{pmatrix} 0 & 2 & -2 & 4 \\ 1 & 4 & -1 & 1 \\ 2 & 3 & 3 & -8 \end{pmatrix}$, $\widetilde{A} = \begin{pmatrix} 0 & 2 & -2 & 4 & t \\ 1 & 4 & -1 & 1 & r \\ 2 & 3 & 0 & -2 & s \end{pmatrix}$ と置く．
$\widetilde{A}$ のうち，係数行列 A にあたる部分が階段行列になるように左基本変形を行うと

$$\begin{pmatrix} 1 & 0 & 3 & -7 & r - 2t \\ 0 & 1 & -1 & 2 & \frac{t}{2} \\ 0 & 0 & 0 & 0 & -2r + \frac{5}{2}t + s \end{pmatrix}$$

を得る．したがって，元の方程式について，
1) $-2r + \dfrac{5}{2}t + s \neq 0$ であれば解がない．
2) $-2r + \dfrac{5}{2}t + s = 0$ とすると解は

$\begin{pmatrix} x_1 \\ x_2 \\ x_3 \\ x_4 \end{pmatrix} \in K^4$, $x_3, x_4 \in K$, $x_1 = -3x_3 + 7x_4 + r - 2t$, $x_2 = x_3 - 2x_4 + \dfrac{1}{2}t$

で与えられる．解を

$$\begin{pmatrix} x_1 \\ x_2 \end{pmatrix} = \begin{pmatrix} -3 \\ 1 \end{pmatrix} x_3 + \begin{pmatrix} 7 \\ -2 \end{pmatrix} x_4 + \begin{pmatrix} r - 2t \\ \frac{t}{2} \end{pmatrix}, \ x_3, x_4 \in K$$

$$= x_3 \begin{pmatrix} -3 \\ 1 \end{pmatrix} + x_4 \begin{pmatrix} 7 \\ -2 \end{pmatrix} + \begin{pmatrix} r - 2t \\ \frac{t}{2} \end{pmatrix}, \ x_3, x_4 \in K$$

と表してもよい[†30]し，

$$\begin{pmatrix} x_1 \\ x_2 \\ x_3 \\ x_4 \end{pmatrix} = \begin{pmatrix} -3 \\ 1 \\ 1 \\ 0 \end{pmatrix} u + \begin{pmatrix} 7 \\ -2 \\ 0 \\ 1 \end{pmatrix} v + \begin{pmatrix} r - 2t \\ \frac{t}{2} \\ 0 \\ 0 \end{pmatrix}, \ u, v \in K$$

と表してもよい[†31]．

rank $A = 2$ であるから，方程式が解を持つ場合には，4 個の未知数のうち $4 - \text{rank}\, A = 2$ 個のものは任意の値を取りうるはずであるが，実際 x_3, x_4 は任意の K の元を取りうる．一方，rank $A = 2$ 個，今の場合 x_1, x_2 の値は x_3, x_4

[†30] 本書では K の元と K^n の元の積の順序はあまり気にしないのであった．
[†31] u や v をベクトルより先に書いてもよい．むしろそちらが標準的である．

により一意に定まる．特に $r = s = t = 0$ のときには系 1.6.10 によれば方程式は必ず解を持つが，実際，このときは $-2r + \frac{5}{2}t + s = 0$ であるから確かに方程式は解を持つ． $\square$

1.7 演習問題

問 1.7.1. 行列 A が
$$A = \begin{pmatrix} A_{11} & A_{12} & \cdots & A_{1q} \\ A_{21} & A_{22} & \cdots & A_{2q} \\ \vdots & \vdots & & \vdots \\ A_{p1} & A_{p2} & \cdots & A_{pq} \end{pmatrix}$$
のように区分けされているとき，${}^tA$ を A_{ij} を用いて表せ．

問 1.7.2. $A \in M_{l,k}(K)$ が
$$A = \begin{pmatrix} A_{11} & A_{12} & \cdots & A_{1q} \\ A_{21} & A_{22} & \cdots & A_{2q} \\ \vdots & \vdots & & \vdots \\ A_{p1} & A_{p2} & \cdots & A_{pq} \end{pmatrix}$$
と区分けされているとする．ここで，$A_{ij} \in M_{l_i,k_j}(K)$ で，$l = l_1 + \cdots + l_p$, $k = k_1 + \cdots + k_q$ である．一方，$B \in M_{k,m}(K)$ を
$$B = \begin{pmatrix} B_{11} & B_{12} & \cdots & B_{1r} \\ B_{21} & B_{22} & \cdots & B_{2r} \\ \vdots & \vdots & & \vdots \\ B_{q1} & B_{q2} & \cdots & B_{qr} \end{pmatrix}$$
と，$B_{ij} \in M_{k_i,m_j}(K)$ となるように区分けする．ここで，A の列の区分けと，B の行の区分けの仕方に注意せよ．このとき，$C = AB \in M_{l,m}(K)$ であることに注意して
$$C = \begin{pmatrix} C_{11} & C_{12} & \cdots & C_{1r} \\ C_{21} & C_{22} & \cdots & C_{2r} \\ \vdots & \vdots & & \vdots \\ C_{p1} & C_{p2} & \cdots & C_{pr} \end{pmatrix}$$
と，$C_{ij} \in M_{l_i,m_j}(K)$ であるように区分けすると $C_{ij} = \sum_{t=1}^{k} A_{it} B_{tj}$ が成り立つことを示せ．

問 1.7.3. n 次正方行列 A, B が $AB = BA$ を充たすとき A と B は**可換**であるという．n 次正方行列 A と B が可換であって A が正則であれば A^{-1} と B は可換であることを示せ．

問 1.7.4. $X_n = \{X \in \mathrm{GL}_n(\mathbb{R}) \mid X \text{ の成分は } 0 \text{ または } 1 \text{ に等しい}\}$ と置く．
1) X_2 の元をすべて書き出せ．

2) X_3 の部分集合 Y を $Y = \left\{ A \in X_3 \,\middle|\, A = \begin{pmatrix} 1 & * & * \\ 0 & * & * \\ 0 & * & * \end{pmatrix} \right\}$ で定める．このとき Y に属する元の個数を求めよ．

問 1.7.5. $A \in M_{m,n}(K)$, $w \in K^m$ とし，$v = \begin{pmatrix} x_1 \\ \vdots \\ x_n \end{pmatrix} \in K^n$ に関する一次方程式 $w = Av$ を考える．

1) A の第 i 列と第 j 列を入れ替えて A' に変形したとする（ただし $i \neq j$ とする）．このとき $w = A'v$ は元の方程式 $w = Av$ において x_i と x_j を入れ換えたものであることを示せ．
2) A の第 i 列を λ 倍（ただし $\lambda \neq 0$）して A' に変形したとする．このとき $w = A'v$ は元の方程式 $w = Av$ において x_i を λx_i に置き換えたものであることを示せ．
3) A の第 i 列に第 j 列の μ 倍を加えて A' に変形したとする（ただし $i \neq j$ とする）．このとき $w = A'v$ は元の方程式 $w = Av$ において x_j を $\mu x_i + x_j$ に置き換えたものであることを示せ．

問 1.7.6. 問 1.7.5 の操作 1)–3) のそれぞれについて，新たな方程式 $w = A'v$ の解空間を V', 元の方程式 $w = Av$ の解空間を V とする．このとき V から V' への全単射を基本変形（あるいは基本行列）を用いて作れ．
注意：$w = Av$ は解を持つとは限らないので，そのような場合も考慮する必要がある．

注 1.7.7. 問 1.7.6 から分かるように，右基本変形を用いて方程式を変形した場合には，左基本変形を用いた場合とは異なり元の方程式の解空間と新たな方程式の解空間が一致しない場合がある．それでも両者の解は基本変形で結び付いているので，右基本変形による方程式の変形もしばしば有用であるが，用いる場合には注意を要する．

問 1.7.8. $A \in M_{m,n}(\mathbb{Q})$ とする．このとき，A は有理数の範囲の基本変形で命題 1.5.16 の意味での標準形に直せることを示せ．特に，ある $T \in M_m(\mathbb{Q}) \cap \mathrm{GL}_m(\mathbb{R})$ と $S \in M_n(\mathbb{Q}) \cap \mathrm{GL}_n(\mathbb{R})$ が存在して $TAS = \begin{pmatrix} E_r & O \\ O & O \end{pmatrix}$ が成り立つ．

問 1.7.9. $A \in M_n(K)$ とする．このとき，列ベクトル $x \in K^n$ についての一次方程式 $Ax = b$ が任意の $b \in K^n$ について解を持つための必要十分条件は $A \in \mathrm{GL}_n(K)$ であることを示せ．

問 1.7.10. $v_1, \ldots, v_n \in K^m$ とし，v_i たちを並べて得られる $M_{m,n}(K)$ の元を $A = (v_1 \cdots v_n)$ とする．これにさらに $v_{n+1} \in K^m$ を付け加えて $A' = (v_1 \cdots v_{n+1})$ とする．このとき，$\mathrm{rank}\, A \leq \mathrm{rank}\, A' \leq \mathrm{rank}\, A + 1$ であることを示せ．

問 1.7.11. $A \in M_n(K)$ とする．A の第 1 行から第 k 行，第 1 列から第 k 列までを取り出して得られる行列を $A_k \in M_k(K)$ とする（A_k を第 l 主座小行列（定義 5.2.29）と呼ぶ）．もし $A_1, \ldots, A_n (= A)$ がすべて正則であるとすると，対角成分がすべて 1 であるような上三角行列 $U \in \mathrm{GL}_n(K)$ と，正則な下三角行列 $L \in \mathrm{GL}_n(K)$ がただ一組存在して $A = LU$ が成り立つことを以下の方針で示せ．これを **LU 分解** と呼ぶ（系 5.2.31 も参照のこと）．
存在の証明．
1) $n = 1$ のときは $U = (1)$, $L = A$ とすればよい．
2) n 次以下の正則行列について分解が存在したとする．$A = \begin{pmatrix} A' & b \\ c & d \end{pmatrix}$ と $A' \in M_n(K)$ であるように区分けする．$1 \leq k \leq n$ ならば A の第 k 主座小行列は A' の第 k 主座

小行列なので，仮定により $A' = L'U'$, U' は対角成分がすべて 1 であるような上三角行列，L' は正則な下三角行列，と表すことができる．ここで仮に $L = \begin{pmatrix} L' & 0 \\ l_1 & l_2 \end{pmatrix}$, $U = \begin{pmatrix} U' & u \\ 0 & 1 \end{pmatrix}$ とすると l_1, l_2, u が自然に定まる．

一意性の証明． $A = LU = L'U'$ をともに LU 分解とする．このとき，$L'^{-1}L = U'U^{-1}$ が成り立つ．両辺がともに E_n に等しいことを $L'^{-1}L$, $U'U^{-1}$ の形に着目して示す．

$A \in \mathrm{GL}_n(K)$ を問 1.7.11 の仮定を充たす行列とし，$A = LU$ を LU 分解とする．このとき，$v \in K^n$ に関する方程式 $Av = w$ は $Uv = L^{-1}w$ と同値である．L は下三角行列であるから L^{-1} は比較的容易に求まる．一方，$v = \begin{pmatrix} x_1 \\ \vdots \\ x_n \end{pmatrix}$ とすると，

$$Uv = \begin{pmatrix} x_1 + u_{12}x_2 + u_{13}x_3 + \cdots + u_{1n}x_n \\ x_2 + u_{23}x_3 + \cdots + u_{2n}x_n \\ \ddots \\ x_n \end{pmatrix}$$

であるから，$Uv = L^{-1}w$ は x_n から順番に値を定めていくことで機械的に解くことができる．また，補題 1.4.3 の記号を用いると $P_n(i;\lambda)$, $R_n(i,j;\mu)$, ただし $i > j$, は正則な下三角行列である．このことに注意すると L と U は基本変形を用いて求めることができる．

問 1.7.12. $A \in M_3(\mathbb{R})$ とし，列ベクトルを用いて $A = (a_1 \ a_2 \ a_3)$ と表す．また，$\mathbb{R}^3$ の部分集合 V を $V = \{v \in \mathbb{R}^3 | {}^\exists \lambda_1, \lambda_2, \lambda_3 \in \mathbb{R} \ \mathrm{s.t.} \ v = \lambda_1 a_1 + \lambda_2 a_2 + \lambda_3 a_3\}$ により定める．このとき V が表す図形と，$\mathrm{rank}\, A$ の関係を調べよ．

問 1.7.13.
1) a, b, c を実数とし，$\mathbb{R}^2$ の部分集合 V を $V = \left\{ \begin{pmatrix} x \\ y \end{pmatrix} \in \mathbb{R}^2 \middle| ax + by = c \right\}$ により定める．a, b, c の値によって V が表す $\mathbb{R}^2$ の図形がどのように変化するか調べよ．
ヒント：たいていの場合は V は直線を表すが，空集合なこともありうる．
2) $a_1, a_2, b_1, b_2, c_1, c_2$ を実数とし，$a_1x + b_1y = c_1$, $a_2x + b_2y = c_2$ が表す $\mathbb{R}^2$ 内の図形をそれぞれ V_1, V_2 とする．$(x, y) \in \mathbb{R}^2$ に関する連立一次方程式

$$\begin{cases} a_1x + b_1y = c_1, \\ a_2x + b_2y = c_2 \end{cases}$$

について，
 a) 解が唯一存在する．
 b) 解が無限個存在する．
 c) 解が存在しない．
のいずれかが成り立つことを示し，それぞれの場合について V_1, V_2 の表す図形の形と互いの位置関係を調べよ．

第2章 行列式

2.1 定義

以下ではしばらく F は $M_n(K)$ から K への写像であるとする．F を n 個の K^n の元の組 $(v_1, \ldots, v_n)$ に対して K の元 $F(v_1 \cdots v_n)$ を与える[†1]写像ともみなすこととし，$F(v_1 \cdots v_n)$ を $F(v_1, \ldots, v_n)$ とも表す．

定義 2.1.1. F が列に関する**多重線型性**を持つとは，F が以下の性質を持つことを言う．$A \in M_n(K)$ とし，$A = (a_1 \cdots a_n)$ と K^n の元を用いて表す．

1) $a_i = b_i + c_i, b_i, c_i \in K^n$, であれば

$$F(A) = F(a_1, \ldots, a_{i-1}, b_i, a_{i+1}, \ldots, a_n) + F(a_1, \ldots, a_{i-1}, c_i, a_{i+1}, \ldots, a_n)$$

が成り立つ．

2) $a_i = \lambda b_i, b_i \in K^n, \lambda \in K,$ であれば

$$F(A) = \lambda F(a_1, \ldots, a_{i-1}, b_i, a_{i+1}, \ldots, a_n)$$

が成り立つ．

つまり，$A = (a_1 \cdots a_n)$ において各 a_i を成分とみなすことにすると，F は成分ごとには K-線型写像（定義 3.5.1）である．

定義 2.1.2. F が列に関する**交代性**を持つとは，$A = (a_1 \cdots a_n) \in M_n(K)$ とするとき，

$$\exists i, j \text{ s.t. } i \neq j \text{ かつ } a_i = a_j \Rightarrow F(A) = 0$$

が成り立つことを言う（$n = 1$ のときには仮定が成り立たないので，上の命題は真である[†2]．したがって F は交代性を持つ）．

[†1]. 本来は $F((v_1 \cdots v_n))$ と表すべきであろうが，ベクトルのときと同様に少し省略する．
[†2]. 注 0.1.14 を参照のこと．

補題 2.1.3. $n \geq 2$ とし，F が列に関する多重線型性と交代性を持つとする．$A = (a_1 \cdots a_n) \in M_n(K)$ とし，$i \neq j$ とすると，

$$F(a_1, \ldots, \overset{i}{a_j}, \ldots, \overset{j}{a_i}, \ldots, a_n) = -F(a_1, \ldots, \overset{i}{a_i}, \ldots, \overset{j}{a_j}, \ldots, a_n) = -F(A)$$

が成り立つ．

この性質も交代性と呼ぶが，本書では「交代性」で定義 2.1.2 の性質を指すことにする．

証明． F は交代性を持つので

$$F(a_1, \ldots, \overset{i}{a_i + a_j}, \ldots, \overset{j}{a_i + a_j}, \ldots, a_n) = 0$$

が成り立つ．一方，F は多重線型性を持つので

$$\begin{aligned}
& F(a_1, \ldots, \overset{i}{a_i + a_j}, \ldots, \overset{j}{a_i + a_j}, \ldots, a_n) \\
&= F(a_1, \ldots, \overset{i}{a_i}, \ldots, \overset{j}{a_i}, \ldots, a_n) + F(a_1, \ldots, \overset{i}{a_j}, \ldots, \overset{j}{a_i}, \ldots, a_n) \\
&\quad + F(a_1, \ldots, \overset{i}{a_i}, \ldots, \overset{j}{a_j}, \ldots, a_n) + F(a_1, \ldots, \overset{i}{a_j}, \ldots, \overset{j}{a_j}, \ldots, a_n) \\
&= F(a_1, \ldots, \overset{i}{a_j}, \ldots, \overset{j}{a_i}, \ldots, a_n) + F(a_1, \ldots, \overset{i}{a_i}, \ldots, \overset{j}{a_j}, \ldots, a_n)
\end{aligned}$$

が成り立つ．主張はこれら二式から従う． □

定義 2.1.4. $M_n(K)$ から K への写像 F であって，次の性質を持つものを**行列式**(determinant) と呼ぶ．
 1) F は列に関する多重線型性を持つ．
 2) F は列に関する交代性を持つ．
 3) $F(E_n) = 1$ が成り立つ．

また，$F(A)$ を A の行列式と呼ぶ．（これから示すように，行列式は一意的に存在するので）$A \in M_n(K)$ の行列式を $\det A$ で表す．

注 2.1.5.
 1) $\det A$ をしばしば $|A|$ と表すが，絶対値とは異なるので注意を要する．
 2) A, B を行列として $AB \in M_n(K)$ とする．このとき AB の行列式は $\det AB$ で表すことが多いが，分かりにくいときには $\det(AB)$ とも記す．

2.2 行列式の存在と一意性

定義 2.2.1. $F_n\colon M_n(K) \to K$ を以下のように，n に関して帰納的に定める．
1) $A = (a) \in M_1(K)$ のとき，$F_1(A) = a$ とする．
2) $M_{n-1}(K)$ の元に対して F_{n-1} が定義されたとする．$A = (a_{ij}) \in M_n(K)$ のとき，$\widetilde{A}_{ij}$ を A から第 i 行と第 j 列を取り除いて得られる $M_{n-1}(K)$ の元とする．そして，

$$F_n(A) = a_{11}F_{n-1}(\widetilde{A}_{11}) - a_{21}F_{n-1}(\widetilde{A}_{21}) + \cdots + (-1)^{n+1}a_{n1}F_{n-1}(\widetilde{A}_{n1})$$

と定める．

以下では F_n を単に F で表す．定理 2.2.12 で示すように $F = \det$ が成り立つので，命題 2.2.4 の直前まで，F を行列式 $\det$ として扱う．

行列式の定義に用いた $\det \widetilde{A}_{ij}$ に符号を付けたものには名前が付いている．

定義 2.2.2. $A \in M_n(K)$ とする．A の第 i 行と第 j 列を除いて得られる $M_{n-1}(K)$ の元を $\widetilde{A}_{ij}$ とする．$(-1)^{i+j}\det \widetilde{A}_{ij}$ を A の (i,j) **余因子**と呼び，本書ではしばしば $\widetilde{a}_{ij}$ で表す（添字にカンマを付けて $\widetilde{a}_{i,j}$ でも表す）．$n=1$ のときは，形式的に $(1,1)$ 余因子を 1 と定める[†3]．

すると $\det A = a_{11}\widetilde{a}_{11} + a_{21}\widetilde{a}_{21} + \cdots + a_{n1}\widetilde{a}_{n1}$ が成り立つ．

例 2.2.3. $n=2$ であれば $\det \begin{pmatrix} a & b \\ c & d \end{pmatrix} = a\det(d) - c\det(b) = ad - bc$ が成り立つ．$n=3$ であれば

$$\det \begin{pmatrix} a_{11} & a_{12} & a_{13} \\ a_{21} & a_{22} & a_{23} \\ a_{31} & a_{32} & a_{33} \end{pmatrix}$$
$$= a_{11}\det\begin{pmatrix} a_{22} & a_{23} \\ a_{32} & a_{33} \end{pmatrix} - a_{21}\det\begin{pmatrix} a_{12} & a_{13} \\ a_{32} & a_{33} \end{pmatrix} + a_{31}\det\begin{pmatrix} a_{12} & a_{13} \\ a_{22} & a_{23} \end{pmatrix}$$
$$= a_{11}(a_{22}a_{33} - a_{32}a_{23}) - a_{21}(a_{12}a_{33} - a_{32}a_{13}) + a_{31}(a_{12}a_{23} - a_{22}a_{13})$$
$$= a_{11}a_{22}a_{33} - a_{11}a_{32}a_{23} - a_{21}a_{12}a_{33} + a_{21}a_{32}a_{13} + a_{31}a_{12}a_{23} - a_{31}a_{22}a_{13}$$

[†3]. 余因子は $n \geq 2$ のときのみ考え，$n=1$ のときには定義しない流儀もある．

が成り立つ. これをサラスの公式と呼ぶことがある. $n=2$ のときも $n=3$ のときも行列式は成分を左上から右下, あるいは左下から右上に順番に掛けたような項を適当に足し引きして得られる[†4]が, このような簡単な形になるのは $\underline{n \leq 3}$ の場合のみである.

以下, しばらく定義 2.2.1 の F が行列式であることを示す.

命題 2.2.4. F は列に関する多重線型性を持つ.

証明. $n=1$ のときは, $a,b \in K$ とすると $F(a+b) = a+b$, $F(a) = a$, $F(b) = b$ であるから $F(a+b) = F(a) + F(b)$ が成り立つ. また, $\lambda \in K$ とすると $F(\lambda(a)) = F((\lambda a)) = \lambda a$ である[†5]から $F(\lambda(a)) = \lambda F(a)$ も成り立つ. n 次以下の行列について命題が成り立つとし, $A = (a_{ij}) \in M_{n+1}(K)$ とする. また, a の第 j 列 a_j について, $a_j = b_i + c_j$ が成り立つとする. 定義から $F(A) = a_{11} F(\widetilde{A}_{11}) - a_{21} F(\widetilde{A}_{21}) + \cdots + (-1)^n a_{n+1,1} F(\widetilde{A}_{n+1,1})$ である. ここで b_j, c_j の第 i 成分, $1 \leq i \leq n+1$, をそれぞれ b_{ij}, c_{ij} とする. また, A の第 j 列を b_j に置き換えた行列を B, c_j に置き換えた行列を C とする. まず $j=1$ のときは, a_{i1} が $b_{i1} + c_{i1}, i = 1, \ldots, n+1$, に置き換わるから,

$$
\begin{aligned}
F(A) &= (b_{11} + c_{11}) F(\widetilde{A}_{11}) - (b_{21} + c_{21}) F(\widetilde{A}_{21}) \\
&\quad + \cdots + (-1)^n (b_{n+1,1} + c_{n+1,1}) F(\widetilde{A}_{n+1,1}) \\
&= b_{11} F(\widetilde{A}_{11}) - b_{21} F(\widetilde{A}_{21}) + \cdots + (-1)^n b_{n+1,1} F(\widetilde{A}_{n+1,1}) \\
&\quad + c_{11} F(\widetilde{A}_{11}) - c_{21} F(\widetilde{A}_{21}) + \cdots + (-1)^n c_{n+1,1} F(\widetilde{A}_{n+1,1}) \\
&= F(b_1\ a_2\ \cdots a_{n+1}) + F(c_1\ a_2\ \cdots\ a_{n+1}) \\
&= F(B) + F(C)
\end{aligned}
$$

が成り立つ. $j > 1$ とする. $\widetilde{A}_{i1} \in M_n(K), 1 \leq i \leq n+1$, であって, その第 $(j-1)$ 列は $b_j + c_j$ の第 i 成分を取り除いたものである. したがって帰納法の仮定から, $F(\widetilde{A}_{i1}) = F(\widetilde{B}_{i1}) + F(\widetilde{C}_{i1})$ が成り立つ. よって,

---

[†4] それでもよく考えると $n=1, n=2, n=3$ の場合に規則に一貫性がない.
[†5] 第 1 項は $\lambda(a) \in M_1(K)$ を, 第 2 項は $(\lambda a) \in M_1(K)$ を F に代入した値である.

$$F(A) = a_{11}F(\widetilde{A}_{11}) - a_{21}F(\widetilde{A}_{21}) + \cdots + (-1)^n a_{n+1,1}F(\widetilde{A}_{n+1,1})$$
$$= a_{11}(F(\widetilde{B}_{11}) + F(\widetilde{C}_{11})) - a_{21}(F(\widetilde{B}_{21}) + F(\widetilde{C}_{21}))$$
$$+ \cdots + (-1)^n a_{n+1,1}(F(\widetilde{B}_{n+1,1}) + F(\widetilde{C}_{n+1,1}))$$
$$= (a_{11}F(\widetilde{B}_{11}) - a_{21}F(\widetilde{B}_{21}) + \cdots + (-1)^n a_{n+1,1}F(\widetilde{B}_{n+1,1}))$$
$$+ (a_{11}F(\widetilde{C}_{11}) - a_{21}F(\widetilde{C}_{21}) + \cdots + (-1)^n a_{n+1,1}F(\widetilde{C}_{n+1,1}))$$
$$= F(B) + F(C)$$

が成り立つ．

列の定数倍に関しても上と同様である．A' を A の第 j 列を λ 倍して得られる行列とする．$j = 1$ のときには a_{i1} が λa_{i1} に置き換わるから $F(A') = \lambda F(A)$ であることが分かる．また，$j > 1$ のときには帰納法の仮定から $F(\widetilde{A'}_{i1}) = \lambda F(\widetilde{A}_{i1})$ が成り立つことから $F(A') = \lambda F(A)$ が従う． □

補題 2.2.5. $F(E_n) = 1$ が成り立つ．

証明． $n = 1$ のときには $F(E_1) = F((1)) = 1$ なので確かに成り立つ．$F(E_m) = 1$ とすると，E_{m+1} の第 1 列で 0 でない成分は $(1, 1)$ 成分のみだから，定義により $F(E_{m+1}) = 1 F(E_m) = 1$ が成り立つ． □

問 2.2.6. $\widetilde{E}_r \in M_n(K)$ を $\widetilde{E}_r = \begin{pmatrix} E_r & O_{r,n-r} \\ O_{n-r,r} & O_{n-r} \end{pmatrix}$ により定める．このとき $\det \widetilde{E}_r = \begin{cases} 1, & r = n, \\ 0, & r < n, \end{cases}$ が成り立つことを示せ（ここでは $\det = F$ としてよい）．

命題 2.2.7. F は列に関する交代性を持つ．

証明． $n = 1$ ならば F は交代性を持つ（定義 2.1.2）．$n = 2$ とすると $F\begin{pmatrix} a_{11} & a_{12} \\ a_{21} & a_{22} \end{pmatrix} = a_{11}a_{22} - a_{21}a_{12}$ だから F は交代性を持つ．そこで n 次以下の行列について命題が成り立つとする．$A \in M_{n+1}(K)$ であって，第 k 列と第 l 列が等しいとする．ただし $k < l$ とする．$\widetilde{A}_{ij}$ を A の第 i 行と第 j 列を取り除いて得られる行列とすると $F(A) = a_{11}F(\widetilde{A}_{11}) - a_{21}F(\widetilde{A}_{21}) + \cdots + (-1)^n a_{n+1,1}F(\widetilde{A}_{n+1,1})$ が成り立つ．$1 < k$ であれば，帰納法の仮定から $F(\widetilde{A}_{i1}) = 0$ がすべての i について成り立つので $F(A) = 0$ が成り立つ．そこで $k = 1$ とし，$a_1 = a_2$ のとき $F(a_1\ a_2\ \cdots\ a_{n+1}) = 0$ が示せたとする．す

ると，$a_1 = a_l$ のとき，

$$\begin{aligned}
0 &= F(a_1 \, (a_2 + a_l) \, a_3 \, \cdots \, a_{l-1} \, (a_2 + a_l) \, a_{l+1} \, \cdots \, a_{n+1}) \\
&= F(a_1 \, a_2 \, \cdots \, \overset{l}{a_l} \, \cdots a_{n+1}) \\
&\quad + F(a_1 \, a_2 \, \cdots \, \overset{l}{a_2} \, \cdots \, a_{n+1}) \\
&\quad + F(a_1 \, a_l \, a_3 \, \cdots \, a_{l-1} \, \overset{l}{a_2 + a_l} \, a_{l+1} \, \cdots \, a_{n+1})
\end{aligned}$$

が成り立つ．右辺の第二項は上で示したことから 0 に等しく，第三項は仮定により 0 に等しい．したがって右辺は $F(a_1, a_2, \ldots, a_{n+1})$ に等しい．よって $l = 2$ のときに主張を示せば充分である．

$F(\widetilde{A}_{i1})$ は $\widetilde{A}_{i1}$ の $(j, 1)$ 成分と $(-1)^{j+1} F(\widetilde{A}_{i1}$ から第 j 行と第 1 列を取り除いた行列) の積を取ったものの和である．したがって，$F(A)$ は

$$(-1)^{i+1} a_{i1} \times (\widetilde{A}_{i1} \text{ の } (j, 1) \text{ 成分})$$
$$\times (-1)^{j+1} F(\widetilde{A}_{i1} \text{ から第 } j \text{ 行と第 1 列を取り除いた行列})$$

の和である．$i \neq j$ のとき，B_{ij} で A の第 i 行，第 j 行，第 1 列および第 2 列を除いて得られる $M_{n-1}(K)$ の元を表すことにする．すると，$\widetilde{A}_{i1}$ から（$\widetilde{A}_{i1}$ の）第 j 行と第 1 列を取り除いて得られる行列は B_{ij} ($j < i$ のとき) あるいは $B_{i,j+1}$ ($i \leq j$ のとき) に等しい．そこで上の和を $j < i$ のときと $i \leq j$ のときに分けて取ると，前者の和は，

$$\sum_{i=2}^{n+1} \sum_{j=1}^{i-1} (-1)^{i+1} a_{i1} a_{j2} (-1)^{j+1} F(B_{ij}) = \sum_{j=1}^{n} \sum_{i=j+1}^{n+1} (-1)^{i+j} a_{i1} a_{j2} F(B_{ij})$$

に等しく，後者の和は，

$$\sum_{i=1}^{n} \sum_{j=i}^{n} (-1)^{i+1} a_{i1} a_{j+1,2} (-1)^{j+1} F(B_{i,j+1}) = \sum_{i=1}^{n} \sum_{j=i+1}^{n+1} (-1)^{i+j+1} a_{i1} a_{j2} F(B_{ij})$$

に等しい．よって，

(2.2.8) $$F(A) = \sum_{i=1}^{n} \sum_{j=i+1}^{n+1} (a_{i1} a_{j2} - a_{j1} a_{i2}) \times (-1)^{i+j+1} F(B_{ij})$$

を得る.ここで,A の第 1 列と第 2 列が等しいことから,任意の i について $a_{i1} = a_{i2}$ が成り立つので $F(A) = 0$ が成り立つ. □

$F(A)$ は A の第 1 列に着目して,次数の低い行列に帰着することにより定義した.実際にはどの列に着目してもよい.

補題 2.2.9. $A \in M_n(K)$ について $\widetilde{a}_{ij} = (-1)^{i+j} F(\widetilde{A}_{ij})$ と置くと,任意の $j, 1 \leq j \leq n$, について $F(A) = a_{1j}\widetilde{a}_{1j} + a_{2j}\widetilde{a}_{2j} + \cdots + a_{nj}\widetilde{a}_{nj}$ が成り立つ.

証明. $A' = (a_j \ a_1 \ \cdots \ a_{j-1} \ \widehat{a}_j \ a_{j+1} \ \cdots \ a_n)$ とする.ただし,$\widehat{a}_j$ は a_j を取り除くことを表す.すると,$F(\widetilde{A'}_{i1}) = F(\widetilde{A}_{ij})$ が成り立つ.また,A' の $(i,1)$ 成分を a'_{i1} で表すことにすると,$a'_{i1} = a_{ij}$ が成り立つ.よって,

$$a_{1j}\widetilde{a}_{1j} + a_{2j}\widetilde{a}_{2j} + \cdots + a_{nj}\widetilde{a}_{nj}$$
$$= a_{1j}(-1)^{1+j}F(\widetilde{A}_{1j}) + (-1)^{2+j}a_{2j}F(\widetilde{A}_{2j}) + \cdots + (-1)^{n+j}a_{nj}F(\widetilde{A}_{nj})$$
$$= a'_{11}(-1)^{1+j}F(\widetilde{A'}_{11}) + (-1)^{2+j}a'_{21}F(\widetilde{A'}_{21}) + \cdots + (-1)^{n+j}a'_{n1}F(\widetilde{A'}_{n1})$$
$$= (-1)^{j+1}F(A')$$

が成り立つ.一方,A から A' を得るためには,列を入れ替える操作を $(j-1)$ 回行えばよいから $F(A') = (-1)^{j-1}F(A)$ が成り立つ. □

定理 2.2.10. F は行列式である.

証明. 命題 2.2.4,2.2.7 および補題 2.2.5 により F は行列式である. □

そこで以下では定義 2.2.1 の F を det で表す.しかし,F とは異なる函数 G であって,列に関する多重線型性と交代性を持ち,$G(E_n) = 1$ を充たすものが存在するかもしれない.以下ではこのような G はすべて $F = \det$ に等しいことを示す.

補題 2.2.11. 函数 $G: M_n(K) \to K$ が列に関する多重線型性と交代性を持つとする.A を第 j 列が K^n の第 i 基本ベクトル e_i に等しい行列とする.このとき,

$$G(A) = G\begin{pmatrix} A_{11} & & A_{13} \\ * & e_i & * \\ A_{31} & & A_{33} \end{pmatrix} = G\begin{pmatrix} A_{11} & & A_{13} \\ 0 & e_i & 0 \\ A_{31} & & A_{33} \end{pmatrix}$$

が成り立つ．ただし $A_{11}, A_{13}, A_{31}, A_{33}$ は適切なサイズの行列である．

証明． $A = (a_1 \cdots a_n)$ と K^n の元を用いて表す．$a_j = e_i$ が成り立つ．また，第 i 成分が 0 であるような K^n の元 $a'_1, \ldots, a'_n$ と，$a_{i1}, \ldots, a_{ik} \in K$ が存在して，$a_k = a'_k + a_{ik} e_i$ が成り立つ．G の列に関する多重線型性と交代性から，

$$G(A) = G(a_1 \cdots \overset{j}{e_i} \cdots a_n)$$
$$= G(a'_1 + a_{i1} e_i \ a_2 \cdots e_i \cdots a_n)$$
$$= G(a'_1 \ a_2 \cdots e_i \cdots a_n) + a_{i1} G(e_i \ a_2 \cdots e_i \cdots a_n)$$
$$= G(a'_1 \ a_2 \cdots e_i \cdots a_n)$$

が成り立つ．以下同様の作業を繰り返せば $G(a_1 \cdots e_i \cdots a_n) = G(a'_1 \cdots e_i \cdots a'_n)$ が従う． $\square$

定理 2.2.12. 写像 $G\colon M_n(K) \to K$ が列に関する多重線型性と交代性を持つとする．すると，$\forall A \in M_n(K)$, $G(A) = (\det A)\, G(E_n)$ が成り立つ．

証明． $n = 1$ とする．線型性から，$a \in K$ について $G((a)) = G(aE_1) = aG(E_1) = (\det(a))\, G(E_1)$ であるから定理は成り立つ．$M_n(K)$ の元について定理が成り立つとして，$M_{n+1}(K)$ の元についても定理が成り立つことを示す．A の (i, j) 成分を a_{ij} として，$A = (a_1 \ a_2 \cdots a_{n+1})$ と列ベクトルを用いて表す．$a_1 = a_{11} e_1 + \cdots + a_{n+1,1} e_{n+1}$ であるから，多重線型性により

$$
\begin{aligned}
G(A) = a_{11} G &\begin{pmatrix} 1 & a_{12} & \cdots & a_{1,n+1} \\ 0 & a_{22} & \cdots & a_{2,m+1} \\ \vdots & \vdots & & \vdots \\ 0 & a_{n+1,2} & \cdots & a_{n+1,n+1} \end{pmatrix} \\
(2.2.13) \qquad + a_{21} G &\begin{pmatrix} 0 & a_{12} & \cdots & a_{1,n+1} \\ 1 & a_{22} & \cdots & a_{2,n+1} \\ \vdots & \vdots & & \vdots \\ 0 & a_{n+1,2} & \cdots & a_{n+1,n+1} \end{pmatrix} \\
+ \cdots + a_{n+1,1} G &\begin{pmatrix} 0 & a_{12} & \cdots & a_{1,n+1} \\ 0 & a_{22} & \cdots & a_{2,n+1} \\ \vdots & \vdots & & \vdots \\ 1 & a_{n+1,2} & \cdots & a_{n+1,n+1} \end{pmatrix}
\end{aligned}
$$

が成り立つ．$\widetilde{A}_{ij}$ で A から第 i 行と第 j 列を取り除いて得られる行列を表すことにすると，補題 2.2.11 により，

$$G\begin{pmatrix} 1 & b \\ 0 & \widetilde{A}_{11} \end{pmatrix} = G\begin{pmatrix} 1 & 0 \\ 0 & \widetilde{A}_{11} \end{pmatrix}$$

が成り立つ．ただし $b = (a_{12} \cdots a_{1,n+1})$ である．ここで，$H\colon M_n(K) \to K$ を $H(B) = G\begin{pmatrix} 1 & 0 \\ 0 & B \end{pmatrix}$ により定める．G が多重線型性と交代性を持つので H も多重線型性と交代性を持つ[†6]．したがって帰納法の仮定から $H(B) = H(E_n)\det B = (\det B)\, G(E_{n+1})$ が成り立つ．よって式 (2.2.13) の初項は $a_{11}(\det \widetilde{A}_{11})\, G(E_{n+1})$ に等しい．同様の議論を式 (2.2.13) の第二項以降にも繰り返せば

$$G(A) = a_{11}(\det \widetilde{A}_{11})\, G(E_{n+1}) - a_{21}(\det \widetilde{A}_{21})\, G(E_{n+1})$$
$$+ \cdots + (-1)^n a_{n+1,1}(\det \widetilde{A}_{n+1,1})\, G(E_{n+1})$$
$$= (\det A)\, G(E_{n+1})$$

が得られる． □

定理 2.2.12 により，行列式は一意的であることが分かった．つまり，定義 2.2.1 とは異なる方法で $G\colon M_n(K) \to K$ を定めたとしても，それが定義 2.1.4 を充たすのであれば $G = \det$ が成り立つ．そこで，ここからは行列式の定義は定義 2.1.4 で与えられるが，その具体的な計算方法の一つが定義 2.2.1 で与えられると考える．

2.3 行列式の主な性質

補題 2.3.1. $A \in M_n(\mathbb{C})$ とすると $\det \overline{A} = \overline{\det A}$ が成り立つ．

証明は容易である．

定理 2.3.2. $A, B \in M_n(K)$ とすると $\det(AB) = (\det A)(\det B)$ が成り立つ．

証明． A を固定して，$F(B) = \det AB$ と定める．$B = (b_1\ b_2\ \cdots\ b_n)$ とすれば $AB = (Ab_1\ Ab_2\ \cdots\ Ab_n)$ だから，F は列に関して多重線型性と交代性を

[†6] 各自確かめよ．

持つ．よって $F(B) = F(E_n)(\det B)$ であるが，$F(E_n) = \det A$ だから主張が従う． □

系 2.3.3. $A \in M_n(K)$ とする．$A \in \mathrm{GL}_n(K)$ であることと，$\det A \neq 0$ であることは同値である．また，$A \in \mathrm{GL}_n(K)$ について，$\det A^{-1} = (\det A)^{-1}$ が成り立つ．

証明． A が正則であれば，A^{-1} が存在して $AA^{-1} = E_n$ が成り立つ．よって $(\det A)(\det A^{-1}) = 1$ である．特に $\det A \neq 0$ が成り立つ．逆に $\det A \neq 0$ であるとする．$r = \mathrm{rank}\, A$ とすると，A を左右の基本変形を繰り返すことで $\widetilde{E}_r = \begin{pmatrix} E_r & O \\ O & O_{n-r} \end{pmatrix}$ に変形することができる．すなわち，ある正則行列 P, Q が存在して $PAQ = \widetilde{E}_r$ が成り立つ．P, Q は正則だから $\det P$, $\det Q$ はいずれも 0 ではない．一方 $\det(PAQ) = (\det P)(\det A)(\det Q)$ だから，$\det \widetilde{E}_r = \det(PAQ)$ は 0 ではない．したがって問 2.2.6 の結果から $\mathrm{rank}\, A = r = n$ が成り立つ．一方，定理 1.5.12 により $A \in M_n(K)$ について $\mathrm{rank}\, A = n$ が成り立てば A は正則である[†7]． □

定義 2.3.4. $A \in M_n(K)$ とし，A の (i,j) 成分を a_{ij} とする．

1) A が上三角行列であるとは，$i > j$ であれば $a_{ij} = 0$ が成り立つことを言う．模式的には

$$A = \begin{pmatrix} a_{11} & a_{12} & * & \cdots & * \\ 0 & a_{22} & * & \cdots & * \\ 0 & 0 & \ddots & & * \\ \vdots & \vdots & & \ddots & \\ 0 & 0 & \cdots & 0 & a_{nn} \end{pmatrix}$$

が成り立つ．

2) A が下三角行列であるとは，$i < j$ であれば $a_{ij} = 0$ が成り立つことを言う．

[†7] あるいは $\widetilde{E}_n = E_n$ であることから，$A = P^{-1}Q^{-1}$ が成り立つので，補題 1.4.7 と 1.4.11 により $A \in \mathrm{GL}_n(K)$ である，などとしても示せる．

問 2.3.5.
1) 上三角行列（下三角行列）同士の和や積は再び上三角行列（下三角行列）であることを示せ．
2) 正則な上三角行列（下三角行列）の逆行列は上三角行列（下三角行列）であることを示せ．

定理 2.3.6. (系 1.5.15 も参照のこと) $A \in M_n(K)$ が $A = \begin{pmatrix} A_{11} & A_{12} \\ A_{21} & A_{22} \end{pmatrix}$ と，A_{11}, A_{22} が正方行列であるように区分けされているとする．$A_{21} = O$ あるいは $A_{12} = O$ が成り立てば $\det A = (\det A_{11})(\det A_{22})$ が成り立つ．特に，A が上三角行列あるいは下三角行列であれば $\det A = a_{11} \cdots a_{nn}$ が成り立つ．

証明. $A_{21} = O$ とする．まず A_{22} を固定する．$A_{11} \in M_{n_1}(K)$ であれば，$X \in M_{n_1}(K)$ について $F(X) = \det \begin{pmatrix} X & A_{12} \\ O & A_{22} \end{pmatrix}$ と定める．すると $F: M_{n_1}(K) \to K$ は列に関する多重線型性と交代性を持つ．よって $F(X) = F(E_{n_1})(\det X) = (\det X) \det \begin{pmatrix} E_{n_1} & A_{12} \\ O & A_{22} \end{pmatrix}$ が成り立つ．補題 2.2.11 により，$\det \begin{pmatrix} E_{n_1} & A_{12} \\ O & A_{22} \end{pmatrix} = \det \begin{pmatrix} E_{n_1} & O \\ O & A_{22} \end{pmatrix}$ が成り立つ．この式の右辺は定義 2.2.1 を用いて直接計算することにより $\det A_{22}$ に等しいことが分かる．したがって $F(X) = (\det X)(\det A_{22})$ が成り立つ．特に $X = A_{11}$ として定理の主張を得る．$A_{12} = O$ のときには A_{11} を固定して同様の議論を行えばよい．□

問 2.3.7. $k \geq 2$ とする．$A, B, C, D \in M_k(K)$ であって，$\det \begin{pmatrix} A & B \\ C & D \end{pmatrix} = (\det A)(\det D) - (\det B)(\det C)$ が成り立たない例を挙げよ．

補題 2.3.8. $A \in M_n(K)$ とし，A の (i,j) 成分を a_{ij} とすると，

$$\det A = a_{11} \det \widetilde{A}_{11} - a_{12} \det \widetilde{A}_{12} + \cdots + (-1)^{n+1} a_{1n} \det \widetilde{A}_{1n}$$
$$= \sum_{k=1}^{n} (-1)^{k+1} a_{1k} \det \widetilde{A}_{1k}$$

が成り立つ．

証明. $A \in M_n(K)$ とし，A の第 i 行と第 j 列を除いて得られる行列を $\widetilde{A}_{ij}$ で表すことにする．$A = \begin{pmatrix} a_{11} & b \\ c & \widetilde{A}_{11} \end{pmatrix}$ と区分けすると，多重線型性により

$$(2.3.9) \qquad \det A = \det \begin{pmatrix} a_{11} & b \\ 0 & \widetilde{A}_{11} \end{pmatrix} + \det \begin{pmatrix} 0 & b \\ c & \widetilde{A}_{11} \end{pmatrix}$$

が成り立つ．定理 2.3.6 により式 (2.3.9) の初項は $a_{11} \det \widetilde{A}_{11}$ に等しい．ここで $\begin{pmatrix} b \\ \widetilde{A}_{11} \end{pmatrix} = \begin{pmatrix} a_{12} & b' \\ c' & \widetilde{A}'_{11} \end{pmatrix}$ と区分けする．すると，多重線型性により式 (2.3.9) の第二項は

$$(2.3.10) \qquad \det \begin{pmatrix} 0 & a_{12} & b' \\ c & 0 & \widetilde{A}'_{11} \end{pmatrix} + \det \begin{pmatrix} 0 & 0 & b' \\ c & c' & \widetilde{A}'_{11} \end{pmatrix}$$

に等しい．ここで $\begin{pmatrix} c & \widetilde{A}'_{11} \end{pmatrix} = \widetilde{A}_{12}$ であるから，$\det$ の列に関する交代性と定理 2.3.6 により，式 (2.3.10) の初項は $-a_{12} \det \widetilde{A}_{12}$ に等しい．以下，帰納的に同様の議論を繰り返すと $\det A = \sum_{k=1}^{n} (-1)^{k+1} a_{1k} \det \widetilde{A}_{1k}$ が成り立つことが分かる[†8]．　□

定理 2.3.11. $A \in M_n(K)$ とすると $\det {}^t\!A = \det A$ が成り立つ．

証明． $n = 1$ であれば $\det(a) = a$ であるから定理は成り立つ．n 次以下の行列について定理が成り立つとし，$A \in M_{n+1}(K)$ とする．A の第 i 行と第 j 列を取り除いて得られる行列を $\widetilde{A}_{ij}$ とする．帰納法の仮定から $\det \widetilde{A}_{1k} = \det {}^t(\widetilde{A}_{1k})$ が成り立つ．一方 ${}^t(\widetilde{A}_{1k}) = \widetilde{({}^t\!A)}_{k1}$ であることと，${}^t\!A$ の $(k, 1)$ 成分は a_{1k} であることに注意すると，

$$\det A = \sum_{k=1}^{n+1} (-1)^{k+1} a_{1k} \det \widetilde{A}_{1k} = \sum_{k=1}^{n+1} (-1)^{k+1} a_{1k} \det \widetilde{({}^t\!A)}_{k1} = \det {}^t\!A$$

を得る．　□

定理 2.3.11 により，行列式は列に関して持つ性質を行に関しても持つ．

系 2.3.12. 行列式は行に関する多重線型性と交代性を持つ．特に，同一の成分を持つ行を複数持つような行列の行列式は 0 である．

系 2.3.13. $M_n(K)$ から K への写像 F が行に関する多重線型性と交代性を持てば $F(A) = F(E_n) \det A$ が成り立つ．

[†8]　各自確かめよ．

定義 2.3.14. $A \in M_n(K)$ とする. $\widetilde{a}_{ij}$ を A の (i,j) 余因子とし, $D = (\widetilde{a}_{ij})$ とする. D の転置行列 ${}^tD$ を A の**余因子行列**と呼ぶ. 本書では A の余因子行列をしばしば $\widetilde{A}$ で表す. $\widetilde{A} \in M_n(K)$ である.

余因子行列に関して次が成り立つ.

定理 2.3.15. $A \in M_n(K)$ とし, $\widetilde{a}_{ij}$ を A の (i,j) 余因子とすると, 以下が成り立つ.

1) $a_{\alpha 1}\widetilde{a}_{\beta 1} + \cdots + a_{\alpha n}\widetilde{a}_{\beta n} = \begin{cases} \det A, & \alpha = \beta, \\ 0, & \alpha \neq \beta. \end{cases}$

2) $a_{1\alpha}\widetilde{a}_{1\beta} + \cdots + a_{n\alpha}\widetilde{a}_{n\beta} = \begin{cases} \det A, & \alpha = \beta, \\ 0, & \alpha \neq \beta. \end{cases}$

3) $\widetilde{A}$ を A の余因子行列とすると $A\widetilde{A} = \widetilde{A}A = (\det A)E_n$ が成り立つ. 特に, $\det A \neq 0$ であれば $A^{-1} = \dfrac{1}{\det A}\widetilde{A}$ である.

証明. 2) が示せたとする. 定理 2.3.11 から, ${}^tA$ に 2) を適用すれば 1) が従う. また, 3) については, $A\widetilde{A} = (\det A)E_n$ は 1) の, $\widetilde{A}A = (\det A)E_n$ は 2) のそれぞれ言い換えである. そこで 2) を示す. $\alpha = \beta$ のときには主張は定義 2.1.4 と補題 2.2.9 の書き換えである. $\alpha \neq \beta$ とする. A の第 β 列を第 α 列で置き換えて得られる行列を A' とすると, 交代性から $\det A' = 0$ である. 一方, $\widetilde{A}_{ij}, \widetilde{A'}_{ij}$ でそれぞれ A, A' の第 i 行と第 j 列を取り去って得られる行列を表すことにすると, $\widetilde{A'}_{i\beta} = \widetilde{A}_{i\beta}$ である. したがって $\widetilde{a}'_{i\beta} = \widetilde{a}_{i\beta}$ が成り立つ. ここで, $\widetilde{a}_{i\beta}, \widetilde{a}'_{i\beta}$ はそれぞれ A, A' の (i,β) 余因子である. このことと, $a'_{1\beta} = a_{1\alpha}$ を用いると A' に対して $\alpha = \beta$ のときの結果を適用して得られる式,

$$a'_{1\beta}\widetilde{a}'_{1\beta} + \cdots + a'_{n\beta}\widetilde{a}'_{n\beta} = \det A' = 0$$

の左辺が $a_{1\alpha}\widetilde{a}_{1\beta} + \cdots + a_{n\alpha}\widetilde{a}_{n\beta}$ と等しいことが従う. よって $\alpha \neq \beta$ のとき $a_{1\alpha}\widetilde{a}_{1\beta} + \cdots + a_{n\alpha}\widetilde{a}_{n\beta} = 0$ である. □

$n = 2$ のときに定理 2.3.15 を確かめてみる. $A = \begin{pmatrix} a & b \\ c & d \end{pmatrix}$ とすると, $\widetilde{a}_{11} = d$, $\widetilde{a}_{12} = -c, \widetilde{a}_{21} = -b, \widetilde{a}_{22} = a$ であるから, 上の式は

$$A^{-1} = \frac{1}{\det A}\begin{pmatrix} \widetilde{a}_{11} & \widetilde{a}_{21} \\ \widetilde{a}_{12} & \widetilde{a}_{22} \end{pmatrix} = \frac{1}{ad - bc}\begin{pmatrix} d & -b \\ -c & a \end{pmatrix}$$

という主張になるが，直接確かめれば分かるように，これは確かに正しい．これくらいだと式は簡単であるが，n が大きいときには A の逆行列を余因子行列を用いて求めるのは一般的には計算量が多くなりあまり得策ではない．むしろ命題 2.3.18 に示す基本変形を用いる方法のほうがよいことが多い．

定義 2.3.16. 定理 2.3.15 の 1) で，$\alpha = \beta$ の場合を A の行列式の第 α 行に関する（余因子）展開と呼ぶ．また，2) で，$\alpha = \beta$ の場合を A の行列式の第 β 列に関する（余因子）展開と呼ぶ．

注 2.3.17. 命題 2.2.7 の証明に現れた式 (2.2.8) は，$\det A$ が $\det \begin{pmatrix} a_{i1} & a_{i2} \\ a_{j1} & a_{j2} \end{pmatrix}$ と $\det B_{ij}$ の積に符号を付けて足し上げたものに等しいことを主張している．この式を示す際には A の第 1 列と第 2 列が等しいことは用いていないことに注意すると，これは一般の A について成り立つことが分かる．つまり，式 (2.2.8) は余因子展開のある種の一般化と考えることができる．余因子展開や式 (2.2.8) をさらに一般化したものはラプラス展開と呼ばれ，外積代数（グラスマン代数）と関連が深い[†9]．

行列式を例えば定義 2.2.1 そのものから直接計算することは必ずしも有効ではない．ここでは行列式と基本変形の関係について調べる．いくつかについては繰り返しになるが，行列式と基本変形は次のように関係する．

命題 2.3.18. $A \in M_n(K)$ とする．
1) A の第 i 列を λ 倍して A' に変形すると，行列式は λ 倍される．すなわち，$A' = AP_n(i; \lambda)$ とすれば $\det A' = \lambda \det A$ が成り立つ．右基本変形ではなくなるが，これは $\lambda = 0$ でも正しい．
2) A の第 i 列と第 j 列を入れ替えて $(i \neq j)$，A' に変形すると行列式は (-1) 倍される．すなわち，$A' = AQ_n(i,j)$ とすれば $\det A' = -\det A$ が成り立つ．
3) A の第 i 列に第 j 列の μ 倍を加えて $(i \neq j)$，A' に変形しても行列式は変化しない．すなわち，$A' = AR_n(j, i; \mu)$ とすれば $\det A' = \det A$ が成り立つ．

同様に，行に関する基本変形については次が成り立つ．

[†9] これらについては紙幅に限りがあるので割愛する．

1') A の第 i 行を λ 倍して A' に変形すると,行列式は λ 倍される.すなわち,$A' = P_n(i; \lambda)A$ のとき,$\det A' = \lambda \det A$ が成り立つ.左基本変形ではなくなるが,これは $\lambda = 0$ でも正しい.

2') A の第 i 行と第 j 行を入れ替えて $(i \neq j)$, A' に変形すると行列式は (-1) 倍される.すなわち,$A' = Q_n(i,j)A$ とすれば $\det A' = -\det A$ が成り立つ.

3') A の第 i 行に第 j 行の μ 倍を加えて $(i \neq j)$, A' に変形しても行列式は変化しない.すなわち,$A' = R_n(i,j;\mu)A$ とすれば $\det A' = \det A$ が成り立つ.

証明. 1)–3) を示せば,1')–3') は定理 2.3.11 から従う.1) は行列式の列に関する多重線型性から,2) は交代性からそれぞれ従う.3) を示す.$A = (a_1 \cdots a_n)$ とすると,$A' = (a_1 \cdots a_i + \mu a_j \cdots a_n)$ だから,多重線型性により $\det A' = \det(a_1 \cdots a_i \cdots a_n) + \det(a_1 \cdots a_{i-1} \, \mu a_j \, a_{i+1} \cdots a_n) = \det A + \mu \det(a_1 \cdots a_{i-1} \, a_j \, a_{i+1} \cdots a_n)$ が成り立つが,交代性により最後の式の第二項は 0 である.したがって $\det A' = \det A$ である. □

別証明. $\det P_n(i; \lambda) = \lambda$, $\det Q_n(i,j) = -1$, $\det R_n(i,j;\mu) = 1$ である.したがって定理 2.3.2 より主張が成り立つ. □

命題 2.3.18 を用いれば基本変形を用いて行列式を計算することができる.また,必ずしも基本変形には対応しないが,多重線型性も計算上有用である[†10].

問 2.3.19. (ヴァンデルモンドの行列式) $n \geq 2$ とする.

$$\det \begin{pmatrix} 1 & 1 & \cdots & 1 \\ x_1 & x_2 & \cdots & x_n \\ x_1^2 & x_2^2 & \cdots & x_n^2 \\ \vdots & \vdots & & \vdots \\ x_1^{n-1} & x_2^{n-1} & \cdots & x_n^{n-1} \end{pmatrix}$$
$$= \prod_{1 \leq i < j \leq n} (x_j - x_i) = (-1)^{\frac{n(n-1)}{2}} \prod_{1 \leq i < j \leq n} (x_i - x_j)$$

[†10] 多重線型性のうち,定数倍に関する部分は既に基本変形のところで現れていることに注意せよ.

が成り立つことを示せ．ここで，$\prod_{1\leq i<j\leq n}(x_j-x_i)$ は $1\leq i<j\leq n$ なる (i,j) の組すべてについて (x_j-x_i) を考えてその積を取ることを意味する．$\prod_{1\leq i<j\leq n}(x_j-x_i)$ を $x_1,\ldots,x_n$ の**差積**と呼ぶ．

2.4 置換を用いた行列式の表示・クラメルの公式

行列式は以下のように定義することもできる．

定義 2.4.1. σ を $\{1,2,\ldots,n\}$ の並べ替えを表す函数とする．すなわち，$\sigma(1),\sigma(2),\ldots,\sigma(n)$ はいずれも 1 以上 n 以下の整数であって，しかもこれらの間には重複がないとする．このような σ を n 次の**置換**と呼び，n 次の置換全体のなす集合を $\mathfrak{S}_n$ で表す．$\mathfrak{S}_n$ は n 次の**置換群**と呼ばれる．$\sigma\in\mathfrak{S}_n$ を具体的に表すときには $\sigma=\begin{pmatrix}1 & 2 & \cdots & n \\ \sigma(1) & \sigma(2) & \cdots & \sigma(n)\end{pmatrix}$ のようにする[†11]．また，$\sigma\in\mathfrak{S}_n$ であるとき

$$\mathrm{sgn}\,\sigma=\prod_{i<j}\frac{\sigma(j)-\sigma(i)}{j-i}$$

と定め，σ の**符号**(signature) と呼ぶ．$\mathrm{sgn}\,\sigma$ は 1 あるいは -1 である[†12]．

例 2.4.2. $n=3$ であって，$\sigma(1)=3,\sigma(2)=2,\sigma(3)=1$ であれば，

$$\begin{aligned}\mathrm{sgn}\,\sigma&=\frac{\sigma(2)-\sigma(1)}{2-1}\frac{\sigma(3)-\sigma(1)}{3-1}\frac{\sigma(3)-\sigma(2)}{3-2}\\&=\frac{2-3}{2-1}\frac{1-3}{3-1}\frac{1-2}{3-2}\\&=-1\end{aligned}$$

が成り立つ．また，$\sigma=\begin{pmatrix}1 & 2 & 3 \\ 3 & 2 & 1\end{pmatrix}$ が成り立つ．

行列式は置換を用いると次のように表される．

定理 2.4.3. $A=(a_{ij})\in M_n(K)$ であるとき，

[†11] 行列と混同しないこと．本書では混乱を避けるためにこの記法は極力用いない．
[†12] 各自確かめよ．

$$\det A = \sum_{\sigma \in \mathfrak{S}_n} (\operatorname{sgn} \sigma) a_{\sigma(1),1} a_{\sigma(2),2} \cdots a_{\sigma(n),n}$$

が成り立つ．

証明． 右辺は列に関する多重線型性と交代性を持ち，$A = E_n$ のとき 1 である．したがって定理 2.2.12 により右辺は $\det A$ に等しい． □

系 2.4.4． 行列式を成分に関する函数とみなせば連続である．さらに，行列式は C^∞ 級，解析的（$K = \mathbb{C}$ のとき），実解析的（$K = \mathbb{R}$ のとき）である．

これは定理 2.4.3 が示すように，行列式が成分の多項式であることによる．多項式が連続（C^∞ 級，解析的あるいは実解析的）であることについては微積分学の教科書に譲る．

定理 2.3.11 から次も成り立つ．

定理 2.4.5． $A = (a_{ij}) \in M_n(K)$ であるとき，

$$\det A = \sum_{\sigma \in \mathfrak{S}_n} (\operatorname{sgn} \sigma) a_{1,\sigma(1)} a_{2,\sigma(2)} \cdots a_{n,\sigma(n)}$$

が成り立つ．

問 2.4.6． 定理 2.4.5 を示せ．必要に応じて定理 2.4.3 の証明を参考にせよ．

問 2.4.7． $E(\sigma) \in M_n(K)$ を $a_{i,\sigma(i)} = 1, i = 1, \ldots, n,$ であって，他の成分が 0 であるような行列とする．$\operatorname{sgn} \sigma = \det E(\sigma)$ が成り立つことを示せ．

注 2.4.8． ここでは定義 2.1.4 を行列式の定義としたが，定義 2.2.1（あるいは行と列の役割を入れ替えて得られる式），定理 2.4.3 あるいは 2.4.5 のいずれかを定義としても，ほかの性質は定理として得られる．定理 2.4.3 や 2.4.5 にある式は，行列式を理論的に用いる場合や，機械的な計算を行う場合などにしばしば重要ではあるが，具体的な行列式の手計算にはあまり向かないことが多い．

最後に，1.6 節で考察した連立一次方程式の特別な場合について考える．連立一次方程式

2.4 置換を用いた行列式の表示・クラメルの公式

$$\begin{cases} a_{11}x_1 + \cdots + a_{1n}x_n = c_1, \\ \quad\vdots \\ a_{n1}x_1 + \cdots + a_{nn}x_n = c_n \end{cases}$$

が与えられていて，$A = (a_{ij})$ とすると A は正則であるとする．このときには $v = \begin{pmatrix} x_1 \\ \vdots \\ x_n \end{pmatrix}, w = \begin{pmatrix} c_1 \\ \vdots \\ c_n \end{pmatrix}$ とすると，$Av = w$ より $v = A^{-1}w$ が成り立つ．定理 2.3.15 より A^{-1} の成分は A の成分で表すことができるので，x_i は A の成分と c_j で表すことができる．より詳しく，$\tilde{a}_{ij}$ を A の (i,j) 余因子とすれば $x_i = \sum_{j=1}^{n} \frac{1}{\det A} \tilde{a}_{ji} c_j$ が成り立つが，これは行列式を用いて簡単な形の式に変形できる[†13]．そのために $A_i = \begin{pmatrix} a_{11} & \cdots & a_{1,i-1} & c_1 & a_{1,i+1} & \cdots & a_{1n} \\ \vdots & & \vdots & & \vdots & & \vdots \\ a_{n1} & \cdots & a_{n,i-1} & c_n & a_{n,i+1} & \cdots & a_{nn} \end{pmatrix}$

とすると，補題 2.2.9 から $\det A_i = \sum_{j=1}^{n}(-1)^{j+i}(A_i\ \text{の}\ (j,i)\ \text{成分}) \times \det(A_i\ \text{の}$ 第 j 行と第 i 列を除いて得られる行列$) = \sum_{j=1}^{n}(-1)^{i+j} c_j \det \widetilde{A}_{ji} = \sum_{j=1}^{n} c_j \tilde{a}_{ji} = x_i \det A$ が成り立つ[†14]．したがって次が示せた．

定理 2.4.9.（クラメルの公式）$A \in \mathrm{GL}_n(K)$ とし，A の (i,j) 成分を a_{ij} とする．このとき，$x_1, \ldots, x_n$ に関する連立方程式

$$\begin{cases} a_{11}x_1 + \cdots + a_{1n}x_n = c_1, \\ \quad\vdots \\ a_{n1}x_1 + \cdots + a_{nn}x_n = c_n \end{cases}$$

の解は

[†13]. 形が簡単なだけで計算が簡単になるわけではない．

[†14]. $c_j = a_{ji}$ であれば $\sum_{j=1}^{n} \tilde{a}_{ji} c_j = \det A$ であることを踏まえれば，このような行列式を計算することが納得されるであろう．ちなみにこのときの解は $x_k = \begin{cases} 1, & k = i, \\ 0, & k \neq i, \end{cases}$ である．

$$x_i = \frac{\det\begin{pmatrix} a_{11} & \cdots & a_{1,i-1} & c_1 & a_{1,i+1} & \cdots & a_{1n} \\ \vdots & & & \vdots & & & \vdots \\ a_{n1} & \cdots & a_{n,i-1} & c_n & a_{n,i+1} & \cdots & a_{nn} \end{pmatrix}}{\det\begin{pmatrix} a_{11} & \cdots & a_{1n} \\ \vdots & & \vdots \\ a_{n1} & \cdots & a_{nn} \end{pmatrix}},$$

$i = 1, \ldots, n$, で与えられる.

系 2.4.10. $A \in \mathrm{GL}_n(K), c \in K^n$ とする. $v \in K^n$ に関する方程式 $Av = c$ の解は A と c に連続 (さらに C^∞ 級, (実) 解析的) に依存する.

$c = \begin{pmatrix} c_1 \\ \vdots \\ c_n \end{pmatrix}$ とする. $e_1, \ldots, e_n$ を K^n の基本ベクトルとし, $c = e_i$ としたときの解を b_i とすると $Ab_i = e_i$ が成り立つ. したがって, $B = (b_1 \cdots b_n)$ と置くと $AB = E_n$ が成り立つので定理 1.5.27 により $B = A^{-1}$ が成り立つ. クラメルの公式をよく見ると, これは定理 2.3.15 を再現していることが分かる. この意味でクラメルの公式は定理 2.3.15 を含んでいるとも言える[15]. 特に次が成り立つ.

系 2.4.11. $f: \mathrm{GL}_n(K) \to \mathrm{GL}_n(K)$ を $f(A) = A^{-1}$ により定めると f は連続 (さらに C^∞ 級, (実) 解析的) である.

このように, クラメルの公式は理論的には重要である[16]し, 方程式の形によっては実際に解を求めるのにも有用である. しかし, 一般的に一次方程式を解くために用いるのにはあまり向いていない[17].

---

[15]. 本書では定理 2.3.15 を用いてクラメルの公式を導いているので, 定理 2.3.15 の証明にはなっていない.
[16]. ほかにも, 重ね合わせの原理 (定理 1.6.3) はクラメルの公式を認めてしまえば直ちに従う. また, 例えば係数がすべて整数であるような連立一次方程式が $x_1, \ldots, x_n$ がすべて整数であるような解を持つかどうかを調べることができる. $\det A = \pm 1$ であれば十分なことはすぐ分かるが, 公式から少なくとも $\det A$ が $c_1, \ldots, c_n$ を割り切れば十分であることが分かる. これはより弱い条件である. このほかの代数的な考察にも公式が現れることがあるし, また, 幾何的や解析的な考察にもやはり用いることがある. いずれも本書の程度を超えるので省略する.
[17]. 必要であれば自然に覚えるものなので, 「公式」だからといって無理に暗記する必要はない.

2.5　行列式と体積 *

　この節では行列式が体積と関係することを説明する．すべてに証明を付けようとすると本書の程度を越える[†18]ので，非自明なこともいくつか認めながら話を進める．

定義 2.5.1.　$a \in \mathbb{R}^n$, $v_1, \ldots, v_m \in \mathbb{R}^n$ とする．

$$P_a(v_1, \ldots, v_m) = \left\{ w \in \mathbb{R}^n \,\middle|\, \begin{array}{l} \exists \lambda_1, \ldots, \lambda_m \in \mathbb{R} \text{ s.t. } 0 \leq \lambda_i \leq 1, \quad 1 \leq i \leq m, \\ w = a + \lambda_1 v_1 + \cdots + \lambda_m v_m \end{array} \right\}$$

と置く．$a \in \mathbb{R}^n$ と，$v_1, \ldots, v_n \in \mathbb{R}^n$ を用いて $P_a(v_1, \ldots, v_n)$ と表すことのできる $\mathbb{R}^n$ 内の図形を**平行多面体**と呼ぶ（v_i たちの数に注意）．

　$n = 2$ のときには平行多面体は平行四辺形である．まず $n = 2, n = 3$ のときに平行多面体の体積（面積）が持つ特徴を考えてみる．特徴はいくつか考えられるが，ここでは以下の性質に着目する．

0) 体積は 0 以上の実数値である．
1) 平行多面体を平行移動しても体積（面積）は変化しない．
2) 平行多面体を一つの面（辺）を共有する二つの平行多面体に分割すると，元の平行多面体の体積は分割して得られる平行多面体の体積の和に等しい．
3) 一つの底面（底辺）を固定すると，高さの等しい平行多面体（平行四辺形）の体積（面積）は同一である（カヴァリエリの原理の特別な場合）．

0) と 2) は体積の当然充たすべき性質であると考えられる．1) と 3) はあまり自明な性質ではないが，体積を正確に定義すると証明できることである．そこでここでは体積はこれらの性質を持つことを認め，$P_a(v_1, \ldots, v_n)$ の体積を次のように定める．o を零ベクトル，$e_1, \ldots, e_n$ を $\mathbb{R}^n$ の基本ベクトルとする．

定義 2.5.2.　$P_a(v_1, \ldots, v_n)$ に対して非負の実数 $m_a(v_1, \ldots, v_n)$ を与える写像が**体積**であるとは，次の性質が成り立つことを言う．

[†18]. 測度論（微積分学に関連する分野の一つ）の知識が必要になる．

1) $\forall a \in \mathbb{R}^n,\ m_a(v_1,\ldots,v_n) = m_o(v_1,\ldots,v_n)$.
2) $P_a(v_1,\ldots,v_n) = P_b(w_1,\ldots,w_n) \cup P_c(u_1,\ldots,u_n)$ が成り立ち，かつ $P_b(w_1,\ldots,w_n) \cap P_c(u_1,\ldots,u_n) = P_d(x_1,\ldots,x_{n-1})$ がある $d \in \mathbb{R}^n$, $x_1,\ldots,x_{n-1} \in \mathbb{R}^n$ について成り立てば $m_a(v_1,\ldots,v_n) = m_b(w_1,\ldots,w_n) + m_c(u_1,\ldots,u_n)$ が成り立つ.
3) $v = \lambda_2 v_2 + \cdots + \lambda_n v_n$ がある $\lambda_2,\ldots,\lambda_n \in \mathbb{R}$ について成り立てば $m_a(v_1+v, v_2,\ldots,v_n) = m_a(v_1, v_2,\ldots,v_n)$ が成り立つ. また, $v_2,\ldots,v_n$ についても同様の性質が成り立つ.
4) $m_o(e_1,\ldots,e_n) = 1$ である.

体積は以下のような性質を持つ．まず，性質 1) により $m_a(v_1,\ldots,v_n) = m_o(v_1,\ldots,v_n)$ が成り立つ．そこで，$m(v_1,\ldots,v_n) = m_o(v_1,\ldots,v_n)$ と置く．

補題 2.5.3. $\lambda \in \mathbb{R}$ とすると $m(\lambda v_1, v_2,\ldots,v_n) = |\lambda| m(v_1,\ldots,v_n)$ が成り立つ．$v_2,\ldots,v_n$ についても同様である．

証明． まず $\lambda > 0$ とする．k を正の整数とすると，$P_o(kv_1, v_2,\ldots,v_n) = P_o(v_1, v_2,\ldots,v_n) \cup P_{v_1}((k-1)v_1, v_2,\ldots,v_n)$ と $P_o(v_1, v_2,\ldots,v_n) \cap P_{v_1}((k-1)v_1, v_2,\ldots,v_n) = P_{v_1}(v_2,\ldots,v_n)$ が成り立つ．したがって定義 2.5.2 の 2) から $m(kv_1, v_2,\ldots,v_n) = m(v_1,\ldots,v_n) + m((k-1)v_1, v_2,\ldots,v_n)$ が成り立つ．よって $m(kv_1, v_2,\ldots,v_n) = km(v_1,\ldots,v_n)$ が成り立つことが帰納的に示される．次に q を正の有理数とし，$q = \dfrac{r}{p}$, r, p は正の整数，と表す．すると $m(rv_1, v_2,\ldots,v_n) = m\left(p\dfrac{r}{p}v_1, v_2,\ldots,v_n\right) = pm\left(\dfrac{r}{p}v_1, v_2,\ldots,v_n\right)$ が成り立つ．一方 $m(rv_1, v_2,\ldots,v_n) = rm(v_1, v_2,\ldots,v_n)$ であるから $\dfrac{r}{p}m(v_1, v_2,\ldots,v_n) = m\left(\dfrac{r}{p}v_1, v_2,\ldots,v_n\right)$ が成り立つ．最後に λ を正の実数とする．$\{q_i\}$ を $\forall i,\ 0 < q_i < \lambda$ かつ $\lim_{i \to \infty} q_i = \lambda$ を充たす有理数列とする．すると，$P_o(\lambda v_1, v_2,\ldots,v_n) = P_o(q_i v_1, v_2,\ldots,v_n) \cup P_{q_i}((\lambda - q_i)v_1, v_2,\ldots,v_n)$ かつ $P_o(q_i v_1, v_2,\ldots,v_n) \cap P_{q_i}((\lambda - q_i)v_1, v_2,\ldots,v_n) = P_{q_i}(v_2,\ldots,v_n)$ が成り立つので $m(\lambda v_1, v_2,\ldots,v_n) = m(q_i v_1, v_2,\ldots,v_n) + m((\lambda - q_i)v_1, v_2,\ldots,v_n)$ が成り立つ．第二項は非負であるから $m(\lambda v_1, v_2,\ldots,v_n) \geq q_i m(v_1, v_2,\ldots,v_n)$ が成り立つ．同様に $\{p_j\}$ を $\forall j,\ p_j > \lambda$ かつ $\lim_{j \to \infty} p_j = \lambda$ を充たす有理数列とすると，$m(\lambda v_1, v_2,\ldots,v_n) \leq p_j m(v_1, v_2,\ldots,v_n)$ が成り立つ．したがって $m(\lambda v_1, v_2,\ldots,v_n) = \lambda m(v_1,\ldots,v_n)$ が成り立つ．

$\lambda < 0$ とすると,$P_a(\lambda v_1, \ldots, v_n) = P_{a+\lambda v_1}(-\lambda v_1, \ldots, v_n)$ であるから $m(\lambda v_1, \ldots, v_n) = -\lambda m(v_1, \ldots, v_n) = |\lambda| m(v_1, \ldots, v_n)$ が成り立つ. また,$P_a(v_1, v_2, \ldots, v_n) = P_a(o, v_2, \ldots, v_n) \cup P_a(v_1, v_2, \ldots, v_n)$ かつ $P_a(o, v_2, \ldots, v_n) \cap P_a(v_1, v_2, \ldots, v_n) = P_a(v_2, \ldots, v_n)$ であることから,$m(v_1, v_2, \ldots, v_n) = m(o, v_2, \ldots, v_n) + m(v_1, v_2, \ldots, v_n)$ が成り立つ. よって $m(o, v_2, \ldots, v_n) = 0 = 0 m(v_1, \ldots, v_n)$ が成り立つ. $v_2, \ldots, v_n$ についても同様である. □

$A \in M_n(\mathbb{R})$ のとき,$A = (a_1 \cdots a_n)$ と列ベクトルで表して $m(A) = m(a_1, \ldots, a_n)$ と置く.

補題 2.5.4. $A \in M_n(\mathbb{R})$, $P \in \mathrm{GL}_n(\mathbb{R})$ とすると $m(AP) = m(A)|\det P|$ が成り立つ.

証明. まず P が基本行列であるとする. もし P が A のある列を λ 倍することに対応するのであれば,補題 2.5.3 により $m(AP) = m(A)|\det P|$ が成り立つ. また,P が A のある列に別の列の定数倍を加えることに対応するのであれば $\det P = 1$ である. 一方 m の性質 3) により $m(A) = m(AP)$ が成り立つから,$m(AP) = m(A)|\det P|$ が成り立つ. P が列の入れ替えに対応する場合には,問 1.4.20 の結果と,上に示したことから $m(AP) = m(A)|\det P|$ が成り立つ. 一般には P は定理 1.5.12 により基本行列の積として表すことができるから,定理 2.3.2 により $m(AP) = m(A)|\det P|$ が成り立つ (正確には帰納法による). □

定理 2.5.5. $A \in M_n(\mathbb{R})$ とすると $m(A) = |\det A|$ が成り立つ.

証明. $A \notin \mathrm{GL}_n(\mathbb{R})$ とする. このとき,A を右基本変形により列階段行列に変形すると $(A'\ O)$ の形になる. ここで,O は n 行 $(n - \mathrm{rank}\, A)$ 列の零行列である. 補題 2.5.3 により $m(A) = 0 = |\det A|$ が成り立つ. $A \in \mathrm{GL}_n(\mathbb{R})$ とする. すると $m(A) = m(E_n A) = m(E_n)|\det A| = |\det A|$ が成り立つ. □

逆に $m'_a(v_1, \ldots, v_n) = |\det(v_1 \cdots v_n)|$ とすると m' は定義 2.5.2 を充たすことが前節までに示したことから分かる. 定理 2.5.5 により $\det A$ は体積に符号を付けたものと考えることができる. 符号に意味を付けるためには,線型空間の向きと呼ばれる概念が便利であるので 4.5 節で改めて扱う.

2.6 終結式と判別式 *

二つの式が共通の根を持つかどうか判定する方法の一つに，終結式を用いるものがある．終結式は本来は行列とは関係なく定まるものであるが，次のように行列式を用いて定めることもできる．

定義 2.6.1. f, g を x の多項式とし，$f(x) = a_n x^n + a_{n-1} x^{n-1} + \cdots + a_0$, $g(x) = b_m x^m + b_{m-1} x^{m-1} + \cdots + b_0$ とする．f と g の**終結式** $R(f, g)$ を

$$R(f,g) = \det \begin{pmatrix} a_n & a_{n-1} & \cdots & a_0 & & & \\ & a_n & a_{n-1} & \cdots & a_0 & & \\ & & \ddots & \ddots & & \ddots & \\ & & & a_n & a_{n-1} & \cdots & a_0 \\ b_m & b_{m-1} & \cdots & b_0 & & & \\ & b_m & b_{m-1} & \cdots & b_0 & & \\ & & \ddots & \ddots & & \ddots & \\ & & & b_m & b_{m-1} & \cdots & b_0 \end{pmatrix} \begin{matrix} \left.\vphantom{\begin{matrix}1\\1\\1\\1\end{matrix}}\right\}m \\ \left.\vphantom{\begin{matrix}1\\1\\1\\1\end{matrix}}\right\}n \end{matrix}$$

により定める．

定義 2.6.2. f を x の多項式とし，$f(x) = a_n x^n + a_{n-1} x^{n-1} + \cdots + a_0, a_n \neq 0$ とする．$f(x) = a_n(x - \alpha_1) \cdots (x - \alpha_n)$ と因数分解されるとき，$\alpha_1, \ldots, \alpha_n$ を f の**根**と呼ぶ．$f(x) = (x - \alpha_1)^{k_1} \cdots (x - \alpha_r)^{k_r}$，ただし $\alpha_1, \ldots, \alpha_r$ は相異なる，とするとき k_i を α_i の**重複度**（代数的重複度）と呼ぶ．重複度が 1 である根を**単根**と呼び，重複度が 2 以上の根を**重根**と呼ぶ．重複度が k である根を k 重根と呼ぶこともある．

注 2.6.3. f を x の n 次式とする．重複度を込めて考えると f は n 個の根を持つ．f の係数がすべて K の元であったとしても，一般には根が K の元であるとは限らない．例えば $K = \mathbb{R}$ とすると $x^2 + 1 = (x + \sqrt{-1})(x - \sqrt{-1})$ であるが，$\pm\sqrt{-1} \notin \mathbb{R}$ である[19]．また，係数には例えば y の多項式なども許す．このときには根は y の多項式であったり，多項式を一般化したものであったりする．

---

[19]. これらの記述はやや不正確である．きちんと述べるためには体論の（初歩的な）概念が要る．

定理 2.6.4. f, g を x の多項式とし, $f(x) = a_n x^n + a_{n-1} x^{n-1} + \cdots + a_0$, $g(x) = b_m x^m + b_{m-1} x^{m-1} + \cdots + b_0$ とする. このとき,

$$R(f, g) = 0 \Leftrightarrow \begin{cases} a_n = b_m = 0, \\ \text{あるいは} \\ f \text{ と } g \text{ が共通の根を持つ} \end{cases}$$

が成り立つ. さらに, $a_n \neq 0, b_m \neq 0$ とし, $\alpha_1, \ldots, \alpha_n, \beta_1, \ldots, \beta_m$ を f, g のすべての根(重複も込めて数える)とすると,

$$R(f, g) = a_n{}^m b_m{}^n \prod_{\substack{1 \leq i \leq n \\ 1 \leq j \leq m}} (\alpha_i - \beta_j)$$

が成り立つ.

例えば f, g の係数が y の多項式であって, y が定まるごとに f, g が多項式として定まるような状況であるとすると, $R(f, g) = 0$ は f, g が共通の根を持つための y に関する必要十分条件を与える. このとき, $R(f, g)$ は定義により y の多項式で x を含まない.

証明. <u>前半の証明.</u> $R(f, g)$ の定義にある行列を X と置く. $R(f, g) = \det X$ である. $a_n = b_m = 0$ であれば X の第 1 列が o となるから $R(f, g) = 0$ である. また, f, g が共通の根 α を持てば, $X \begin{pmatrix} \alpha^{n+m-1} \\ \vdots \\ 1 \end{pmatrix} = 0$ が成り立つからやはり $R(f, g) = 0$ である. 逆に $R(f, g) = 0$ であったとする. $\det X = 0$ であるから, ある o でないベクトル $v = (\lambda_{m-1} \cdots \lambda_0 \, \mu_{n-1} \cdots \mu_0)$ が存在して $vX = 0$ が成り立つ. したがって $h(x) = \sum_{i=0}^{m-1} \lambda_i x^i$, $k(x) = \sum_{j=0}^{n-1} \mu_j x^j$ と置けば $hf + kg = 0$ が成り立つ. $a_n \neq 0$ であれば $\deg k < n = \deg f$ が成り立つから, 因数の数を比べれば f と g が共通の根を持つことが分かる. $b_n \neq 0$ の場合も同様である.

<u>後半の証明.</u> 多項式の因数分解に関する性質を用いた証明が一般的であるが, ここでは直接計算する方法を紹介する. $n = m = 1$ のときには $R(f, g) = \det \begin{pmatrix} a_1 & a_0 \\ b_1 & b_0 \end{pmatrix} = a_1 b_0 - b_1 a_0 = a_1 b_1 \left(-\frac{a_0}{a_1} + \frac{b_0}{b_1} \right)$ が成り立つから主張は正しい. 次に, $\deg f = n + 1 > 1$, $\deg g = m$ とする. すると, $f(x) = (x - \alpha) h(x)$, $h(x) = c_n x^n + \cdots + c_0$ と表すことができる.

仮定により $c_n \neq 0$ である．そこで $c'_k = \dfrac{c_k}{c_n}$, $b'_k = \dfrac{b_k}{b_m}$ と置く[20]．また，$A \in M_{m+1,m+n+1}(K)$, $B \in M_{m+1,m+n+1}(K)$ をそれぞれ

$$A = \begin{pmatrix} 1 & c'_{n-1} & \cdots & c'_0 & & & \\ & 1 & c'_{n-1} & \cdots & c'_0 & & \\ & & & \ddots & & & \\ & & & & 1 & c'_{n-1} & \cdots & c'_0 \end{pmatrix},$$

$$B = \begin{pmatrix} 1 & b'_{m-1} & \cdots & b'_0 & & & \\ & 1 & b'_{m-1} & \cdots & b'_0 & & \\ & & & \ddots & & & \\ & & & & 1 & b'_{m-1} & \cdots & b'_0 \end{pmatrix}$$

により定める（いずれも空白部は 0 である．また A のサイズに注意せよ）．A の第 l 行を d_l ($1 \leq l \leq m+1$) と置き，C_l, $1 \leq l \leq m+1$, を $\begin{pmatrix} A \\ B \end{pmatrix}$ から第 l 行を取り除いて得られる $M_{m+n+1}(K)$ の元とする．ここで $R'(f,g) = \dfrac{1}{a_n{}^m b_m{}^{n+1}} R(f,g)$, $R'(h,g) = \dfrac{1}{a_n{}^m b_m{}^n} R(h,g)$ とすると，

$$R'(f,g) = \det \begin{pmatrix} d_1 - \alpha d_2 \\ d_2 - \alpha d_3 \\ \vdots \\ d_m - \alpha d_{m+1} \\ B \end{pmatrix} = \det \begin{pmatrix} d_1 \\ d_2 - \alpha d_3 \\ \vdots \\ d_m - \alpha d_{m+1} \\ B \end{pmatrix} - \alpha \det \begin{pmatrix} d_2 \\ d_2 - \alpha d_3 \\ \vdots \\ d_m - \alpha d_{m+1} \\ B \end{pmatrix}$$

が成り立つ．右辺の第 2 項は $(-\alpha)^m \det C_1$ に等しい．また，初項の第 2 行以下について同様の計算を繰り返すと $R'(f,g) = \det C_{m+1} - \alpha \det C_m + \cdots + (-\alpha)^m \det C_1$ が成り立つことが分かる．ここで，C_1 の第 1 列は e_{m+1} であるから，右辺の最後の項は $\alpha^m R'(h,g)$ に等しい．$l > 1$ とする．このとき C_l の第 1 行に次のような操作を加える．まず，$2 \leq i < l$ について第 i 行の b'_{m-i+1} 倍を加える．次いで，$l \leq i \leq m$ について第 i 行の b'_{m-i} 倍を加える．そして，$1 \leq j \leq n+1$ について，第 $(m+j)$ 行の $-c'_{n-j+1}$ 倍を加える．すると C_l の $(1,p)$ 成分は

---

[20]. 係数が実数や複素数でないときには必ずしも c_n や b_m での除算はそのままでは意味を持たないが，ここではおおらかに 0 以外の元による除算を認めることにする．

$$(2.6.5) \quad c'_{n-p+1} + \sum_{i=2}^{l-1} b'_{m-i+1} c'_{n-p+i} + \sum_{i=l}^{m} b'_{m-i} c'_{n-p+i+1} - \sum_{j=1}^{n+1} c'_{n-j+1} b'_{m-p+j}$$

で与えられる．ただし，b' や c' の添字が負になったり，m や n を超える場合には 0 とみなす．実際に添字が動く範囲と，$b'_m = c'_n = 1$ であることに注意して式 (2.6.5) を計算すると $\sum_{\substack{n-p+1 \leq i \leq n+m-p+1 \\ i \neq m-l+1}} b'_i c'_{n+m-p+1-i} - \sum_{n-p+1 \leq i \leq n+m-p+1} b'_i c'_{n+m-p+1-i}$ に等しいことがわかる．よって C_l の $(1,p)$ 成分は，$l \leq p \leq n+l$ であれば $-b'_{m-l+1} c'_{n-p+l}$ に，その他の場合には 0 に等しい．したがって $(-\alpha)^{m-l+1} \det C_l = (-1)^{l-2}(-1)^m (-b'_{m-l+1})(-\alpha)^{m-l+1} R'(h,g) = b'_{m-l+1} \alpha^{m-l+1} R'(h,g)$ が成り立つ．これから，

$$R(f,g) = a_n{}^m b_m{}^{n+1} R'(f,g) = a_n{}^m b_m{}^{n+1} (\alpha^m + b'_{m-1} \alpha^{m-1} + \cdots + b'_0) R'(h,g)$$
$$= g(\alpha) R(h,g)$$

が従う．よって $\deg f = 1$, $\deg g = m$ の場合に主張が示せれば，一般の場合にも帰納的に主張が示せる．ところで，$R(g,f) = (-1)^{mn} R(f,g)$ が成り立つので，証明は $\deg f = \deg g = 1$ の場合に帰着できる．したがって一般に主張が成り立つ． □

系 2.6.6. 定理 2.6.4 と同じ記号の下で

$$R(f,g) = a_n{}^m \prod_{i=1}^{n} g(\alpha_i) = (-1)^{nm} b_m{}^n \prod_{j=1}^{m} f(\beta_j)$$

が成り立つ．

例 2.6.7. $f(x,y) = x^2 - (2y+1)x + y(y+1) = (x-y)(x-(y+1))$, $g(x) = x^2 - 7x + 12 = (x-3)(x-4)$ とする．x の多項式と考えたとき，これらが共通の根を持つのは y が $2,3,4$ のいずれかに等しいとき，そのときのみである．一方，

$$R(f,g) = \det \begin{pmatrix} 1 & -2y-1 & y^2+y & 0 \\ 0 & 1 & -2y-1 & y^2+y \\ 1 & -7 & 12 & 0 \\ 0 & 1 & -7 & 12 \end{pmatrix} = (y-2)(y-3)^2(y-4)$$

が成り立ち，確かに $R(f,g) = 0$ と f, g が共通の根を持つことは同値である（$y = 3$ のときには共通の根が二つであることにも注意せよ）．

注 2.6.8. 終結式を $R'(f,g) = \prod_{\substack{1 \leq i \leq n \\ 1 \leq j \leq m}} (\alpha_i - \beta_j)$ で定義することもある．こちらはより直接的な定義であるが，定義 2.6.1 には f, g の係数が K の元であれば $R(f,g)$ も K の元であるという利点がある．

定義 2.6.9. f を x の多項式とし，$f(x) = a_n x^n + a_{n-1} x^{n-1} + \cdots + a_0, a_n \neq 0$, とする．$\alpha_1, \ldots, \alpha_n$ を f の根とし，f の判別式 $D(f)$ を

$$D(f) = a_n^{2n-2} \left(\prod_{i<j} (\alpha_j - \alpha_i) \right)^2$$

により定める[†21]．

定理 2.6.10. f を x の多項式とし，$f(x) = a_n x^n + a_{n-1} x^{n-1} + \cdots + a_0$, $a_n \neq 0$ とする．このとき，$f'(x) = n a_n x^{n-1} + (n-1) a_{n-1} x^{n-2} + \cdots + a_1$ と定めると，$R(f, f') = (-1)^{\frac{n(n-1)}{2}} a_n^{-1} D(f)$ が成り立つ．

問 2.6.11. $f(x) = a_n(x-\alpha_1) \cdots (x-\alpha_n)$ のとき $f'(x) = a_n \sum_{k=1}^{n} (x-\alpha_1) \cdots (x-\alpha_{k-1})(x-\alpha_{k+1}) \cdots (x-\alpha_n)$ であることに注意して定理 2.6.10 を示せ．必要に応じて系 2.6.6 を用いよ．

定理 2.6.4 により，次が成り立つ．

定理 2.6.12. $a_n \neq 0$ とする．f が重根を持つのは $D(f) = 0$ のとき，そのときのみである．

例 2.6.13. $f(x) = x^3 - (y+3)x^2 + (3y+2)x - 2y = (x-1)(x-2)(x-y)$ とする．f が重根を持つのは $y = 1$ あるいは $y = 2$ のとき，そのときのみである．一方 $f'(x) = 3x^2 - 2(y+3)x + 3y + 2$ であるから，

$$D(f) = -\det \begin{pmatrix} 1 & -(y+3) & 3y+2 & -2y & 0 \\ 0 & 1 & -(y+3) & 3y+2 & -2y \\ 3 & -2(y+3) & 3y+2 & 0 & 0 \\ 0 & 3 & -2(y+3) & 3y+2 & 0 \\ 0 & 0 & 3 & -2(y+3) & 3y+2 \end{pmatrix} = (y-1)^2 (y-2)^2$$

[†21] 終結式と同様に，流儀による差異が多少ある．

が成り立ち，f が重根を持つことと $D(f) = 0$ であることは同値である．

2.7 演習問題

問 2.7.1. $n > 1$ とし，$\Delta(x_1, \ldots, x_n) = \prod_{1 \leq i < j \leq n}(x_j - x_i)$ を $x_1, \ldots, x_n$ の差積（問 2.3.19）とする．$\alpha_1, \ldots, \alpha_n$ を相異なる K の元とし，
$$f_k(x) = \frac{\Delta(\alpha_1, \ldots, \alpha_{k-1}, x, \alpha_{k+1}, \ldots, \alpha_n)}{\Delta(\alpha_1, \ldots, \alpha_n)}$$
と置く．

1) f_k は $(n-1)$ 次多項式であって，$f_k(\alpha_j) = \begin{cases} 1, & j = k \\ 0, & j \neq k \end{cases}$ が成り立つことを示せ．
2) $f_1 + \cdots + f_n = 1$ が成り立つことを示せ．ここで右辺は恒等的に 1 であるような関数を表す．
3) $1 \leq l \leq n-1$ のとき，$\alpha_1{}^l f_1(x) + \cdots + \alpha_n{}^l f_n(x) = x^l$ が成り立つことを示せ（任意の $a \in K$ について $a^0 = 1$ と定め，また，$x^0 = 1$ と定めれば 2) が得られる）．

2), 3) のヒント：例えば直接計算して示すことも可能である．この際には左辺をうまく $(n+1)$ 次行列の行列式に書き直すと計算がかなり楽になる．あるいは，次の問 2.7.2 を用いることもできる．

問 2.7.2. f を K の元を係数とする $(n-1)$ 次多項式とする．n 個の相異なる K の元 $\alpha_1, \ldots, \alpha_n$ について $f(\alpha_1) = \cdots = f(\alpha_n) = 0$ が成り立てば $f = 0$ であることを示せ．

定義 2.7.3. $\sigma, \tau \in \mathfrak{S}_n$ について，σ と τ の**積** $\sigma\tau$ を $\sigma\tau = \tau \circ \sigma$ により定める[22]．

問 2.7.4. $\sigma \in \mathfrak{S}_n$ が**互換**であるとは，ある i と j，$1 \leq i < j \leq n$，について $\sigma(i) = j$，$\sigma(j) = i$，$\sigma(k) = k$，$k \neq i, j$，が成り立つことを言う．

1) 一般に $\sigma \in \mathfrak{S}_n$ とすると，σ はいくつかの互換の積で表されることを示せ．
2) $\sigma, \tau \in \mathfrak{S}_n$ を互換とすると，$\mathrm{sgn}\,\sigma\tau = (\mathrm{sgn}\,\sigma)(\mathrm{sgn}\,\tau)$ が成り立つことを示せ．
3) $\sigma \in \mathfrak{S}_n$ を互換の積で表したとき，その数は偶数あるいは奇数であるが，そのどちらかであるかは σ によって定まり，表し方に依らないことを示せ．偶数であるときには σ を**偶置換**，奇数であるときには**奇置換**と呼ぶ．
4) $\sigma, \tau \in \mathfrak{S}_n$ とすると，$\mathrm{sgn}\,\sigma\tau = (\mathrm{sgn}\,\sigma)(\mathrm{sgn}\,\tau)$ が成り立つことを示せ．

問 2.7.5. 次の置換が偶置換であるか奇置換であるか判定せよ．

1) $\begin{pmatrix} 1 & 2 & \cdots & k-1 & k & k+1 & \cdots & n-1 & n \\ n-k+2 & n-k+3 & \cdots & n & 1 & 2 & \cdots & n-k & n-k+1 \end{pmatrix}$,
 ただし $1 \leq k \leq n$．

2) $\begin{pmatrix} 1 & 2 & \cdots & n-1 & n \\ n & n-1 & \cdots & 2 & 1 \end{pmatrix}$．

問 2.7.6. $f(x) = ax^2 + bx + c$，$a \neq 0$ とすると，$D(f) = b^2 - 4ac$ が成り立つことを示せ．また，$f(x) = ax^3 + bx^2 + cx + d$，$a \neq 0$ とするとき，$D(f)$ を求めよ．

---

[22] ここで言う $\sigma\tau$ を $\tau\sigma$ で表すこともある．紛らわしいが，どちらも一般的であるので気を付けるしかない．

第3章 線型空間と線型写像

今まで扱ってきた連立一次方程式や行列などに関わる事実は線型空間（ベクトル空間）や線型写像という概念を用いてまとめることができる．一次方程式を単に解くだけであれば利点を感じにくいが，解の性質を調べたり，あるいは一定の状況で効率よく解を求めたいときなどは，行列を一度離れて線型空間や線型写像を考えた方がよいことが少なくない．また，連立一次方程式や行列を何らかの形[†1]で用いようとすると，例えば変数（未知数）が函数を表したり，あるいは変数の数が n 個（有限個）ではなく無限に存在するような状況を考える必要がしばしば生じる．このようなときにも見通しよく議論を進めるためには，線型空間や線型写像という概念は必須と言ってよい．ここではまず，変数の数に関してはあまり気にせず，変数が必ずしも数や数ベクトルを表すとは限らないという意味で一般の場合について考える．

3.1 線型空間の定義と例

定義 3.1.1. K^n においてベクトルの和・定数倍（K の元を掛ける操作）を考えたものを**数ベクトル空間**と呼ぶ[†2]．$\mathbb{R}^n$ を実数ベクトル空間，$\mathbb{C}^n$ を複素数ベクトル空間と呼ぶこともある．また，抽象的に，成分を何も持たない零ベクトル o も考え，$K^0 = \{o\}$ と置く（例 3.1.5 の 2) を見よ）．

$V = K^n$ とすると V の元同士の和と，V の元と K の元との積が定まっていて，以下が成り立つ．

I) $\forall v_1, v_2, v_3 \in V, \ (v_1 + v_2) + v_3 = v_1 + (v_2 + v_3)$.

[†1] 数学には限らない．例えば統計であったり，物理であったり，さまざまである．
[†2] 以下では $K = \mathbb{R}$ あるいは $K = \mathbb{C}$ とするが，実際には多くの事柄は K が体であれば成り立つ．付録 C も参照のこと．

II) $\forall v_1, v_2 \in V,\ v_1 + v_2 = v_2 + v_1$.

III) $\exists o \in V,\ \forall v \in V,\ v + o = o + v = v$.

IV) III) で与えられる o について，$\forall v \in V,\ \exists v' \in V,\ v + v' = v' + v = o$.

V) $\forall v \in V,\ \forall \lambda, \mu \in K,\ (\lambda + \mu)v = \lambda v + \mu v$.

VI) $\forall v_1, v_2 \in V,\ \forall \lambda \in K,\ \lambda(v_1 + v_2) = \lambda v_1 + \lambda v_2$.

VII) $\forall v \in V,\ \forall \lambda, \mu \in K,\ \lambda(\mu v) = (\lambda \mu)v$.

VIII) $\forall v \in V,\ 1v = v$.

I) において，足し算をする順序が特に重要ではない場合には $(v_1 + v_2) + v_3, v_1 + (v_2 + v_3)$ を単に $v_1 + v_2 + v_3$ で表す．また，VII) においても同様に $\lambda(\mu v),\ (\lambda \mu)v$ を単に $\lambda \mu v$ で表す．

ここで V が数ベクトル空間であったことは忘れてしまい，上の性質だけに着目する．また，零ベクトル o も一般には数ベクトルではなく，抽象的に V の元として考える．

定義 3.1.2. V が K 上の**線型空間**あるいは K-線型空間，K-ベクトル空間であるとは，V の元同士の和，V の元と K の元の積が定まっていて，これらが上の八条件（**線型空間の公理**と呼ぶ）を充たすことを言う．K が明らかであるなどして K を明示する必要がないときには単に線型空間，ベクトル空間と呼ぶ．線型空間の元をしばしば**ベクトル**と呼ぶ．$\mathbb{R}$-線型空間を実線型空間，$\mathbb{C}$-線型空間を複素線型空間ともそれぞれ呼ぶ．

$\mathbb{R}^n$ は $\mathbb{R}$-線型空間，$\mathbb{C}^n$ は $\mathbb{C}$-線型空間である．

補題 3.1.3. V を線型空間とする．

1) III) における o は唯一である．また，$\forall v \in V,\ 0v = o$ および $\forall \lambda \in K,\ \lambda o = o$ が成り立つ．

2) $v \in V$ とする．IV) における v' は一意的であって，$(-1)v = v'$ が成り立つ．

証明． まず一意性から示す．o' も III) の性質を持つとすれば $v = o$ として $o + o' = o$ が成り立つ．一方 $v = o'$ とすれば再び III) より $o + o' = o'$ が成り立つので $o' = o$ が成り立つ．また，$v \in V$ に対して v', v'' がともに IV) の性質を持つとすると $v + v' = o$ かつ $v'' + v = o$ が成り立つ．すると I) と III) より $v' = o + v' = (v'' + v) + v' = v'' + (v + v') = v'' + o = v''$

が成り立つので $v' = v''$ である．したがって IV) のような v' は一意的である．そこで，$v \in V$ について IV) で定まる v' を $-v$ で表す．さて，V) より $0v = (0+0)v = 0v + 0v$ が成り立つが，$w = -(0v)$ とすると I), III) と IV) により $o = 0v + w = (0v + 0v) + w = 0v + (0v + w) = 0v + o = 0v$ が従う．また，$\lambda \in K$ とすれば，III) により $o + o = o$ であることから，VI) により $\lambda o = \lambda(o+o) = \lambda o + \lambda o$ が成り立つ．$w = -(\lambda o)$ とすれば，I), III) と IV) により $o = \lambda o + w = (\lambda o + \lambda o) + w = \lambda o + (\lambda o + w) = \lambda o + o = \lambda o$ が成り立つ．最後に，V), VIII) と $0v = o$ であることから $v + (-1)v = (1 + (-1))v = 0v = o$, $(-1)v + v = ((-1) + 1)v = 0v = o$ が成り立つ．このような性質を持つ V の元は $-v$ のみであるから $(-1)v = -v$ である． □

定義 3.1.4. V を線型空間とする．

1) III) における o を零ベクトルあるいは零元と呼ぶ．零ベクトルは数字の 0 を用いて表すことも多い．

2) $v \in V$ について，IV) における v' を $-v$ で表し，（加法に関する）v の逆元と呼ぶ．

いくつか線型空間の例を挙げる．それぞれがきちんと線型空間の例になっている[†3]ことは各自で確かめよ．

例 3.1.5.

1) $K = K^1$ と考えると，K の元の和は K^1 におけるベクトルの和と一致し，K の元に K の元を掛ける操作は K の元を K^1 の元に掛ける操作，つまりベクトルと K の元の積に一致する．したがって K は通常の和・積に関して K-線型空間である．K は特に明示しなければ常にこの方法で線型空間とみなす．

2) $V = \{o\}$ とする．$o + o = o$, また，$\lambda \in K$ について $\lambda o = o$ と定めると V は K-線型空間である．これを自明な線型空間と呼ぶ．K^0 は自明な線型空間である．

3) $M_{m,n}(K)$ は行列の和と K の元との積により K-線型空間である（補題 1.3.3, 1.3.4 を参照のこと）．$K^n = M_{n,1}(K)$ はこの特別な場合と考

[†3] 原理的には，ある集合 V と V の演算が線型空間であることを示すためには，それらが線型空間の公理（八つの条件）を充たしていることを示すしかない．他の証明がある場合もあるが，それは特別な場合である．

えることができる．$M_{m,n}(K)$ については 3.8 節で再び触れる．

4) $K[t]$ で t を変数とする K-係数の多項式全体のなす集合を表す[†4]．

$$K[t] = \{a_0 + a_1 t + \cdots + a_n t^n \mid a_0, \ldots, a_n \in K\}$$

である（n は元ごとに異なる）．また，$K_n[t]$ で t を変数とする高々 n 次の K 係数の多項式全体のなす集合を表す．

$$K_n[t] = \{a_0 + a_1 t + \cdots + a_m t^m \mid a_0, \ldots, a_m \in K,\ m \leq n\}$$

である．$K[t], K_n[t]$ はともに多項式の和・定数倍に関して K-線型空間である．$K[t]$ は一般的な記号であるが，$K_n[t]$ はそうではない．

5) X を集合とし，W を K-線型空間とする．V を X から W への写像全体のなす集合とする．例えば $X = \mathbb{R}, W = \mathbb{R}^n$ とすれば V は実数を変数とするベクトル値関数全体のなす集合である．また，$X = \mathbb{R}^m$, $W = \mathbb{R}^n$ とすれば V は（実）多変数のベクトル値関数全体のなす集合である．さて，$f_1, f_2 \in V$ のとき，$F\colon X \to W$ を $F(x) = f_1(x) + f_2(x)$ により定める．F は X から W への写像であるから $F \in V$ である．そこで $f_1 + f_2 = F$ と定める．$(f_1 + f_2)(x) = f_1(x) + f_2(x)$ である．また，$f \in V, \lambda \in K$ のとき，$G \in V$ を $G(x) = \lambda f(x)$ により定め，$\lambda f = G$ と置く．$(\lambda f)(x) = \lambda(f(x))$ である．するとこの演算に関して V は K-線型空間である．

6) $V = \{\{a_n\}_{n=1,2,\ldots} \mid a_n \in K\}$ とする．$a = \{a_n\}, b = \{b_n\} \in V$ のとき，$a + b \in V$ を $a + b = \{c_n\}$，ただし $c_n = a_n + b_n$，と定め，$\lambda \in K$ のとき $\lambda a \in V$ を $\lambda a = \{\lambda a_n\}$ と定めれば V は K-線型空間である．また，$W = \{\{a_n\}_{n=1,2,\ldots} \mid a_n \in K,\ a_{n+2} + 3a_{n+1} + 2a_n = 0\}$ とする．W の元についても V の元と同様の演算を考えることができて，W はこの演算に関して K-線型空間である．この際，$a, b \in W, \lambda \in K$ であれば $a + b, \lambda a$ がそれぞれ W の元であるかどうかは，V の元についての場合と比べて自明ではないことに注意せよ．一般に，$\lambda_1, \ldots, \lambda_m \in K$ とし，$U = \{\{a_n\} \mid a_n \in K,\ a_{n+m} + \lambda_1 a_{n+m-1} + \cdots + \lambda_m a_n = 0\}$ とすれば U は K-線型空間である．

[†4] 定数や単項式を多項式に含めない文献もあるが，それは例えば正方形は長方形ではないというのに似た誤りである．

7) $A \in M_{m,n}(K)$ とし,$V = \{v \in K^n \,|\, Av = o\}$, $W = \{w \in K^m \,|\, \exists v \in K^n \text{ s.t. } w = Av\}$ とすれば V, W は K-線型空間である.ただし,V, W それぞれについて,元の和,K の元との積は K^n あるいは K^m の演算をそのまま用いる.

8) $V = \mathbb{C}$ とする.$v, v' \in V$ のとき,$v + v'$ を複素数の和により定め,$\lambda \in \mathbb{R}$ のとき λv を複素数の積により定めると $\mathbb{C}$ は $\mathbb{R}$-線型空間である.$v = 1$, $v' = \sqrt{-1}$ とすると,通常の意味では $v' = \sqrt{-1}v$ であるが,この等式は $V = \mathbb{C}$ を $\mathbb{R}$-線型空間と考えているときには右辺が定義されていない($\mathbb{R}$-線型空間であるから,実数ではない $\sqrt{-1}$ を V の元に掛けることができない)ので意味を持たない.

3.2 部分線型空間

定義 3.2.1. V を K-線型空間とする.V の部分集合 W が V の K-**部分線型空間**(線型部分空間,部分ベクトル空間)であるとは,以下の条件が充たされることである.すなわち

1) $W \neq \emptyset$ が成り立つ.
2) $\forall w_1, w_2 \in W,\ w_1 + w_2 \in W$ が成り立つ.ここで,和は V の元としての和である.
3) $\forall w \in W, \forall \lambda \in K,\ \lambda w \in W$ が成り立つ.ここで λ 倍は V の元としての λ 倍である.

K が明らかなときには K-部分線型空間のことを単に部分線型空間と呼ぶ.

例 3.2.2.
1) $V = \left\{ \begin{pmatrix} x \\ 0 \end{pmatrix} \,\middle|\, x \in K \right\}$ とすると V は K^2 の部分線型空間である.
2) $n \leq m$ であれば $K_n[x] \subset K_m[x]$ であって,$K_n[x]$ は $K_m[x]$ の K-部分線型空間である.また,$K_n[x]$ は $K[x]$ の K-部分線型空間である.
3) $\mathbb{R}^n \subset \mathbb{C}^n$ において $\mathbb{R}^n$ は $\mathbb{C}^n$ の $\mathbb{R}$-部分線型空間である.
4) 例 3.1.5 の 6) における W, U は V の,7) における W は V のそれぞれ K-部分線型空間である(定理 3.7.1 も参照のこと).

補題 3.2.3.
1) W が V の部分線型空間であれば $o \in W$ である.
2) V が線型空間であれば $\{o\} \subset V$ は V の部分線型空間である. また, $V \subset V$ も V の部分線型空間である.

証明. W を V の部分線形空間とすれば, W は空でないので $w \in W$ を任意に選ぶ. すると $o = 0w$ だから $o \in W$ が成り立つ. 後半は易しい. □

定義 3.2.4. V の部分線型空間 $\{o\}$ を**自明な部分線型空間**と呼ぶ.

問 3.2.5. V を K-線型空間, W をその K-部分線型空間とする.
1) W において V の演算をそのまま用いることにすると, W は K-線型空間であることを示せ. また, このとき K-線型空間としての W の零ベクトルは V の零ベクトルに等しいことを示せ.
2) U を W の K-部分線型空間とすると, U は V の K-部分線型空間であることを示せ.

注 3.2.6. V の部分集合 W が V の部分線型空間であることを, W 自身が線型空間であって, その演算が V における演算と一致することとしてもよいことが問 3.2.5 の 1) の前半から分かる.

以下では特に断らない限り V は K-線型空間とし, 部分線型空間とは K-部分線型空間のことを指す.

補題 3.2.7. W_1, W_2 を V の部分線型空間とする. W_1 と W_2 の共通部分 $W_1 \cap W_2$ は V の部分線型空間である.

証明. $o \in W_1, o \in W_2$ より $o \in W_1 \cap W_2$ であるので $W_1 \cap W_2 \neq \emptyset$ である. $v, v' \in W_1 \cap W_2$ とする. $v + v' \in W_1$ かつ $v + v' \in W_2$ より $v + v' \in W_1 \cap W_2$ である. 同様に $\lambda \in K$ のとき $\lambda v \in W_1 \cap W_2$ が成り立つ. □

補題 3.2.7 において二つの部分線型空間 W_1, W_2 を考えた. 少し大げさに言えば, $A = \{1, 2\}$ とすると, 各 $\alpha \in A$ について (したがって $\alpha = 1$ または $\alpha = 2$), W_α が定まっている. これをもう少し一般化して次のように呼ぶ.

定義 3.2.8. ある集合の元を添え字とするような何かが与えられているとき,

これらをひとまとまりとして考えて**族**と呼び，添え字の集合をそのまま**添字集合**と呼ぶ．

例 3.2.9.
1) 補題 3.2.7 において，$A = \{1, 2\}$ とすると $\{W_\alpha\}_{\alpha \in A}$ は V の部分線型空間の，A を添字集合とする族である．
2) $I = \{1, 2, \ldots, r\}$ とし，$i \in I$ のとき $v_i \in K^n$ とすると $\{v_i\}_{i \in I} = \{v_1, \ldots, v_r\}$ は K^n の元の族である．この族の添字集合は I である．
3) $t \in \mathbb{R}$ のとき $a_t \in K$ とすると $\{a_t\}_{t \in \mathbb{R}}$ は K の元の族であって，添字集合は $\mathbb{R}$ である．
4) $n \in \mathbb{Z}$ のとき $a_n \in K$ とすると $\{a_n\}_{n \in \mathbb{Z}}$ は K の元の族であって，添字集合は $\mathbb{Z}$ である．

補題 3.2.10. A を任意の集合とし，$\{W_\alpha\}_{\alpha \in A}$ を A を添字集合とする V の部分線型空間の族とする．
$$W = \bigcap_{\alpha \in A} W_\alpha = \{v \in V \mid \forall \alpha \in A, v \in W_\alpha\}$$
と置けば W は V の部分線型空間である．

証明は補題 3.2.7 と同様にできるので省略する．

一方，和集合 $W_1 \cup W_2$ は一般には部分線型空間ではない．例えば $W_1 = \left\{\begin{pmatrix} x \\ 0 \end{pmatrix} \,\middle|\, x \in K\right\}$，$W_2 = \left\{\begin{pmatrix} 0 \\ y \end{pmatrix} \,\middle|\, y \in K\right\}$ とするとこれらはともに K^2 の部分線型空間であるが，$W_1 \cup W_2$ は K^2 の部分線型空間ではない[5]．そこで部分線型空間の和を次のように定める．

定義 3.2.11. W_1, W_2 を V の部分線型空間とする．
$$W_1 + W_2 = \{w_1 + w_2 \in V \mid w_1 \in W_1, w_2 \in W_2\}$$
と置き，W_1 と W_2 の**和空間**と呼ぶ．

補題 3.2.12. 和空間は部分線型空間である．

証明. $o \in W_1$，$o \in W_2$ であるから，$o = o + o \in W_1 + W_2$ なので

---
[5] 各自確かめよ．

$W_1 + W_2 \neq \emptyset$ である．$v, v' \in W_1 + W_2$ とすれば，ある $w_1, w_1' \in W_1$ と $w_2, w_2' \in W_2$ が存在して $v = w_1 + w_2, v' = w_1' + w_2'$ が成り立つ．したがって $v + v' = (w_1 + w_2) + (w_1' + w_2') = (w_1 + w_1') + (w_2 + w_2') \in W_1 + W_2$ である．同様に $\lambda \in K$ のとき $\lambda v \in W_1 + W_2$ が成り立つ． □

一般に，$\{W_\alpha\}_{\alpha \in A}$ が V の部分線型空間の族であれば W_α たちの和空間 $\sum_{\alpha \in A} W_\alpha$ が定まり，V の部分線型空間である（定義 3.10.29）．

問 3.2.13. W_1, W_2 を V の K-部分線形空間とする．W が V の K-部分線型空間であって $W_1 \subset W, W_2 \subset W$ が成り立つとすると，$W_1 + W_2 \subset W$ が成り立つことを示せ．

補題 3.2.14. W_1, W_2, W_3 を V の部分線型空間とすると $(W_1 + W_2) + W_3 = W_1 + (W_2 + W_3)$ が成り立つ（この等しい空間を通常は $W_1 + W_2 + W_3$ で表す）．また，$W_2 + W_1 = W_1 + W_2$ が成り立つ．

証明． $v \in (W_1 + W_2) + W_3$ とすると，定義によりある $w \in W_1 + W_2$ と $w_3 \in W_3$ が存在し，$v = w + w_3$ が成り立つ．ところで，再び定義によりある $w_1 \in W_1$ と $w_2 \in W_2$ が存在して $w = w_1 + w_2$ が成り立つ．したがって $v = (w_1 + w_2) + w_3 = w_1 + (w_2 + w_3)$ が成り立つ．$w_2 + w_3 \in W_2 + W_3$ であるから，これは $v \in W_1 + (W_2 + W_3)$ を意味するので $(W_1 + W_2) + W_3 \subset W_1 + (W_2 + W_3)$ が成り立つ．逆の包含関係も同様に示すことができるので成り立つ．後半は容易なので省略する． □

注 3.2.15. 以下の包含関係が成り立つ．

$$W_1 \cap W_2 \begin{matrix} \subset \\ \subset \end{matrix} \begin{matrix} W_1 \\ W_2 \end{matrix} \begin{matrix} \subset \\ \subset \end{matrix} W_1 + W_2$$

問 3.2.13 により，$W_1 + W_2$ は W_1, W_2 をともに含む最小の部分線型空間である．一方，$W_1 \cap W_2$ は W_1, W_2 の両者に含まれる最大の部分線型空間である．

定義 3.2.16. $W_1, \ldots, W_r$ を V の K-部分線型空間とする．

$\forall w \in W_1 + W_2 + \cdots + W_r, \exists! w_i \in W_i, 1 \leq i \leq r$ s.t. $w = w_1 + \cdots + w_r$

が成り立つとき，$W_1 + W_2 + \cdots + W_r$ は**直和**であるといい，$W_1 \oplus W_2 \oplus \cdots \oplus W_r$

で表す．ここで，記号 '∃!' は「唯一存在する」ことを意味し，'∃1' でも表す（定義 0.1.10 も参照のこと）．

二つの部分線型空間の和空間については次が成り立つ．

補題 3.2.17. $W = W_1 + W_2$ とする．$W = W_1 \oplus W_2$ であることと，$W_1 \cap W_2 = \{o\}$ が成り立つことは同値である．

証明． $W_1 \cap W_2 = \{o\}$ であるとし，$w \in W_1 + W_2$ とする．$w = w_1 + w_2 = w_1' + w_2', w_1, w_1' \in W_1, w_2, w_2' \in W_2$ とすると $w_1 - w_1' = w_2' - w_2$ であるから，この等しい元は $W_1 \cap W_2$ の元である．仮定から $W_1 \cap W_2 = \{o\}$ だから $w_1 - w_1' = w_2' - w_2 = o$ なので，$w_1 = w_1', w_2 = w_2'$ が成り立つ．逆に $W = W_1 \oplus W_2$ であるとする．$w \in W_1 \cap W_2$ とすると，$w = w + o = o + w$ である．'$w + o$' については $w \in W_1, o \in W_2$ と，'$o + w$' については $o \in W_1, w \in W_2$ と考えることにする．w を W_1 の元と W_2 の元の和として表す方法は一意的であるから，$w = o$ である．したがって $W_1 \cap W_2 = \{o\}$ である． □

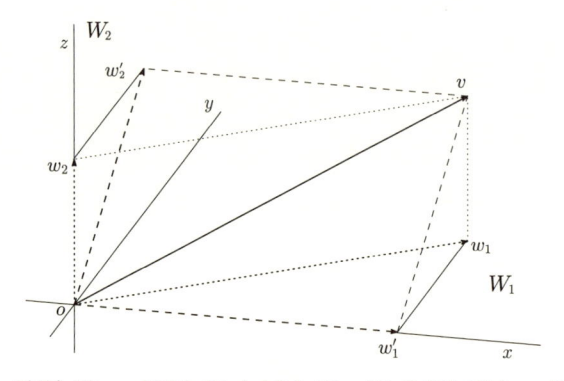

図 3.1. xy-平面を W_1，yz-平面を W_2 とすると $W_1 + W_2$ は直和ではない．例えば図において $v = w_1 + w_2 = w_1' + w_2'$ が成り立つ．また，$w_1 - w_1' = w_2' - w_2 \in W_1 \cap W_2$（$y$-軸）が成り立つ．

三つ以上の部分線型空間の和空間に関しては次が成り立つ．

補題 3.2.18. $W_1, W_2, \ldots, W_r$ を V の部分線型空間とする．このとき以下は同値である．

1) $W_1 + W_2 + \cdots + W_r$ は直和である.
2) 任意の $i \leq r$ について $(W_1 + \cdots + W_{i-1} + W_{i+1} + \cdots + W_r) \cap W_i = \{o\}$ である.
3) 任意の $i \leq r$ について $(W_1 + \cdots + W_{i-1}) \cap W_i = \{o\}$ である.
4) $o \in W_1 + W_2 + \cdots + W_r$ を $o = w_1 + w_2 + \cdots + w_r, w_i \in W_i$, と表すと, $w_1 = w_2 = \cdots = w_r = o$ が成り立つ.

証明. <u>1)⇒ 2) の証明</u>. $w \in (W_1 + \cdots + W_{i-1} + W_{i+1} + \cdots + W_r) \cap W_i$ とする. すると, $1 \leq j \leq r, j \neq i$, について $w_j \in W_j$ が存在して $w = \sum_{j \neq i} w_j$ が成り立つ. $w \in W_i$ に注意して $w_i = -w$ と置けば $\sum_{j=1}^{r} w_j = o$ が成り立つ. 一方, 各 $1 \leq j \leq r$ について W_j の元と考えたときの o を o_j で表すことにすると, $\sum_{j=1}^{r} o_j = o$ が成り立つ. $W_1 + \cdots + W_r$ が直和であることから, $\forall j, w_j = o_j$ が成り立つ. 特に $w = -w_i = o_i = o$ が成り立つので, $(W_1 + \cdots + W_{i-1} + W_{i+1} + \cdots + W_r) \cap W_i = \{o\}$ である.

<u>2)⇒ 3) の証明</u>. 2) を仮定すると $(W_1 + \cdots + W_{i-1}) \cap W_i \subset (W_1 + \cdots + W_{i-1} + W_{i+1} + \cdots + W_r) \cap W_i = \{o\}$ が成り立つ. よって 3) が成り立つ.

<u>3)⇒ 4) の証明</u>. $w_1 + w_2 + \cdots + w_r = o$ とすると, $-w_r = w_1 + \cdots + w_{r-1}$ が成り立つ. したがって $w_r \in (W_1 + \cdots + W_{r-1}) \cap W_r$ が成り立つから, $w_r = o$ である. $w_{i+1} = \cdots = w_r = o$ が成り立つとすると, $w_1 + \cdots + w_i = o$ が成り立つ. 上と同様の議論により, $w_i \in (W_1 + \cdots + W_{i-1}) \cap W_i$ が成り立つので, $w_i = o$ である. 帰納法により $w_1 = \cdots = w_r = o$ が成り立つ.

<u>4)⇒ 1) の証明</u>. $w = w_1 + w_2 + \cdots + w_r = w_1' + w_2' + \cdots + w_r', w_i, w_i' \in W_i$, とすると, $o = (w_1 - w_1') + (w_2 - w_2') + \cdots + (w_r - w_r')$ が成り立つ. 4) の仮定から任意の j について $w_j - w_j' = o$ が成り立つ. □

注 3.2.19. 3) 以外は $W_1, \ldots, W_r$ の順序に依らない条件であるから, 3) も $W_1, \ldots, W_r$ の順序を入れ替えても成り立つ. 例えば条件を「任意の $i \leq r$ について $(W_{i+1} + \cdots + W_r) \cap W_i = \{o\}$ が成り立つ」としてもよい.

問 3.2.20. $W_1 + \cdots + W_r$ が直和であるとする. このとき, 任意の $\{i_1, \ldots, i_k\} \subset \{1, \ldots, r\}$ について $W_{i_1} + \cdots + W_{i_k}$ は直和であることを示せ. また, $\{j_1, \ldots, j_l\} = \{1, \ldots, r\} \setminus \{i_1, \ldots, i_k\}$ とし, $W = W_{i_1} \oplus \cdots \oplus W_{i_r}$, $U = W_{j_1} \oplus \cdots \oplus W_{j_l}$ と置くと, $W + U$ は直和であることを示せ.

問 3.2.21. W_1, W_2, W_3 を V の部分線型空間とする．$W_1 + W_2$ は直和であると仮定し，$W = W_1 \oplus W_2$ と置く．このとき，$W + W_3$ が直和であれば $W \oplus W_3 = W_1 \oplus W_2 \oplus W_3$ が成り立つことを示せ．

定義 3.2.22. W を V の K-部分線型空間とする．$V = W \oplus U$ が成り立つような V の部分空間 U を W の**補空間**と呼ぶ．

注 3.2.23. W の補空間は必ずしも一意的ではない．例えば $V = \mathbb{R}^2$, $W = \left\{ \begin{pmatrix} x \\ 0 \end{pmatrix} \middle| x \in \mathbb{R} \right\}$ とする．$U = \left\{ \begin{pmatrix} 0 \\ y \end{pmatrix} \middle| y \in \mathbb{R} \right\}$ は W の補空間であるが，$U' = \left\{ \begin{pmatrix} y \\ y \end{pmatrix} \middle| y \in \mathbb{R} \right\}$ も W の補空間である．このほかにも W の補空間は無限に存在する[†6]．

定義 3.2.24. $W_1, \ldots, W_r$ を V の部分線型空間とする．$V = W_1 \oplus \cdots \oplus W_r$ であるとき，これを V の $W_1, \ldots, W_r$ への**直和分解**と呼ぶ．また，このとき各 W_i を**直和因子**と呼ぶ．

「分解」というくらいなので，直和分解を考えるときには通常は直和因子は $\{o\}$ でないことを期待しているが，例えば「$V = W_1 \oplus W_2$ と直和分解されれば $W_1 = \{o\}$ または $W_2 = \{o\}$ が成り立つ」というような命題を考えるときなど，$\{o\}$ も重要である．

3.3 ベクトルの線型結合・線型空間の生成系

定義 3.3.1. $v_1, \ldots, v_r \in V$ とする．

1) $\sum_{i=1}^{r} \lambda_i v_i = \lambda_1 v_1 + \cdots + \lambda_r v_r$ の形をした V の元を $v_1, \ldots, v_r$ の K 上の**線型結合**（一次結合）と呼ぶ．

2) $v_1, \ldots, v_r$ の線型結合全体のなす V の部分集合を $\langle v_1, \ldots, v_r \rangle_K$ で表し[†7]，$v_1, \ldots, v_r$ で（K 上）**生成される**（**張られる**）V の部分線型空間と呼ぶ．

$$\langle v_1, \ldots, v_r \rangle_K = \{\lambda_1 v_1 + \cdots + \lambda_r v_r \mid \lambda_1, \ldots, \lambda_r \in K\}$$

が成り立つ．K が明らかなときには単に $\langle v_1, \ldots, v_r \rangle$ と表す．$v_1, \ldots, v_r$

[†6] W, U や U' のグラフを描いてみよ．
[†7] 一般には $\mathrm{Span}_K(v_1, \ldots, v_r)$ などの記号も用いられる．

を $\langle v_1,\ldots,v_r\rangle_K$ の K 上の**生成系**(生成元)と呼ぶ[†8]. $v\in V$ のみで生成される部分空間を Kv, $\langle v_1,\ldots,v_r\rangle_K$ を $Kv_1+Kv_2+\cdots+Kv_r$ と表すこともある. なお, 通常は生成元として零ベクトルは考えない. また, 生成元がない場合には $\langle\rangle=\{o\}$ (括弧の中身は何もない) と定める[†9].

3) $V=\langle v_1,\ldots,v_r\rangle_K$ が成り立つとき, $v_1,\ldots,v_r$ は V を K-上**生成する**と言う. また, このとき $v_1,\ldots,v_r$ を V の K 上の **生成系**(生成元)と呼ぶ[†10].

補題 3.3.2. $v_1,\ldots,v_r\in V$ とする. $W=\langle v_1,\ldots,v_r\rangle_K$ とすれば W は V の部分線型空間である.

証明. $o=0v_1+0v_2+\cdots+0v_r\in W$ だから $W\neq\emptyset$ である. $w,w'\in W$ とすると, $w=\lambda_1 v_1+\cdots+\lambda_r v_r$, $w'=\lambda'_1 v_1+\cdots+\lambda'_r v_r$ と適当な $\lambda_i\in K$, $\lambda'_j\in K$ を用いて表せる. したがって, $w+w'=(\lambda_1+\lambda'_1)v_1+\cdots+(\lambda_r+\lambda'_r)v_r$ なので, $w+w'\in W$ である. 同様に $\lambda\in K$ のとき $\lambda w\in W$ も成り立つ. □

問 3.3.3. $\langle v_1,\ldots,v_r\rangle_K$ は $Kv_1,\ldots,Kv_r$ の和空間 $Kv_1+\cdots+Kv_r$ に等しいことを示せ. したがって定義 3.3.1 の記号が正当化される.

問 3.3.4. V を K-線型空間, $W\subset V$ を K-部分線型空間とする. $v_1,\ldots,v_r\in W$ とすると, $\langle v_1,\ldots,v_r\rangle\subset W$ が成り立つことを示せ.

生成系が有限集合とは限らない場合は次のように考える.

定義 3.3.5. $\{v_\alpha\}_{\alpha\in A}$ を, A を添字集合とする V の元の族とする.

1) $v\in V$ が $\{v_\alpha\}_{\alpha\in A}$ に属する元の K-上の**線型結合**であるとは, $\exists r\in\mathbb{N}$, $\exists\alpha_1,\ldots,\alpha_r\in A$, $\lambda_1,\ldots,\lambda_r\in K$ s.t. $v=\sum_{i=1}^{r}\lambda_i v_{\alpha_i}$ が成り立つことを言う[†11].

[†8]. $\{v_1,\ldots,v_r\}$ を生成系と呼んだ方が定義 3.3.5 との整合性がとれるが, 煩雑になるので中括弧は省略する.
[†9]. $\langle\rangle$ と $\langle\emptyset\rangle$ は異なる. 後者は空集合 $\emptyset$ で生成される V の部分空間である (特に $\emptyset\in V$ であるが, このような線型空間を考えることは少ない).
[†10]. $V=\{o\}$ のときには $V=\langle\rangle$ が成り立つ. 通常は生成元には零ベクトルを含めないので, 自明な線型空間の生成系としては空集合を考える.
[†11]. $r=0$ の場合には形式的に零ベクトルが与えられると考える. やや細かいことなので最初のうちは気にしなくてよい.

2) $\{v_\alpha\}_{\alpha \in A}$ に属する元の K-上の線型結合全体のなす V の部分集合を $\langle v_\alpha \rangle_{\substack{\alpha \in A \\ K}}$ あるいは単に $\langle v_\alpha \rangle_{\alpha \in A}$ で表し[†12]，$\{v_\alpha\}_{\alpha \in A}$ で K 上**生成される**（**張られる**）V の部分線型空間と呼ぶ．

$$\langle v_\alpha \rangle_{\alpha \in A}$$
$$= \{\lambda_{\alpha_1} v_{\alpha_1} + \cdots + \lambda_{\alpha_r} v_{\alpha_r} \mid r \in \mathbb{N},\ \alpha_1, \ldots, \alpha_r \in A,\ \lambda_{\alpha_1}, \ldots, \lambda_{\alpha_r} \in K\}$$

が成り立つ．また，$\{v_\alpha\}_{\alpha \in A}$ を $\langle v_\alpha \rangle_{\alpha \in A}$ の**生成系**（**生成元**）と呼ぶ．通常は零ベクトルは生成元としては考えない．

3) $V = \langle v_\alpha \rangle_{\alpha \in A}$ が成り立つとき，$\{v_\alpha\}_{\alpha \in A}$ は V を K 上**生成する**と言う．また，このとき $\{v_\alpha\}_{\alpha \in A}$ を V の K 上の**生成系**（**生成元**）と呼ぶ．

注 3.3.6. 定義 3.3.5 において，r は一般には元ごとに変わり，一定ではない．

問 3.3.7. 定義 3.3.5 で定めた $\langle v_\alpha \rangle_{\alpha \in A}$ は V の K-部分線型空間であることを示せ．

次の補題は線型結合の基本的な性質であり，断りなくしばしば用いる．

補題 3.3.8. $v_1, \ldots, v_r, w_1, \ldots, w_s \in V$ とし，$v_1, \ldots, v_r$ はそれぞれ $w_1, \ldots, w_s$ の線型結合として表されるとする．$v \in V$ が $v_1, \ldots, v_r$ の線型結合として表されるのであれば，v は $w_1, \ldots, w_s$ の線型結合として表される．

証明． 仮定から $a_{ij} \in K,\ 1 \leq i \leq s,\ 1 \leq j \leq r$，が存在して $v_j = \sum_{i=1}^{s} a_{ij} w_i$ が成り立つ[†13]．$v = \sum_{j=1}^{r} b_j v_j$ とすると，

$$v = \sum_{j=1}^{r} b_j v_j = \sum_{j=1}^{r} b_j \left(\sum_{i=1}^{s} a_{ij} \right) w_i = \sum_{i=1}^{s} \left(\sum_{j=1}^{s} a_{ij} b_j \right) w_i$$

が成り立つので，確かに v は $w_1, \ldots, w_s$ の線型結合として表される． □

同様のことが一般の場合にも成り立つ．

[†12]　A が有限集合のときと同様に，$\mathrm{Span}_K(v_\alpha)_{\alpha \in A}$ と表すことも多い．
[†13]　a_{ij} の添え字の順序が奇異に映るかもしれないが，この方がなにかと都合がよい．定義 4.1.32 も参照のこと．

補題 3.3.9. $\{v_\alpha\}_{\alpha\in A}, \{w_\beta\}_{\beta\in B}$ を V の元の族とし，各 $\alpha \in A$ について v_α は $\{w_\beta\}_{\beta\in B}$ に属する元の線型結合として表されるとする．このとき，$v \in V$ が $\{v_\alpha\}_{\alpha\in A}$ に属する元の線型結合として表されるならば v は $\{w_\beta\}_{\beta\in B}$ に属する元の線型結合として表される．

証明． 仮定から $\exists r \in \mathbb{N},\ \alpha_1,\ldots,\alpha_r \in A,\ \lambda_1,\ldots,\lambda_r \in K$ s.t. $v = \sum_{i=1}^{r} \lambda_i v_{\alpha_i}$ が成り立つ．また，$\forall i,\ \exists s_i \in \mathbb{N},\ \beta_1^i,\ldots,\beta_{s_i}^i \in B,\ \mu_1^i,\ldots,\mu_{s_i}^i \in K$ s.t. $v_{\alpha_i} = \sum_{j=1}^{s_i} \mu_j^i w_{\beta_j^i}$ が成り立つ．すると，$v \in V$ は $v_{\alpha_1},\ldots,v_{\alpha_r}$ の線型結合として表され，また，各 v_{α_i} は $w_{\beta_1^i},\ldots,w_{\beta_{s_i}^i}$ の線型結合として表されるから，補題 3.3.8 により，v は $w_{\beta_1^1},\ldots,w_{\beta_{s_1}^1},w_{\beta_1^2},\ldots,w_{\beta_{s_r}^r}$ の線型結合として表される．特に v は $\{w_\beta\}_{\beta\in B}$ に属する元の線型結合として表される． □

3.4　写像に関するいくつかの注意

　線型空間には和や定数倍が定まっている．そのため，線型空間の間の写像としてはこれらの演算と整合的であるものが自然である．このような写像は線型写像と呼ばれる．本書では写像としては線型写像が主な考察の対象であるが，ここではまず写像の一般的な性質について簡単に触れておく．線型性がどのように用いられているか，あるいはどこで必要になるか明確にすることが主なねらいである．

　ここでは話を簡単にするため集合は<u>空でないと仮定する</u>（線型空間や部分線型空間は空集合ではないことに注意せよ）．

定義 3.4.1. V, W, U を集合とし，$f \colon V \to W,\ g \colon W \to U$ を写像とする．$v \in V$ に対して $g(f(v)) \in U$ を与える写像を $g \circ f$ で表し，g と f の**合成**あるいは**合成写像**と呼ぶ．$g \circ f(v) = g(f(v))$ である．$\overbrace{f \circ \cdots \circ f}^{n\text{ 個}}$ を f^n と略記する．

　V, W, U, X を集合とし，$f \colon V \to W,\ g \colon W \to U,\ h \colon U \to X$ をそれぞれ写像とすると $(h \circ g) \circ f = h \circ (g \circ f)$ が成り立つ．そこでこの等しい写像を単に $h \circ g \circ f$ で表す（補題 1.3.7 との類似に注意せよ）．

補題 3.4.2. V, W, U を集合とし，$f \colon V \to W,\ g \colon W \to U$ を写像とすると，

次が成り立つ．
1) $g \circ f$ が単射ならば f は単射である．
2) $g \circ f$ が全射ならば g は全射である．
3) f, g がともに単射ならば $g \circ f$ は単射である．
4) f, g がともに全射ならば $g \circ f$ は全射である．
5) f, g がともに全単射ならば $g \circ f$ は全単射である．

証明． 1) の証明．$g \circ f$ が単射であるとする．$v_1, v_2 \in V$ について $f(v_1) = f(v_2)$ が成り立てば，$g(f(v_1)) = g(f(v_2))$ が成り立つ．$g \circ f$ は単射であったから $v_1 = v_2$ が成り立つ．

2) の証明．$g \circ f$ が全射であるとする．$u \in U$ とすると，ある $v \in V$ が存在して $u = (g \circ f)(v)$ が成り立つ．$w = f(v)$ とすれば $w \in W$ であって $g(w) = u$ が成り立つから g は全射である．

3) の証明．f, g がともに単射だとする．$v_1, v_2 \in V$ について $g \circ f(v_1) = g \circ f(v_2)$ が成り立てば，g が単射であることから $f(v_1) = f(v_2)$ が成り立つ．f が単射であることから $v_1 = v_2$ が従う．

4) の証明．f, g をともに全射とする．$u \in U$ とすると，g が全射であることから $\exists w \in W$ s.t. $u = g(w)$ が成り立つ．ここで，f が全射であることから $\exists v \in V$ s.t. $w = f(v)$ が成り立つ．すると，$g \circ f(v) = g(f(v)) = g(w) = u$ が成り立つから，$g \circ f$ は全射である．

5) の証明．3) と 4) から直ちに従う． □

次の二種類の写像は，それぞれもっとも基本的なものの一つである．

定義 3.4.3. V を集合とする．$v \in V$ に対して v 自身を与える写像を**恒等写像**と呼び，id_V で表す．

恒等写像は全単射である．

定義 3.4.4. V, W を集合とし，$w \in W$ とする．任意の $v \in V$ に対して w を与える写像を**定値写像**と呼ぶ．

定義 3.4.5. V, W を集合，$f\colon V \to W$ を写像とする．写像 $g\colon W \to V$ であって，$g \circ f = \mathrm{id}_V$, $f \circ g = \mathrm{id}_W$ なるものが存在するとき，g を f の**逆写像**と呼び f^{-1} で表す．

問 3.4.6. f の逆写像は存在すれば唯一つであることを示せ.

補題 3.4.7. V, W を集合とし, $f\colon V \to W$ を写像とする. このとき, f の逆写像 g が存在することと, f が全単射であることは同値である.

証明. $\mathrm{id}_V, \mathrm{id}_W$ は全単射であることに注意する. g が f の逆写像であったとする. $g \circ f = \mathrm{id}_V$ であるから, 補題 3.4.2 の 1) より f は単射である. また, $f \circ g = \mathrm{id}_W$ であるから, 2) より f は全射である. したがって f は全単射である.

逆に f が全単射であったとする. このとき $w \in W$ とすると, $f(v) = w$ なる $v \in V$ が f が全射であるから存在し, そのような v は f が単射であるから唯一である. したがって, $g(w) = v$ と定めることができる. $v \in V$ として $w = f(v)$ と置くと, 上に述べた $g(w)$ の定め方により $g(w) = v$ である. したがって $g(f(v)) = v$ が任意の $v \in V$ について成り立つ. また, $w \in W$ とすると, そもそも $g(w)$ は $f(u) = w$ が成り立つ唯一つの V の元 u として定めたのだから, $f(g(w)) = w$ が成り立つ. □

定義 3.4.8. V, W を集合, $f\colon V \to W$ を写像とする.

1) $X \subset V$ を部分集合とする. このとき,

$$f(X) = \{w \in W \mid \exists v \in X,\ w = f(v)\}$$

と置いて X の f による**像**(順像, image)と呼ぶ. $f(X)$ は W の部分集合である. 特に $X = V$ のとき, V の f による像 $f(V)$ を単に f の像と呼び, $\mathrm{Im}\, f$ で表す[14].

2) $Y \subset W$ を部分集合とする. このとき,

$$f^{-1}(Y) = \{v \in V \mid f(v) \in Y\}$$

と置いて Y の f による**逆像**と呼ぶ. $f^{-1}(Y)$ は V の部分集合である. f が全単射でないときには $f^{-1}(Y)$ は<u>全体で一つの記号</u>であるので注意せよ.

補題 3.4.9. f が全射であることと $\mathrm{Im}\, f = W$ であることは同値である.

---

[14] 複素数 z の虚部 $\mathrm{im}\, z$ と混同しないように注意せよ.

証明. どちらの条件も $\forall w \in W, \exists v \in V, w = f(v)$ と同値である． □

補題 3.4.10. $f\colon V \to W$ が全単射であるとする．$Y \subset W$ を部分集合とする．定義 3.4.8 の意味での $f^{-1}(Y)$ と，Y の f の逆写像による像は一致する．

証明. f の逆写像を g, Y の f の逆写像による像を Z とする．$Z = g(Y)$ である．$v \in Z$ であれば，ある $y \in Y$ について $v = g(y)$ が成り立つので，$f(v) = f(g(y)) = y \in Y$ が成り立つ．したがって $Z \subset f^{-1}(Y)$ である．一方，$v \in f^{-1}(Y)$ とすると，定義により $f(v) \in Y$ である．このとき，$v = g(f(v))$ だから，$v \in g(Y) = Z$ が成り立つ．よって $f^{-1}(Y) \subset Z$ も成り立つ． □

したがって $f^{-1}(Y)$ は紛れがなく定まる．

問 3.4.11. V, W を集合，$f\colon V \to W$ を写像とする．また，U_1, U_2 を V の，X_1, X_2 を W のそれぞれ部分集合とする．このとき，$U_1 \subset U_2$ であれば $f(U_1) \subset f(U_2)$ が，$X_1 \subset X_2$ であれば $f^{-1}(X_1) \subset f^{-1}(X_2)$ がそれぞれ成り立つことを示せ．

定義 3.4.12. V を集合，W を V の部分集合とする．W が V の部分集合であることを一度忘れ，W から V への写像を $w \in W$ に対して $w \in V$ を与えることにより定める．このように定まる写像を**包含写像**と呼ぶ．

定義 3.4.13. V, W を集合，$f\colon V \to W$ を写像とする．また，U を V の部分集合，$i\colon U \to V$ を包含写像とする．このとき，$f \circ i$ を f の U への**制限**と呼び，$f|_U$ などと表す．

注 3.4.14. $f|_U$ は f を U の元だけに適用するということであるので，定義域を除けば写像としては f そのものである．特に，$\forall u \in U, f|_U(u) = f(u)$ が成り立つ．

3.5 線型写像

定義 3.5.1. V, W を K-線型空間とする．V から W への写像 $f\colon V \to W$ が K-**線型写像**（一次写像）であるとは条件

1) $\forall v_1, v_2 \in V, f(v_1 + v_2) = f(v_1) + f(v_2)$,

2) $\forall v \in V,\ \forall \lambda \in K,\ f(\lambda v) = \lambda f(v)$

が成り立つことをいう．また，これらの性質を**線型性**と呼ぶ．K が明らかであるときには K-線型写像を単に線型写像という．$\mathbb{R}$-線型写像のことを実線型写像，$\mathbb{C}$-線型写像のことを複素線型写像とも呼ぶ．

問 3.5.2. V, W を線型空間とし，o_V, o_W をそれぞれ V, W の零ベクトルとする．$f: V \to W$ が線型写像であれば $f(o_V) = o_W$ が成り立つことを示せ．

例 3.5.3.

1) $v_1, \ldots, v_{n-1} \in K^n$ として $f: K^n \to K$ を

$$f(v) = \det(v\ v_1\ \cdots\ v_{n-1})$$

により定めれば f は K-線型写像である．

2) $V = \{\mathbb{R}$ 上の C^∞ 級函数全体$\}$ とし，変数を t とする．$\varphi: V \to V$ を $f \in V$ について $\varphi(f) = \dfrac{df}{dt}$ によって定めると V は $\mathbb{R}$-線型写像である．

3) n を固定し，$W = \left\{ a_n \dfrac{d^n}{dt^n} + a_{n-1} \dfrac{d^{n-1}}{dt^{n-1}} + \cdots + a_1 \dfrac{d}{dt} + a_0 \,\middle|\, a_0, \ldots, a_n \in \mathbb{R} \right\}$ とする．ここで，$w = a_n \dfrac{d^n}{dt^n} + a_{n-1} \dfrac{d^{n-1}}{dt^{n-1}} + \cdots + a_1 \dfrac{d}{dt} + a_0$, $f \in \mathbb{R}[t]$ について，

$$w(f) = a_n \dfrac{d^n f}{dt^n} + a_{n-1} \dfrac{d^{n-1} f}{dt^{n-1}} + \cdots + a_1 \dfrac{df}{dt} + a_0 f$$

と置く．すると $f, g \in \mathbb{R}[t], \lambda \in \mathbb{R}$ であれば $w(f+g) = w(f) + w(g)$, $w(\lambda f) = \lambda w(f)$ が成り立つ．すなわち，$w: \mathbb{R}[t] \to \mathbb{R}[t]$ は $\mathbb{R}$-線型写像である．

$w = a_n \dfrac{d^n}{dt^n} + a_{n-1} \dfrac{d^{n-1}}{dt^{n-1}} + \cdots + a_1 \dfrac{d}{dt} + a_0$, $w' = b_n \dfrac{d^n}{dt^n} + b_{n-1} \dfrac{d^{n-1}}{dt^{n-1}} + \cdots + b_1 \dfrac{d}{dt} + b_0$ をそれぞれ W の元とする．

$$w + w' = (a_n + b_n) \dfrac{d^n}{dt^n} + \cdots + (a_1 + b_1) \dfrac{d}{dt} + (a_0 + b_0)$$

と定め，また，$\lambda \in \mathbb{R}$ に対して

$$\lambda w = (\lambda a_n) \dfrac{d^n}{dt^n} + (\lambda a_{n-1}) \dfrac{d^{n-1}}{dt^{n-1}} + \cdots + (\lambda a_1) \dfrac{d}{dt} + (\lambda a_0)$$

と定めると，この演算に関して W は $\mathbb{R}$-線型空間である[15]．また，$f \in \mathbb{R}[t]$ について $(w+w')(f) = w(f)+w'(f), (\lambda w)(f) = \lambda w(f)$ がそれぞれ成り立つから，$f \in \mathbb{R}[t]$ を固定して $\varphi\colon W \to \mathbb{R}[t]$ を $\varphi(w) = w(f)$ により定めれば φ は $\mathbb{R}$-線型写像である．

4) $\mathbb{C}^n$ を $\mathbb{R}$-線型空間と考える．すると $\mathbb{R}^n$ は $\mathbb{C}^n$ の $\mathbb{R}$-部分線型空間である．$V = \mathbb{R}^n$ とし，$f\colon \mathbb{C}^n \to V$ を $f(z) = \operatorname{re} z$ により定めると f は $\mathbb{R}$-線型写像である．また，$g\colon \mathbb{C}^n \to \mathbb{C}^n$ を $g(z) = \overline{z}$ により定める．g は $\mathbb{R}$-線型写像であるが，$\mathbb{C}$-線型写像ではない．$\sqrt{-1}V = \{\sqrt{-1}v \mid v \in V\}$ と置くと，$\sqrt{-1}V$ は $\mathbb{C}^n$ の $\mathbb{R}$-部分線型空間であって，$\mathbb{C}^n = V \oplus \sqrt{-1}V$ が成り立つ．g は $g(v_1 + \sqrt{-1}v_2) = v_1 - \sqrt{-1}v_2$，ただし $v_1 \in V, v_2 \in \sqrt{-1}V$，で与えられる．

定理 3.5.4.

1) $A \in M_{m,n}(K)$ とする．K^n から K^m への写像 $f\colon K^m \to K^n$ を $f(v) = Av$ により定めると f は K-線型写像である．

2) 逆に $f\colon K^n \to K^m$ を線型写像とすると，$A \in M_{m,n}(K)$ が唯一つ存在して，$\forall v \in K^n, f(v) = Av$ が成り立つ．

証明． 1) の証明．$v, v' \in K^n$ とすれば $f(v+v') = A(v+v') = Av + Av' = f(v) + f(v')$ が成り立つ．また，$v \in K^n, \lambda \in K$，とすれば $f(\lambda v) = A(\lambda v) = \lambda Av = \lambda f(v)$ が成り立つ．よって f は線型写像である．

2) の証明．$f(v) = Av$ と行列を用いて表すことができたとする．$v \in K^n$，$Av \in K^m$ なので $A \in M_{m,n}(K)$ である．$A = (a_1 \cdots a_n)$ と，$a_i \in K^m$, $i = 1, \ldots, n$, を用いて表しておく．ここで，$e_i, i = 1, \ldots, n$, を K^n の第 i 基本ベクトルとすると $f(e_i) = Ae_i = a_i$ が成り立つ．つまり，$f(v) = Av$ と行列を用いて表すことができるのであれば，$A \in M_{m,n}(K)$ であって，その第 i 列は $f(e_i)$ に等しい．そこで $a_i \in K^m, i = 1, \ldots, n$, を $a_i = f(e_i)$ によりあらためて定め，$A = (a_1 \cdots a_n)$ と置く．$v \in K^n$ のとき，$v = \begin{pmatrix} x_1 \\ \vdots \\ x_n \end{pmatrix}$ と成分で表せば $v = x_1 e_1 + \cdots + x_n e_n$ であるから，f の線型性により

---

[15]. W の元の「係数」に着目すれば演算は $\mathbb{R}^{n+1}$ のものと同じであることに注意せよ．

$$f(v) = f(x_1 e_1 + x_2 e_2 + \cdots + x_n e_n)$$
$$= f(x_1 e_1) + \cdots + f(x_n e_n)$$
$$= x_1 f(e_1) + \cdots + x_n f(e_n)$$
$$= x_1 a_1 + \cdots + x_n a_n$$
$$= (a_1 \ \cdots \ a_n) \begin{pmatrix} x_1 \\ \vdots \\ x_n \end{pmatrix}$$
$$= Av$$

が成り立つので，確かに $\forall v \in V$, $f(v) = Av$ が成り立つ． □

定義 3.5.5. $f\colon K^n \to K^m$ を K-線型写像とする．定理 3.5.4 の 2) で定まる $M_{m,n}(K)$ の元 A を f の**表現行列**と呼び，定理 3.5.4 の 2) のような f の表示を f の**行列表示**と言う．

系 3.5.6. $K = \mathbb{R}$ あるいは $K = \mathbb{C}$ とする．$f\colon K^n \to K^m$ を多変数のベクトル値函数とみなすと f は連続である．さらに，f は C^∞ 級，解析的（あるいは実解析的）である．

証明は容易であるが，定義とともに微積分学の教科書に譲る．

例 3.5.7. （詳細については微積分学の教科書を参照のこと） $F\colon \mathbb{R}^2 \to \mathbb{R}$ を $F\begin{pmatrix} x \\ y \end{pmatrix} = x^2 + y^2$ により定める．また，$l\colon \mathbb{R} \to \mathbb{R}^2$ を $l(t) = \begin{pmatrix} t \\ 2t \end{pmatrix}$ により定める．l を成分を用いて $l(t) = \begin{pmatrix} l_1(t) \\ l_2(t) \end{pmatrix}$ と表すと，$l_1(t) = t$, $l_2(t) = 2t$ である．$G\colon \mathbb{R} \to \mathbb{R}$ を $G(t) = F \circ l(t)$ により定めると，直接計算することにより $\dfrac{dG}{dt}(t) = \dfrac{\partial F}{\partial x}(l(t))\dfrac{dl_1}{dt}(t) + \dfrac{\partial F}{\partial y}(l(t))\dfrac{dl_2}{dt}(t)$ が成り立つことが分かる．この式は行列を用いると

$$(3.5.8) \qquad \frac{dG}{dt}(t) = \begin{pmatrix} \dfrac{\partial F}{\partial x}(l(t)) & \dfrac{\partial F}{\partial y}(l(t)) \end{pmatrix} \begin{pmatrix} \dfrac{dl_1}{dt}(t) \\ \dfrac{dl_2}{dt}(t) \end{pmatrix}$$

と表すことができる．これは F, l が微分可能であれば一般的に成り立つ[†16]．式 (3.5.8) は「G の微分 ＝ (F の微分) × (l の微分)」という式が一変数の実数値関数の場合と同様に成り立つと解釈することができる．このように，行列の積は合成関数の微分の振る舞いが一変数の場合と同様になるように定めるとも言える．また，式 (3.5.8) と同様の式が F や l がさらに一般の場合についても成り立つ．例えば $F\colon \mathbb{R}^n \to \mathbb{R}^m$, $l\colon \mathbb{R} \to \mathbb{R}^n$ がともに微分可能であるならば，$G = F \circ l$ とし，F, G, l を成分を用いて上と同様に表すと

$$(3.5.9) \quad \begin{pmatrix} \dfrac{dG_1}{dt}(t) \\ \vdots \\ \dfrac{dG_m}{dt}(t) \end{pmatrix} = \begin{pmatrix} \dfrac{\partial F_1}{\partial x_1}(l(t)) & \cdots & \dfrac{\partial F_1}{\partial x_n}(l(t)) \\ \vdots & & \vdots \\ \dfrac{\partial F_m}{\partial x_1}(l(t)) & \cdots & \dfrac{\partial F_m}{\partial x_n}(l(t)) \end{pmatrix} \begin{pmatrix} \dfrac{dl_1}{dt}(t) \\ \vdots \\ \dfrac{dl_n}{dt}(t) \end{pmatrix}$$

が成り立ち，行列の掛け算で与えられる線型写像（定理 3.5.4）によく似た形をしている．式 (3.5.9) において $\begin{pmatrix} \dfrac{dl_1}{dt}(t) \\ \vdots \\ \dfrac{dl_n}{dt}(t) \end{pmatrix}$ は l が点の運動を表すと考えればその速度ベクトルを表し，$\begin{pmatrix} \dfrac{dG_1}{dt}(t) \\ \vdots \\ \dfrac{dG_m}{dt}(t) \end{pmatrix}$ は G が表す点の速度ベクトルと考えることができる．式 (3.5.9) はこれらのベクトルが $\begin{pmatrix} \dfrac{\partial F_1}{\partial x_1}(l(t)) & \cdots & \dfrac{\partial F_1}{\partial x_n}(l(t)) \\ \vdots & & \vdots \\ \dfrac{\partial F_m}{\partial x_1}(l(t)) & \cdots & \dfrac{\partial F_m}{\partial x_n}(l(t)) \end{pmatrix}$ で表される線型写像で結び付いていることを示している．これは多変数の関数を扱う際にはもちろん重要であるが，微積分学だけではなく例えば球面のような空間を数学的に扱う際などにも重要である．

定理 3.5.4 の証明で $v \in K^n$ を $v = x_1 e_1 + \cdots + x_n e_n$ と表せることを用いた．これは基本ベクトルは K^n を生成するということである．すなわち，e_i,

---

[†16]. 二変数の関数が微分可能という条件は一変数のときに比べて少し複雑である．例えば F が y を固定するごとに x の関数として微分可能であって，また，x を固定するごとに y の関数として微分可能であっても (x, y) の関数として微分可能であるとは限らない．

$i = 1, \ldots, n$, を K^n の第 i 基本ベクトルとすると $K^n = \langle e_1, \ldots, e_n \rangle$ が成り立つ. 定理 3.5.4 の証明の後半の議論をまねると次の基本的な事実が分かる.

補題 3.5.10. $f, g \colon V \to W$ を K-線型写像とする. $V = \langle v_1, \ldots, v_r \rangle$ とすると, $f = g$ であることと, 任意の i について $f(v_i) = g(v_i)$ が成り立つことは同値である.

証明. $f(v_i) = g(v_i)$ が任意の i について成り立つとする. $v_1, \ldots, v_r$ は V を生成するので, $v \in V$ とすれば $v = \lambda_1 v_1 + \cdots + \lambda_r v_r$ と表すことができる. したがって

$$\begin{aligned} f(v) &= f(\lambda_1 v_1 + \cdots + \lambda_r v_r) \\ &= \lambda_1 f(v_1) + \cdots + \lambda_r f(v_r) \\ &= \lambda_1 g(v_1) + \cdots + \lambda_r g(v_r) \\ &= g(\lambda_1 v_1 + \cdots + \lambda_r v_r) \\ &= g(v) \end{aligned}$$

が成り立つから $f = g$ である. 逆に, $f = g$ であれば ($f = g$ であることの) 定義から $\forall i,\ f(v_i) = g(v_i)$ が成り立つ. □

最も基本的な線型写像として以下のようなものが挙げられる.

補題 3.5.11. V を K-線型空間とする. V の恒等写像 id_V は K-線型写像である.

定義 3.5.12. V, W を K-線型空間とする. $v \in V$ に対して W の零ベクトル $o \in W$ を与える写像を**零写像**と呼び, 0 で表す.

零写像は定値写像の特別な場合である.

問 3.5.13. K^n の恒等写像 id_{K^n} の表現行列は単位行列 E_n であることを示せ. また, K^n から K^m への零写像の表現行列は $O_{m,n}$ であることを示せ.

補題 3.5.14. V, W, U が K-線型空間であって, $f \colon V \to W,\ g \colon W \to U$ が K-線型写像であるとする. このとき, f と g の合成 $g \circ f$ も K-線型写像である.

証明. $v, v' \in V$, $\lambda \in K$ とする．このとき，$g \circ f(v+v') = g(f(v+v')) = g(f(v) + f(v')) = g(f(v)) + g(f(v')) = g \circ f(v) + g \circ f(v')$ が成り立つ．同様に $g \circ f(\lambda v) = \lambda g \circ f(v)$ が成り立つので $g \circ f$ は K-線型写像である． □

補題 3.5.15. V, W を K-線型空間，U を V の K-部分線型空間とする．また，$f: V \to W$ を K-線型写像とする．

1) W を K-線型空間と考えると（問 3.2.5），包含写像は W から V への K-線型写像である．

2) f の U への制限 $f|_U$ は K-線型写像である．

証明. 1) は容易である．2) は 1) と補題 3.5.14 から従う． □

数ベクトル空間の間の線型写像の合成について，次が成り立つ．

定理 3.5.16. $f: K^n \to K^m$, $g: K^m \to K^l$ をそれぞれ K-線型写像とする．f の表現行列を $A \in M_{m,n}(K)$, g の表現行列を $B \in M_{l,m}(K)$ とすると，$g \circ f: K^n \to K^l$ の表現行列は $BA \in M_{l,n}(K)$ である．

証明. 定義により $\forall v \in V$, $g \circ f(v) = g(f(v)) = g(Av) = B(Av) = (BA)v$ が成り立つ．よって $g \circ f$ は BA で表される．定理 3.5.4 により表現行列は一意的であるから定理が成り立つ． □

定義 3.5.17. V, W を K-線型空間，$f: V \to W$ を K-線型写像とする．K-線型写像 $g: W \to V$ であって，$g \circ f = \mathrm{id}_V$, $f \circ g = \mathrm{id}_W$ なるものが存在するとき f は **K-線型同型写像**であるといい，V と W は **K-線型同型**であるという．また，g を f の**逆写像**と呼び f^{-1} で表す[17]．f が V から W への K-線型同型写像であることを $V \xrightarrow{f} W$ と表す．V と W が K-線型同型であることのみが重要であるときには f を明示せずに $V \xrightarrow{\sim} W$ と記すこともある．さらに，写像の方向も重要でなければ単に $V \cong W$ と記すこともある．

f を K-線型写像とする．f の単なる写像としての逆写像が存在して，それが K-線型写像であるとき f は K-線型同型写像であると言っても同じことである．補題 3.4.7 により，線型同型写像は全単射である．実は逆も正しい．

---

[17] f が単なる写像の場合と同じ呼称である（定義 3.4.5）が意味が異なる．今は f は線型写像であるから，その逆写像には線型写像であることを要求するのが自然である．

定理 3.5.18. $f: V \to W$ を線型写像とする．f が全単射であることと f が線型同型写像であることは同値である．

証明． f が全単射であるとする．このとき，f をいったん単なる写像と考えて，g を f の逆写像とする．この g が線型写像であれば，定義により f は線型同型写像である．$w_1, w_2 \in W$ とし，$\lambda, \mu \in K$ とする．$f(g(\lambda w_1 + \mu w_2)) = \lambda w_1 + \mu w_2$ であるが，一方 f は線型だから $f(\lambda g(w_1) + \mu g(w_2)) = \lambda f(g(w_1)) + \mu f(g(w_2)) = \lambda w_1 + \mu w_2$ が成り立つ．f は単射であるから $g(\lambda w_1 + \mu w_2) = \lambda g(w_1) + \mu g(w_2)$ が成り立つ．したがって g は線型写像であるので，f は線型同型写像である． □

注 3.5.19. 例えば $f: \mathbb{R} \to \mathbb{R}$ を $f(x) = x^3$ により定めると，f は全単射であって $f^{-1}(x) = \sqrt[3]{x}$ である．したがって「3 次函数が写像として全単射であるとき，その逆函数も 3 次函数である」という主張は正しくない．一方，$f: \mathbb{R} \to \mathbb{R}$ を $f(x) = ax + b$ により定める．f が全単射であるのは $a \neq 0$ のとき，そのときのみであり，このとき $f^{-1}(x) = \dfrac{1}{a}x - \dfrac{b}{a}$ である．したがって「1 次函数が写像として全単射であるとき，その逆函数も 1 次函数である」という主張は正しい．定理 3.5.18 は同様の主張が線型写像についても成り立つことを示している．

例 3.5.20.

1) V を線型空間とすると，V の恒等写像 id_V は線型同型写像である．また，$V = W$ であれば V と W は線型同型である．実際，V の恒等写像を V から $W(= V)$ への写像とみなして f とすれば，f は V から W への線型同型写像である．

2) $V = K_n[t]$ とする．$f: V \to K^{n+1}$ を $f(a_0 + a_1 t + \cdots + a_n t^n) = \begin{pmatrix} a_0 \\ \vdots \\ a_n \end{pmatrix}$ により定めると f は線型同型写像である．

3) $V = K[t]$ とする．$\varphi: V \to V$ を $\varphi(f)(t) = tf(t)$ により定めると φ は単射線型写像であるが，線型同型写像ではない．

4) $V = \{\mathbb{R}$ 上の C^∞ 級函数全体$\}$ とする．変数は t とする．$\varphi: V \to V$ を $\varphi(f) = \dfrac{df}{dt}$ で定め，$\psi: V \to V$ を $\psi(f)(t) = \displaystyle\int_0^t f(s)\,ds$ で定める．φ は全射線型写像，ψ は単射線型写像であるがいずれも線型同型写像で

はない.

5) $V = \{\{a_i\}_{i\in\mathbb{N}} \mid a_i \in K\}$ とする. $a = \{a_i\} \in V$ のとき, $f(a) \in V$ を次のように定める. $b_j = (f(a))_j$ を $f(a)$ の第 j 項とするとき, $b_0 = 0$, $b_j = a_{j-1}, j > 0$, と定める. すると f は単射であるが全射ではない. また, $g(a) \in V$ を $(g(a))_k = a_{k+1}$ により定める. すると g は全射であるが単射ではない.

例 3.5.20 の 2) が示すように, V と W が線型同型であることと $V = W$ が成り立つことは異なることである.

命題 3.5.21. V, W, U を線型空間, $f\colon V \to W$, $g\colon W \to U$ をそれぞれ線型同型写像とする. このとき $g \circ f$ も線型同型写像であって, $(g \circ f)^{-1} = f^{-1} \circ g^{-1}$ が成り立つ.

証明. $(g \circ f) \circ (f^{-1} \circ g^{-1}) = g \circ (f \circ f^{-1}) \circ g^{-1} = g \circ \mathrm{id}_W \circ g^{-1} = g \circ g^{-1} = \mathrm{id}_U$ が成り立つ. 同様に $(f^{-1} \circ g^{-1}) \circ (g \circ f) = \mathrm{id}_V$ が成り立つ. □

補題 1.4.11 との類似に注意せよ.

定理 3.5.22. $f\colon K^n \to K^m$ を線型写像とする. f が線型同型写像であれば $m = n$ である. さらに, f が行列 A で表されるとすれば, $A \in \mathrm{GL}_n(K)$ であって f^{-1} は A^{-1} で表される. 逆に, $f\colon K^n \to K^n$ が $\mathrm{GL}_n(K)$ の元 A で表されれば, f は線型同型写像であって, f^{-1} は A^{-1} で表される.

証明. f が線型同型写像であるとし, f^{-1} を逆写像とする. f, f^{-1} はそれぞれ行列 A, B で表されるとする. $A \in M_{m,n}(K), B \in M_{n,m}(K)$ である. すると, $f^{-1} \circ f = \mathrm{id}_{K^n}$ であるが, 定理 3.5.16 により左辺の表現行列は BA であり, 右辺の表現行列は E_n である. したがって定理 3.5.4 により $BA = E_n$ が成り立つ. 同様に $AB = E_m$ が成り立つ. したがって定理 1.5.30 により $m = n$ が成り立ち, $A \in \mathrm{GL}_n(K)$ である. また, $B = A^{-1}$ である. 逆は定理 3.5.16 と正則行列の定義から従う. □

注 3.5.23. 定理 3.5.22 によれば $K^n \cong K^m$ であれば $m = n$ が成り立つ. 一方, $K = \mathbb{R}$ あるいは $K = \mathbb{C}$ とすると, 任意の $n, m \geq 1$ について, K^n か

ら K^m への集合としての全単射が存在することが知られている[†18]．つまり $n \neq m$ であっても K^n と K^m は抽象的な集合としては区別が付かないが，これらは線型空間としては明確に異なる．

定理 3.5.22 を踏まえて次のように定義する．

定義 3.5.24. K^n と K-線型同型な K-線型空間の K 上の**次元** (dimension) を n と定める．自明な線型空間 $\{o\}$ の次元は 0 とする．K-線型空間 V の次元を $\dim V$ で表す．K を明示するときには $\dim_K V$ と記す．

この定義は通常の定義と同値であるがそれとは異なる．通常の定義は後で行う（定義 4.1.16）．

先に進む前に一つ用語を導入しておく．

定義 3.5.25. V を線型空間とする．線型写像 $f\colon V \to V$ を V から自分自身への写像と意識するときには f を V の**線型変換**と呼ぶ．また，f が線型同型写像である場合には f を**正則な線型変換**と呼ぶ．V の正則な線型変換全体のなす集合を $\mathrm{GL}(V)$ で表す．

なお，線型変換は主に第 4 章以降で用いる．

3.6　線型写像の核と像

連立一次方程式の話を線型空間や線型写像の話に書き換えるためには次の概念が有用である．

定義 3.6.1. V, W を K-線型空間，$f\colon V \to W$ を K-線型写像とする．

$$\mathrm{Ker}\, f = f^{-1}(\{o\}) = \{v \in V \mid f(v) = o\},$$
$$\mathrm{Im}\, f = f(V) = \{w \in W \mid \exists v \in V,\ w = f(v)\}$$

と置き，それぞれ f の**核** (kernel)，**像** (image) と呼ぶ（定義 3.4.8 も参照のこと）．

[†18] 集合論の教科書を参照のこと．

問 3.6.2. V, W を K-線型空間, $f: V \to W$ を K-線型写像とする. また, U を V の部分線型空間とする. このとき $f^{-1}(W) = V$, $f(U) = \text{Im}(f|_U)$ が成り立つことを示せ. ここで $f|_U$ は f の U への制限（定義 3.4.13）である.

補題 3.6.3. $A = (a_1 \cdots a_n) \in M_{m,n}(K)$ とする. $f: K^n \to K^m$ を $f(v) = Av$ により定めると $\text{Im} f = \langle a_1, \ldots, a_n \rangle$ が成り立つ.

証明. 定義により $w \in \text{Im} f$ は $\exists v \in K^n$ s.t. $w = Av$ と同値である. ここで v の成分を $\lambda_1, \ldots, \lambda_n$ とすれば $w = \lambda_1 a_1 + \cdots + \lambda_n a_n$ であるから $w \in \langle a_1, \ldots, a_n \rangle$ が成り立つ. 逆に $w \in \langle a_1, \ldots, a_n \rangle$ とすれば, $\exists \mu_1, \ldots, \mu_n \in K$ s.t. $w = \mu_1 a_1 + \cdots + \mu_n a_n$ が成り立つ. よって $v' = \begin{pmatrix} \mu_1 \\ \vdots \\ \mu_n \end{pmatrix}$ とすれば $w = Av' = f(v')$ が成り立つ. □

補題 3.6.4. V, W を K-線型空間, $f: V \to W$ を K-線型写像とする.
1) f が単射であることと $\text{Ker} f = \{o\} \subset V$ であることは同値である.
2) f が全射であることと $\text{Im} f = W$ であることは同値である.

証明. 2) は補題 3.4.9 そのものである. f が単射であるとする. $v \in \text{Ker} f$ とすると, $f(v) = o$ である. 一方, $f(o) = o$ だから, f が単射であることから $v = o$ である. 逆に $\text{Ker} f = \{o\}$ とする. $v, v' \in V$ について $f(v) = f(v')$ とすると, f が線型であることから $f(v - v') = o$ が成り立つ. したがって $v - v' \in \text{Ker} f = \{o\}$ であるから, $v = v'$ が成り立つ. □

命題 3.6.5. V, W を K-線型空間, $f: V \to W$ を K-線型写像とする. $U \subset V$, $X \subset W$ をそれぞれ K-部分線型空間とすると, $f^{-1}(U), f(X)$ はそれぞれ V, W の K-部分線型空間である. 特に $\text{Ker} f, \text{Im} f$ はそれぞれ V, W の部分線型空間である.

証明. $\text{Ker} f = f^{-1}(\{o\})$, $\text{Im} f = f(V)$ であるから, 後半は前半から従う. そこで前半を示す. V, W の零ベクトルをそれぞれ o_V, o_W とする. $f(o_V) = o_W$ が成り立つが, $o_W \in U$ なので $f^{-1}(U)$ は空ではない. $v, v' \in f^{-1}(U)$ とする. $f(v + v') = f(v) + f(v')$ であるが, U が部分線型空間であることから右辺は U に属する. よって $v + v' \in f^{-1}(U)$ である. 同様に, $\lambda \in K$ であれば $\lambda v \in f^{-1}(U)$ が成り立つ. よって $f^{-1}(U)$ は V の部分線型空間である.

$o_V \in X$ であって, $o_W = f(o_V)$ であるから $f(X)$ は空ではない. $w, w' \in f(X)$ とする. $v, v' \in X$ が存在して $w = f(v)$, $w' = f(v')$ が成り立つ. X は部分線型空間であるから, $v+v' \in X$ である. また, $w+w' = f(v+v') = f(v)+f(v')$ であるから, $w+w' \in f(X)$ が成り立つ. 同様に, $\lambda \in K$ であれば $\lambda w \in f(X)$ が成り立つ. よって $f(X)$ は W の部分線型空間である. □

問 3.6.6. 命題 3.6.5 の証明を $U = V$, $X = W$ として書き直し, $\mathrm{Ker}\, f$, $\mathrm{Im}\, f$ がそれぞれ V, W の部分線型空間であることを直接証明せよ.

3.7 連立一次方程式と線型写像

定理 1.6.3 は次のように言い換えることができる.

定理 3.7.1. $A \in M_{m,n}(K)$, $v \in K^n$, $w \in K^m$ とする. $V_w = \{v \in K^n \mid Av = w\}$ と置く. また, $f: K^m \to K^n$ を $f(v) = Av$ により定める.
 1) $V_o = \{v \in K^n \mid Av = o\} = \mathrm{Ker}\, f$ である. また, V_o は $(n - \mathrm{rank}\, A)$ 次元の K^n の部分線形空間である.
 2) $Av = w$ が解を持つ, すなわち, $V_w \neq \varnothing$ であることと, $w \in \mathrm{Im}\, f$ であることは同値である. $W = \{w \in K^m \mid Av = w$ が解を持つ$\} = \mathrm{Im}\, f$ が成り立ち, また, W は K^m の $(\mathrm{rank}\, A)$ 次元部分線形空間である.
 3) 方程式 $Av = w$ が解を持つとして一つの解を v_0 とする. すなわち, $v_0 \in K^n$, $Av_0 = w$ と仮定する. $T_{v_0}: V_w \to V_o$ を $T_{v_0}(v) = v - v_0$ により定めると T_{v_0} は全単射である.

証明. 1), 2) の次元に関する主張以外は, 定理 1.6.3 をこの章の定義を用いて書き換えただけであるので次元に関する部分を示す. 定理 1.6.7 の記号をそのまま用いる. まず $\dim V_o = n - \mathrm{rank}\, A$ を示す.

$$V_o = \left\{ v \in K^n \,\middle|\, \exists \lambda_k \in K,\ k \neq j_1, \ldots, j_r,\ v = \sum_{\substack{1 \leq k \leq n \\ k \neq j_1, \ldots, j_r}} \lambda_k v_k \right\}$$

が成り立つことに注意し, $g: K^{(n-\mathrm{rank}\, A)} \to V$ を

$$g\begin{pmatrix} x_1 \\ \vdots \\ \widehat{x_{j_1}} \\ \vdots \\ \widehat{x_{j_r}} \\ \vdots \\ x_n \end{pmatrix} = \sum_{\substack{1 \le k \le n \\ k \ne j_1, \ldots, j_r}} x_k v_k$$

により定める．ただし，$\widehat{x_{j_k}}$ は x_{j_k} を取り除くことを意味する．すると g は K-線型写像であって，しかも定理 1.6.7 により全単射である．したがって定理 3.5.18 により g は K-線型同型写像である．よって $\dim V_o = n - \operatorname{rank} A$ が成り立つ．

次に $\dim W = \operatorname{rank} A$ を示す．A を左基本変形して階段行列 A' を得たとする．ある $T \in \mathrm{GL}_m(K)$ について $A' = TA$ が成り立つのであった．すると $w \in K^m$ について $w = Av$ が成り立つことは $w = T^{-1}A'v$ が成り立つことと同値である．ここで，$T^{-1} = (w_1 \cdots w_m)$ と列ベクトルを用いて表す．また，K^n の基本ベクトルを e_i，K^m の基本ベクトルを $\widetilde{e}_i$ で表す．すると $1 \le k \le r$ であれば $A'e_{j_k} = \widetilde{e}_k$ であるから $w_k = T^{-1}\widetilde{e}_k = T^{-1}A'e_{j_k}$ が成り立つ．したがって $w_k \in \operatorname{Im} f$ である．そこで，$r = \operatorname{rank} A$ として $h: K^r \to \operatorname{Im} f$ を $h\begin{pmatrix} y_1 \\ \vdots \\ y_r \end{pmatrix} = \sum_{k=1}^r y_k w_k$ により定める（k の動く範囲に注意せよ）と h は線型写像である．もし $w = Av$ がある $v \in K^n$ について成り立っていれば，$Tw = TAv = A'v$ が成り立つ．一方，A' は階段行列であるから $Tw = a_1\widetilde{e}_1 + \cdots + a_r\widetilde{e}_r$ と $a_1, \ldots, a_r \in K$ を用いて表すことができる．すると，$w = T^{-1}(Tw) = a_1 T^{-1}\widetilde{e}_1 + \cdots + a_r T^{-1}\widetilde{e}_r = a_1 w_1 + \cdots + a_r w_r$ が成り立つので h は全射である．また，$a_1 w_1 + \cdots + a_r w_r = o$ であったとすると両辺に T を掛けて $a_1\widetilde{e}_1 + \cdots + a_r\widetilde{e}_r = o$ を得るから，$a_1 = \cdots = a_r = 0$ が成り立つ．したがって h は単射である．ゆえに h は線型同型写像であって，$\dim \operatorname{Im} f = \operatorname{rank} A$ である． □

問 3.7.2. 定理 1.6.3 のうち，定理 3.7.1 で述べていない部分を補え．また，証明中の写像 g の逆写像を求めよ．

注 3.7.3. 定理 3.7.1 により，$\operatorname{Ker} f$ と $\operatorname{Im} f$ の次元の和は常に n に等しい．

また，$V_w = \{v \in K^n \mid Av = w\}$ と置けば，3) により V_w の元を記述するのに必要かつ十分なパラメータの個数は $\dim V_o$ に常に等しい．したがって，多くの $w \in K^m$ について $Av = w$ が解を持てば（つまり，$\dim \operatorname{Im} f$ の値が上がれば），それだけ解の自由度（$\dim \operatorname{Ker} f$ の値）が下がり，一方，解の自由度が上がるとその分 $Av = w$ が解きにくくなる．

定理 3.7.1 は斉次連立一次方程式と線型空間・線型写像を次のように結び付けている．まず $A \in M_{m,n}(K), w \in K^m$ として $v \in K^n$ に関する方程式 $Av = w$ が与えられたとする．$f\colon K^n \to K^m$ を $f(v) = Av$ により定めれば，この方程式は $f(v) = w$ と同値である．V_w を解空間とすれば $V_w = f^{-1}(\{w\})$ であって，特に $V_o = \operatorname{Ker} f$ が成り立つ．$w \neq o$ であれば V_w は線型空間ではなく，T_{v_0} も線型写像ではないが，$v_0 \in V_w$ を固定するごとに T_{v_0} により V_w と V_o を少なくとも集合としては同一視できる．図形的には T_{v_0} は V_w の元 v を v_0 からみた相対的な位置 $v - v_0$ を与える写像である．v_0 も変数と考えれば T は二つの V_w の元の組に対して V_o の元を与える写像とみなせる．まとめると，

1) T は V_w の元の組全体のなす集合 $V_w \times V_w = \{(v_1, v_2) \mid v_1, v_2 \in V_w\}$ から V_o への写像である．
2) 任意の $v_0 \in V_w$ に対して T_{v_0} は全単射である．
3) 任意の $v_0, v_1, v_2 \in V_w$ に対して $T_{v_0}(v_1) + T_{v_1}(v_2) = T_{v_0}(v_2)$ が成り立つ．

このことを V_w は**アフィン空間**であると言う[19]．最後の式は，v_0 からの相対的な位置を線形空間 V_o と考える考え方は V_w 内での平行移動と整合的であることも意味している．このことは，例えば V_w の元を記述するのに必要かつ十分なパラメータの個数は $\dim V_o$ に常に等しいことに現れている．

一方，$w = Av$ が解を持つような w 全体のなす集合は $\operatorname{Im} f$ であって線型空間である．ここで $U = \{V_w \mid w \in \operatorname{Im} f\}$ と置く．$V_w + V_{w'} = V_{w+w'}, \lambda V_w = V_{\lambda w}$ と定める[20]と，U は K-線型空間となるが，要するにこれは $w \in \operatorname{Im} f$ を V_w と書き直しただけであるから，$\operatorname{Im} f$ と U は線型同型である．これは式を用いて次のように表すことができる．$g(V_w) = w$ と定めると，$w, w' \in \operatorname{Im} f$ のとき，

---

[19]　アフィン空間は 9.1 節で少し異なる形で現れる．そちらも参照のこと．
[20]　記号が和空間と少し紛らわしいが，和空間ではなく，単に演算として和を定めている．

$$g(V_w + V_{w'}) = g(V_{w+w'}) = w + w' = g(V_w) + g(V_{w'}),$$
$$g(\lambda V_w) = g(V_{\lambda w}) = \lambda w = \lambda g(V_w)$$

が成り立つから $g\colon W \to \operatorname{Im} f$ は確かに線型写像である．さらに，g は全単射であるから線型同型写像である．

さて，補題 1.6.4 により $K^n = \bigcup_{w \in \operatorname{Im} f} V_w$，ただし $w \neq w'$ であれば $V_w \cap V_{w'} = \varnothing$，が成り立つ．すると，上の写像 g は f から次のように定めたと考えることもできる．

1) $V_w \in U$ が与えられたとき，まず $v \in V_w$ を任意に選ぶ．
2) $f(v) = w$ は $v \in V_w$ の選び方に依らないので，$g(V_w) = w$ と定める．

この作業を踏まえて，$\pi\colon K^n \to U$ を $v \in K^n$ のとき $\pi(v) = V_{f(v)}$ により定める．すると，

$$\pi(v+v') = V_{f(v+v')} = V_{f(v)+f(v')} = V_{f(v)} + V_{f(v')} = \pi(v) + \pi(v'),$$
$$\pi(\lambda v) = V_{f(\lambda v)} = V_{\lambda f(v)} = \lambda V_{f(v)} = \lambda \pi(v)$$

が成り立つから π も線型写像である．しかも，g の定義から $g(\pi(v)) = g(V_{f(v)}) = f(v)$ が成り立つので，$g \circ \pi = f$ である．U を K^n の $\operatorname{Ker} f$ による**商線型空間**と呼び $K^n/\operatorname{Ker} f$ で表す[21]．K^n の元 v は唯一の $V_w (= V_{f(v)})$ に属するので，その V_w のことを $[v]$ で表すことにする．したがって $[v] = V_{f(v)}$ である．この記号の下では $g([v]) = f(v)$ である．$\pi\colon K^n \to K^n/\operatorname{Ker} f$ を**射影**あるいは**商写像**と呼び，g を f により定まる写像と呼ぶ．$g\colon K^n/\operatorname{Ker} f \to \operatorname{Im} f$ は線型同型写像であった[22]から，$K^n/\operatorname{Ker} f$ と g は f の「無駄」な部分を π によってつぶすことにより得られると考えることができる．後で示す（定理 3.11.9）ように，このとき $K^n \cong \operatorname{Ker} f \oplus U$ が成り立つ（右辺は抽象的な直和（定義 3.10.15）である．実際，$\operatorname{Ker} f$ は K^n の部分線型空間であるが，U はそうではないので定義 3.2.11 の意味での和空間を考えることはできない）．また，$\dim \operatorname{Ker} f = n - \operatorname{rank} A$, $\dim W = \operatorname{rank} A$ が成り立つ．なお，商線型空間については 3.11 節で一般的に扱う．

---

[21] K^n から $\operatorname{Ker} f$ を引いた集合 $K^n \setminus \operatorname{Ker} f$ と混同しないこと．
[22] 定理 3.11.7 も参照のこと．

3.8　線型写像全体のなす線型空間・双対空間 *

定理 3.5.4 により K^n から K^m への K-線型写像は $M_{m,n}(K)$ の元と一対一に対応が付く．$M_{m,n}(K)$ は K-線型空間であるから，K-線型写像全体のなす集合も K-線型空間であってしかるべきである．また，問 3.5.13 の結果と定理 3.5.16 によれば，次のような対応がある．

線型写像	行列
K^n から K^m への K-線型写像	$M_{m,n}(K)$ の元
零写像	$O_{m,n}$
写像の合成	行列の積
K^n から K^n への恒等写像	E_n
K^n から K^n への K-線型同型写像	$\mathrm{GL}_n(K)$ の元

これらの事実は以下のようにまとめることができる．

定義 3.8.1. V, W を K-線型空間とする．$\mathrm{Hom}_K(V, W)$ で V から W への K-線型写像全体のなす集合を表す[23]．また，$\mathrm{Hom}_K(V, W)$ に次の演算により K-線型空間の構造を入れる[24]．

1) $f, g \in \mathrm{Hom}_K(V, W)$ のとき，$f + g$ を $(f + g)(v) = f(v) + g(v)$ により定める．
2) $f \in \mathrm{Hom}_K(V, W), \lambda \in K$ のとき，λf を $(\lambda f)(v) = \lambda f(v)$ により定める．

特に V を K-線型空間とするとき，

$$V^* = \mathrm{Hom}_K(V, K) = \{f \colon V \to K \mid f \text{ は } K\text{-線型写像}\}$$

と置き，V の**双対空間**と呼ぶ．また，V^* の元（つまり，V から K への線型写像）を V 上の**一次形式**あるいは**線型形式**と呼ぶこともある[25]．

問 3.8.2. $\mathrm{Hom}_K(V, W)$ は K-線型空間であることを確かめよ．また，$\mathrm{Hom}_K(V, W)$ における零ベクトルは零写像であることを示せ．

---

[23]　線型写像を (linear) homomorphism と呼ぶこともあり，Hom はその略である．
[24]　「K-線型空間とみなす」としても同様の意味である．
[25]　二次形式と呼ばれるものも存在する．第 7 章を参照のこと．

注 3.8.3. 双対空間を V^* で表すのは通常の記法であるが，第 5 章で扱う随伴変換との関係で言えば記号が一致しておらず具合がよくない．行列の言葉で言えば双対空間に関連して表れるのは随伴行列ではなく転置行列である（定理 4.4.32）．混乱を避けるために双対空間を $V^\vee$ と表すこともあるが，本書では通例に従い双対空間は V^* で表す．

定理 3.8.4. K^n から K^m への線型写像に対し，その表現行列[26]を対応させることにより $\mathrm{Hom}_K(K^n, K^m) \cong M_{m,n}(K)$ が成り立つ．特に $(K^n)^* \cong M_{1,n}(K)$ が成り立つ．

証明． 定理 3.5.4 により，$f \in \mathrm{Hom}_K(K^n, K^m)$ に対して $A \in M_{m,n}(K)$ が唯一つ存在して $f(v) = Av$ が任意の $v \in K$ について成り立つ．ここで $g \in \mathrm{Hom}_K(K^n, K^m)$ とし，$B \in M_{m,n}(K)$ を g の表現行列とすると，$v \in K^n$ について $(f+g)(v) = f(v) + g(v) = Av + Bv = (A+B)v$ が成り立つので，$f+g$ の表現行列は $A+B$ である．また，$\lambda \in K$ とすると $(\lambda f)(v) = \lambda f(v) = \lambda(Av) = (\lambda A)v$ であるから λf の表現行列は λA である．したがって定理 3.5.4 により与えられる対応は K-線型同型写像である． □

定理 3.8.4 で与えられる同一視 $\mathrm{Hom}_K(K^n, K^m) \cong M_{m,n}(K)$ は単に線型同型というだけではなく，写像の合成と行列の積を結び付けている[27]．実際，$f \in \mathrm{Hom}_K(K^n, K^m)$，$g \in \mathrm{Hom}_K(K^m, K^l)$ がそれぞれ $A \in M_{m,n}(K)$，$B \in M_{l,m}(K)$ で表現されたとすれば，$g \circ f \in \mathrm{Hom}_K(K^n, K^l)$ は $BA \in M_{l,n}(K)$ で表現される．

ところで，$M_{1,n}(K)$ は n 次行ベクトル全体のなす集合であるから，$M_{1,n}(K) \cong K^n$ である．しかし通常は K^n を n 次列ベクトル全体のなす集合 $M_{n,1}(K)$ と考えているから，この $K^n = M_{n,1}(K)$ と $M_{1,n}(K)$ としての K^n は完全に同一であるとは言えない．実際，$w \in M_{1,n}(K)$ とすると，自然な同一視 $\mathrm{Hom}_K(K^n, K) \cong M_{1,n}(K)$ によって $w \in \mathrm{Hom}_K(K^n, K)$ と考えれば w に $v \in K^n$ を代入することができて $w(v) = wv$ が成り立つ．一方 $u \in K^n$

---

[26] ここで言う表現行列は K^n, K^m の標準基底に関するものであるが，実際には基底は何でもよい（系 4.4.14）．ただし，得られる線型同型写像は基底に依存して変わる．基底に関して未習の読者は「表現行列」は定義 3.5.5 の意味で考えればよい．なお，基底に関しては第 4 章を参照のこと．

[27] 実際には環同型（本書では定義しない）と呼ばれるものになっている．環については付録 C を参照のこと．

についてはこのような同一視がないので $v \in K^n$ を代入することもできないし,そもそも uv を計算することもできない.それでも u を転置して行ベクトルと考えることにより,$({}^t u)v$ を計算することはできるが,このような操作は別種の操作と考えた方がよい.これについては問 7.3.8 を参照のこと.

定義 3.8.5. V_1, V_2, W を K-線型空間,$f: V_1 \to V_2$ を K-線型写像とする.このとき,$g \in \mathrm{Hom}_K(V_2, W)$ に対して $g \circ f \in \mathrm{Hom}_K(V_1, W)$ を対応させる K-線型写像を f の**双対写像**と呼び f^* で表す.また $f^*(g) = g \circ f$ を g の f による**引き戻し**と呼ぶ.

問 3.8.6. f^* が線型写像であることを確かめよ.

次の命題の証明は容易であるので省略する.

命題 3.8.7.
1) V, W を K-線型空間とすると,$(\mathrm{id}_V)^* = \mathrm{id}_{\mathrm{Hom}_K(V,W)}$.すなわち,$V$ の恒等写像の双対写像は $\mathrm{Hom}_K(V, W)$ の恒等写像である.
2) V, W, U を K-線型空間,$f: V \to W$, $g: W \to U$ を K-線型写像とする.このとき $(g \circ f)^* = f^* \circ g^*$ が成り立つ.
3) $f: V \to W$ が K-線型同型写像であれば $f^*: W^* \to V^*$ も K-線型同型写像である.

3.9 射影と鏡映 *

射影や鏡映は計量線型空間(長さと角度が定まった線型空間)の場合に理解しやすい.この節は後回しにして先に 5.4 節および 5.5 節を参照してもよい.

定義 3.9.1. V を K-線型空間とする.
1) p を V の線型変換とする.$\forall v \in V,\ p(p(v)) = p(v)$ が成り立つとき,p を**射影**(射影子)と呼ぶ[†28].
2) W, U を V の部分線型空間とし,$V = W \oplus U$ が成り立っているとする.このとき,W への**射影** p を次のように定める.まず $v \in V$ を $v = w + u$, $w \in W$, $u \in U$ と表す.このような表し方は一意的であることに注意

[†28]. 3.7 節の最後に述べた射影とは異なるので注意せよ.

して $p(v) = w$ と置く．

以下に示すように，これらの定義は本質的には一致する．

補題 3.9.2. V を K-線型空間，W, U を V の部分線型空間であって $V = W \oplus U$ が成り立っているとする．このとき，W への射影は定義 3.9.1 の 1) の意味での射影である．

証明. p を W への射影とする．$v \in V$ とし，$w = p(v)$ と置く．すると，$p(p(v)) = p(w)$ が成り立つが，$w = w + o$ だから $p(w) = w$ である． □

定理 3.9.3. V を K-線型空間とし，$p: V \to V$ を定義 3.9.1 の 1) の意味での射影とする．$q = \mathrm{id}_V - p$ と定め，$W = \mathrm{Im}\, p$, $U = \mathrm{Im}\, q$ と置くと次が成り立つ．

1) $\forall v \in V$, $q(q(v)) = q(v)$. つまり，q も射影である．
2) $\forall v \in V$, $p(q(v)) = q(p(v)) = o$.
3) $W = \{v \in V \mid v = p(v)\} = \mathrm{Ker}\, q$.
4) $U = \{v \in V \mid v = q(v)\} = \mathrm{Ker}\, p$.
5) $V = W \oplus U$.

したがって $W = \mathrm{Im}\, p, U = \mathrm{Ker}\, p$ とすれば p は定義 3.9.1 の 2) の意味での射影である．

証明. $v \in V$ とすると $q(p(v)) = p(v) - p(p(v)) = p(v) - p(v) = o$, $p(q(v)) = p(v - p(v)) = p(v) - p(p(v)) = o$ が成り立つ．また，$q(q(v)) = q(v - p(v)) = q(v) - q(p(v)) = q(v)$ が成り立つ．$W' = \{v \in V \mid v = p(v)\}$ と置く．$w \in W'$ とすると，$w = p(w)$ が成り立つので，$w \in \mathrm{Im}\, p = W$ が成り立つ．したがって $W \supset W'$ である．一方，$w \in W$ とすると，$\exists v \in V$, $w = p(v)$ が成り立つ．すると，$p(w) = p(p(v)) = p(v) = w$ が成り立つので，$w \in W'$ であるから $W \subset W'$ である．ところで，$v = p(v)$ は $v - p(v) = o$ と同値であるが，この式の左辺は $q(v)$ なので $W = W' = \mathrm{Ker}\, q$ である．また，$U = \mathrm{Im}\, q$ と置くと，U についての主張も同様に成り立つ．p, q の定め方から $\forall v \in V$, $v = p(v) + q(v)$ が成り立つので $V = W + U$ が成り立つ．$v \in W \cap U$ とする．$v \in W$ だから 3) より $v = p(v)$ が成り立つ．一方，4) より $v = q(v)$ であるので，$v = p(v) = p(q(v)) = o$ が成り立つ．したがって $W \cap U = \{o\}$

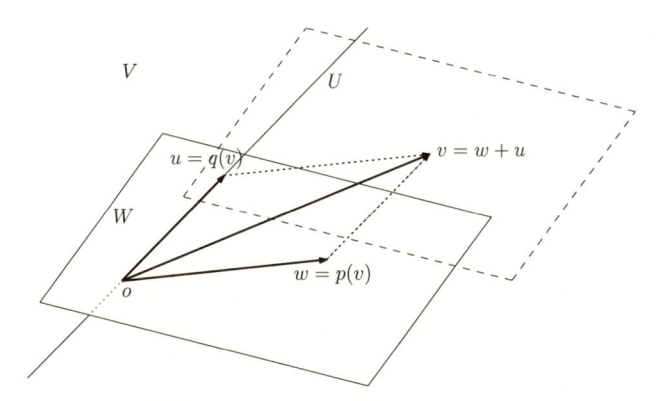

図 3.2. $V = W \oplus U$ を直和分解とする．v の W への射影（図では $p(v)$）は，v の表す点を通り，U に平行な直線と W の交わりを与えると直感的には捉えられる．同様に v を通り，W に平行な平面と U との交わり $q(v)$ が v の U への射影にあたる．一般には W, U の次元に応じて現れる図形が変わる．

が成り立つ． □

定理 3.9.3 は，直和分解と二つの射影で，和が恒等写像になっているものの組 p, q であって $p \circ q = q \circ p = 0$ なるものが 1 対 1 に対応していることを示している．この事実は三つ以上の射影については次の形で成り立つ．

定義 3.9.4. 射影 $p_1, \ldots, p_r$ が**完全系**をなすとは，
1) $p_1 + \cdots + p_r = \mathrm{id}_V$,
2) $i \neq j$ ならば $p_i \circ p_j = 0$

が成り立つことを言う．

注 3.9.5. 線型変換の組 $p_1, \ldots, p_r$ が上の条件 1), 2) を充たせば各 p_i は射影である．実際，$v \in V$ とすると，$p_i(v) = (\mathrm{id}_V \circ p_i)(v) = ((p_1 + \cdots + p_r) \circ p_i)(v) = p_1(p_i(v)) + \cdots + p_r(p_i(v)) = p_i(p_i(v))$ が成り立つ．

定理 3.9.6. 射影 $p_1, \ldots, p_r$ は完全系をなすとする．このとき $W_i = \mathrm{Im}\, p_i$, $U_i = \mathrm{Ker}\, p_i$ とすると，$V = W_1 \oplus \cdots \oplus W_r$, $U_j = W_1 \oplus \cdots \oplus W_{j-1} \oplus W_{j+1} \oplus \cdots \oplus W_r$ が成り立つ．また，$W_j = U_1 \cap \cdots \cap U_{j-1} \cap U_{j+1} \cap \cdots \cap U_r$ が成り立つ．逆に，$V = W_1 \oplus \cdots \oplus W_r$ のとき，$p_i : V \to V$ を $v \in V$ に対して，$v = w_1 + \cdots + w_r$, $w_i \in W_i$, と表して $p_i(v) = w_i$ により定めると，$p_1, \ldots, p_r$

は射影の完全系をなす.

証明. $v \in V$ とすると, $v = p_1(v) + \cdots + p_r(v)$ であるから, $V = W_1 + \cdots + W_r$ である. $w_1 + \cdots + w_r = o, w_i \in W_i, i = 1, \ldots, r$, とする. $w_i = p_i(v_i)$ と $v_i \in V$ を用いて表せば $p_i(w_i) = p_i^2(v_i) = p_i(v_i) = w_i$ であり, 一方, $j \neq i$ であれば $p_i(w_j) = p_i \circ p_j(v_j) = o$ が成り立つことから, $o = p_i(w_1 + \cdots + w_r) = w_i$ が従う. よって $W_1 + \cdots + W_r$ は直和である. また, $v \in \operatorname{Ker} p_j = U_j$ とする. $v = p_1(v) + \cdots + p_r(v)$ であるから, $v = p_1(v) + \cdots + p_{j-1}(v) + p_{j+1}(v) + \cdots + p_r(v)$ が成り立つ. したがって $v \in W_1 + \cdots + W_{j-1} + W_{j+1} + \cdots + W_r$ である. 逆に, $v \in W_1 + \cdots + W_{j-1} + W_{j+1} + \cdots + W_r$ とし, $v = w_1 + \cdots + w_{j-1} + w_{j+1} + \cdots + w_r$, $w_i \in W_i$, とする. このとき, $\exists v_i \in V$, $w_i = p_i(v_i)$ $(i \neq j)$ が成り立つから $p_j(w_i) = o$ なので $p_j(v) = o$ が成り立つ. したがって $U_j = W_1 + \cdots + W_{j-1} + W_{j+1} + \cdots + W_r$ であるが, $W_1 + \cdots + W_r$ は直和であるから, $W_1 + \cdots + W_{j-1} + W_{j+1} + \cdots + W_r$ も直和である. このことから $W_j = U_1 \cap \cdots \cap U_{j-1} \cap U_{j+1} \cap \cdots \cap U_r$ が従う. 逆の証明は容易であるので省略する. □

例 3.9.7. $V = K^n$ とし, p_i を $v \in V$ に対して v の第 i 成分を与える写像とすれば, $p_1, \ldots, p_n$ は射影の完全系である.

定義 3.9.8. 射影 p が与えられたとき, $2p - \operatorname{id}_V$ を p から定まる (p に関する) **鏡映** と呼ぶ.

鏡映は $v \in V$ に対して $2p(v) - v$ を与える写像である.

定義 3.9.9. 射影 p が与えられたとする. v' が p に関して $v \in V$ と**対称な点**であるとは, $v + v' \in \operatorname{Im} p$ かつ $v' - v \in \operatorname{Ker} p$ が成り立つことを言う.

定理 3.9.10. p を射影とすると p に関して $v \in V$ と対称な点が唯一存在する. また, 鏡映は p に関して v と対称な点を与える写像である. すなわち, r を p から定まる鏡映とすれば $v \in V$ に対し, $r(v)$ は p に関して対称な点である.

証明. $v + r(v) = v + 2p(v) - v = 2p(v)$ だから $v + r(v) \in \operatorname{Im} p$ が成り立つ. また, $p(r(v) - v) = p(2p(v) - v - v) = 2p(p(v)) - 2p(v) = o$ なので,

$r(v) - v \in \operatorname{Ker} p$ も成り立つ. したがって $r(v)$ は p に関して v と対称な点である. w, w' がともに p に関して v と対称な点であったとする. すると, $w - v \in \operatorname{Ker} p, w' - v \in \operatorname{Ker} p$ より $w - w' \in \operatorname{Ker} p$ である. 一方 $v + w \in \operatorname{Im} p$ かつ $v + w' \in \operatorname{Im} p$ であるから $w - w' \in \operatorname{Im} p$ が成り立つので, $w = w'$ が成り立つ. □

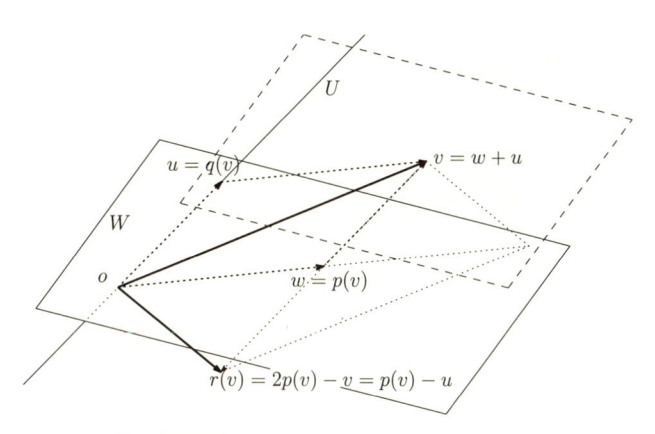

図 3.3. 図 3.2 と同様の状況を考える. v の p に関する鏡映を $r(v)$ とすると, $v, p(v), q(v), r(v)$ は図のような位置関係にある. 平たく言えば $r(v)$ は $p(v)$ から見たとき v と「反対側」にある点である.「反対側」を定める基準として p (あるいは W と U) を用いている. v の q に関する鏡映はどのようになるか考えてみよ.

問 3.9.11. r を p に関する鏡映とすると, 以下が成り立つことを示せ.

1) $v \in \operatorname{Im} p$ であれば $r(v) = v$ が成り立つ.
2) $v \in \operatorname{Ker} p$ であれば $r(v) = -v$ が成り立つ.

ここでは鏡映や対称な点は射影に関して定義したが, 冒頭で見たように射影を与えることは直和分解を与えることと同値であるから, 鏡映・対称な点を直和分解に関して定義することも可能である.

問 3.9.12. $V = V_1 \oplus V_2$ を V の直和分解とする.

1) $v \in V$ と v' が $(V_1 \oplus V_2, V_1)$ に関して対称な点であるとは, $v + v' \in V_1$ かつ $v - v' \in V_2$ であることと定める. $p \colon V \to V_1$ を直和分解から定まる V_1 への射影とすると, v, v' が $(V_1 \oplus V_2, V_1)$ に関して対称であるこ

と，p に関して対称であることは同値であることを示せ．

2) $v \in V$ が与えられたとき，$v = v_1 + v_2$, $v_1 \in V_1$, $v_2 \in V_2$ として $r(v) = v_1 - v_2$ と定め，$(V_1 \oplus V_2, V_1)$ に関する鏡映と呼ぶことにする．$p: V \to V_1$ を直和分解から定まる V_1 への射影とすると，$(V_1 \oplus V_2, V_1)$ に関する鏡映と p に関する鏡映は一致することを示せ．

3.10 直和と直積 *

定義 3.10.1. $V_1, \ldots, V_r$ を K-線型空間とする．

$$\prod_{i=1}^{r} V_i = \{(v_i)_{i=1}^{r} \mid v_1 \in V_1, \ldots, v_r \in V_r\}$$

と置く．$\prod_{i=1}^{r} V_i$ を $V_1 \times \cdots \times V_r$ とも表す．また，$(v_i)_{i=1}^{r}$ を $(v_1, \ldots, v_r)$ とも表す．$(v_1, \ldots, v_r), (w_1, \ldots, w_r) \in V_1 \times \cdots \times V_r$, $\lambda \in K$ のとき，

$$(v_1, \ldots, v_r) + (w_1, \ldots, w_r) = (v_1 + w_1, \ldots, v_r + w_r),$$
$$\lambda(v_1, \ldots, v_r) = (\lambda v_1, \ldots, \lambda v_r)$$

と置く．このようにして得られる空間 $\prod_{i=1}^{r} V_i = V_1 \times \cdots \times V_r$ を $V_1, \ldots, V_r$ の**直積線型空間**あるいは単に**直積**と呼ぶ．$(v_1, \ldots, v_r) \in V_1 \times \cdots \times V_r$ とするとき，v_i を $(v_1, \ldots, v_r)$ の**第 i 成分**という．また，v_i たちを総称して成分と呼ぶ（成分についての用語は K^n の場合と同様である）．$1 \leq i \leq r$ のとき，$(v_1, \ldots, v_r)$ に対して第 i 成分を与える写像を**第 i 射影**と呼ぶ．また，$v_i \in V_i$ に対して $(o, \ldots, o, v_i, o, \ldots, o) \in V_1 \times \cdots \times V_r$ を与える写像を**第 i 包含写像**と呼ぶ．

補題 3.10.2. $V_1 \times \cdots \times V_r$ は K-線型空間である．また，射影および包含写像は K-線型写像である．

直積線型空間は有限個からなるとは限らない線型空間の族についても定まる．

定義 3.10.3. $\{V_\alpha\}$ を A を添字集合とする K-線型空間の族とする．

$$\prod_{\alpha \in A} V_\alpha = \{(v_\alpha)_{\alpha \in A} \mid v_\alpha \in V_\alpha\}$$

と置き，$(v_\alpha)_{\alpha\in A}, (w_\alpha)_{\alpha\in A} \in \prod_{\alpha\in A} V_\alpha, \lambda \in K$ のとき，

$$(v_\alpha)_{\alpha\in A} + (w_\alpha)_{\alpha\in A} = (v_\alpha + w_\alpha)_{\alpha\in A},$$
$$\lambda(v_\alpha)_{\alpha\in A} = (\lambda v_\alpha)_{\alpha\in A}$$

と定める．このようにして得られる空間 $\prod_{\alpha\in A} V_\alpha$ を $V_\alpha, \alpha \in A$, の**直積線型空間**あるいは単に**直積**と呼ぶ．$(v_\alpha)_{\alpha\in A} \in \prod_{\alpha\in A} V_\alpha$ とするとき，各々の v_β ($\beta \in A$) を $(v_\alpha)_{\alpha\in A}$ の（第）β 成分と呼ぶ．また，$(v_\alpha)_{\alpha\in A}$ に対して，その β 成分を与える写像を（第）β 射影と呼ぶ．また，$v_\beta \in V_\beta$ に対して，β 成分が v_β であって，その他の成分がすべて $o_\alpha \in V_\alpha$ (V_α の零ベクトル）であるような $\prod_{\alpha\in A} V_\alpha$ の元を与える写像を（第）β-包含写像と呼ぶ．

補題 3.10.4. $\prod_{\alpha\in A} V_\alpha$ は K-線型空間である．射影および包含写像は K-線型写像である．

問 3.10.5. $A = \{1, 2, \ldots, r\}$ とすると，定義 3.10.3 と定義 3.10.1 は一致することを確かめよ．

例 3.10.6. $A = \{1, 2, 3, \ldots\}$ とする．このとき $\prod_{i\in A} V_i$ の元は $(v_1, v_2, \ldots)$, $v_i \in V_i$, と書ける．$\prod_{i\in A} V_i$ を $\prod_{i=1}^{\infty} V_i$ あるいは $V_1 \times V_2 \times \cdots$ とも表す．

次の性質は直積の普遍性とも呼ばれる．

定理 3.10.7. W を K-線型空間とする．また，A を集合とし，各 $\alpha \in A$ に対して K-線型空間 V_α と K-線型写像 $f_\alpha \colon W \to V_\alpha$ が与えられているとする．このとき，K-線型写像 $F \colon W \to \prod_{\alpha\in A} V_\alpha$ であって，$\forall \beta \in A, \pi_\beta \circ F = f_\beta$ が成り立つものが唯一つ存在する．ただし $\pi_\beta \colon \prod_{\alpha\in A} V_\alpha \to V_\beta$ は射影である．

証明． $F \colon W \to \prod_{\alpha\in A} V_\alpha$ を $F(w) = (f_\alpha(w))_{\alpha\in A}$ により定めると，F は定理の条件を充たす K-線型写像である．逆に K-線型写像 $F' \colon W \to \prod_{\alpha\in A} V_\alpha$ について $\forall \beta \in A, \pi_\beta \circ F' = f_\beta$ が成り立つとする．すると $F'(w)$ の β 成分は $\pi_\beta(F'(w)) = f_\beta(w)$ であるから $F'(w) = (f_\alpha(w))_{\alpha\in A} = F(w)$ が成り立つ． □

補題 3.10.8. K-線型写像 $F\colon \prod_{\alpha\in A} V_\alpha \to \prod_{\alpha\in A} V_\alpha$ について $\forall \beta \in A$, $\pi_\beta \circ F = \pi_\beta$ が成り立てば $F = \mathrm{id}_{\prod_{\alpha\in A} V_\alpha}$ が成り立つ.

証明. 定理 3.10.7 において $f_\alpha = \pi_\alpha$ とする. $\mathrm{id}_{\prod_{\alpha\in A} V_\alpha}$ について $\forall \beta \in A$, $\pi_\beta \circ \mathrm{id}_{\prod_{\alpha\in A} V_\alpha} = \pi_\beta$ が成り立つから, $F = \mathrm{id}_{\prod_{\alpha\in A} V_\alpha}$ が成り立つ. □

定理 3.10.9. V を K-線型空間とし, K-線型写像 $p_\alpha\colon V \to V_\alpha$ が各 $\alpha \in A$ について与えられているとする. V と $\{p_\alpha\}_{\alpha\in A}$ が次の意味で定理 3.10.7 の性質を持つとする.

 ・ W を K-線型空間とし, 各 $\alpha \in A$ に対して K-線型写像 $f_\alpha\colon W \to V_\alpha$ が与えられているとする. このとき K-線型写像 $F\colon W \to V$ であって, $\forall \beta \in A$, $p_\beta \circ F = f_\beta$ が成り立つものが唯一つ存在する.

すると, K-線型同型写像 $\varphi\colon V \xrightarrow{\sim} \prod_{\alpha\in A} V_\alpha$ が存在して $\forall \beta \in A$, $p_\beta = \pi_\beta \circ \varphi$ が成り立つ. また, このような φ は一意的である.

証明. W を V として f_α を p_α とすれば, 仮定により K-線型写像 $G\colon V \to V$ であって $\forall \beta \in A$, $p_\beta \circ G = p_\beta$ が成り立つものが唯一つ存在する. 一方, id_V について $\forall \beta \in A$, $p_\beta \circ \mathrm{id}_V = p_\beta$ が成り立つから一意性により $G = \mathrm{id}_V$ が成り立つ (補題 3.10.8 の証明と全く平行であることに注意). さて, $W = \prod_{\alpha\in A} V_\alpha$ とし, $f_\alpha\colon W \to V_\alpha$ を射影 π_α とすれば, 仮定により K-線型写像 $H\colon \prod_{\alpha\in A} V_\alpha \to V$ であって $\forall \beta \in A$, $p_\beta \circ H = \pi_\beta$ が成り立つものが唯一つ存在する. 一方, 定理 3.10.7 において W を V として f_α を p_α とすれば, K-線型写像 $\varphi\colon V \to \prod_{\alpha\in A} V_\alpha$ であって $\forall \beta \in A$, $\pi_\beta \circ \varphi = p_\beta$ が成り立つものが唯一つ存在することが従う. このとき $w \in \prod_{\alpha\in A} V_\alpha$ とすると, $\beta \in A$ であれば $\pi_\beta \circ \varphi \circ H(w) = p_\beta \circ H(w) = \pi_\beta(w)$ が成り立つので, 補題 3.10.8 から $\varphi \circ H = \mathrm{id}_{\prod_{\alpha\in A} V_\alpha}$ が成り立つ. また, $v \in V$, $\beta \in A$ とすると $p_\beta \circ H \circ \varphi(v) = \pi_\beta \circ \varphi(v) = p_\beta(v)$ が成り立つので, 最初に示したことから $H \circ \varphi = \mathrm{id}_V$ が成り立つ. したがって φ は K-線型同型写像であって $p_\beta = \pi_\beta \circ \varphi$ が成り立つ. □

問 3.10.10. $\{V_\alpha\}_{\alpha\in A}$ を A を添字集合とする K-線型空間の族とする. $\pi_\alpha\colon \prod_{\alpha\in A} V_\alpha \to V_\alpha$ を射影とすると π_α は全射であることを示せ. また, V_α から $\prod_{\alpha\in A} V_\alpha$ への包含写像は単射であることを示せ.

注 3.10.11. 通常は包含写像によって V_α を $\prod_{\alpha \in A} V_\alpha$ の部分線型空間とみなす．これは後で述べる直和についても同様である（注 3.10.21）．

例 3.10.12.
1) $V = \{(a_i)_{i \in \mathbb{N}} \mid a_i \in K\}$ とする．V は K の元からなる数列全体のなす線型空間である．$i \in \mathbb{N}$ について $V_i = K$ とすると V は $\prod_{i=0}^{\infty} V_i$ と同型である．$\prod_{i=0}^{\infty} V_i$ を $K^{\Pi\infty}$ と略記する．
2) $V = K[x]$ とする．$f \in V$ のとき，$f(x) = a_0 + a_1 x + \cdots + a_n x^n, a_i \in K$，と表しておいて $\varphi(f) = (a_0, a_1, a_2, \ldots)$ と置けば φ は V から $K^{\Pi\infty}$ への線型写像である．しかし，$(1, 1, \ldots) \notin \operatorname{Im}\varphi$ なので φ は線型同型写像ではない．

上の例は $K[x]$ と $K^{\Pi\infty}$ は異なることを示唆している．実際，$V_1 = V_2 = \cdots = K$ とすると $K^{\Pi\infty}$ は $V_1, V_2, \ldots$ の直積であり，一方，$K[x]$ は定義 3.10.15 で定める直和である．

定義 3.10.13. $\{V_\alpha\}_{\alpha \in A}, \{W_\alpha\}_{\alpha \in A}$ をそれぞれ線型空間の族とし，$\{f_\alpha: V_\alpha \to W_\alpha\}_{\alpha \in A}$ を線型写像の族とする．$\pi_\beta: \prod_{\alpha \in A} V_\alpha \to V_\beta$ を射影とし，$g_\beta: \prod_{\alpha \in A} V_\alpha \to W_\beta$ を $g_\beta = f_\beta \circ \pi_\beta$ により定める．$\{g_\beta\}_{\beta \in A}$ から定理 3.10.7 により与えられる $\prod_{\alpha \in A} V_\alpha$ から $\prod_{\alpha \in A} W_\alpha$ への写像を $\{f_\alpha\}_{\alpha \in A}$ の**直積（線型）写像**（あるいは単に**直積**）と呼び $\prod_{\alpha \in A} f_\alpha$ で表す．$A = \{a_1, \ldots, a_r\}$ が有限集合の場合には直積を $f_{a_1} \times \cdots \times f_{a_r}$ でも表す．

問 3.10.14. $v = (v_\alpha) \in \prod_{\alpha \in A} V_\alpha$ であれば $\left(\prod_{\alpha \in A} f_\alpha\right)(v) = (f_\alpha(v_\alpha))$ が成り立つことを示せ．

定義 3.10.15. $\{V_\alpha\}_{\alpha \in A}$ を A を添字集合とする K-線型空間の族とする．$\prod_{\alpha \in A} V_\alpha$ の部分線型空間

$$\bigoplus_{\alpha \in A} V_\alpha = \left\{ (v_\alpha)_{\alpha \in A} \in \prod_{\alpha \in A} V_\alpha \,\middle|\, \begin{array}{l} \text{有限個の } \alpha_1, \ldots, \alpha_k \in A \text{ を除いたすべての } \beta \in A \text{ に} \\ \text{ついて，}\beta \text{ 成分 } v_\beta \text{ が } o_\beta \in V_\beta \text{（零ベクトル）に等しい} \end{array} \right\}$$

を $V_\alpha, \alpha \in A,$ の**直和**と呼ぶ．$\bigoplus_{\alpha \in A} V_\alpha$ の元の成分は直積と同様に定める．また，$\beta \in A$ のとき，V_β への**射影**，V_β からの**包含写像**を直積のときと同様に

定める.

例 3.10.16. $V_1 = V_2 = \cdots = K$ とすると $K[x]$ は $\bigoplus_{i=1}^{\infty} V_i$ と線型同型であることを示せ. $\bigoplus_{i=1}^{\infty} V_i$ を $K^{\oplus \infty}$ とも表す.

定義から $\bigoplus_{\alpha \in A} V_\alpha \subset \prod_{\alpha \in A} V_\alpha$ である. $\iota: \bigoplus_{\alpha \in A} V_\alpha \to \prod_{\alpha \in A} V_\alpha$ を包含写像とする. A が有限集合であれば,直和の定義から直接次が従う.

定理 3.10.17. A が有限集合(有限個の元からなる集合)であれば上の包含写像 ι は線型同型写像である.

例 3.10.18. $A = \{1, 2, \ldots, n\}$ とし,$V_1 = V_2 = \cdots = V_n = K$ とすると $\prod_{i \in A} V_i = \bigoplus_{i \in A} V_i \cong K^n$ が成り立つ.

次の性質は直和の普遍性と呼ばれる. 直積の普遍性(定理 3.10.7)との類似および相違に注意せよ.

定理 3.10.19. W を K-線型空間とする. A を添字集合とし,各 $\alpha \in A$ に対して K-線型空間 V_α と K-線型写像 $f_\alpha: V_\alpha \to W$ が与えられているとする. このとき,K-線型写像 $F: \bigoplus_{\alpha \in A} V_\alpha \to W$ であって,$\forall \beta \in A$, $F \circ \iota_\beta = f_\beta$ が成り立つものが唯一つ存在する. ここで $\iota_\beta: V_\beta \to \bigoplus_{\alpha \in A} V_\alpha$ は包含写像である.

証明. $v = (v_\alpha)_{\alpha \in A} \in \bigoplus_{\alpha \in A} V_\alpha$ に対して $F(v) = \sum_{\alpha \in A} f_\alpha(v_\alpha)$ と定める. 形式的には右辺は無限和であるが,実際には有限個の $\alpha \in A$ を除いて $v_\beta = o_\beta$ が成り立つから,右辺の和は有限和である. したがって F は well-defined[†29]である. この F は K-線型写像であって,$\forall \beta \in A$, $F \circ \iota_\beta = f_\beta$ が成り立つ. 逆に K-線型写像 $F': \bigoplus_{\alpha \in A} V_\alpha \to W$ が $\forall \beta \in A$, $F' \circ \iota_\beta = f_\beta$ を充たすとする. すると $v = (v_\alpha)_{\alpha \in A} = \sum_{\alpha \in A} \iota_\alpha(v_\alpha)$ が成り立つ(この和も有限和であることに注意)ことから $F'(v) = F'\left(\sum_{\alpha \in A} \iota_\alpha(v_\alpha)\right) = \sum_{\alpha \in A} f_\alpha(v_\alpha) = F(v)$ が従う. □

補題 3.10.20. $\bigoplus_{\alpha \in A} V_\alpha$ は K-線型空間である. また,射影および包含写像は K-線型写像であって,それぞれ全射,単射である.

[†29] well-defined とは,きちんと定まっている,という意味である.

注 3.10.21. 直積のとき（注 3.10.11）と同様に，通常は包含写像によって V_α を $\bigoplus_{\alpha \in A} V_\alpha$ の部分線型空間とみなす．

定義 3.10.22. $\{f_\alpha\colon V_\alpha \to W\}_{\alpha \in A}$ を A を添字集合とする K-線型写像の族とする．このとき定理 3.10.19 で与えられる F を $f_\alpha, \alpha \in A$, の和と呼び $\sum_{\alpha \in A} f_\alpha$ で表す．$A = \{a_1, \ldots, a_r\}$ が有限集合の場合には和を $f_{a_1} + \cdots + f_{a_r}$ でも表す．

直和は直積と類似の性質を持つ（定理 3.10.9，補題 3.10.8）．

定理 3.10.23. V を K-線型空間とし，K-線型写像 $i_\alpha\colon V_\alpha \to V$ が各 $\alpha \in A$ について与えられているとする．V と $\{i_\alpha\}_{\alpha \in A}$, が次の意味で定理 3.10.19 の性質を持つとする．

- W を K-線型空間とし，各 $\alpha \in A$ に対して K-線型写像 $f_\alpha\colon V_\alpha \to W$ が与えられているとする．このとき，K-線型写像 $F\colon V \to W$ であって $\forall \beta \in A, F \circ i_\beta = f_\beta$ が成り立つものが唯一つ存在する．

このとき K-線型同型写像 $\psi\colon \bigoplus_{\alpha \in A} V_\alpha \to V$ が存在して $\forall \beta \in A, i_\beta = \psi \circ \iota_\beta$ が成り立つ．このような ψ は一意的である．

補題 3.10.24. $\{V_\alpha\}_{\alpha \in A}$ を A を添字集合とする K-線型空間の族とする．K-線型写像 $F\colon \bigoplus_{\alpha \in A} V_\alpha \to \bigoplus_{\alpha \in A} V_\alpha$ が $\forall \beta \in A, F \circ \iota_\beta = \iota_\beta$ を充たせば $F = \mathrm{id}_{\bigoplus_{\alpha \in A} V_\alpha}$ が成り立つ．ここで $\iota_\beta\colon V_\beta \to \bigoplus_{\alpha \in A} V_\alpha$ は α-包含写像である．

問 3.10.25. 定理 3.10.23 と補題 3.10.24 を示せ．

注 3.10.26. 定理 3.10.17 により，有限個の線型空間の直積と直和は同一であって，定理 3.10.7, 3.10.19 が両方とも成り立つ．A が有限集合でないときに包含写像 $\iota\colon \bigoplus_{\alpha \in A} V_\alpha \to \prod_{\alpha \in A} V_\alpha$ が線型同型写像にならない[30]のは大雑把に言えば以下のような理由による．A が有限集合でなくとも，$V_\alpha, \alpha \in A$, の元を単に並べることはできる[31]ので，直積を定義することができる．一方，定理 3.10.19 は証明を見る限り必ずしも成り立たないと考えられる．実際，線型写像の族 $\{f_\alpha\colon V_\alpha \to W\}_{\alpha \in A}$ が与えられたとしても，A が有限集合でない

---

[30] 証明を考えてみよ（厳密に言えば無限個の $\alpha \in A$ について $V_\alpha \neq \{o\}$ であることを仮定している）．
[31] 本当にできるのか，実は難しい問題である．

と $\sum_{\alpha \in A} f_\alpha(v_\alpha)$ は一般には無限和となってしまうので意味を持つかどうか不明である[†32]. 直和はこのような和が必ず意味を持つような $(v_\alpha)_{\alpha \in A}$ 全体のなす空間として定義される.

定義 3.10.27. $\{V_\alpha\}_{\alpha \in A}, \{W_\alpha\}_{\alpha \in A}$ をそれぞれ線型空間の族とし, $\{f_\alpha \colon V_\alpha \to W_\alpha\}_{\alpha \in A}$ を線型写像の族とする. $\iota_\alpha \colon W_\alpha \to \bigoplus_{\alpha \in A} W_\alpha$ を包含写像とし, $g_\alpha \colon V_\alpha \to \bigoplus_{\alpha \in A} W_\alpha$ を $g_\alpha = \iota_\alpha \circ f_\alpha$ により定める. $\{g_\alpha\}_{\alpha \in A}$ から定理 3.10.19 により与えられる $\bigoplus_{\alpha \in A} V_\alpha$ から $\bigoplus_{\alpha \in A} W_\alpha$ への写像を $\{f_\alpha\}_{\alpha \in A}$ の**直和（線型）写像**（あるいは単に**直和**）と呼び $\bigoplus_{\alpha \in A} f_\alpha$ で表す. $A = \{a_1, \ldots, a_r\}$ が有限集合の場合には直和を $f_{a_1} \oplus \cdots \oplus f_{a_r}$ でも表す.

問 3.10.28. $v = (v_\alpha) \in \bigoplus_{\alpha \in A} V_\alpha$ であれば $(f_\alpha(v_\alpha)) \in \bigoplus_{\alpha \in A} W_\alpha$ であって, $\left(\bigoplus_{\alpha \in A} f_\alpha \right)(v) = (f_\alpha(v_\alpha))$ が成り立つことを示せ.

部分線型空間に関しては和空間や直和を以下のように定める.

定義 3.10.29. $\{W_\alpha\}_{\alpha \in A}$ を V の K-部分線型空間の族とする. $\{W_\alpha\}_{\alpha \in A}$ の**和空間**を,

$$\sum_{\alpha \in A} W_\alpha = \left\{ \sum_{\alpha \in A} w_\alpha \;\middle|\; \begin{array}{l} w_\alpha \in W_\alpha, \text{ 有限個の } \alpha_1, \ldots, \alpha_r \in A \text{ を除いた} \\ \text{すべての } A \text{ の元 } \beta \text{ について } w_\beta = o_\beta \end{array} \right\}$$

により定める[†33]. また, $\forall \beta \in A, \left(\sum_{\substack{\alpha \in A \\ \alpha \neq \beta}} W_\alpha \right) \cap W_\beta = \{o\}$ が成り立つとき, 和空間 $\sum_{\alpha \in A} W_\alpha$ は**直和**であると言い $\bigoplus_{\alpha \in A} W_\alpha$ で表す.

問 3.10.30.
1) 和空間 $\sum_{\alpha \in A} W_\alpha$ は V の K-部分線型空間であることを示せ.
2) $\{W_\alpha\}_{\alpha \in A}$ について補題 3.2.18 の類似を定式化して証明せよ. 特に $\sum_{\alpha \in A} W_\alpha$ が直和であることと, $w \in \sum_{\alpha \in A} W_\alpha$ を $w = w_{\alpha_1} + \cdots + w_{\alpha_r}$,

---

[†32] 逆に言えば, 意味を持たせることができれば何とかなりそうである. これについても難しくなるので, 例えば函数論や函数解析学に関する教科書を参照のこと.
[†33] $\sum_{\alpha \in A} W_\alpha$ は W_α, $\alpha \in A$, に属する元の線型結合全体のなす集合である. 定義 3.3.5 も参照のこと.

ただし, $i = 1, \ldots, r$, について $\alpha_i \in A$, $w_{\alpha_i} \in W_{\alpha_i}$, と表す方法が一意的であることは同値であることを示せ. この性質を直和の定義とすることもある.

3) A が有限集合であれば定義 3.10.29 における直和は 3.2 節における部分線型空間の直和（定義 3.2.16）と一致することを示せ.

部分線型空間に関しては定義 3.10.29 における部分線型空間の直和と, 定義 3.10.15 における直和は本質的には一致する.

定理 3.10.31. V を K-線型空間とし, $\{W_\alpha\}_{\alpha \in A}$ を A を添字集合とする V の K-部分線型空間の族であって, $\forall \beta \in A$, $\left(\sum_{\substack{\alpha \in A \\ \alpha \neq \beta}} W_\alpha \right) \cap W_\beta = \{o\}$ が成り立つものとする. W' を $\{W_\alpha\}_{\alpha \in A}$ の定義 3.10.15 における直和とし, W を定義 3.10.29 における直和とすると, 自然な K-線型写像 $i \colon W' \to V$ であって, $\mathrm{Im}\, i = W$ かつ $i \colon W' \to W$ は K-線型同型写像であるものが存在する.

証明. $i_\alpha \colon W_\alpha \to V$ を包含写像とする. このとき, 定理 3.10.19 により $i = \bigoplus_{\alpha \in A} i_\alpha$ とすれば $i \colon W' \to V$ は K-線型写像であって, $i \circ \iota_\alpha = i_\alpha$ が成り立つ. ここで $\iota_\alpha \colon W_\alpha \to W'$ は包含写像である. i の定義から $\mathrm{Im}\, i \subset W$ が成り立つ. そこで, $i \colon W' \to W$ と考える. 一方, $w \in W$ とすると $w = w_{\alpha_1} + \cdots + w_{\alpha_r}$, $w_{\alpha_i} \in W_{\alpha_i}$, と一意的に書けるので $f(w) = (w_{\alpha_i})_{\alpha_i} \in W'$ とすれば $f \colon W \to W'$ は K-線型写像となる. すると定義から $i \circ f(w) = w$, $f \circ i((w_\alpha)_\alpha) = (w_\alpha)_\alpha$ が成り立つので i は K-線型同型写像である. □

直和と直積は双対を通じて次のように関係する.

定理 3.10.32. $\{V_\alpha\}_{\alpha \in A}$ を A を添字集合とする K-線型空間の族とする. このとき, 自然な同型 $\left(\bigoplus_{\alpha \in A} V_\alpha \right)^* \cong \prod_{\alpha \in A} V_\alpha^*$ が存在する.

証明. $\varphi \in \left(\bigoplus_{\alpha \in A} V_\alpha \right)^*$ とする. $\iota_\alpha \colon V_\alpha \to \bigoplus_{\alpha \in A} V_\alpha$ を包含写像とし, $\varphi_\alpha \colon V_\alpha \to K$ を $\varphi_\alpha = \varphi \circ \iota_\alpha$ により定める. $f \colon \left(\bigoplus_{\alpha \in A} V_\alpha \right)^* \to \prod_{\alpha \in A} V_\alpha^*$ を $f(\varphi) = (\varphi_\alpha)_{\alpha \in A}$ により定めると, f は線型写像である. 逆に, $\psi \in \prod_{\alpha \in A} V_\alpha^*$ のとき, $\psi =$

$(\psi_\alpha)_{\alpha \in A}$, $\psi_\alpha \in V_\alpha{}^*$, として族 $\{\psi_\alpha\}_{\alpha \in A}$ を考えると，定理 3.10.19 により $\sum_{\alpha \in A} \psi_\alpha : \bigoplus_{\alpha \in A} V_\alpha \to K$ が定まる．そこで $g(\psi) = \sum_{\alpha \in A} \psi_\alpha$ と置くと g は線型写像であることが分かる．写像の和の定義により $\left(\sum_{\beta \in A} \psi_\beta\right) \circ \iota_\alpha = \psi_\alpha$ が成り立つから，$\forall \alpha \in A$, $\pi_\alpha \circ (f \circ g(\psi)) = \psi_\alpha$ が成り立つ．定理 3.10.7 により $f \circ g(\psi) = \psi$ が成り立つから，$f \circ g$ は $\prod_{\alpha \in A} V_\alpha{}^*$ の恒等写像である．また，$\varphi \in \left(\bigoplus_{\alpha \in A} V_\alpha\right)^*$ とする．すると $\forall \alpha \in A$, $(g \circ f(\varphi)) \circ \iota_\alpha = \varphi \circ \iota_\alpha$ が成り立つ．定理 3.10.19 によりこのような写像は φ に限るから，$g \circ f$ は $\left(\bigoplus_{\alpha \in A} V_\alpha\right)^*$ の恒等写像である． □

3.11 商線型空間 *

連立一次方程式を線型空間や線型写像を用いて記述した際に現れた商線型空間は次のように一般化される．

定義 3.11.1. V を K-線型空間，W を V の K-部分線型空間とする．$v \in V$ とし，V の部分集合 $[v]$ を $[v] = \{w + v \mid w \in W\}$ により定める．$V/W = \{[v] \mid v \in V\}$ と置き，V/W に次のように演算を定める．
 1) $[v], [v'] \in V/W$ のとき，$[v] + [v'] = [v + v']$.
 2) $[v] \in V/W, \lambda \in K$ のとき $\lambda[v] = [\lambda v]$.
すると V/W は K-線型空間となる．この V/W を V の W による**商線型空間**と呼ぶ．また，v に $[v]$ を対応させる V から V/W への写像を**標準射影**（あるいは単に射影），**商写像**と呼ぶ．

$V = K^n$ であれば $[v]$ は v を通り W に平行な V の部分集合である．

定義 3.11.1 は次のような問題を含んでいる．例えば $[v] + [v'] = [v + v']$ としているが，$[v] = [u]$, $[v'] = [u']$ であるとき必ず $[v + v'] = [u + u']$ が成り立つのでなければ計算の方法により $[v] + [v']$ の結果が異なる可能性があるということになる．これでは加法が V/W に定まったとは言えない．定数倍についても同じ問題がある．しかし，実際には次の補題が成り立つ．

補題 3.11.2.
1) $[v] = [u]$ であることと，$v - u \in W$ であることは同値である．
2) $[v] = [u], [v'] = [u']$ ならば $[v + u] = [v' + u']$ である．
3) $[v] = [u]$ ならば $[\lambda v] = [\lambda u]$ である．

証明． 1) の証明．$w_0 = v - u$ と置く．$w_0 \in W$ であるとすると，$[u] = \{w + u \mid w \in W\} = \{w - w_0 + v \mid w \in W\} = \{w' + v \mid w' \in W\} = [v]$ である．また，$[v] = [u]$ であったとすると，$v \in [v] = [u]$ が成り立つから $v = w + u$, $w \in W$, と書ける．したがって $v - u = w \in W$ が成り立つ．
2) の証明．1) から $v - u \in W, v' - u' \in W$ である．W は V の部分線型空間であるから $(v - u) + (v' - u') \in W$ であるが，一方，$(v + v') - (u + u') = (v - u) + (v' - u')$ であるから $[v + v'] = [u + u']$ が成り立つ．
3) は 2) と同様に示せるので省略する． □

問 3.11.3. V/W は K-線型空間であることを示せ．また，標準射影を π とすると，$\pi\colon V \to V/W$ は K-線型写像であって $\mathrm{Ker}\,\pi = W, \mathrm{Im}\,\pi = V/W$ が成り立つことを示せ．

次に示す定理 3.11.4 の性質は商線型空間の普遍性と呼ばれる．

定理 3.11.4. V を K-線型空間，W を V の K-部分線型空間とし，$\pi\colon V \to V/W$ を標準射影とする．U を K-線型空間，$f\colon V \to U$ を K-線型写像とし，$W \subset \mathrm{Ker}\,f$ であるとする．このとき，K-線型写像 $\overline{f}\colon V/W \to U$ であって，$f = \overline{f} \circ \pi$ なるものが唯一存在する．$\overline{f}$ を f から定まる[†34]（線型）写像と呼ぶ．

証明． $g\colon V/W \to U$ を $g([v]) = f(v)$ により定める．$v - v' \in W$ であれば $v - v' \in \mathrm{Ker}\,f$ であるから g は well-defined である．また，g は K-線型写像である．実際，$[v], [v'] \in V/W$ とすると $g([v] + [v']) = g([v + v']) = f(v + v') = f(v) + f(v') = g([v]) + g([v'])$ が成り立つ．同様に $\lambda \in K$ であれば $g(\lambda[v]) = \lambda g([v])$ も成り立つ．定義により $g \circ \pi(v) = g([v]) = f(v)$ であるから，定理にあるような $\overline{f}$ は確かに存在する．g' も $\overline{f}$ と同様の性質を持つとする．すると $[v] \in V/W$ に対して $\overline{f}([v]) - g'([v]) = \overline{f}(\pi(v)) - g'(\pi(v)) = f(v) - f(v) = o$

[†34] f が誘導する，f により誘導される，などとも言う．

であるから，$g' = \overline{f}$ が成り立つ． □

系 3.11.5. K-線型写像 $f\colon V/W \to V/W$ が $\pi = f \circ \pi$ を充たせば $f = \mathrm{id}_{V/W}$ が成り立つ．

証明． $\pi\colon V \to V/W$ に定理 3.11.4 を用いると，K-線型写像 $\sigma\colon V/W \to V/W$ であって，$\pi = \sigma \circ \pi$ なるものが存在することが分かるが，このような σ は唯一だから $\sigma = f$ が成り立つ．一方 $\mathrm{id}_{V/W}$ は $\pi = \mathrm{id}_{V/W} \circ \pi$ を充たすので，$\sigma = \mathrm{id}_{V/W}$ が成り立つ． □

商線型空間の普遍性を V/W の定義とすることもできる．

定理 3.11.6. V を K-線型空間，W を V の K-部分線型空間とする．V' を K-線型空間，$p\colon V \to V'$ を K-線型写像とし，V', p は次の性質を持つとする．
 1) $W \subset \mathrm{Ker}\, p$.
 2) U を K-線型空間，$f\colon V \to U$ を K-線型写像であって $W \subset \mathrm{Ker}\, f$ であるとする．このとき K-線型写像 $f'\colon V' \to U$ であって，$f = f' \circ p$ なるものが唯一存在する．

このとき，K-線型同型写像 $F\colon V' \to V/W$ が存在し，$\pi = F \circ p$ が成り立つ．ここで $\pi\colon V \to V/W$ は標準射影である．また，このような F は一意的である．

証明． $U = V/W$ とし，$f\colon V \to V/W$ を標準射影 π とする．すると，$W = \mathrm{Ker}\,\pi$ であるから仮定により $f'\colon V' \to V/W$ が存在して $\pi = f' \circ p$ が成り立つ．$F = f'$ とすれば $\pi = F \circ p$ が成り立つ．一方，$W \subset \mathrm{Ker}\, p$ であるから定理 3.11.4 により $\overline{p}\colon V/W \to V'$ が存在して $p = \overline{p} \circ \pi$ が成り立つ．すると $\pi = F \circ p = F \circ \overline{p} \circ \pi$ が成り立つから，系 3.11.5 により $F \circ \overline{p} = \mathrm{id}_{V/W}$ が成り立つ．また，$p = \overline{p} \circ \pi = \overline{p} \circ F \circ p$ が成り立つ．すると，系 3.11.5 の証明と同様の議論により $\overline{p} \circ F = \mathrm{id}_{V'}$ が成り立つことが示される．よって F は線型同型写像である．F の一意性は条件 $\pi = F \circ p$ から従う． □

定理 3.11.4 において $W = \mathrm{Ker}\, f$ としてみる．すると $\overline{f}\colon V/\mathrm{Ker}\, f \to U$ であって，$f = \overline{f} \circ \pi$ なるものが得られるが，これについて次が成り立つ．

定理 3.11.7. (準同型定理) V, U を K-線型空間，$f\colon V \to U$ を K-線型写

像とする．すると $\overline{f}\colon V/\operatorname{Ker} f \to \operatorname{Im} f$ は線型同型写像である．

証明． 定義により，$v \in V$ について $\overline{f}([v]) = f(v)$ である．特に $\overline{f}$ は $\operatorname{Im} f$ への写像である．$\overline{f}$ は単射である．実際，$\overline{f}([v]) = \overline{f}([v'])$ であれば $f(v) = f(v')$ が成り立つ．したがって $v - v' \in \operatorname{Ker} f$ であるから，$[v] = [v']$ が成り立つ．また，$\overline{f}$ は全射である．実際，$u \in \operatorname{Im} f$ のとき，$u = f(v), v \in V$ とすれば定義により $\overline{f}([v]) = u$ である．したがって $\overline{f}$ は K-線型同型写像である． □

例 3.11.8． $V = \left\{ f\colon \mathbb{R} \to \mathbb{R} \,\middle|\, f \text{ は連続かつ} \int_\mathbb{R} |f(t)| dt < \infty \right\}$ とし，$T\colon V \to \mathbb{R}$ を $T(f) = \int_\mathbb{R} f(t) dt$ により定める．$K = \operatorname{Ker} T = \left\{ f \in V \,\middle|\, \int_\mathbb{R} f(t) dt = 0 \right\}$ とすると，K は V の部分線型空間である．このとき $V/K = \{S_w\}_{w \in \mathbb{R}}$, $S_w = \left\{ f \in V \,\middle|\, \int_\mathbb{R} f(t) dt = w \right\}$ であって，$\overline{T}$ により V/K は $\mathbb{R}$ と線型同型である．

定理 3.11.9． （補題 4.2.7 も参照のこと） V を K-線型空間とし，W を V の部分線型空間とする．U を W の補空間とすると，標準射影 $\pi\colon V \to V/W$ の U への制限は U から V/W への線型同型写像である．

証明． $i\colon U \to V$ を包含写像とすると，$\pi|_U = \pi \circ i$ である．$p\colon V \to U$ を直和分解 $V = W \oplus U$ により定まる U への射影とすると $\operatorname{Ker} p = W$ であるから，定理 3.11.4 により線型写像 $h\colon V/W \to U$ であって $p = h \circ \pi$ なるものが唯一存在する．このとき，$h \circ \pi|_U = h \circ \pi \circ i = p \circ i = \operatorname{id}_U$ が成り立つ．また，$v \in V$ を $v = w + u, w \in W, u \in U$ と表すと $[v] = [u]$ が成り立つ．すると $\pi|_U \circ h([v]) = \pi \circ h \circ \pi(v) = \pi \circ p(v) = \pi(u) = [v]$ が成り立つ．よって $\pi|_U$ は線型同型写像である． □

定理 3.11.10． V を K-線型空間，W を V の部分線型空間とする．このとき，自然な同型 $(V/W)^* \cong \{ f \in V^* \mid f|_W = 0 \}$ が存在する．

証明． $f\colon V/W \to K$ を K-線型写像とする．$\pi\colon V \to V/W$ を標準射影とし，$\widetilde{f}\colon V \to K$ を $\widetilde{f} = f \circ \pi$ で定めると $\widetilde{f}|_W = 0$ である．f に $\widetilde{f}$ を対応させる写像は K-線型写像である．逆に，K-線型写像 $g\colon V \to K$ が $g|_W = 0$ を充たしたとすると，定理 3.11.4 により線型写像 $\overline{g}\colon V/W \to K$ が唯一存在して $g = \overline{g} \circ \pi$ を充たす．g に $\overline{g}$ を対応させる写像も K-線型写像である．これら

二つの写像は互いに逆写像であるから，$(V/W)^* \cong \{f \in V^* \mid f|_W = 0\}$ である． □

定理 3.11.10 は次のように捉えることができる．$i\colon W \to V$ を包含写像とする．$f \in V^*$ とすると $i^*f(w) = f(i(w)) = f(w), w \in W$，であるから i^*f は f の W への制限 $f|_W$ に等しい．つまり定理は $(V/W)^* \cong \operatorname{Ker} i^*$ であることを主張している．一方，$V/W = V/\operatorname{Im} i$ であるから，同型を経由すれば $V/\operatorname{Im} i$ の双対空間が $\operatorname{Ker} i^*$ となっている．定理 3.11.10 はこのような形で $\operatorname{Im} i$ と $\operatorname{Ker} i^*$ を結び付けている．

3.12　演習問題

問 3.12.1. V, W を集合とし，$f\colon V \to W$ を写像とする．
1) 命題 $v_1, v_2 \in V$ について，「$f(v_1) = f(v_2)$ が成り立てば $v_1 = v_2$ が成り立つ」の「　」の部分を論理記号（$\forall, \exists, \Rightarrow$ など）を用いて表せ．
2) 命題「任意の $w \in W$ についてある $v \in V$ が存在して $w = f(v)$ が成り立つ」を論理記号を用いて表せ．
3) 「f が単射でない」ことを論理記号で表し，そのような f, V, W の例を挙げよ．
4) 「f が全射でない」ことを論理記号で表し，そのような f, V, W の例を挙げよ．

問 3.12.2. V を K-線型空間とする．$v \in V, \lambda \in K$ について $\lambda v = o$ が成り立てば $v = o$ あるいは $\lambda = 0$ が成り立つことを示せ．

問 3.12.3. $a, b \in \mathbb{R}$ とし，$V = \left\{ f\colon \mathbb{R} \to \mathbb{R} \,\middle|\, f\text{ は }C^1\text{ 級かつ } a\dfrac{df}{dx} + bf = 0 \right\}$ とする．ここで x は変数であって，また，'0' は恒等的に 0 であるような函数を表す．このとき V は函数の和と定数倍に関して $\mathbb{R}$-線型空間であることを示せ．

問 3.12.4. V を $\mathbb{R}$-線型空間とし，f を $\mathbb{R}^3$ から V への $\mathbb{R}$-線型写像とする．$x = f\begin{pmatrix} -3 \\ 2 \\ 2 \end{pmatrix}$, $y = f\begin{pmatrix} -2 \\ 1 \\ 2 \end{pmatrix}$, $z = f\begin{pmatrix} 2 \\ -1 \\ -1 \end{pmatrix}$ とするとき，$f\begin{pmatrix} 1 \\ 0 \\ 0 \end{pmatrix}$, $f\begin{pmatrix} 0 \\ 1 \\ 0 \end{pmatrix}$, $f\begin{pmatrix} 0 \\ 0 \\ 1 \end{pmatrix}$ を求めよ．

問 3.12.5. $f\colon \mathbb{R}^2 \to \mathbb{C}$ を $f\begin{pmatrix} x \\ y \end{pmatrix} = x + \sqrt{-1}y$ により定める．
1) f は $\mathbb{R}$-線型同型写像であることを示し，$f^{-1}(z)$ を $z, \bar{z}$ で表せ．
2) $v \in \mathbb{R}^2$ とする．$f(v)$ は $\mathbb{C}$ の元であるので λ との積を複素数の積として定めることができる．$\lambda f(v)$ は再び $\mathbb{C}$ の元であるから，1) により $f^{-1}(\lambda f(v))$ を考えることができる．これを λv とする．つまり，$v \in \mathbb{R}^2, \lambda \in \mathbb{C}$, のとき $\lambda v = f^{-1}(\lambda f(v))$ として $\mathbb{R}^2$ の元と複素数の積を定める．$\lambda = a + \sqrt{-1}b, v = \begin{pmatrix} x \\ y \end{pmatrix}$ とするとき，上で定めた λv を a, b, x, y で表せ．

問 3.12.6. （問 C.22 も参照のこと）　$G = \left\{ \begin{pmatrix} a & -b \\ b & a \end{pmatrix} \middle| a, b \in \mathbb{R} \right\} \subset M_2(\mathbb{R})$ と置く.
1) G は $\mathbb{R}$-線型空間であることを示せ.
2) $f \colon \mathbb{C} \to G$ を $f(x + \sqrt{-1}y) = \begin{pmatrix} x & -y \\ y & x \end{pmatrix}$, ただし $x, y \in \mathbb{R}$, で定める. f は $\mathbb{R}$-線型同型写像であることを示せ.
3) $\forall z_1, z_2 \in \mathbb{C}$, $f(z_1 z_2) = f(z_1) f(z_2)$, $f(1) = E_2$ が成り立つことを示せ.
4) $g \in G$ について, $f^{-1}(g) \neq 0$ であるための条件を $\det g$ を用いて表せ. また, その条件が成り立つとき $f\left(\dfrac{1}{f^{-1}(g)} \right)$ を求め, g で表せ.
5) $g = \begin{pmatrix} a & -b \\ b & a \end{pmatrix} \in G$ のとき, $f\left(\overline{f^{-1}(g)} \right)$ を求め, g で表せ. また, $f\left(|f^{-1}(g)|^2 \right)$ を求め, g で表せ.
6) $f\left(re^{2\pi\sqrt{-1}\theta} \right)$, $r, \theta \in \mathbb{R}$, および $f\left(e^{x+\sqrt{-1}y} \right)$, $x, y \in \mathbb{R}$, を求めよ. また, それぞれについて, 行列の指数関数（定義 B.1）を用いて簡潔に表せ.

問 3.12.6 から分かるように, 通常の計算に関する限り $\mathbb{C}$ と G を f を通じて同じものと考えて差し支えない. 付録 C の言葉を用いれば, G は行列の和と積に関して体であって, f は $\mathbb{C}$ から G への体としての同型を与えている.

問 3.12.7.　$f \colon \mathbb{R}^3 \to \mathbb{R}^2$ を $v = \begin{pmatrix} x \\ y \\ z \end{pmatrix} \in \mathbb{R}^3$ のとき $f(v) = \begin{pmatrix} x^n + y + z \\ x + y \end{pmatrix}$ として定める. ただし, n は正の整数であるとする. f が線型写像であることと $n = 1$ であることは同値であることを示せ.

問 3.12.8.　$\varphi \colon \mathbb{R}[t] \to \mathbb{R}[t]$ を $\varphi(f)(t) = tf(t)$ により定める. $f(t) = 1 + t$ であれば $\varphi(f)(t) = t + t^2$ である. また, $\psi \colon \mathbb{R}[t] \to \mathbb{R}[t]$ を $\psi(f)(t) = \dfrac{f(t) - f(0)}{t}$ により定める. $f(t) = 1 + 2t$ であれば $\psi(f)(t) = 2$ である. このとき, $\psi \circ \varphi = \mathrm{id}_{\mathbb{R}[t]}$ と $\varphi \circ \psi \neq \mathrm{id}_{\mathbb{R}[t]}$ が成り立つことを示せ.

問 3.12.9.　$A \in M_{m,n}(K)$ とし, $V = \{x \in K^n \mid Ax = o\}$ と置く. また, $\varphi \colon K^l \to K^n$ を K-線型写像とする. φ の表現行列を $B \in M_{n,l}(K)$ とすると $\varphi^{-1}(V) = \{u \in K^l \mid ABu = o\}$ であることを示せ.

問 3.12.10.　$\psi \colon K^n \to K^m$ を K-線型写像とし, $\Gamma_\psi = \left\{ \begin{pmatrix} v \\ \psi(v) \end{pmatrix} \in K^{n+m} \middle| v \in K^n \right\}$ とする. ここで $v \in K^n$ のとき $\begin{pmatrix} v \\ \psi(v) \end{pmatrix}$ は v と $\psi(v)$ を縦に並べて得られる K^{n+m} の元を表す.
1) $\Psi \colon K^n \to K^{n+m}$ を $\Psi(v) = \begin{pmatrix} v \\ \psi(v) \end{pmatrix}$ により定めると Ψ は K-線型写像であることを示せ.
2) Γ_ψ は K^{n+m} の K-部分線型空間であることを示せ.
3) $\pi \colon \Gamma_\psi \to K^n$ を $\pi\begin{pmatrix} v \\ \psi(v) \end{pmatrix} = v$ により定めると π は K-線型同型写像であることを示せ.
4) $V \subset K^{n+m}$ を K-部分線型空間とし, $\pi \colon V \to K^n$ は K-線型同型写像であるとする. このとき, K-線型写像 $h \colon K^n \to K^m$ が唯一つ存在し, $V = \Gamma_h$ が成り立つことを示せ.

問 3.12.11.　V, W を K-線型空間, $f, g: V \to W$ を K-線型写像とする. $U = \{v \in V \mid f(v) = g(v)\}$ と置くと, U は V の部分線型空間であることを示せ. また, $X = \{w \in W \mid \exists v_1, v_2 \in V, w = f(v_1) = g(v_2)\}$ と置くと, X は W の部分線型空間であることを示せ.

問 3.12.12.　$f: \mathbb{R}^3 \to \mathbb{R}^2$ を $\mathbb{R}$-線型写像とする. このとき $\operatorname{Im} f$ と $\operatorname{Ker} f$ が取りうる図形の組み合わせをすべて挙げよ.

問 3.12.13.　$z_0 \in \mathbb{C}$ とし, $\varphi: \mathbb{C}[z] \to \mathbb{C}$ を $\varphi(f) = f(z_0)$ により定める. $\operatorname{Im} \varphi$ と $\operatorname{Ker} \varphi$ を求めよ.

問 3.12.14.　V, W, U を K-線型空間とし, $f: V \to W, g: W \to U$ を K-線型写像とすると, 以下が成り立つことを示せ.
1) $\operatorname{Ker} f \subset \operatorname{Ker}(g \circ f) = f^{-1}(\operatorname{Ker} g)$. また, $\operatorname{Ker} f = \operatorname{Ker}(g \circ f)$ と $\operatorname{Im} f \cap \operatorname{Ker} g = \{o\}$ は同値である.
2) $\operatorname{Im}(g \circ f) = g(\operatorname{Im} f) \subset \operatorname{Im} g$. また, $\operatorname{Im}(g \circ f) = \operatorname{Im} g$ と $\operatorname{Im} f + \operatorname{Ker} g = W$ は同値である.

問 3.12.15.　$f: V \to W$ を K-線型写像とし, U を $\operatorname{Ker} f$ の補空間とする (定義 3.2.22). すると $\operatorname{Im} f|_U = \operatorname{Im} f$ であって, $f|_U: U \to \operatorname{Im} f$ は K-線型同型写像であることを示せ.

問 3.12.16.　W_1, W_2, W_3 を V の部分線型空間とする.
1) $(W_1 + W_2) \cap W_3 \supset (W_1 \cap W_3 + W_2 \cap W_3)$ が成り立つことを示せ. また, 等号が成り立たない例を挙げよ.
2) $((W_1 \cap W_2) + W_3) \subset (W_1 + W_3) \cap (W_2 + W_3)$ が成り立つことを示せ. また, 等号が成り立たない例を挙げよ.

問 3.12.17.　$V_1, \ldots, V_r$ を V の部分線型空間であって, $V = V_1 \oplus \cdots \oplus V_r$ が成り立っているとする. $W_1, \ldots, W_r$ をそれぞれ $V_1, \ldots, V_r$ の部分線型空間であるとし, $V = W_1 + \cdots + W_r$ が成り立っているとする. このとき, すべての i について $W_i = V_i$ が成り立つことを示せ.

問 3.12.18.　V を線型空間とし, $v_1, \ldots, v_l$ を V の生成系とする. $w_1, \ldots, w_r \in V$ が存在して $v_1, \ldots, v_l \in \langle w_1, \ldots, w_r \rangle$ が成り立つとする. すると $w_1, \ldots, w_r$ も V の生成系であることを示せ.

問 3.12.19.　V を K-線型空間とし, $v_1, \ldots, v_r, w_1, \ldots, w_s \in V$ とする. $V_1 = \langle v_1, \ldots, v_r \rangle$, $V_2 = \langle w_1, \ldots, w_s \rangle$ と置くと $V_1 + V_2 = \langle v_1, \ldots, v_r, w_1, \ldots, w_s \rangle$ が成り立つことを示せ.

問 3.12.20.　V, W を K-線型空間, $U \subset V, X \subset W$ をそれぞれ K-部分線型空間とする.
1) $f(f^{-1}(X)) = X \cap \operatorname{Im} f$ が成り立つことを示せ. また, 三条件 $X = f(f^{-1}(X))$, $X \subset \operatorname{Im} f$, $X + \operatorname{Im} f = \operatorname{Im} f$ は同値であることを示せ.
2) $f^{-1}(f(U)) = U + \operatorname{Ker} f$ が成り立つことを示せ. また, 三条件 $U = f^{-1}(f(U))$, $\operatorname{Ker} f \subset U$, $U \cap \operatorname{Ker} f = \operatorname{Ker} f$ は同値であることを示せ.

問 3.12.21.　W を $\mathbb{R}^n$ の部分線型空間とする. U_1, U_2 をそれぞれ W の補空間とする. このとき, $\mathbb{R}^n$ から $\mathbb{R}^n$ への線型同型写像 f であって, 条件 $\begin{cases} f(v) = v, & v \in W, \\ f(v) \in U_2, & v \in U_1 \end{cases}$ を充たすものが存在することを示せ.

問 3.12.22.　V, W を K-線型空間とする. このとき V と W の (抽象的な) 直和 $V \oplus W$ の部分集合 $\{(v, o) \mid v \in V\}$ を V と, $\{(o, w) \mid w \in W\}$ を W とそれぞれ同一視する.

1) 上のように $V \subset V \oplus W$, $W \subset V \oplus W$ とみなすと V, W はそれぞれ $V \oplus W$ の K-線型部分空間となることを示せ.
2) 上のように $V \subset V \oplus W$, $W \subset V \oplus W$ とみなすと $V \cap W = \{o\}$, $V + W = V \oplus W$ であることを示せ.

注 3.12.23.
1) 通常は特に断らなくても問 3.12.22 の方法で V, W は $V \oplus W$ の部分空間とみなす.
2) 問 3.12.22 の 2) から V と W の $V \oplus W$ の部分空間としての直和は再び $V \oplus W$ になることが分かる.

問 3.12.24. V, W を K-線型空間, $U \subset V$ を K-部分線型空間, $f: V \to W$ を K-線型写像とする. このとき, f から誘導される写像 $\overline{f}: V \to W/f(U)$ について, $\operatorname{Ker} \overline{f} = \operatorname{Ker} f + U$ が成り立つことを示せ.

問 3.12.25. V を K-線型空間, W, U を V の K-部分線型空間とし, $W \subset U$ とする. このとき, 自然な K-線型写像 $p: V/W \to V/U$ が存在し, $\operatorname{Ker} p \cong U/W$ が成り立つことを示せ.

問 3.12.26. V を K-線型空間, W, U を V の K-部分線型空間とする. $L: W \to V$ を包含写像とすると, L から自然に K-線型写像 $L': W/W \cap U \to V/U$ が定まり, 単射であることを示せ. また, $\operatorname{Im} L' \subset (W + U)/U$ が成り立ち, $L': W/W \cap U \to (W + U)/U$ は K-線型同型写像であることを示せ.

問 3.12.27. $f: \mathbb{C}^n \to \mathbb{C}^m$ を $\mathbb{C}$-線型写像とし, $A \in M_{m,n}(\mathbb{C})$ を f の表現行列とする. また, $\varphi_n: \mathbb{C}^n \to \mathbb{C}^n$ を $\varphi_n(v) = \overline{v}$ (複素共役) により定める. $g: \mathbb{C}^n \to \mathbb{C}^m$ を $g = \varphi_m \circ f \circ \varphi_n$ とすると g は $\mathbb{C}$-線型写像であることを示せ. また g の表現行列を求めよ.

第4章 基底と次元

K^n の元は成分を用いて表すことができるという著しい特徴を持っている．ここまでは線型空間として K^n を扱う際にはこの性質は説明のため以外には用いてこなかった．一方，連立一次方程式を解く際などにはこの性質は繰り返し用いてきた．例えば行列を用いた議論を行うためには成分が必要不可欠である．一般の線型空間についても，このように「成分」を用いた議論ができれば，行列の性質を用いて線型空間を調べることができるようになる一方，逆も可能となり，非常に有用である．一般の線型空間でこのようなことを行うことは難しいので，本書では主に有限個の成分で十分な場合を扱うこととし，無限個の成分が必要となる場合については簡単に触れるに留める．

4.1 ベクトルの線型独立性と基底

定義 4.1.1. V を K-線型空間とし，$v_1, \ldots, v_r \in V$ とする．

1) $\sum_{i=1}^{r} \lambda_i v_i = o$（ただし $\lambda_1, \ldots, \lambda_r \in K$）が成り立つならば，$\forall i, \lambda_i = 0$ が成り立つとき，$v_1, \ldots, v_r$ は K 上**線型独立**（一次独立）であるという．

2) $v_1, \ldots, v_r$ が線型独立でないとき，$v_1, \ldots, v_r$ は K 上**線型従属**（一次従属）であるという．すなわち，少なくともいずれかは 0 でない K の元 $\lambda_1, \ldots, \lambda_r$ が存在して $\sum_{i=1}^{r} \lambda_i v_i = o$ が成り立つとき $v_1, \ldots, v_r$ は線型従属である．

いずれについても K が明らかであれば「K 上の」は省略する．

問 4.1.2. $v_1, \ldots, v_r \in V$ とする．$v_1, \ldots, v_r$ が線型独立であることは $\langle v_1, \ldots, v_r \rangle = Kv_1 \oplus \cdots \oplus Kv_r$ と同値であることを示せ．

無限個の元については次のように考える．定義 3.3.5 も参照せよ．

定義 4.1.3. V を K-線型空間とする．A を添字集合とし，$\alpha \in A$ について $v_\alpha \in V$ とし，V の元の族 $\{v_\alpha\}_{\alpha \in A}$ を考える．

1) $\{v_\alpha\}_{\alpha \in A}$ が K 上**線型独立**であるとは，$r \geq 1$, $\alpha_1, \alpha_2, \ldots, \alpha_r \in A$, $\lambda_{\alpha_1}, \ldots, \lambda_{\alpha_r} \in K$ について $\lambda_{\alpha_1} v_{\alpha_1} + \cdots + \lambda_{\alpha_r} v_{\alpha_r} = o$ が成り立つならば $\lambda_{\alpha_1} = \cdots = \lambda_{\alpha_r} = 0$ が成り立つことを言う．

2) $\{v_\alpha\}_{\alpha \in A}$ が K 上線型独立でないとき，K 上**線型従属**であると言う．

問 4.1.4. V の元の族 $\{v_\alpha\}_{\alpha \in A}$ が線型従属であることと，ある $r \geq 1$, $\lambda_{\alpha_1}, \ldots, \lambda_{\alpha_r} \in K$, $\alpha_1, \alpha_2, \ldots, \alpha_r \in A$, であって，$\lambda_{\alpha_1}, \ldots, \lambda_{\alpha_r}$ のいずれかは 0 ではなく，また $\lambda_{\alpha_1} v_{\alpha_1} + \cdots + \lambda_{\alpha_r} v_{\alpha_r} = o$ が成り立つものが存在することは同値であることを示せ．

定義 4.1.5. (定義 3.3.1 も参照のこと) V を K-線型空間とする．V が K 上**有限生成**であるとは，有限個の V の元からなる V の生成系が存在することを言う[†1]．

例 4.1.6.

1) K^n は n 個の基本ベクトルで生成されるから K 上有限生成である[†2]．

2) $A \in M_{m,n}(K)$ として，$V = \{v \in K^n \mid Av = o\}$ とすれば V は K 上有限生成である．実際，V は $(n - \mathrm{rank}\, A)$ 個のベクトルで生成される．

3) $V = \mathbb{R}[x]$ とすると，V は $\mathbb{R}$ 上有限生成ではない．すなわち，有限個の V の元を考えてもこれらから V は生成されない．実際，$f_1, \ldots, f_r$ が V を生成したとする．f_i たちの次数で一番高いもの（の一つ）を d とすると f_i たちの線型結合 $\sum_{i=1}^{r} \lambda_r f_r$, $\lambda_i \in \mathbb{R}$, の次数は高々 d である．しかし x^{d+1} の次数は $d+1$ で，d より真に高いのでこれは矛盾である．

4) $V = \mathbb{R}[x]$ とする．$W = \{f \in V \mid f(-x) = -f(x)\}$ とすると，W は有限生成ではない．また，$f_n(x) = x^n$ として族 $\mathscr{V}$ を $\mathscr{V} = \{f_{2m+1}\}_{m \in \mathbb{N}}$ により定める．すると W は $\mathscr{V}$ で生成される部分線型空間である．

[†1]. $V = \{o\}$ のときには空集合を V の生成系として取れるから，$\{o\}$ は有限生成である．
[†2]. 細かく言えば $n = 0$ のときは生成系は空集合である．

定義 4.1.7. V を K-線型空間とする．$V \neq \{o\}$ のとき，順序付けられた[†3]V の元の組 $\{v_1, \ldots, v_r\}$ が V の K 上の**基底**であるとは条件
　1) $v_1, \ldots, v_r$ は V を K 上生成する．
　2) $v_1, \ldots, v_r$ は K 上線型独立である．
が充たされることを言う．$\{o\}$ の基底は空集合とする．

定義 4.1.8. A を順序（全順序）の付いた[†4]添字集合とし，$\{v_\alpha\}_{\alpha \in A}$ を V の元の族とする．以下の条件が充たされるとき，$\{v_\alpha\}_{\alpha \in A}$ は V の**基底**であると言う．
　1) $\{v_\alpha\}_{\alpha \in A}$ が V を生成する，すなわち，$V = \langle v_\alpha \rangle_{\alpha \in A}$ が成り立つ．
　2) $\{v_\alpha\}_{\alpha \in A}$ は線型独立である．

　定義 4.1.8 において，$A = \{1, 2, \ldots, r\}$ として A に自然な順序を入れれば定義 4.1.7 と一致する．

問 4.1.9. V を K-線型空間とし，$v_1, \ldots, v_r$ を線型独立な V の元の組とする．
　1) いずれの i についても $v_i \neq o$ であることを示せ．
　2) $w \in V$ とし，$v_1, \ldots, v_r, w$ は線型従属であるとする．このとき w は $v_1, \ldots, v_r$ の線型結合として表されることを示せ．

問 4.1.10. V, W を K-線型空間とし，$f \colon V \to W$ を K-線型写像とする．また，$v_1, \ldots, v_r \in V$ とし，$w_i = f(v_i), 1 \leq i \leq r$，と置く．
　1) f が単射であるとする．$v_1, \ldots, v_r$ が線型独立であるならば $w_1, \ldots, w_r$ も線型独立であることを示せ．
　2) f が全射であるとする．$v_1, \ldots, v_r$ が V を生成するならば $w_1, \ldots, w_r$ は W を生成することを示せ．
　3) f が線型同型写像であって，$\{v_1, \ldots, v_r\}$ は V の基底であるとする．す

[†3] 単に集合として等しければ同じ基底であるとみなすことの方が多いが，本書では基底は順序を込みにして考える．例えば線型写像の表現行列（定義 4.4.1）は基底をなす元の順序を指定しないと定まらない．一方，線型空間の代数的な構造のみを考える際には基底をなすベクトルの順序は不要である．なお，本書で言う基底は**枠**と呼ばれるものの一番単純な場合である．

[†4] 本当は（全）順序を定義すべきであるが本書ではしない．ここでは素朴に「順番」と考えておけばよい．ただし，A に全順序が入るかどうかは自明ではない．また，A には順序を考えないことの方が多いのは定義 4.1.7 と同様である．

ると $\{w_1,\ldots,w_r\}$ は W の基底であることを示せ．

補題 4.1.11. V を K-線型空間とし，$\{v_1,\ldots,v_r\}$ を V の元の組とする．$\{v_1,\ldots,v_r\}$ が V の基底であることと，V の任意の元 v を $v = \lambda_1 v_1 + \cdots + \lambda_r v_r$, $\lambda_i \in K$, $1 \leq i \leq r$, と一意的に表すことができることは同値である．

証明． $\{v_1,\ldots,v_r\}$ を V の基底とし，$v \in V$ とする．$v_1,\ldots,v_r$ は V を生成するから，v は v_i たちの線型結合として表される．また $v = \lambda_1 v_1 + \cdots + \lambda_r v_r = \lambda'_1 v_1 + \cdots + \lambda'_r v_r$ であれば $\sum_{i=1}^{r}(\lambda_i - \lambda'_i)v_i = o$ であるから，v_i たちの線型独立性によりすべての i について $\lambda_i - \lambda'_i = 0$ が成り立つ．したがって $v \in V$ を v_i たちの線型結合として表す表し方はただ一通りである．

逆に任意の $v \in V$ が $v = \sum_{i=1}^{r} \lambda_i v_i$, $\lambda_i \in K$, とただ一通りに表されたとする．このとき v_i たちは V を生成している．また，$\lambda_1 v_1 + \cdots + \lambda_n v_n = o$ であるとすると，$0v_1 + \cdots + 0v_n = o$ であることと，線型結合として V の元を表す方法が一通りであることからすべての i について $\lambda_i = 0$ が成り立つ．したがって $v_1,\ldots,v_r$ は線型独立であるから，$\{v_1,\ldots,v_r\}$ は V の基底である． □

問 4.1.12. V を K-線型空間，A を順序の付いた添字集合，$\{v_\alpha\}_{\alpha \in A}$ を V の元の族とする．$\{v_\alpha\}_{\alpha \in A}$ が V の基底であることと，V の任意の元 v を $v = \lambda_1 v_{\alpha_1} + \cdots + \lambda_r v_{\alpha_r}$, $r \geq 1$, $\alpha_1,\ldots,\alpha_r \in A$, と唯一通りに表すことができることは同値であることを示せ（r は一般には v に依存することに注意せよ）．

補題 4.1.13. e_i を K^n の第 i 基本ベクトル（定義 1.5.5）とすると，$\{e_1,\ldots,e_n\}$ は K^n の基底である．これをしばしば K^n の**自然基底**あるいは**標準基底**と呼ぶ．

証明． $x \in K^n$ とし，$x = \begin{pmatrix} x_1 \\ x_2 \\ \vdots \\ x_n \end{pmatrix}$ と成分で表す．このとき $x = x_1 e_1 + x_2 e_2 + \cdots + x_n e_n$ であるから，$e_1,\ldots,e_n$ は K^n を生成する．また，$\lambda_1,\ldots,\lambda_n \in K$

とし，$\sum_{i=1}^{n} \lambda_i e_i = o$ であるとする．左辺は $\begin{pmatrix} \lambda_1 \\ \lambda_2 \\ \vdots \\ \lambda_n \end{pmatrix}$ に等しいから，これが o に等しければ $\lambda_1 = \lambda_2 = \cdots = \lambda_n = 0$ である．したがって $e_1, \ldots, e_n$ は線型独立である． □

例 4.1.14. （基底の例） $e_1, \ldots, e_n$ を K^n の基本ベクトルとする．

1) $\{e_1, \ldots, e_n\}$ は K^n の基底である．$n \geq 2$ のとき $\{e_1, e_2, \ldots, e_n\}$ と $\{e_2, e_1, e_3, \ldots, e_n\}$ はともに K^n の基底であるが，これらは異なる[5]．

2) $\{e_1, e_1, e_2, \ldots, e_n\}$ は K^n の基底ではない．実際，$1e_1 - 1e_1 + 0e_2 + \cdots + 0e_n = o$ であるから，$e_1, e_1, e_2, \ldots, e_n$ は線型独立ではない．一方，$e_1, e_1, e_2, \ldots, e_n$ は K^n を生成する．

3) $\{e_1, \ldots, e_{n-1}\}$ は K^n の基底ではない（ただし $n \geq 2$ とする）．実際，e_n は $e_1, \ldots, e_{n-1}$ の線型結合として表せないから，$e_1, \ldots, e_{n-1}$ は K^n を生成しない．一方 $e_1, \ldots, e_{n-1}$ は線型独立である．

4) $\{e_1, e_1, e_2, \ldots, e_{n-1}\}$ は K^n の基底ではない（ただし $n \geq 2$ とする）．実際，$e_1, e_1, e_2, \ldots, e_{n-1}$ は K^n を生成しないし，線型独立でもない．

1)–4) が示すように，基底の定義にある二つの条件は独立な条件である．

5) 補題 4.1.34 で示すように，$r > n$ であれば r 個の K^n の元 $v_1, \ldots, v_r \in K^n$ は線型独立ではなく，したがって $\{v_1, \ldots, v_r\}$ は K^n の基底ではない．

6) $V = M_2(\mathbb{R})$ とする．$v_1 = \begin{pmatrix} 1 & 0 \\ 0 & 0 \end{pmatrix}$, $v_2 = \begin{pmatrix} 0 & 1 \\ 0 & 0 \end{pmatrix}$, $v_3 = \begin{pmatrix} 0 & 0 \\ 1 & 0 \end{pmatrix}$, $v_4 = \begin{pmatrix} 0 & 0 \\ 0 & 1 \end{pmatrix}$ とすると $\{v_1, v_2, v_3, v_4\}$ は V の基底である．実際，$A = \begin{pmatrix} a & b \\ c & d \end{pmatrix} \in V$ であれば，$A = av_1 + bv_2 + cv_3 + dv_4$ であるから $\{v_1, \ldots, v_4\}$ は V を生成する．また，$\lambda_1 v_1 + \cdots + \lambda_4 v_4 = O_2$ であるならば，左辺は $\begin{pmatrix} \lambda_1 & \lambda_2 \\ \lambda_3 & \lambda_4 \end{pmatrix}$ に等しいから，$\lambda_1 = \cdots = \lambda_4 = 0$ である．したがって $v_1, \ldots, v_4$ は線型独立である．

次の定理は線型空間に関する定理であるが，行列を用いて示すこともでき

---

[5]. 基底を順序込みで考えないのであれば，これらは等しい．

る．そこでまず線型空間の性質を用いた証明を与え，後で行列を用いた証明も与える．

定理 4.1.15. V を線型空間とし，$\{v_1, \ldots, v_n\}$ を V の基底とする．もし $\{w_1, \ldots, w_m\}$ が V の基底であれば $m = n$ が成り立つ．

m や n が有限でない場合にも同様の主張が成り立つが，このような場合を正確に考えるためには濃度と呼ばれる概念が必要となるので本書では扱わない．

証明 1. $\mathscr{V} = \{v_1, \ldots, v_n\}$, $\mathscr{W} = \{w_1, \ldots, w_m\}$ と置く．必要であれば $\mathscr{V}$ と $\mathscr{W}$ を入れ替えて $n \leq m$ としてよい．もし $n = 0$ であれば $V = \{o\}$ であるから，$\mathscr{W} = \varnothing$ が成り立つ．したがって $m = 0$ が成り立つので $n = m$ が成り立つ．そこで $n \neq 0$ とする．$\mathscr{W}$ は V の基底であるから，$\exists \lambda_1, \ldots, \lambda_m \in K$ s.t. $v_1 = \lambda_1 w_1 + \cdots + \lambda_m w_m$ が成り立つ．$v_1 \neq o$ であるから，ある i について $\lambda_i \neq 0$ が成り立つので，w_i たちの順序を入れ替えて $\lambda_1 \neq 0$ としてよい．すると $\{v_1, w_2, \ldots, w_m\}$ は V の基底である．実際，$\langle v_1, w_2, \ldots, w_m \rangle = \langle \lambda_1 w_1 + \cdots + \lambda_m w_m, w_2, \ldots, w_m \rangle = \langle w_1, \ldots, w_m \rangle = V$ が成り立つので $v_1, w_2, \ldots, w_m$ は V を生成する．一方，ある $\mu_1, \ldots, \mu_m \in K$ について $\mu_1 v_1 + \mu_2 w_2 + \cdots + \mu_m w_m = o$ が成り立つとすると $\mu_1 v_1 + \mu_2 w_2 + \cdots + \mu_m w_m = \mu_1 \lambda_1 w_1 + (\mu_1 \lambda_2 + \mu_2) w_2 + \cdots + (\mu_1 \lambda_m + \mu_m) w_m$ であるから，$w_1, \ldots, w_m$ の線型独立性により $\mu_1 \lambda_1 = \mu_1 \lambda_2 + \mu_2 = \cdots = \mu_1 \lambda_m + \mu_m = 0$ が成り立つ．ここで $\lambda_1 \neq 0$ であるから $\mu_1 = 0$ が成り立つので，$\mu_2 = \cdots = \mu_m = 0$ も成り立つ．したがって $v_1, w_2, \ldots, w_m$ は線型独立である．同様に，必要であれば $w_2, \ldots, w_m$ の順序を入れ替えて $\{v_1, v_2, w_3, \ldots, w_n\}$ が V の基底に，$w_3, \ldots, w_n$ の順序を入れ替えて，…と同様の作業を続け，$\{v_1, \ldots, v_k, w_{k+1}, \ldots, w_m\}$ が V の基底であるようにできたとする．$k < n$ であれば $v_{k+1} = \lambda_1 v_1 + \cdots + \lambda_k v_k + \lambda_{k+1} w_{k+1} + \cdots + \lambda_m w_m$ がある $\lambda_1, \ldots, \lambda_m \in K$ について成り立つ．もし $\lambda_{k+1} = \cdots = \lambda_m = 0$ であるとすると，$v_1, \ldots, v_{k+1}$ の線型独立性に反するので，ある $i > k$ について $\lambda_i \neq 0$ が成り立つ．そこで $w_{k+1}, \ldots, w_m$ の順序を入れ替えて $\lambda_{k+1} \neq 0$ とすると，上と同様の議論により $\{v_1, \ldots, v_{k+1}, w_{k+2}, \ldots, w_m\}$ が V の基底であることが分かる．したがって帰納法により $\{v_1, \ldots, v_n, w_{n+1}, \ldots, w_m\}$ は V の基底であることが示され

た. しかし, $\mathscr{V}$ は V の基底であるから, $v_1, \ldots, v_n, w_{n+1}$ は線型独立ではあり得ない. したがって $n = m$ が成り立つ. □

定義 4.1.16. V を K-線型空間とする. n 個の V の元からなる V の K 上の基底が存在するとき, V の K 上の**次元**を n と定める. また, V は K 上**有限次元**であると言う. V の K 上の次元を $\dim_K V$ で表す. K を省略して $\dim V$ とも表す. 有限個の V の元からなる V の基底が存在しないとき, V は K 上**無限次元**であるという.

以下, 定理 4.1.31 まで定義 3.5.24 による次元の定義は忘れ, 定義 4.1.16 により次元を定める.

例 4.1.17.
1) K^n は K 上 n 次元である.
2) $M_{m,n}(K)$ は K 上 mn 次元である. 特に, $M_n(K)$ は K 上 n^2 次元である.
3) $V = \{$高々 n 次の K-係数多項式全体$\}$ とすると V は K 上 $(n+1)$ 次元である.
4) $\mathbb{C}$ は $\mathbb{C}$ 上 1 次元である. また $\mathbb{R}$ 上 2 次元である.
5) $\{o\}$ の K 上の次元は 0 である. 実際, $\{o\}$ の基底は空集合である.

無限次元の線型空間の例はこの節の最後に挙げる (例 4.1.35).
基底の存在に関しては次が知られている.

定理 4.1.18. V を K-線型空間とすると V には K 上の基底が存在する.

有限生成でない線型空間の基底の存在を示すには選択公理を必要とするので, 本書では定理 4.1.18 は有限生成な線型空間に対してのみ証明する. 有限生成な線型空間の基底は, 定理 4.1.19 に示すように具体的に構成することができる.

定理 4.1.19. V を有限生成 K-線型空間とし, $v_1, \ldots, v_r$ を一組の生成系とする. このとき V には高々 r 個の元からなる基底が存在する. 特に V は高々 r 次元である. より詳しく, $w_1, \ldots, w_k \in V$ を線型独立な V の元とするとき, $v_1, \ldots, v_r$ から適当な元をいくつか選び, $w_{k+1}, \ldots, w_n$ とすれば, $\{w_1, \ldots, w_n\}$

が V の基底であるようにできる．また $V = K^n$ であれば $w_{k+1}, \ldots, w_n$ は基本ベクトルから選ぶことができる．

証明． 次を示せば十分である（各自考えてみよ）．

主張． $v_1, \ldots, v_r$ を V の生成系とし，$v_1, \ldots, v_k$ は線型独立であるとする（$k = 0$ の場合も許す）．このとき $v_{k+1}, \ldots, v_r$ からいくつか元を選んで改めて $v_{k+1}, \ldots, v_n$ とすれば $\{v_1, \ldots, v_n\}$ が V の基底であるようにできる．言い換えれば，$v_{k+1}, \ldots, v_r$ の順序を適当に入れ替えて $\{v_1, \ldots, v_n\}$ が V の基底であるようにできる．

以下，主張を示す．まず $V_k = \langle v_1, \ldots, v_k \rangle$ とする．もし $\forall i > k$, $v_i \in V_k$ が成り立てば問 3.3.4 により $V = \langle v_1, \ldots, v_r \rangle \subset V_k$ が成り立つので $V = V_k$ である．したがって $\{v_1, \ldots, v_k\}$ は V の基底である．そこで $V_k \subsetneq V$ であるとする．ある $i > k$ について $v_i \notin V_k$ であるから，必要であれば $v_{k+1}, \ldots, v_r$ の順序を入れ替えて $v_{k+1} \notin V_k$ としてよい．このとき $v_1, \ldots, v_{k+1}$ は線型独立である．実際，$\lambda_1 v_1 + \cdots + \lambda_{k+1} v_{k+1} = o$ であるとすると，$\lambda_{k+1} \neq 0$ であれば，$v_{k+1} = -\dfrac{\lambda_1}{\lambda_{k+1}} v_1 - \cdots - \dfrac{\lambda_k}{\lambda_{k+1}} v_k$ が成り立ち，$v_{k+1} \notin V_k$ に反する．したがって $\lambda_{k+1} = 0$ であるが，$v_1, \ldots, v_k$ は線型独立であるから $\lambda_1 = \cdots = \lambda_k = 0$ が成り立つ．したがって $v_1, \ldots, v_{k+1}$ は線型独立である．そこで k を $k+1$ に置き換えて同様の作業を行えば，$\{v_1, \ldots, v_{k+1}\}$ は V の基底であるか，あるいは $v_{k+2}, \ldots, v_r$ の順序を入れ替えて $v_1, \ldots, v_{k+2}$ が線型独立であるようにできる．$V = V_r$ であることからこの操作を高々 $(r - k)$ 回繰り返せば V の基底を得ることができる．$V = K^n$ のときには生成系として基本ベクトルの組 $e_1, \ldots, e_n$ を選べばよい（この場合 $r = n$ である）． □

注 4.1.20. 直感的に言うならば，定理 4.1.19 は次のことを示している．V を有限生成な線型空間とする．

1) 線型独立な V の元の組があれば，必要に応じて V の元を補うことで基底を得ることができる．

2) 線型空間を生成する V の元の組があれば，必要に応じて間引くことで基底を得ることができる．

このことは都合の良い基底を見付けるときなどにしばしば用いる．また，$\dim V = n$ であることがあらかじめ分かっていれば $(n - k)$ 個の V の元を付け加えれば基底が得られることも分かる．

定義 4.1.21. $\dim V = n$ とし，$v_1, \ldots, v_l$ を線型独立な V の元の組とする．このとき，適当な $(n-l)$ 個の V の元 $v_{l+1}, \ldots, v_n$ を選んで作った V の基底 $\{v_1, \ldots, v_n\}$ を $\{v_1, \ldots, v_l\}$ を**拡大**（延長）して得られた基底と呼ぶ．

例 4.1.22. $V = \mathbb{R}^3$ とする．$v_1 = \begin{pmatrix} 1 \\ 0 \\ 0 \end{pmatrix}$, $v_2 = \begin{pmatrix} 2 \\ 3 \\ 4 \end{pmatrix}$ とするとこれらは線型独立である．これに $\begin{pmatrix} 0 \\ 1 \\ 0 \end{pmatrix}$ あるいは $\begin{pmatrix} 0 \\ 0 \\ 1 \end{pmatrix}$ を付け加えれば $\mathbb{R}^3$ の基底が得られる．

次の定理は有限次元線型空間は数ベクトル空間とみなすことができることを主張する．

定理 4.1.23. V を K-線型空間とし，n 個の V の元からなる基底 $\mathscr{V} = \{v_1, \ldots, v_n\}$ が存在するとする．$g_{\mathscr{V}} \colon K^n \to V$ を

$$g_{\mathscr{V}} \begin{pmatrix} x_1 \\ \vdots \\ x_n \end{pmatrix} = x_1 v_1 + \cdots + x_n v_n$$

により定めると $g_{\mathscr{V}}$ は K-線型同型写像である．したがって n 次元 K-線型空間は K^n と K-線型同型である．

証明. $g_{\mathscr{V}}$ は K-線型写像であることは容易に示せる．さて，$v_1, \ldots, v_n$ は V を生成するから $g_{\mathscr{V}}$ は全射である．また，$v_1, \ldots, v_n$ は線型独立であるから $g_{\mathscr{V}}$ は単射である．よって定理 3.5.18 から $g_{\mathscr{V}}$ は K-線型同型写像である．□

注 4.1.24. 定理 4.1.23 の記号 $g_{\mathscr{V}}$ は定理の中での記号であって，一般的な記号ではない．本書でも必要に応じて異なる記号を用いる．

定義 4.1.25. V を n 次元 K-線型空間，$\mathscr{V} = \{v_1, \ldots, v_n\}$ を V の基底とする．$g_{\mathscr{V}}^{-1}(v) \in K^n$ を v の $\mathscr{V}$ に関する**成分**と呼ぶ．

注 4.1.26. $\mathscr{V}$ に関する成分という用語は必ずしも一般的なものではない．

注 4.1.27. 定理 4.1.23 における線型同型写像 $g_{\mathscr{V}}$ は基底 $\mathscr{V}$ の取り方に依存する．したがって成分として得られる K^n の元も基底の取り方に依存する．

例えば $V = \{$高々1次の t に関する実多項式全体$\}$ とする．$v_1 = 1, v_1 = t$ とすれば $\mathscr{V} = \{v_1, v_2\}$ は V の基底であって，$g_{\mathscr{V}}$ は $g_{\mathscr{V}}\begin{pmatrix} x_1 \\ x_2 \end{pmatrix} = x_1 + x_2 t$ で与えられる．一方，$w_1 = 1, w_2 = 1 + t$ としても $\mathscr{W} = \{w_1, w_2\}$ は V の基底であり，$g_{\mathscr{W}}\begin{pmatrix} x_1 \\ x_2 \end{pmatrix} = (x_1 + x_2) + x_2 t$ が成り立つ．これは $g_{\mathscr{V}}$ とは異なる写像である．$1 + t \in V$ の $\mathscr{V}$ に関する成分は $\begin{pmatrix} 1 \\ 1 \end{pmatrix}$ であり，一方 $\mathscr{W}$ に関する成分は $\begin{pmatrix} 0 \\ 1 \end{pmatrix}$ であって，これらは異なる．これらを比較する操作は，基底の変換や取り替え（定義 4.4.4）と呼ばれ，「対角化」や「標準形」などと深く関連する．4.4 節を参照のこと．

補題 4.1.28. V, W を K-線型空間とする．$\{v_1, \ldots, v_n\}$ を V の基底とし，$w_1, \ldots, w_n \in W$ とする．このとき V から W への K-線型写像 f であって $1 \leq i \leq n$ について $f(v_i) = w_i$ が成り立つものが一意的に存在する[†6]．

証明． 補題 3.5.10 により，f は存在すれば一意的である．そこで存在を示す．$h: K^n \to W$ を $h\begin{pmatrix} \lambda_1 \\ \vdots \\ \lambda_n \end{pmatrix} = \sum_{i=1}^{n} \lambda_i w_i$ により定めると，h は線型写像である．ここで，$g_{\mathscr{V}}: K^n \to V$ を定理 4.1.23 のように定め，$f = h \circ g_{\mathscr{V}}^{-1}$ と置けば，f は条件を充たす線型写像である． □

問 4.1.29. 定理 4.1.23 における $g_{\mathscr{V}}$ の逆写像を求めよ．

V を n 次元 K-線型空間とする．定理 4.1.23 により，V に基底を定めれば V の演算と K^n の線型空間としての構造（和や定数倍）が一致するような方法で K^n を V の元を表すパラメータ（成分）全体のなす空間とみなすことができる．一方，線型空間として K^n を扱うことは行列を用いてさまざまな操作を行うことに対応したから，V に基底を定めることにより V の元に関するさまざまな操作が行列を用いて表すことができる．このことは今後の議論において極めて重要である．例えば定理 4.1.15 は次のようにも証明できる．

[†6]. この補題は V や W が無限次元であっても成り立つ．興味を持った読者は定理 3.10.19 を参考に証明を考えてみよ．

146　第4章　基底と次元

定理 4.1.15 の証明 2. $\mathscr{V} = \{v_1, \ldots, v_n\}$, $\mathscr{W} = \{w_1, \ldots, w_m\}$ とし, $g_{\mathscr{V}}\colon K^n \to V$, $g_{\mathscr{W}}\colon K^m \to V$ を定理 4.1.23 のように定める. これらはともに線型同型写像であるから命題 3.5.21 により $g_{\mathscr{W}}^{-1} \circ g_{\mathscr{V}}$ は K^n から K^m への線型同型写像である. したがって定理 3.5.22 により $m = n$ が成り立つ. □

定理 4.1.30. 次元の等しい線型空間は線型同型である. 逆も正しい[†7].

証明. V, W を線型空間とし, ともに n 次元であったとする. 定理 4.1.23 により, 線型同型写像 $f\colon K^n \to V$ と $g\colon K^n \to W$ が存在する. $h = g \circ f^{-1}$ と置けば $h\colon V \to W$ は線型同型写像である. 逆に, 線型同型写像 $h\colon V \to W$ が存在したとする. $\{v_1, \ldots, v_n\}$ を V の基底とし, $i = 1, \ldots, n$ について $w_i = h(v_i)$ と置く. h は線型同型写像であるから問 4.1.10 の 3) により $\{w_1, \ldots, w_n\}$ は W の基底である. よって $\dim W = n$ が成り立つ. □

定理 4.1.31. 定義 3.5.24 と定義 4.1.16 による次元の定義は一致する.

証明. 定理 4.1.23 により, 定義 4.1.16 の意味で n 次元である線型空間は定義 3.5.24 の意味で n 次元である. 逆に, 線型空間 V が定義 3.5.24 の意味で n 次元であったとする. すると K^n から V への線型同型写像 f が存在する. K^n は定義 4.1.16 の意味で n 次元であるから, 定理 4.1.30 により V も定義 4.1.16 の意味で n 次元である. □

定義 4.1.32. $\mathscr{V} = \{v_1, \ldots, v_r\}$ を r 個の V の元の組とする. ここで, 記号を濫用して, $v_1, \ldots, v_r$ を列ベクトルのように並べたものも $\mathscr{V}$ で表す. つまり, $\mathscr{V} = (v_1 \cdots v_r)$ と置く (本書ではカンマの有無は気にしないことにしたので, $\mathscr{V} = (v_1, \ldots, v_r)$ としてもよい). これは一般には行列ではないが, $A = (a_{ij}) \in M_{r,s}(K)$ のとき, $\mathscr{V}$ があたかも行列であるかのように

$$\mathscr{V}A = (v_1 \cdots v_r)A = \left(\sum_{i=1}^r a_{i1}v_i \cdots \sum_{i=1}^r a_{is}v_i\right)$$

[†7] ここでは有限次元の線型空間について述べるが, 実際にはこの定理は無限次元の場合にも成り立つ.

と定める†8．ここで，和の各項は定数とベクトルの積であることを考慮して積の順序を入れ替えてあるが，順序を気にしなければ第 k 成分は $\sum_{i=1}^{r} v_i a_{ik}$ であって，行列の積と同様である．

注 4.1.33.

1) $\mathscr{V} = (v_1 \cdots v_r)$, $A, A' \in M_{r,s}(K)$, $B \in M_{s,t}(K)$ とする．このとき，行列の場合と同様に $\mathscr{V}(A + A') = \mathscr{V}A + \mathscr{V}A'$, $(\mathscr{V}A)B = \mathscr{V}(AB)$ などが成り立つ．

2) A が列ベクトルであれば $\mathscr{V}A$ は $v_1, \ldots, v_r$ の線型結合である．

補題 4.1.34. V を K-線型空間とし，$u_1, \ldots, u_r \in V$ とする．また，$v_1, \ldots, v_s$ をそれぞれ u_i たちの線型結合として表される V の元とする．このとき $s > r$ であれば $v_1, \ldots, v_s$ は線型従属である．特に，V が n 次元線型空間のときに $v_1, \ldots, v_s \in V$ とすると，$s > n$ であれば $v_1, \ldots, v_s$ は線型従属である．

証明． まず後半を示す．V を n 次元線型空間とし，$v_1, \ldots, v_s \in V$ とする．$v_1, \ldots, v_s$ が線型独立であれば，定理 4.1.19 により $\{v_1, \ldots, v_s\}$ を拡大して V の基底を得ることができるから，$s \leq n$ が成り立つ．前半を示すために，$U = \langle u_1, \ldots, u_r \rangle$ と置く．定理 4.1.19 により，ある $m \leq r$ が存在して $\{u_1, \ldots, u_m\}$ が U の基底であるとしてよい．一方，各 i について $v_i \in U$ であるから，もし $v_1, \ldots, v_s$ が線型独立であれば，後半の主張から $s \leq m$ が成り立つ．特に $s \leq r$ が成り立つ．したがって $s > r$ であれば $v_1, \ldots, v_s$ は線型従属である． □

別証明． $w_j = \sum_{i=1}^{r} a_{ij} v_i$ と $a_{ij} \in K$ を用いて表し，$A = (a_{ij}) \in M_{r,s}(K)$ と置く．定義 4.1.32 の記号を用いれば $(v_1, \ldots, v_s) = (u_1, \ldots, u_r)A$ が成り立つ．ここで系 1.6.10 を A に対して（m を r，n を s と読み替えて）適用すると，$\operatorname{rank} A \leq r$ であることと $s > r$ であることから $x \in K^s$ に関する方程式 $Ax = o$ の解空間の次元は $(s - \operatorname{rank} A) > 0$ である．したがってこの方程式は $x = o$ 以外の解を持つ．そこで x を $Ax = o$ の o でない解とすると

$$\sum_{j=1}^{s} x_j v_j = \sum_{j=1}^{s} x_j \left(\sum_{i=1}^{r} a_{ij} u_i \right) = \sum_{i=1}^{r} \left(\sum_{j=1}^{s} a_{ij} x_j \right) u_i = o$$

---

†8. このような記法や記号はある程度広く用いられているが，必ずしも一般的なものではないので一言断ってから用いた方が無難である．

が成り立つ．あるいは $(v_1,\ldots,v_s)x = (u_1,\ldots,u_r)Ax = (u_1,\ldots,u_r)o = (o,\ldots,o)$ としても同じ意味である．$x \neq o \in K^s$ であったからいずれかの x_i は 0 ではなく，$v_1,\ldots,v_s$ は線型従属である． □

この節の最後に無限次元の線型空間の例をいくつか挙げる．

例 4.1.35.

1) $K[x]$ は有限次元ではない．これは例 4.1.6 と同様の方法で示すこともできるし，例 4.1.6 と定理 4.1.19 を組み合わせても示せる．

2) $V = \{\{a_i\}_{i \in \mathbb{N}} \mid a_i \in K\}$ とする．つまり，V を数列全体のなす線型空間とする．このとき V は有限次元ではない．実際，$\dim V = n$ とすると，補題 4.1.34 により V の $(n+1)$ 個の元は線型従属である．しかし，v_i を第 i 項が 1 でそのほかの項は 0 であるような数列とすると，$v_1,\ldots,v_{n+1}$ は線型独立である．これは矛盾であるから V は有限次元ではない．

3) $V = \{f\colon \mathbb{R} \to \mathbb{R} \mid f \text{ は連続}\}$ とすると V は無限次元 $\mathbb{R}$-線型空間である．$W = \{f\colon \mathbb{R} \to \mathbb{R} \mid f \text{ は } C^\infty \text{ 級}\}$ としても W は無限次元 $\mathbb{R}$-線型空間である．実際，$f_0(x) = 1$ とし，正の整数 i について $f_i(x) = x^i$ と置く．W がもし n 次元であるならば，$f_0, f_1, \ldots, f_n$ は線型従属であるが，これは成り立たない．V についても同様に無限次元であることが示せる．

4.2 部分線型空間と次元

前節での結果からすぐに分かる重要なことがいろいろある．この節では V は n 次元 K-線型空間とする．

定理 4.2.1. $W \subset V$ が部分線型空間とすると $\dim W \leq \dim V$ である．さらに $\dim W = \dim V$ であれば $W = V$ である．

証明． $\mathscr{W}_k = \{w_1, \ldots, w_k\}$ を W の線型独立な元の組とする（$k = 0$ のときには $\mathscr{W}_0 = \emptyset$ とする）と，$\mathscr{W}_k$ の元たちは V の元の組として線型独立である[†9]．よって補題 4.1.34 により $k \leq \dim V$ が成り立つ．ここで $W_k = \langle w_1, \ldots, w_k \rangle$

[†9]. 各自で証明せよ．問 3.12.2 も参照のこと．

と置く．もし $W_k \subsetneq W$ であれば，W_k に属さない W の元を w_{k+1} とすると $\mathscr{W}_{k+1} = \{w_1, \ldots, w_{k+1}\}$ は線型独立な W の元の組であるから，$k+1 \leq \dim V$ が成り立つ．同様の作業を繰り返すと，この作業は高々 $(\dim V - k)$ 回で終了し，$r(\leq \dim V)$ 個の線型独立な W の元の組 $\mathscr{W}_r = \{w_1, \ldots, w_r\}$ であって，$\langle w_1, \ldots, w_r \rangle = W$ が成り立つものが得られる．すると $\mathscr{W}_r$ は W の基底である．次元の定義により $\dim W = r$ であるので，$\dim W \leq \dim V$ が成り立つ．ここで $W \subsetneq V$ であったとすると $\mathscr{W}_r$ を拡大して V の基底 $\mathscr{V}$ を得ることができるが，$V \neq W$ により $\mathscr{V} = \mathscr{W}_r$ ではありえないから，$\dim W < \dim V$ が成り立つ． □

系 4.2.2. $W_1, W_2 \subset V$ を部分線型空間とする．$W_1 \subset W_2$ かつ $\dim W_1 = \dim W_2$ なら $W_1 = W_2$ である．

証明. W_2 自身が線型空間であって，W_1 は W_2 の部分線型空間となるので主張は定理 4.2.1 から従う． □

系 4.2.3. V を n 次元線型空間，$v_1, \ldots, v_n$ を V の n 個の元とする．
1) $v_1, \ldots, v_n$ が線型独立であれば $\{v_1, \ldots, v_n\}$ は V の基底をなす．逆も正しい．
2) $v_1, \ldots, v_n$ が V を生成すれば $\{v_1, \ldots, v_n\}$ は V の基底をなす．逆も正しい．

証明. $V' = \langle v_1, \ldots, v_n \rangle$ とする．
<u>1) の証明.</u> 基底と次元の定義により $\dim V' = n = \dim V$ である．したがって定理 4.2.1 により $V' = V$ である．これは $v_1, \ldots, v_n$ が V を生成することを示しているので，$\{v_1, \ldots, v_n\}$ は V の基底である．逆は基底の定義から従う．
<u>2) の証明.</u> 定理 4.1.19 により，ある $r \leq n$ が存在して $\{v_1, \ldots, v_r\}$ が V' の基底であるとしてよい．一方，$V' = V$ であるから $\dim V' = \dim V = n$ が成り立つので $r = \dim V' = n$ が成り立つ．よって $v_1, \ldots, v_n$ は線型独立である．逆はやはり基底の定義から従う． □

定理 4.2.4. （次元公式と呼ぶこともある）$W_1, W_2 \subset V$ を部分線型空間とする．このとき，次が成り立つ．

$$\dim(W_1 + W_2) = \dim W_1 + \dim W_2 - \dim(W_1 \cap W_2).$$

証明. $\{u_1, \ldots, u_r\}$ を $W_1 \cap W_2$ の基底とする[†10]. $s = \dim W_1$ とすると[†11], 定理 4.1.19 から $v_{r+1}, \ldots, v_s \in W_1$ を適当に選んで $\{u_1, \ldots, u_r, v_{r+1}, \ldots, v_s\}$ が W_1 の基底であるようにできる ($s = r$ であれば v_i たちを選ぶ必要はない). 一方 $t = \dim W_2$ とすると,やはり定理 4.1.19 から $w_{r+1}, \ldots, w_t \in W_2$ を適当に選んで $\{u_1, \ldots, u_r, w_{r+1}, \ldots, w_t\}$ が W_2 の基底であるようにできる. こ こで次を示す.

主張. $\{u_1, \ldots, u_r, v_{r+1}, \ldots, v_s, w_{r+1}, \ldots, w_t\}$ は $W_1 + W_2$ の基底である.

もしこれが示せれば, $\dim(W_1 + W_2) = s + t - r$, $\dim W_1 = s$, $\dim W_2 = t$, $\dim(W_1 \cap W_2) = r$ となり定理が従う. そこで主張を示す.

1) $u_1, \ldots, u_r, v_{r+1}, \ldots, v_s, w_{r+1}, \ldots, w_t$ が線型独立であること.

$\lambda_1 u_1 + \cdots + \lambda_r u_r + \mu_{r+1} v_{r+1} + \cdots + \mu_s v_s + \nu_{r+1} w_{r+1} + \cdots + \nu_t w_t = o$ が成り立つとする. ただし $\lambda_i, \mu_j, \nu_k \in K$ とする. このとき $\lambda_1 u_1 + \cdots + \lambda_r u_r + \mu_{r+1} v_{r+1} + \cdots + \mu_s v_s = -(\nu_{r+1} w_{r+1} + \cdots + \nu_t w_t)$ が成り立つ. この等しい元は $W_1 \cap W_2$ に属するので $u_1, \ldots, u_r$ の線型結合として表せる. つまり $-(\nu_{r+1} w_{r+1} + \cdots + \nu_t w_t) = a_1 u_1 + \cdots + a_r u_r$ なる $a_1, \ldots, a_r \in K$ が存在する. このとき $a_1 u_1 + \cdots + a_r u_r + \nu_{r+1} w_{r+1} + \cdots + \nu_t w_t = o$ なので $u_1, \ldots, u_r, w_{r+1}, \ldots, w_t$ の線型独立性から $a_1 = \cdots = a_r = 0$, $\nu_{r+1} = \cdots = \nu_t = 0$ が成り立つ. すると $u_1, \ldots, u_r, v_{r+1}, \ldots, v_s$ の線型独立性から $\lambda_1 = \cdots = \lambda_r = 0$, $\mu_{r+1} = \cdots = \mu_s = 0$ が成り立つので $u_1, \ldots, u_r, v_{r+1}, \ldots, v_s, w_{r+1}, \ldots, w_t$ は線型独立である.

2) $u_1, \ldots, u_r, v_{r+1}, \ldots, v_s, w_{r+1}, \ldots, w_t$ が $W_1 + W_2$ を生成すること.

$v \in W_1 + W_2$ とすると定義により $v' \in W_1, v'' \in W_2$ が存在して $v = v' + v''$ が成り立つ. v' は $u_1, \ldots, u_r, v_{r+1}, \ldots, v_s$ の, v'' は $u_1, \ldots, u_r, w_{r+1}, \ldots, w_t$ の線型結合としてそれぞれ表すことができるから $v = v' + v''$ は $u_1, \ldots, u_r, v_{r+1}, \ldots, v_s, w_{r+1}, \ldots, w_t$ の線型結合として表すことができる. □

[†10]. 定理 4.2.1 を用いている.
[†11]. ここでも定理 4.2.1 を用いている.

系 4.2.5. V の部分線型空間 W_1, W_2 について, $W_1 + W_2$ が直和であることと, $\dim(W_1 + W_2) = \dim W_1 + \dim W_2$ であることは同値である. また, $i = 1, 2$ について $\mathscr{W}_i$ を W_i の基底とすると, $\mathscr{W}_1 \cup \mathscr{W}_2$ (に適当に順序を付けたもの) は $W_1 \oplus W_2$ の基底である.

証明. $W_1 + W_2$ が直和であることは補題 3.2.17 により $W_1 \cap W_2 = \{o\}$ であることと同値であるが, さらにこれは $\dim(W_1 \cap W_2) = 0$ であることと同値である. 基底に関する主張は定理 4.2.4 の証明から直接従う. □

問 4.2.6. V の部分線型空間 $W_1, W_2, \ldots, W_r$ について, $W_1 + W_2 + \cdots + W_r$ が直和であることと, $\dim(W_1 + W_2 + \cdots + W_r) = \dim W_1 + \dim W_2 + \cdots + \dim W_r$ であることは同値であることを示せ.

補題 4.2.7. (問 4.6.14 も参照のこと) V を K-線型空間, W を V の部分線型空間とすると W の補空間が存在する. 補空間を U とすれば $\dim V = \dim U + \dim W$ が成り立つ.

証明. 定理 4.2.1 により $\dim W \leq \dim V = n$ である. そこで $\mathscr{W} = \{w_1, \ldots, w_r\}$ を W の基底とする. すると定理 4.1.19 により $\mathscr{W}$ を拡大した基底 $\{w_1, \ldots, w_r, u_1, \ldots, u_s\}$, $s = n - r$, が存在する. $U = \langle u_1, \ldots, u_s \rangle$ とする. $v \in V$ とすると $v = \lambda_1 w_1 + \cdots + \lambda_r w_r + \mu_1 u_1 + \cdots + \mu_s u_s$ と表すことができるから $V = W + U$ である. また, $v \in W + U$ であれば $v = \lambda_1 w_1 + \cdots + \lambda_r w_r = \mu_1 u_1 + \cdots + \mu_s u_s$ と表すと $\lambda_1 w_1 + \cdots + \lambda_r w_r - \mu_1 u_1 - \cdots + \mu_s u_s = o$ であるから $\lambda_1 = \cdots = \lambda_r = 0, \mu_1 = \cdots = \mu_s = 0$ が成り立つ. したがって $v = o$ である. よって $W + U$ は直和である. 後半は系 4.2.5 から従う. □

命題 4.2.8. V を K-線型空間, W を V の部分線型空間とすると $\dim(V/W) = \dim V - \dim W$ が成り立つ.

証明. $r = \dim W$, $s = \dim V - r$ とする. また, $\pi \colon V \to V/W$ を自然な射影とする. $\{w_1, \ldots, w_r\}$ を W の基底とし, これを拡大して V の基底 $\{w_1, \ldots, w_r, v_1, \ldots, v_s\}$ を取る. $u_i = \pi(v_i), 1 \leq i \leq s$, と置くと, $\{u_1, \ldots, u_s\}$ は V/W の基底である. 実際, $\sum\limits_{j=1}^{s} \lambda_j u_j = o$ とすると, $\pi\left(\sum\limits_{j=1}^{s} \lambda_j v_j\right) = o$ が成り立つ. よって, $w = \sum\limits_{j=1}^{s} \lambda_j v_j$ と置けば $w \in W$ が成り立つので, $\mu_1, \ldots, \mu_r \in K$

が存在して $w = \sum_{k=1}^{r} \mu_k w_k$ が成り立つ. すると $\sum_{k=1}^{r} \mu_k w_k - \sum_{j=1}^{s} \lambda_j v_j = o$ が成り立つ. $\{w_1, \ldots, w_r, v_1, \ldots, v_s\}$ は V の基底であったから $\lambda_1 = \cdots = \lambda_s = 0$ が成り立つ. また, $u \in V/W$ とすると $\exists v \in V$ s.t. $u = \pi(v)$ が成り立つ. $v = \sum_{k=1}^{r} \mu_k w_k + \sum_{j=1}^{s} \lambda_j v_j$ とすれば $\pi(v) = \sum_{j=1}^{s} \lambda_j u_j$ だから $u_1, \ldots, u_s$ は V/W を生成する. したがって $s = \dim W$ が成り立つ. □

4.3 行列のランクと次元

行列のランクと次元には密接な関連がある. $V = K^n$ の場合には定義 4.1.7 は次のように言い換えることができる.

補題 4.3.1. $v_1, \ldots, v_r \in K^n$ とし, $A = (v_1 \; \cdots \; v_r)$ を v_i たちを並べて得られる $M_{n,r}(K)$ の元とする.
  1) $v_1, \ldots, v_r$ が K^n を生成することは, 任意の $y \in K^n$ について $x \in K^r$ に関する方程式 $y = Ax$ が解を持つことと同値である.
  2) $v_1, \ldots, v_r$ が線型独立であることは, $x \in K^r$ に関する方程式 $Ax = o$ の解が $x = o$ のみであることと同値である.

証明は容易であるので省略する.

問 4.3.2. 補題 4.1.13 を補題 4.3.1 を用いて示せ.

一般に次が成り立つ.

補題 4.3.3. $v_1, \ldots, v_n \in K^n$ とする. $\{v_1, \ldots, v_n\}$ が基底であることと $(v_1 \; \cdots \; v_n) \in \mathrm{GL}_n(K)$ が成り立つことは同値である.

証明. $\mathscr{V} = \{v_1, \ldots, v_n\}$ が基底であるとする. $g_{\mathscr{V}}$ を定理 4.1.23 のように定めると, $g_{\mathscr{V}}$ は線型同型写像である. 一方, $g_{\mathscr{V}}$ の表現行列は $(v_1 \; \cdots \; v_n)$ であるから, 定理 3.5.22 により $(v_1 \; \cdots \; v_n) \in \mathrm{GL}_n(K)$ である. 逆に $(v_1 \; \cdots \; v_n) \in \mathrm{GL}_n(K)$ とすると, 補題 4.3.1 により $\{v_1, \ldots, v_n\}$ は K^n の基底である. □

行列のランクと次元の関係においては次の定理が本質的である.

定理 4.3.4. $A \in M_{m,n}(K)$ とする. $f \colon K^m \to K^n$ を $f(v) = Av$ により定

めると $\mathrm{rank}_K A = \dim_K \mathrm{Im}\, f$ が成り立つ.

証明. $W = \mathrm{Im}\, f, r = \mathrm{rank}_K A$ とすると定理 3.7.1 の 2) の前半により W は K^r と K-線型同型であるから定理 4.1.30 により $\dim_K W = r$ である. □

注 4.3.5. 定理 4.3.4 は定理 3.7.1 で示されていると考えるかもしれないが,これらは次の点で決定的に異なることを意味している.定理 3.7.1 の 2) の後半では $\mathrm{Im}\, f$ の次元は行列の理論を用いて(定義 3.5.24 により)定めたものを用いている.特に,次元の定義は行列のランクの定義に依存している.一方,定理 4.3.4 において,行列のランクは基本変形を用いて定めているが,$\mathrm{Im}\, f$ の次元は行列の理論に依らず線型代数の範疇で(定義 4.1.16 により)定めている.特に,次元の定義は行列のランクの定義には依存していない.そこで,定理 4.3.4 を $\mathrm{rank}\, A$ の定義として行列のランクに関する諸結果を証明することもできる.

系 4.3.6. $v_1, \ldots, v_r \in K^n$ とし,$A = (v_1\ \cdots\ v_r) \in M_{n,r}(K)$ とする.また $V = \langle v_1, \ldots, v_r \rangle$ とする.このとき次は同値である.

1) $\dim V = k$.
2) $\mathrm{rank}\, A = k$.
3) $v_1, \ldots, v_r$ のうち,線型独立なものの最大の数が k 個である.
4) A の適当な j 行と j 列を選び,j 次正方行列 A_j であって $\det A_j \neq 0$ であるようなものが作れるような最大の j の値が k である.ただし,$A = O_{n,r}$ のときには $k = 0$ とする.

証明. $f\colon K^r \to K^n$ を $f(v) = Av$ により定める.補題 3.6.3 により $V = \mathrm{Im}\, f$ であるから,1) と 2) が同値であることは定理 4.3.4 から従う.また,定理 4.1.19 からこれらの二条件と 3) は同値である.1)–3) を仮定する.3) により $v_{j_1}, \ldots, v_{j_k}$ が線型独立であると仮定してよいので,$A' = (v_{j_1}\ \cdots\ v_{j_k}) \in M_{n,k}(K)$ と置く.3) と 2) の同値性により $\mathrm{rank}\, A' = k$ であるので,$\mathrm{rank}\,{}^t\!A' = k$ である.${}^t\!A' = (b_1\ \cdots\ b_n), b_i \in K^k$,とすれば再び 3) から,$b_1, \ldots, b_n$ たちのうち k 個は線型独立であるので,それらを $b_{i_1}, \ldots, b_{i_k}$ とする.すると系 2.3.3 により $\det(b_{i_1}\ \cdots\ b_{i_k}) \neq 0$ である.したがって,第 $i_1, \ldots, i_k$ 行と第 $j_1, \ldots, j_k$ 列を選んで A_k とすれば $\det A_k \neq 0$ が成り立つ.また,4) のような A_k が存在すれば,選んだ k 個の(A の)列は線型独立であるので $\dim V \geq k$ であ

る．したがって $l > k$ であれば l 個の行と列を選んで $\det A_l \neq 0$ とはできないので，このような l の最大値は k である．4) が成り立つとする．すると，$\dim V \geq k$ であるが，もし $\dim V \geq k+1$ なら既に示した 1)⇒4) により k の最大性に反するので $\dim V = k$ が成り立つ． □

定理 3.7.1 は次のように一般化される．これも定理 4.2.4 とともに次元公式と呼ばれることがある．

定理 4.3.7. V, W を線型空間とし，$f : V \to W$ を線型写像とする．このとき $\dim V - \dim(\operatorname{Ker} f) = \dim(\operatorname{Im} f)$ が成り立つ．

証明[†12]．$\dim(\operatorname{Ker} f) = r$, $\dim V = n$ とする．$\{v_1, \ldots, v_r\}$ を $\operatorname{Ker} f$ の基底とし，$\{v_1, \ldots, v_r, v_{r+1}, \ldots, v_n\}$ をこれを拡大して得られる V の基底とする．$w_{r+1} = f(v_{r+1}), \ldots, w_n = f(v_n)$ と定めると $w_i \in \operatorname{Im} f$ である．$w \in \operatorname{Im} f$ とし，$w = f(v)$, $v \in V$, とする．$v = \lambda_1 v_1 + \cdots + \lambda_n v_n$ とすれば，$w = f(v) = \sum\limits_{i=1}^{n} \lambda_i f(v_i) = \sum\limits_{i=r+1}^{n} \lambda_i f(v_i) = \sum\limits_{i=r+1}^{n} \lambda_i w_i$ だから，$w_{r+1}, \ldots, w_n$ は $\operatorname{Im} f$ を生成する．また，$\sum\limits_{i=r+1}^{n} \mu_i w_i = o$ とすれば $o = \sum\limits_{i=r+1}^{n} \mu_i f(v_i) = f\left(\sum\limits_{i=r+1}^{n} \mu_i v_i\right)$ だから $\sum\limits_{i=r+1}^{n} \mu_i v_i \in \operatorname{Ker} f$ である．そこで $\sum\limits_{i=r+1}^{n} \mu_i v_i = \sum\limits_{i=1}^{r} \nu_i v_i$ とすれば $\sum\limits_{i=1}^{r} \nu_i v_i - \sum\limits_{i=r+1}^{n} \mu_i v_i = o$ であるから，$v_1, \ldots, v_n$ の線型独立性より $\mu_{r+1} = \cdots = \mu_n = 0$ である．よって $w_{r+1}, \ldots, w_n$ は線型独立であるので，$\{w_{r+1}, \ldots, w_n\}$ は $\operatorname{Im} f$ の基底である．したがって $\dim(\operatorname{Im} f) = n - r$ である． □

系 4.3.8. $A \in M_{m,n}(K)$ とし，$f : K^n \to K^m$ を $v \in K^n$ に対して $f(v) = Av$ により定まる線型写像とする．このとき，

1) f が単射であることは $\operatorname{rank} A = n$ であることと同値である．
2) f が全射であることは $\operatorname{rank} A = m$ であることと同値である．

証明． f が単射であることは $\operatorname{Ker} f = \{o\}$ と同値であるが，これは $\dim(\operatorname{Ker} f) = 0$ と同値である．左辺は $n - \operatorname{rank} A$ に等しいので，f が単射であ

[†12] 定理 4.3.4 を用いて定理 3.7.1 を書き直しても示せるがここでは直接証明する．また本書でこれまでに述べた定理などを組み合わせるなど，ほかにも証明の方法はいろいろある．なお，命題 4.2.8 との類似にも注意せよ．

ることと $n = \mathrm{rank}\, A$ は同値である.一方,f が全射であることは $\mathrm{Im}\, f = K^m$ と同値であるが,これは補題 4.1.13 と定理 4.2.1 より $\dim(\mathrm{Im}\, f) = m$ と同値である. □

問 4.3.9. (定義 3.10.15 も参照のこと) W_1, W_2 を V の部分線型空間とし,$W_1 \oplus W_2$ を W_1 と W_2 の(抽象的な)直和とする.すなわち,

$$W_1 \oplus W_2 = \{(w_1, w_2) \,|\, w_1 \in W_1,\ w_2 \in W_2\}$$

と置き,$(w_1, w_2), (u_1, u_2) \in W_1 \oplus W_2, \lambda \in K$ について $(w_1, w_2) + (u_1, u_2) = (w_1 + u_1, w_2 + u_2)$, $\lambda(w_1, w_2) = (\lambda w_1, \lambda w_2)$ と定める.

1) $W_1 \oplus W_2$ は K-線型空間であることを示せ.
2) $f \colon W_1 \oplus W_2 \to W_1 + W_2$ を $f(w_1, w_2) = w_1 + w_2$ で定めると,f は K-線型写像であることを示せ.
3) $g \colon W_1 \cap W_2 \to W_1 \oplus W_2$ を $g(u) = (u, -u)$ により定めると,$\mathrm{Im}\, g \subset \mathrm{Ker}\, f$ であって,さらに $g \colon W_1 \cap W_2 \to \mathrm{Ker}\, f$ は線型同型写像であることを示せ.
4) $\dim(W_1 \oplus W_2) = \dim W_1 + \dim W_2$ が成り立つことを示せ.
5) 定理 4.3.7 を用いて定理 4.2.4 を示せ.

4.4 線型写像と基底

基底を用いることで線型写像を行列として扱うことができる.

定義 4.4.1. V, W を K-線型空間とし,$f \colon V \to W$ を K-線型写像とする.また,$\dim_K V = n$, $\dim_K W = m$ とする.$\mathscr{V} = \{v_1, \ldots, v_n\}$, $\mathscr{W} = \{w_1, \ldots, w_m\}$ をそれぞれ V, W の K 上の基底とするとき,$\mathscr{V}, \mathscr{W}$ に関する f の**表現行列**を,$g_{\mathscr{W}}^{-1} \circ f \circ g_{\mathscr{V}} \colon K^n \to K^m$ の定義 3.5.5 の意味での表現行列として定める.つまり,$\forall v \in V, g_{\mathscr{W}}^{-1} \circ f \circ g_{\mathscr{V}}(v) = Av$ が成り立つ $A \in M_{m,n}(K)$ を $\mathscr{V}, \mathscr{W}$ に関する f の表現行列とする.ここで,$g_{\mathscr{V}} \colon K^n \to V$ は $g_{\mathscr{V}}(x) = \mathscr{V}x$,$g_{\mathscr{W}} \colon K^m \to W$ は $g_{\mathscr{W}}(y) = \mathscr{W}y$ でそれぞれ定まる写像である.また,このように行列を用いて線型写像を表示することを線型写像の**行列表示**するなどと言う.特に $W = V$ であって,f を V の線型変換(定義 3.5.25)と考えると

きには，原則として $\mathscr{W} = \mathscr{V}$ として f の $\mathscr{V}, \mathscr{V}$ に関する表現行列を単に f の $\mathscr{V}$ に関する表現行列と呼ぶ．

注 4.4.2. $V = K^n$, $W = K^m$ であって $\mathscr{V}, \mathscr{W}$ がそれぞれ標準基底であれば，定義 4.4.1 における線型写像の表現行列と，今まで用いてきた定義 3.5.5 における線型写像の表現行列は一致する．しかし，少し後で扱うように $V = K^n$, $W = K^m$ のときにも標準基底ではない基底に関する行列表示も重要である．

問 4.4.3. V, W を K-線型空間とし，$f \colon V \to W$ を K-線型写像とする．$\mathscr{V} = \{v_1, \dots, v_n\}$, $\mathscr{W} = \{w_1, \dots, w_m\}$ をそれぞれ V, W の K 上の基底とするとき，$a_{ij} \in K$, $1 \le i \le m$, $1 \le j \le n$, を条件 $f(v_j) = \sum_{i=1}^{m} a_{ij} w_i$ により定める．$A \in M_{m,n}(K)$ を $A = (a_{ij})$ として定めれば A は $\mathscr{V}, \mathscr{W}$ に関する f の表現行列であることを示せ．

線型空間にはさまざまな基底が存在するので，線型写像を行列として扱うのには少し注意が必要である．まず二つの基底を比べることから始める．

定義 4.4.4. （基底の変換） V を K-線型空間，$\mathscr{V} = \{v_1, \dots, v_n\}$, $\mathscr{W} = \{w_1, \dots, w_n\}$ をそれぞれ V の基底とする．各 w_j について $w_j = \sum_{i=1}^{n} p_{ij} v_i$, $p_{ij} \in K$, と表し，$P = (p_{ij})$ により定まる行列を $\mathscr{V}$ から $\mathscr{W}$ への基底の**変換行列**と呼ぶ．定義 4.1.32 の記号を用いれば $\mathscr{W} = \mathscr{V} P$ を充たす P が基底の変換行列である．

注 4.4.5. 補題 4.1.11 により P は一意的に定まる．

注 4.4.6. $\mathscr{V} = (v_1 \cdots v_n)$, $\mathscr{W} = (w_1 \cdots w_n)$ と置くと $\mathscr{W} = \mathscr{V} P$ が成り立つ．$V = K^n$ の場合には $\mathscr{V}, \mathscr{W}$ は補題 4.3.3 によりともに $\mathrm{GL}_n(K)$ の元となるから，$P = \mathscr{V}^{-1} \mathscr{W}$ が成り立つ．一般の線型空間の場合には $\mathscr{V}, \mathscr{W}$ はもはや行列ではないので，最後の式は意味を持たない．

基底の変換の様子を調べるのには，例えば同一の成分を持つ V の元がどのように変化するか調べればよい．つまり，V から V への写像であって，$\mathscr{V}$ に関する成分が $x \in K^n$ であるような V の元を，$\mathscr{W}$ に関する成分が $x \in K^n$ であるような V の元に写すものを考える．一方，V の元を固定しておき，基底を変換したときにどのように成分が変化するか調べることによって基底の

変換の様子を調べることもできる．この写像は $\mathscr{V}$ に関する成分を $\mathscr{W}$ に関する成分に取り替える写像である．これらについて次が成り立つ．

補題 4.4.7. V を K-線型空間，$\mathscr{V},\mathscr{W}$ を V の基底とする．また，P を $\mathscr{V}$ から $\mathscr{W}$ への基底の変換行列とする．

1) f を，$\mathscr{V}$ に関する成分が $x \in K^n$ であるような V の元を，$\mathscr{W}$ に関する成分が $x \in K^n$ であるような K の元に写す写像とする．すると $f\colon V \to V$ は線型同型写像であって，$\mathscr{V}$ に関する表現行列は P に等しい．

2) $v \in V$ とし，$x \in K^n$ を v の $\mathscr{V}$ に関する v の成分，$y \in K^n$ を v の $\mathscr{W}$ に関する v の成分とそれぞれすると $Py = x$ が成り立つ（P の位置に注意）．つまり，$\mathscr{W}$ に関する成分を $\mathscr{V}$ に関する成分に取り替える写像は，標準基底に関する表現行列が P であるような線型同型写像である（$\mathscr{V}$ と $\mathscr{W}$ の順序が逆であることに注意）．

証明． 定理 4.1.23 の記号をそのまま用いる．$v \in V$ とし，$\mathscr{V}$ に関する成分を x とすれば $x = g_{\mathscr{V}}^{-1}(v)$ であるから，$f = g_{\mathscr{W}} \circ g_{\mathscr{V}}^{-1}$ が成り立つ．したがって f は線型同型写像である．また，f の $\mathscr{V}$ に関する表現行列は $g_{\mathscr{V}}^{-1} \circ f \circ g_{\mathscr{V}} = g_{\mathscr{V}}^{-1} \circ g_{\mathscr{W}}$ の標準基底に関する表現行列である．ここで，e_j を K^n の第 j 基本ベクトルとすると $g_{\mathscr{V}}^{-1} \circ g_{\mathscr{W}}(e_j) = g_{\mathscr{V}}^{-1}(w_j)$ が成り立つ．一方，$P = (p_1, \ldots, p_n)$ とすると $w_j = \sum_{i=1}^{n} p_{ij} v_i = g_{\mathscr{V}}(p_j)$ が成り立つ．したがって $g_{\mathscr{V}}^{-1} \circ g_{\mathscr{W}}(e_j) = p_j$ が成り立つので，$g_{\mathscr{V}}^{-1} \circ g_{\mathscr{W}}$ の標準基底に関する表現行列は P である．$g_{\mathscr{V}}^{-1} \circ g_{\mathscr{W}}$ は線型同型写像であるから定理 3.5.22 により $P \in \mathrm{GL}_n(K)$ が成り立つ．また，2) については $v = g_{\mathscr{V}}(x) = g_{\mathscr{W}}(y)$ であることから $x = g_{\mathscr{V}}^{-1} \circ g_{\mathscr{W}}(y)$ が成り立つ．したがって $x = Py$ が成り立つ． □

注 4.4.8. $\mathscr{V}$ に関する成分が x であるような元を $\mathscr{W}$ に関する成分が x であるような元に写す写像は，補題 4.1.28 により V から V への線型写像で v_i を w_i に写すもの $(i = 1, \ldots, n)$ としても同じことである．

模式的には基底の取り替えは次のように表される（図 4.1 も参照のこと）．

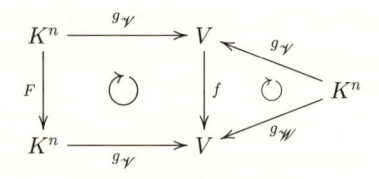

$$K^n \xrightarrow{g_{\mathscr{V}}} V \xleftarrow{g_{\mathscr{V}}} K^n$$
(図式: $F: K^n \to K^n$, $f: V \to V$, $g_{\mathscr{V}}$)

ここで矢印はどのように辿っても出発点と到達点が同一であれば同じ写像を与える（このような性質を持つ図式を可換図式と呼ぶ．丸い矢印 ○ は図式が可換であることを示す．なお，丸い矢印の右回り・左回りについてはあまり気にしなくてよい）．また，今の場合には矢印はすべて線型同型写像に対応するからどちらの向きに辿ってもよい．定義により基底の変換行列は F の標準基底に関する表現行列であるが，矢印を一番遠回りになるように辿れば $F = g_{\mathscr{V}}^{-1} \circ g_{\mathscr{W}}$ が成り立っている．一方，$\mathscr{W}$ に関する成分を $\mathscr{V}$ に関する成分に取り替える写像の標準基底に関する表現行列は $\mathrm{id}_V: V \to V$ の $\mathscr{W}, \mathscr{V}$ に関する表現行列である．この状況は図式を用いると，

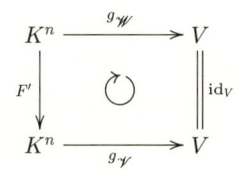

$$K^n \xrightarrow{g_{\mathscr{W}}} V$$
(図式: F', id_V, $g_{\mathscr{V}}$)

と表すことができる．すると $F' = g_{\mathscr{V}}^{-1} \circ g_{\mathscr{W}}$ が成り立つから，F' の標準基底に関する表現行列として $\mathscr{V}$ から $\mathscr{W}$ への基底の変換行列が得られる[13]．

系 4.4.9. $\mathscr{V}, \mathscr{W}, \mathscr{U}$ をそれぞれ V の基底とし，P を $\mathscr{V}$ から $\mathscr{W}$ への変換行列，Q を $\mathscr{W}$ から $\mathscr{U}$ への変換行列，R を $\mathscr{V}$ から $\mathscr{U}$ への変換行列とすると，$R = PQ$ が成り立つ（積の順序に注意）．

証明． $\mathscr{W} = \mathscr{V}P, \mathscr{U} = \mathscr{W}Q$ より $\mathscr{U} = \mathscr{V}PQ$ が成り立つ．基底の変換行列は一意的に定まるから，PQ が $\mathscr{V}$ から $\mathscr{U}$ への変換行列である． □

特に次が成り立つ．

---

[13] $\mathscr{V}$ に関する成分を $\mathscr{W}$ に関する成分に取り替える写像の，標準基底に関する表現行列を $\mathscr{V}$ から $\mathscr{W}$ への基底の変換行列と定めることもある．このようにすると本書の定義（定義 4.4.4）の逆行列が得られる．

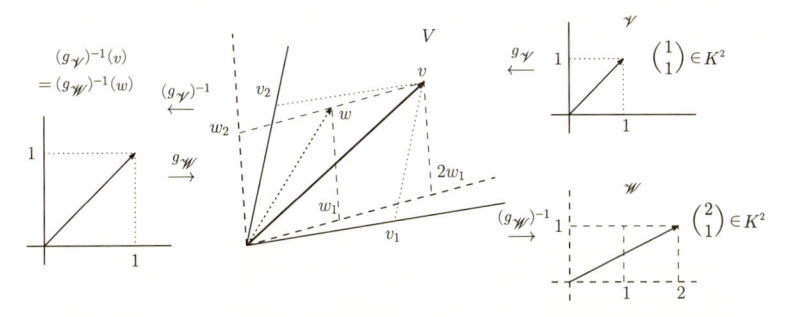

図 4.1. 基底を選ぶことは目盛り付きの座標軸を指定することに対応する（目盛りは長さを表すのではないことに注意）. 二つの基底があるとき，これらを比較するのに大きく二つの方法が考えられる. つまり，基底に関する成分を固定して V の元の変化を調べるか，あるいは V の元を固定して成分の変化を調べるかである. $\mathscr{V}=\{v_1,v_2\}$, $\mathscr{W}=\{w_1,w_2\}$ とし，$v=v_1+v_2=2w_1+w_2$ が成り立つとする. v の $\mathscr{V}$ に関する成分は $\binom{1}{1}$ である. 成分を保ったまま基底を $\mathscr{W}$ に変換して得られる元を w とすると，$w=w_1+w_2$ である（中央図の点線で表された矢印）. 一方，$\mathscr{V}$ に関する成分を $\mathscr{W}$ に関する成分に取り替える写像を考える. まず $\binom{1}{1} \in K^2$ に対応する元として $v \in V$ を考え，そして v の $\mathscr{W}$ に関する成分 $\binom{2}{1}$ を与えることになる.

系 4.4.10. $\mathscr{V}, \mathscr{W}$ をそれぞれ V の基底とし，P を $\mathscr{V}$ から $\mathscr{W}$ への変換行列，Q を $\mathscr{W}$ から $\mathscr{V}$ への変換行列とすると，$Q=P^{-1}$ が成り立つ.

補題 4.4.11. V, W を K-線型空間，$f \colon V \to W$ を K-線型写像とする. $\mathscr{V}, \mathscr{V}'$ をそれぞれ V の基底とし，$\mathscr{W}, \mathscr{W}'$ をそれぞれ W の基底とする. また，$\mathscr{V}$ から $\mathscr{V}'$ への変換行列を P，$\mathscr{W}$ から $\mathscr{W}'$ への変換行列を Q とする. このとき，$f \colon V \to W$ の $\mathscr{V}, \mathscr{W}$ に関する表現行列が A であったとすると f の $\mathscr{V}', \mathscr{W}'$ に関する表示行列は $Q^{-1}AP$ で与えられる. 特に $f \colon V \to V$ のとき，$\mathscr{V}, \mathscr{V}'$ をそれぞれ V の基底とし，A, A' をそれぞれ f の $\mathscr{V}, \mathscr{V}'$ に関する表現行列，P を $\mathscr{V}$ から $\mathscr{V}'$ への変換行列とすると $A'=P^{-1}AP$ が成り立つ.

証明. 定義 4.4.1 の記号を用いる. 定義により $g_{\mathscr{W}}^{-1} \circ f \circ g_{\mathscr{V}}$ の標準基底に関する表現行列が A である. このとき $g_{\mathscr{W}'}^{-1} \circ f \circ g_{\mathscr{V}'}$ の標準基底に関する表現行列が $Q^{-1}AP$ であることを示せばよい. P は $g_{\mathscr{V}}^{-1} \circ g_{\mathscr{V}'}$ の，Q は $g_{\mathscr{W}}^{-1} \circ g_{\mathscr{W}'}$ のそれぞれ標準基底に関する表現行列であることに注意して

$$g_{\mathscr{W}'}^{-1} \circ f \circ g_{\mathscr{V}'} = (g_{\mathscr{W}}^{-1} \circ g_{\mathscr{W}'})^{-1} \circ (g_{\mathscr{W}}^{-1} \circ f \circ g_{\mathscr{V}}) \circ (g_{\mathscr{V}}^{-1} \circ g_{\mathscr{V}'})$$

と変形すると，定理 3.5.16 と定理 3.5.22 により $g_{\mathscr{W}'}^{-1} \circ f \circ g_{\mathscr{V}'}$ の標準基底に関する表現行列は $Q^{-1}AP$ であることが従う． $\square$

補題 4.4.11 は図式を用いると次のように表される．

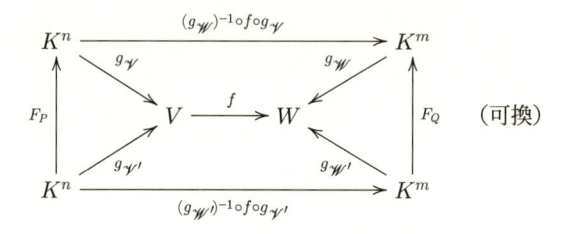

$$
\begin{array}{ccc}
K^n & \xrightarrow{(g_{\mathscr{W}})^{-1} \circ f \circ g_{\mathscr{V}}} & K^m \\
{\scriptstyle g_{\mathscr{V}}} \searrow & & \nearrow {\scriptstyle g_{\mathscr{W}}} \\
{\scriptstyle F_P} \uparrow & V \xrightarrow{f} W & \uparrow {\scriptstyle F_Q} \quad \text{(可換)} \\
{\scriptstyle g_{\mathscr{V}'}} \nearrow & & \searrow {\scriptstyle g_{\mathscr{W}'}} \\
K^n & \xrightarrow{(g_{\mathscr{W}'})^{-1} \circ f \circ g_{\mathscr{V}'}} & K^m
\end{array}
$$

ここで $F_P = g_{\mathscr{V}}^{-1} \circ g_{\mathscr{V}'}, F_Q = g_{\mathscr{W}}^{-1} \circ g_{\mathscr{W}'}$ であって，それぞれ $\mathscr{V}'$ に関する成分を $\mathscr{V}$ に関する成分に，$\mathscr{W}'$ に関する成分を $\mathscr{W}$ に関する成分に取り替える写像である．

定義 4.4.12. $A, B \in M_n(K)$ とする．$\exists P \in \mathrm{GL}_n(K)$, $B = P^{-1}AP$ が成り立つとき，A と B は**相似**であるという．

補題 4.4.11 の後半の主張は，$f: V \to V$ の表現行列は基底を取り替えると相似な行列に変わることを意味する．

問 4.4.13. $f: K^n \to K^m$ を線型写像とする．K^n, K^m のある基底 $\mathscr{V}, \mathscr{W}$ がそれぞれ存在して，$\mathscr{V}, \mathscr{W}$ に関する f の表現行列は $\begin{pmatrix} E_r & O \\ O & O \end{pmatrix}$ の形であることを示せ．また，このことを用いて定理 4.3.7 を示せ．

補題 4.4.11 と定理 3.8.4 から次が従う．

系 4.4.14. V, W を K-線型空間とする．$\dim V = n$, $\dim W = m$ とし，$\mathscr{V}, \mathscr{W}$ をそれぞれ V, W の基底とする．$f \in \mathrm{Hom}_K(V, W)$ に対して $\mathscr{V}, \mathscr{W}$ に関する表現行列を対応させることによって，$\mathrm{Hom}_K(V, W) \cong M_{m,n}(K)$ である．

系 4.4.14 で与えられる線型同型写像は基底 $\mathscr{V}, \mathscr{W}$ の取り方に依存することに注意せよ．証明は定義をなぞれば容易なので省略する．

問 4.4.15. (問 3.5.13 も参照のこと) V, W を K-線型空間とし，$\dim V =$

n, $\dim W = m$ とする. $\mathscr{V}$ を V の任意の基底とすると, $\mathscr{V}$ に関する $\mathrm{id}_V\colon V \to V$ の表現行列は E_n であることを示せ. また, $\mathscr{W}$ を W の任意の基底とすると, $\mathscr{V}, \mathscr{W}$ に関する $0\colon V \to W$ （零写像）の表現行列は $O_{m,n}$ であることを示せ.

問 4.4.16. $V = W \oplus U$ を直和分解とし, $\dim W = r$, $\dim U = s$ とする. $\mathscr{W} = \{w_1, \ldots, w_r\}$, $\mathscr{U} = \{u_1, \ldots, u_s\}$ をそれぞれ W, U の基底とする.

1) $\mathscr{V} = \{w_1, \ldots, w_r, u_1, \ldots, u_s\}$ と置くと $\mathscr{V}$ は V の基底であることを示せ.

2) $p\colon V \to W$, $q\colon V \to U$ をそれぞれ射影とする. また, $\iota_W\colon W \to V$, $\iota_U\colon U \to V$ をそれぞれ包含写像とする. $\iota_W \circ p$, $\iota_U \circ q$ の $\mathscr{V}$ に関する表現行列はそれぞれ $E_r \oplus O_s$, $O_r \oplus E_s$ に等しいことを示せ.

問 4.4.17. $V = W_1 \oplus \cdots \oplus W_r$ を直和分解とし, $\dim W_i = n_i$ とする. $p_i\colon V \to W_i$ を射影とすると問 4.4.16 と同様のことが成り立つことを示せ.

問 4.4.18. $\dim V = n$ とする. 以下の条件は同値であることを示せ.

1) $p\colon V \to V$ は射影（射影子）である.
2) V のある基底に関する p の表現行列（A とする）が $A^2 = A$ を充たす.
3) V の任意の基底に関する p の表現行列（A とする）が $A^2 = A$ を充たす.

定義 4.4.19. $A^2 = A$ を充たす行列を**射影行列**と呼ぶ. 一般に, ある $k > 1$ について $A^k = A$ が成り立つような行列は<ruby>冪<rt>べき</rt></ruby>等であると言う. また, ある $k > 1$ について $A^k = O$ が成り立つような行列は<ruby>冪零<rt>べきれい</rt></ruby>[†14]であると言う.

定義 4.4.20. V, W を K-線型空間, $f\colon V \to W$ を K-線型写像とする. このとき, f のランク（rank, 階数）を $\dim(\mathrm{Im}\,f)$ により定め, $\mathrm{rank}\,f$ で表す.

補題 4.4.21. V, W を K-線型空間, $f\colon V \to W$ を K-線型写像とする. V, W の基底を任意に選び, それに関する f の表現行列を A とする. すると $\mathrm{rank}\,f = \mathrm{rank}\,A$ が成り立つ.

[†14] 零は「ぜろ」と読むことが多いが, これに関しては「べきぜろ」よりも「べきれい」の方を聞くことが多い.

証明. $g_\mathscr{V}, g_\mathscr{W}$ を定理 4.1.23 で与えられる線型同型写像とする.$F = g_\mathscr{W}{}^{-1} \circ f \circ g_\mathscr{V}$ と置くと,定理 4.3.4 により $\dim \operatorname{Im} F = \operatorname{rank} A$ が成り立つ.一方,$h \colon \operatorname{Im} F \to \operatorname{Im} f$ を $h(v) = g_\mathscr{W}(v)$ により定めると,h は線型同型写像である[†15].したがって,定理 4.1.30 により $\dim \operatorname{Im} F = \dim \operatorname{Im} f$ が成り立つ. □

定理 3.5.16 や定理 3.5.22 にあたる事実は次の形で成り立つ.

定理 4.4.22. V, W, U を K-線型空間,$f \colon V \to W$, $g \colon W \to U$ を K-線型写像とする.$\mathscr{V}, \mathscr{W}, \mathscr{U}$ をそれぞれ V, W, U の基底とし,A を f の $\mathscr{V}, \mathscr{W}$ に関する表現行列,B を g の $\mathscr{W}, \mathscr{U}$ に関する表現行列とすると,$g \circ f \colon V \to U$ の $\mathscr{V}, \mathscr{U}$ に関する表現行列は BA で与えられる.

証明は容易であるので省略し,図式を用いた説明を与える.$\dim V = n$, $\dim W = m$, $\dim U = l$ とする.

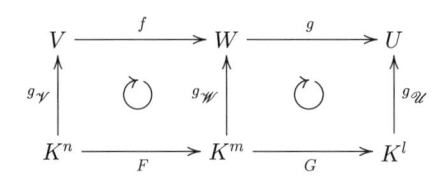

$$\begin{array}{ccccc} V & \xrightarrow{f} & W & \xrightarrow{g} & U \\ {\scriptstyle g_\mathscr{V}}\uparrow & \circlearrowleft & {\scriptstyle g_\mathscr{W}}\uparrow & \circlearrowleft & \uparrow{\scriptstyle g_\mathscr{U}} \\ K^n & \xrightarrow{F} & K^m & \xrightarrow{G} & K^l \end{array}$$

定義により f の $\mathscr{V}, \mathscr{W}$ に関する表現行列は F の標準基底に関する表現行列,g の $\mathscr{W}, \mathscr{U}$ に関する表現行列は G の標準基底に関する表現行列である.一方 $g \circ f$ の $\mathscr{V}, \mathscr{U}$ に関する表現行列は $G \circ F$ の標準基底に関する表現行列である.定理 4.4.22 はこのことから従う.

定理 4.4.23. $f \colon V \to W$ を線型写像とする.
1) f が線型同型写像であることと,V, W のある基底 $\mathscr{V}, \mathscr{W}$ に関する f の表現行列が正則行列であることは同値である.
2) f が線型同型写像であることと,V, W の任意の基底 $\mathscr{V}', \mathscr{W}'$ に関する f の表現行列が正則行列であることは同値である.
3) f が線型同型写像であるとする.V, W の基底 $\mathscr{V}, \mathscr{W}$ に関する f の表現行列を A とすると,$\mathscr{W}, \mathscr{V}$ に関する f^{-1} の表現行列は A^{-1} である.

[†15]. 各自で確かめよ.$h(v) \in \operatorname{Im} f$ が成り立つことも確かめること.

問 4.4.24. 定理 4.4.23 を示せ．必要であれば補題 4.4.11 や定理 3.5.16 を参考にするとよい．

次の定理も基底を用いて行列に関する主張（例えば定理 1.5.12 や系 4.3.8 など）に帰着して示すことができる．

定理 4.4.25. V, W を n 次元 K-線型空間，$f: V \to W$ を K-線型写像とする．このとき以下は同値である．
1) V, W のある基底に関する f の表現行列が正則行列である．
2) V, W の任意の基底に関する f の表現行列が正則行列である．
3) f は単射である．
4) f は全射である．
5) f は線型同型写像である．

定理 4.4.26. V, W を K-線型空間であって，$\dim V = \dim W < +\infty$（有限）であるとする．また，$f: V \to W$, $g: W \to V$ を K-線型写像とする．$g \circ f = \mathrm{id}_V$ あるいは $f \circ g = \mathrm{id}_W$ のどちらか一方が成り立てば，他の一方も成り立つ．このとき，f, g はともに線型同型写像である．

これは例えば定理 4.4.25 を用いれば示せる．ほかにも定理 1.5.27 あるいは定理 4.2.1 を用いるなど，示し方はいろいろある．

注 4.4.27. 問 3.12.8 が示すように，定理 4.4.26 は V, W が有限次元でないと一般には正しくない．直感的には，これは定理 1.5.27 は n が有限の値でないと成り立たないことを意味する．また，仮定 $\dim V = \dim W$ を外すとやはり定理 4.4.26 は成り立たない．例えば $V = K^2$, $W = K^3$ として $f\begin{pmatrix} x_1 \\ x_2 \end{pmatrix} = \begin{pmatrix} x_1 \\ x_2 \\ 0 \end{pmatrix}$, $g\begin{pmatrix} y_1 \\ y_2 \\ y_3 \end{pmatrix} = \begin{pmatrix} y_1 \\ y_2 \end{pmatrix}$ と置けば $g \circ f = \mathrm{id}_{K^2}$ であるが $f \circ g \neq \mathrm{id}_{K^3}$ である．

定義 4.4.28. V を n 次元 K-線型空間とする．$\{v_1, \ldots, v_n\}$ を V の基底とする．$\varphi_i \in V^*$ を条件
$$\varphi_i(v_j) = \begin{cases} 1, & i = j, \\ 0, & i \neq j, \end{cases}$$
により定め，$\{\varphi_1, \ldots, \varphi_n\}$ を $\{v_1, \ldots, v_n\}$ の**双対基底**と呼ぶ．

補題 4.4.29. V を n 次元 K-線型空間とすると $\{\varphi_1, \ldots, \varphi_n\}$ は V^* の基底である．特に V^* も n 次元である．

証明． $\sum_{i=1}^{n} \lambda_i \varphi_i = 0, \lambda_i \in K$, とする．すると，$0 = \sum_{i=1}^{n} \lambda_i \varphi_i(v_j) = \lambda_j$ が成り立つから $\lambda_1 = \cdots = \lambda_n = 0$ である．したがって $\varphi_1, \ldots, \varphi_n$ は線型独立である．また，$\varphi \in V^*$ とするとき，$\psi = \sum_{i=1}^{n} \varphi(v_i) \varphi_i$ とする．$\psi(v_j) = \varphi(v_j)$ であることから $\psi = \varphi$ が成り立つので，$\varphi_1, \ldots, \varphi_n$ は V^* を生成する． □

V から $V^{**} = (V^*)^*$ への線型写像が次のように自然に定まる．すなわち，$v \in V$ について $e_v \colon V^* \to K$ を $e_v(\varphi) = \varphi(v)$ により定める．すると v に e_v を対応させる写像は K-線型写像である．この写像を e で表すことにする．

補題 4.4.30. 線型写像 e は単射である．したがって $V \subset V^{**}$ とみなせる．特に V が有限次元であればこの対応により $V = V^{**}$ とみなせる．

証明． $v \in V$ とする．$v \neq o$ であれば，$\{v\}$ を拡大して V の基底 $\{v_\alpha\}_{\alpha \in A}$ であって，ある $\alpha_0 \in A$ について $v_{\alpha_0} = v$ なるものを得ることができる[†16]．$\varphi \in V^*$ を $\varphi(v_{\alpha_0}) = 1, \varphi(v_\alpha) = 0, \alpha \neq \alpha_0$, として定める．すると $e_v(\varphi) = 1$ なので $e_v \neq 0$ である．したがって e は単射である．また，V が有限次元であったとして，$\{v_1, \ldots, v_n\}$ を V の基底，$\{\varphi_1, \ldots, \varphi_n\}$ を V^* の双対基底とする．$\Phi \in V^{**}$ に対して $v_\Phi \in V$ を $v_\Phi = \Phi(\varphi_1)v_1 + \cdots + \Phi(\varphi_n)v_n$ により定めれば，$\varphi_j(v_\Phi) = \Phi(\varphi_j)$ が成り立つから $e(v_\Phi) = \Phi$ が成り立つ．したがって e は全射であるので $V = V^{**}$ が成り立つ[†17]． □

補題 4.4.30 の後半の主張 $V = V^{**}$ （正確には写像 e が同型を与えること）は V が有限次元でない場合には適切な設定と定義の下でないと成り立たない．これに関しては本書の程度を越える[†18]ので事実を指摘するに留める．

一般には $f \in \mathrm{Hom}_K(V, W)$ を行列で表すためには V と W の基底を指定する必要があった．$W = K$ のときには K の基底として $\{1\}$ を選ぶのが自然であるから，$f \in V^*$ のときには V の基底を指定すれば f を行列（行ベクトル）で表すことができる．このような表現について次が成り立つ．

[†16]. V が有限次元でなければ選択公理を用いる．
[†17]. 次元を比較することによっても示せる．
[†18]. 函数解析学や函数論などの教科書を参照のこと．

4.4 線型写像と基底

補題 4.4.31. $\mathscr{V} = \{v_1, \ldots, v_n\}$ を K^n の基底とし, $\mathscr{V}^* = \{\varphi_1, \ldots, \varphi_n\}$ を $\mathscr{E}$ の双対基底とする. $f \in (K^n)^* = \mathrm{Hom}_K(K^n, K)$ が $\mathscr{V}, \{1\}$ に関して $a \in M_{1,n}(K)$ で表現されたとすると, f の $\mathscr{V}^*$ に関する成分は ${}^t a$ である.

証明. $a = (a_1 \ \cdots \ a_n)$ とすれば $f(v_k) = a_k$ であるから, 補題 3.5.10 により $f = a_1 \varphi_1 + \cdots + a_n \varphi_n$ が成り立つ. □

$f \colon K^n \to K^m$ を線型写像とし, 標準基底に関して $A \in M_{m,n}(K)$ で表現されるとする. このとき線型写像 $f^* \colon (K^m)^* \to (K^n)^*$ (問 3.8.6) の表現行列を求めてみる. $g \in (K^m)^*$ とする. これは定義により $g \colon K^m \to K$ が線型写像であるという意味である. また $f^* g \in (K^n)^*$ であるが, これは $f^* g = g \circ f \colon K^n \to K$ が線型写像であるという意味である. そこで $a \in M_{1,m}(K)$ を標準基底に関する g の表現行列とする. 表現行列の定義により $w \in K^m$ のとき $g(w) = aw$ である. また, f^* の定義により $v \in K^n$ のとき $f^* g(v) = g(f(v)) = aAv$ であるから標準基底に関する $f^* g$ の表現行列は aA である. 一方 $(K^m)^*, (K^n)^*$ に標準基底の双対基底を入れると, 補題 4.4.31 により $g, f^* g$ の成分はそれぞれ ${}^t a, {}^t(aA)$ である. ${}^t(aA) = {}^t A {}^t a$ であるから f^* は ${}^t A$ で表現される. これを一般化すると次が得られる.

定理 4.4.32. V, W を K-線型空間, $f \colon V \to W$ を K-線型写像とする. $\dim V = n, \dim W = m$ とし, $\mathscr{V}, \mathscr{W}$ をそれぞれ V, W の基底とする. また, $\mathscr{V}, \mathscr{W}$ の双対基底を $\mathscr{V}^*, \mathscr{W}^*$ とする. $\mathscr{V}, \mathscr{W}$ に関する f の表現行列を A とすると, $f^* \colon W^* \to V^*$ の $\mathscr{W}^*, \mathscr{V}^*$ に関する表現行列は ${}^t A$ である (一般には定義 5.2.1 で定める A^* とは異なるので注意せよ).

証明. $\mathscr{V} = \{v_1, \ldots, v_n\}, \mathscr{W} = \{w_1, \ldots, w_m\}$ とし, $\mathscr{V}^* = \{\varphi_1, \ldots, \varphi_n\}, \mathscr{W}^* = \{\psi_1, \ldots, \psi_m\}$ とする. $f^*(\psi_i)(v_j) = \psi_i(f(v_j)) = \psi_i \left(\sum_{k=1}^m a_{kj} w_k \right) = a_{ij}$ であるから, $f^*(\psi_i) = \sum_{j=1}^n a_{ij} \varphi_j$ が成り立つ. したがって表現行列の定義により f^* は $\mathscr{W}^*, \mathscr{V}^*$ に関して ${}^t A$ で表現される. □

行列の転置を取ることは操作としては単純であるがこのように重要な意味を持つ.

4.5 実線型空間の向き *

$\mathbb{R}^2$ を xy-平面と考えるときや $\mathbb{R}^3$ を xyz-空間と考えるときには軸（座標）の順番は通常決まっている．これらは右手系と呼ばれる．一方，軸の順序を入れ替えて $\mathbb{R}^2$ を yx-平面と考えたり，$\mathbb{R}^3$ を yxz-空間と考えることも可能である．これらは左手系と呼ばれる．図形的には左手系は右手系を鏡で映して得られると捉えることができる．一般に $\mathbb{R}^n$ の基底 $\{v_1, \ldots, v_n\}$ が定まったとき，$\mathbb{R}v_k$ を v_k-軸と呼ぶことにして，これらを例えば x-軸などと同様に考えると v_1-軸, v_2-軸, $\cdots$, v_n-軸が向きを込めて定まる．$\mathbb{R}^2$ を例にして考えてみる．$\{e_1, e_2\}$ を $\mathbb{R}^2$ の標準基底とすると，これからは xy-平面（右手系）が得られる．一方，基底 $\{e_2, e_1\}$ を考えれば yx-平面（左手系）が得られる．ところで，$\mathbb{R}^2$ の基底として例えば $\{3e_1, e_2\}$ を与えても得られる軸は変わらない．また，$\mathbb{R}^2$ の基底として $\{e_1+e_2, -e_1+e_2\}$ を考えると，これから得られる軸は x-軸, y-軸をそれぞれ左回りに $\frac{\pi}{4}$ 回転させたものになっている．これらの座標軸から定まる座標を用いて $\mathbb{R}^2$ に図形を描くとすれば，縮尺が変化したり回転することを除けば同じ図形が得られる．そこでこれらの基底は右手系を定めていると考えるのが自然である．一方，$\mathbb{R}^2$ の基底として $\{-e_1, e_2\}$ を考えて図形を描くと x-軸の向きが逆になるので $\{e_1, e_2\}$ を用いたときと比べて裏返しになった図形が得られる．言い換えれば直線 $x=0$ に関して反転した図形が得られる．これを右回りに $\frac{\pi}{4}$ 回転させれば $(-e_1)$-軸は y-軸に，e_2-軸は x-軸にそれぞれ重なる．この場合には $\mathbb{R}^2$ を yx-平面と考える左手系が定まっていると考えるのが自然である．

一般の実線型空間については自然な座標軸は必ずしも存在しないので，基底の変換行列に着目して基底を二種類に分けることで向きを定める．

定義 4.5.1. V を n 次元実線型空間であって $\{o\}$ ではないとする．$\mathscr{V} = \{v_1, \ldots, v_n\}$, $\mathscr{W} = \{w_1, \ldots, w_n\}$ をそれぞれ V の基底とする．$\mathscr{V}$ と $\mathscr{W}$ が同じ**向きを定める**とは，$\mathscr{V}$ から $\mathscr{W}$ への基底の変換行列の行列式が正であることを言う．$V = \mathbb{R}^n$ のときには標準基底が定める向きを**標準的な向き**あるいは**右手系**と呼ぶ．すぐ示すように，向きは二種類しか存在しないので右手系でない向きを**左手系**と呼ぶ．$\{o\}$ については形式的に向きが二種類存在する

と考える．二種類のうちの一方の向きを選ぶことを V に**向きを入れる**, V の**向きを定める**などという．また，このとき V は**向きづけられた**などという．

補題 4.5.2. V を n 次元実線型空間とすると V の向きは二種類である．$\mathbb{R}^n$ については，$\{e_1, \ldots, e_n\}$ を標準基底とすると左手系は $\{-e_1, e_2, \ldots, e_n\}$ で定まる．

証明． $\mathscr{V} = \{v_1, \ldots, v_n\}$ を V の基底とする．$\mathscr{V}' = \{-v_1, v_2, \ldots, v_n\}$ とすれば $\mathscr{V}'$ も V の基底である．$\mathscr{V}$ から $\mathscr{V}'$ への変換行列を A とすると，$A = \begin{pmatrix} -1 & 0 \\ 0 & E_{n-1} \end{pmatrix}$ であって $\det A = -1$ であるから $\mathscr{V}$ と $\mathscr{V}'$ は異なる向きを定める．一般に，$\mathscr{W} = \{w_1, \ldots, w_n\}$ を V の基底とし，B を $\mathscr{V}$ から $\mathscr{W}$ への変換行列とする．もし $\det B > 0$ であれば $\mathscr{W}$ は $\mathscr{V}$ と同じ向きを定める．$\det B < 0$ であったとする．このとき，$\mathscr{W} = \mathscr{V}B = \mathscr{V}'A^{-1}B$ であって $\det A^{-1}B > 0$ であるから $\mathscr{W}$ は $\mathscr{V}'$ と同じ向きを定める．したがって V の向きは二種類である． $\square$

例 4.5.3. $\mathbb{R}$ の標準基底を e とする．右手系は $\{e\}$ で定まり，左手系は $\{-e\}$ で定まる．この場合には右手系と左手系の差異は直感的な $\mathbb{R}$ の向きの差異そのものである．

向きは次のように行列式を用いずに定めることもできる．

定義 4.5.4. $\mathscr{V} = \{v_1, \ldots, v_n\}$, $\mathscr{W} = \{w_1, \ldots, w_n\}$ を $\mathbb{R}^n$ の基底とする．$n = 1$ のときは v_1 と w_1 の符号が等しいとき $v_1 \sim_1 w_1$ とし，$n > 1$ のときには，ある i, $1 \leq i \leq n$, が存在し，

1) $j \neq i \Rightarrow v_j = w_j$ が成り立つ．
2) $v_1, \ldots, v_{i-1}, v_{i+1}, \ldots, v_n$ が張る $\mathbb{R}^n$ の超平面を P とし，$P = \left\{ \begin{pmatrix} x_1 \\ \vdots \\ x_n \end{pmatrix} \in \mathbb{R}^n \middle| \lambda_1 x_1 + \cdots + \lambda_n x_n = 0 \right\}$ と表す．$x = \begin{pmatrix} x_1 \\ \vdots \\ x_n \end{pmatrix} \in \mathbb{R}^n$ について $f(x) = \lambda_1 x_1 + \cdots + \lambda_n x_n$ と定めると，$f(v_i)$ と $f(w_i)$ の符号が等しい．

の二つの条件が成り立つとき $\mathscr{V} \sim_1 \mathscr{W}$ とする．一般に，$\mathscr{V}, \mathscr{W}$ が $\mathbb{R}^n$ の基底のとき，有限個の $\mathbb{R}^n$ の基底 $\mathscr{V}_1, \ldots, \mathscr{V}_n$ が存在して $\mathscr{V} \sim_1 \mathscr{V}_1, \mathscr{V}_1 \sim_1 \mathscr{V}_2, \ldots, \mathscr{V}_{n-1} \sim_1 \mathscr{V}_n, \mathscr{V}_n \sim_1 \mathscr{W}$ が成り立つとき $\mathscr{V}$ と $\mathscr{W}$ は同値であると定め，$\mathscr{V} \sim \mathscr{W}$

で表す.

注 4.5.5. $\{v_1, \ldots, v_n\}$ を $\mathbb{R}^n$ の基底とすると, $\mathrm{rank}(v_1 \cdots v_n) = n$ であることから $v_1, \ldots, v_{i-1}, v_{i+1}, \ldots, v_n$ は必ず $\mathbb{R}^n$ の超平面を張り, f は例えば

$$f(x) = \det(v_1 \cdots v_{i-1}\ x\ v_{i+1} \cdots v_n)$$

で与えられる. また, $f(v_i), f(w_i)$ は決して 0 にならない.

注 4.5.6. $n = 1$ であれば, $\{v\} \sim_1 \{w\}$ は o から見て v と w が数直線の同じ側にあるということである. $n = 2$ とすると, $\{v_1, v_2\} \sim_1 \{v_1, w_2\}$ は, v_1 で定まる直線 $\mathbb{R}v_1$ から見て v_2 と w_2 が同じ側にあるということである. $n \geq 3$ でも同様である. 一般に, $\mathscr{V}, \mathscr{W}$ が $\mathbb{R}^n$ の基底であるときに $\mathscr{V} \sim \mathscr{W}$ であるとは, $\mathscr{V}$ をなすベクトルを一つずつこの要領で修正していくと $\mathscr{W}$ に直せることを意味する.

補題 4.5.7. $\mathscr{V}, \mathscr{W}, \mathscr{U}$ を $\mathbb{R}^n$ の基底とすると, 以下が成り立つ.

1) $\mathscr{V} \sim \mathscr{V}$.
2) $\mathscr{V} \sim \mathscr{W} \Rightarrow \mathscr{W} \sim \mathscr{V}$.
3) $\mathscr{V} \sim \mathscr{W}, \mathscr{W} \sim \mathscr{U} \Rightarrow \mathscr{V} \sim \mathscr{U}$.

このような性質を持つ関係を**同値関係**と呼ぶ.

同値関係 '$\sim$' と向きは次のように関係する.

定理 4.5.8. $\mathscr{V}$ を $\mathbb{R}^n$ の基底とすると, $\mathscr{V} \sim \{e_1, \ldots, e_n\}$ あるいは $\mathscr{V} \sim \{-e_1, e_2, \ldots, e_n\}$ 一方のみが必ず成り立つ. より詳しく, $\mathscr{V} = \{v_1, \ldots, v_n\}$ とするとき, $\det(v_1 \cdots v_n) > 0$ ならば $\mathscr{V} \sim (e_1, \ldots, e_n)$ が, $\det(v_1 \cdots v_n) < 0$ であれば $\mathscr{V} \sim (-e_1, e_2, \ldots, e_n)$ が成り立ち, 逆も正しい.

問 4.5.9. 以下の方針で定理 4.5.8 を示せ. $\mathscr{V} = \{v_1, \ldots, v_n\}$ が $\mathbb{R}^n$ の基底であるとき, $\det \mathscr{V} = \det(v_1 \cdots v_n)$ と置く.

1) $\{v\}, \{w\}$ が $\mathbb{R}$ の基底であるとすると, $\{v\} \sim \{w\}$ は v と w の符号が同じことと同値であることを示せ. また, このことを用いて $n = 1$ の場合に定理 4.5.8 を示せ.
2) $\mathscr{V}, \mathscr{W}$ を $\mathbb{R}^n$ の基底とする. $\mathscr{V} \sim \mathscr{W}$ であれば $\det \mathscr{V}$ と $\det \mathscr{W}$ の符号は等しいことを示せ.

3) $\mathscr{V} = \{v_1, \ldots, v_n\}$ を $\mathbb{R}^n$ の基底とする．このとき，ある $i, 1 \leq i \leq n$，が存在し，$\mathscr{V} \sim \{e_i, v_2, \ldots, v_n\}$ あるいは $\mathscr{V} \sim \{-e_i, v_2, \ldots, v_n\}$ が成り立つことを示せ．また，一方が成り立つときにはもう一方は成り立たないことを示せ．

4) $\mathscr{V}$ を $\mathbb{R}^n$ の基底とする．各 e_i について符号を適当に定めると $\mathscr{V} \sim \{\pm e_{i_1}, \ldots, \pm e_{i_n}\}$ が成り立つことを示せ．

5) $\mathscr{V}$ を $\mathbb{R}^n$ の基底とする．$\mathscr{V} \sim \{e_1, \ldots, e_n\}$ あるいは $\mathscr{V} \sim \{-e_1, \ldots, e_n\}$ の一方のみが必ず成り立つことを示せ．

6) $\det \mathscr{V} > 0$ であれば $\mathscr{V} \sim \{e_1, \ldots, e_n\}$ が，$\det \mathscr{V} < 0$ であれば $\mathscr{V} \sim \{-e_1, \ldots, e_n\}$ が成り立つことを示せ．

定義 4.5.10. V, W をそれぞれ $\{o\}$ でない n 次元実線型空間とする．また，V, W はそれぞれ基底 $\{v_1, \ldots, v_n\}, \{w_1, \ldots, w_n\}$ により向きづけられているとする．V から W への実線型同型写像 f が**向きを保つ**とは，$\{f(v_1), \ldots, f(v_n)\}$ が $\{w_1, \ldots, w_n\}$ と同じ向きを定めることを言う．向きを保たない実線型同型写像を**向きを逆にする**（向きを保たない）実線型同型写像と呼ぶ．V の線型変換を考えているときには通常は V と $W(= V)$ の基底は同一に選ぶ．

補題 4.5.11. V, W を n 次元実線型空間とし，それぞれ基底 $\mathscr{V} = \{v_1, \ldots, v_n\}, \mathscr{W} = \{w_1, \ldots, w_n\}$ により向きが定まっているとする．V から W への実線型同型写像 f が向きを保つことと，f の $\mathscr{V}, \mathscr{W}$ に関する表現行列の行列式が正であることは同値である．

証明． f の表現行列を A とすると定義により $(f(v_1) \cdots f(v_n)) = \mathscr{W} A$ が成り立つ．したがって $\det A > 0$ が成り立つことは $\{f(v_1), \ldots, f(v_n)\}$ と $\mathscr{W}$ が同一の向きを定めることと同値である． □

系 4.5.12. V を n 次元実線型空間とし，f を V の正則な線型変換とする．f が V の向きを保つかどうかは基底の選び方に依らず定まる．

証明． $\mathscr{V}$ を V の基底とし，f の $\mathscr{V}$ に関する表現行列を A とする．$\mathscr{W}$ を V の基底とし，P を $\mathscr{V}$ から $\mathscr{W}$ への基底の変換行列とすると，f の $\mathscr{W}$ に関する表現行列は $P^{-1}AP$ である．$\det(P^{-1}AP) = \det A$ であるから，これらの符号は P に依らない． □

一般には線型写像が向きを保つかどうかは写像そのものからは決まらない．

例 4.5.13. R を $\mathbb{R}^2$ において標準基底 $\mathscr{V} = \{e_1, e_2\}$ を考えて向きとして右手系を与えたもの，L を $\mathbb{R}^2$ において基底 $\mathscr{U} = \{e_2, e_1\}$ を考えて向きとして左手系を与えたものとする．まず $f\colon R \to R$ を $\mathbb{R}^2$ の恒等写像を R から R への写像とみなしたものとする．基底 $\mathscr{V}, \mathscr{V}$ に関する f の表現行列は単位行列であるから f は向きを保つ．一方 $g\colon R \to L$ を $\mathbb{R}^2$ の恒等写像を R から L への写像とみなしたものとする．基底 $\mathscr{V}, \mathscr{U}$ に関する g の表現行列は $\begin{pmatrix} 0 & 1 \\ 1 & 0 \end{pmatrix}$ であって，行列式は負であるから g は向きを保たない．また，$g\colon \mathbb{R}^2 \to \mathbb{R}^2$ を $g(v) = \begin{pmatrix} 1 & 2 \\ 1 & 1 \end{pmatrix} v$ により定める．g を R から R への線型写像とみなすと，g の表現行列は $\begin{pmatrix} 1 & 2 \\ 1 & 1 \end{pmatrix}$ であるから $\det \begin{pmatrix} 1 & 2 \\ 1 & 1 \end{pmatrix} = -1$ より g は向きを保たない．一方，g を R から L への線型写像とみなしたものを h とすると，h の $\mathscr{V}, \mathscr{U}$ に関する表現行列は $\begin{pmatrix} 1 & 1 \\ 1 & 2 \end{pmatrix}$ であるから，h は向きを保つ．

V を向きづけられた n 次元実線型空間とする．W を V の部分線型空間としても，一般には W には自然には向きが定まらない．例えば，$V = \mathbb{R}^2$ を xy-平面とみなして標準的な向きを入れたとする．W を x-軸にあたる V の一次元部分空間とすると，抽象的には W は $\mathbb{R}$ と同型なので向きが二通り入りうる．一方の向きは通常の x-軸と同じ向きであるが，もう一方は逆の向きである．

しかし，部分線型空間に自然に向きが定まる場合がいくつかある[19]．

補題 4.5.14. V を向きづけられた n 次元実線型空間として，$V = W \oplus U$ を直和分解とする．また，W には向きが定まっているとし，それは基底 $\{w_1, \ldots, w_r\}$ により与えられているとする ($r = \dim W$)．このとき，U には向きであって，その向きを表す基底を $\{u_1, \ldots, u_s\}$，$s = \dim U$，とすれば $\{w_1, \ldots, w_r, u_1, \ldots, u_s\}$ が V の与えられた向きと同じ向きを与えるものが唯一つ存在する．また，この向きは W の向きにのみ依存し，W の向きを与える基底の選び方には依らない．

---

[19] このように，線型空間やその部分線型空間に向きを定めることは，例えば球面のような曲がった空間を扱ったり，多変数の微積分を考えるときに有用である．

証明は易しいので演習問題とする.

定義 4.5.15. $\mathbb{R}^n$ の向きを一つ固定し, H を $v_1 \in \mathbb{R}^n$ を法線ベクトルとする $\mathbb{R}^n$ の超平面とする (定義 A.1.1). H の基底 $\mathscr{V} = \{v_2, \ldots, v_n\}$ を $\{v_1, v_2, \ldots, v_n\}$ が $\mathbb{R}^n$ の向きと同じ向きを定めるように選び, $\mathscr{V}$ の定める H の向きを超平面としての H の向きと定める.

注 4.5.16. 上の記号をそのまま用いる. H は $-v_1$ を法線ベクトルとする超平面でもあるが, このように考えたときには向きが上で定めたものと逆になる. つまり, 上の定義による超平面の向きは法線ベクトルの選び方に依存する.

同様のことは V が一般の実線型空間であっても考えることができるがここでは省略する.

最後に, 行列式と体積の関係についてもう一度考えてみる. 2.5 節の記号をそのまま用いる. $v_1, \ldots, v_n \in \mathbb{R}^n$ とすると, $|\det(v_1 \cdots v_n)|$ は $P_o(v_1, \ldots, v_n)$ の体積であった (定理 2.5.5). 絶対値が問題になるのは $\det(v_1 \cdots v_n) \neq 0$ のときであるから, $\{v_1, \ldots, v_n\}$ は $\mathbb{R}^n$ の基底であるとする. このとき,

$$\mu(v_1, \ldots, v_n) = \begin{cases} m(v_1, \ldots, v_n) & \{v_1, \ldots, v_n\} \text{ が正の向きのとき}, \\ -m(v_1, \ldots, v_n) & \{v_1, \ldots, v_n\} \text{ が負の向きのとき}, \end{cases}$$

と定めると, $\mu(v_1, \ldots, v_n) = \det(v_1 \cdots v_n)$ が成り立つように見える. ところが, このようにすると $v_1, \ldots, v_n$ の順序が定義にかかわるので, μ は $P_a(v_1, \ldots, v_n)$ から定まるとは言えない. そこで次のように考える.

定義 4.5.17. $\{v_1, \ldots, v_n\} \in \mathbb{R}^n$ を $\mathbb{R}^n$ の基底とする. $P_a(v_1, \ldots, v_n)$ と $\{v_1, \ldots, v_n\}$ の向きを組にして考えたものを $Q_a(v_1, \ldots, v_n)$ で表し**向きづけられた平行多面体**と呼ぶ. $\{v_1, \ldots, v_n\}$ が $\mathbb{R}^n$ の基底でないときにはこの向きは考えられないので, 形式的に $Q_a(v_1, \ldots, v_n) = P_a(v_1, \ldots, v_n)$ とする.

定義 4.5.18. $Q = Q_a(v_1, \ldots, v_n)$ を向きづけられた平行多面体とする. Q の符号付き体積 $\mu(v_1, \ldots, v_n)$ を,

$$\mu(v_1, \ldots, v_n) = \begin{cases} m(v_1, \ldots, v_n) & \{v_1, \ldots, v_n\} \text{ が正の向きのとき}, \\ -m(v_1, \ldots, v_n) & \{v_1, \ldots, v_n\} \text{ が負の向きのとき}, \\ 0 & \{v_1, \ldots, v_n\} \text{ が } \mathbb{R}^n \text{ の基底でないとき}, \end{cases}$$

により定める．

最後の '0' は $m(v_1,\ldots,v_n) = -m(v_1,\ldots,v_n)$ としての 0 と考えてもよい．こうすると向きづけられた平行多面体 Q について $\mu(v_1,\ldots,v_n) = \det(v_1 \cdots v_n)$ が成り立つ．

向きづけられた平行多面体と符号付き体積を用いると次のような利点がある．$\{v_1,\ldots,v_n\}$ は $\mathbb{R}^n$ の基底であるとし，$Q_1 = Q_o(v_1,\ldots,v_n)$, $Q_2 = Q_{v_1}(kv_1, v_2,\ldots,v_n)$, $Q_3 = Q_o((k+1)v_1, v_2,\ldots,v_n)$ と置く．集合としては Q_1, Q_2, Q_3 は平行多面体である．向きを無視して平行多面体と考えたときの Q_i を P_i で表す ($i = 1, 2, 3$)．すると

(4.5.19) $\quad m_o((k+1)v_1,\ldots,v_n) = m_o(v_1,\ldots,v_n) + m_{v_1}(kv_1,\ldots,v_n)$

が成り立つ．この式を $m_o((k+1)v_1,\ldots,v_n) - m_{v_1}(kv_1,\ldots,v_n) = m_o(v_1,\ldots,v_n)$ と書き換えてみる．これは P_3 から P_2 を取り去って得られる図形 P_1 の体積は引き算で求めることができる，と読むことができる．この式の両辺を入れ替えて，

$$m_o(v_1,\ldots,v_n) = m_o((k+1)v_1,\ldots,v_n) - m_{v_1}(kv_1,\ldots,v_n)$$

と書き換えてみる．この式を式 (4.5.19) と同様に（強引に）読もうとすると，P_3 と，体積が $-(P_2$ の体積) に等しい図形（仮に R とする）の和として P_1 が得られ，その体積は P_3 の体積と R の体積の和として得られる，ということになる．図形としては P_3 から P_2 を取り去って P_1 が得られるのだから，取り去るという意味で '−' を付けて $-P_2$ を R としてみる．一方，$R = -P_2$ の体積は $-(P_2$ の体積) でなければいけない．そこで，数直線の場合の類推から，$-P_2$ とは P_2 の向きが逆になった図形であると考えることにして，体積を $-(P_2$ の体積) と定義する．実際には m の代わりに μ を考えないといけないが，このようにすると図形の形式的な足し算が体積を通じて自然に行列式と対応する．

4.6 演習問題

問 4.6.1. $V = \left\{ f\colon \mathbb{R} \to \mathbb{R} \,\middle|\, f\ \text{は}\ C^\infty\ \text{級であって}\ \dfrac{d^2 f}{dt^2} = -f\ \text{を充たす} \right\}$ とする．ここで t は函数の変数である．

1) V の $\mathbb{R}$ 上の基底を求めよ．必要であれば $\dfrac{d^2 f}{dt^2} = -f$ の一般解は $f(t) = c_1 \cos t + c_2 \sin t$, $c_1, c_2 \in \mathbb{R}$ で与えられることを用いてよい．

2) 変数は実数のままで，関数の値としては複素数を許すことにして $V_{\mathbb{C}} = \left\{ f \colon \mathbb{R} \to \mathbb{C} \,\middle|\, f \text{ は } C^\infty \text{ 級であって } \dfrac{d^2 f}{dt^2} = -f \text{ を充たす} \right\}$ とする．このとき $f_1(t) = e^{\sqrt{-1}t}$, $f_2(t) = e^{-\sqrt{-1}t}$ とすると $\{f_1, f_2\}$ は $V_{\mathbb{C}}$ の $\mathbb{C}$ 上の基底であることを示せ．必要であれば $e^{\sqrt{-1}t} = \cos t + \sqrt{-1} \sin t$ であることおよび $\dfrac{d^2 f}{dt^2} = -f$ の一般解は $f(t) = c_1 \cos t + c_2 \sin t$, $c_1, c_2 \in \mathbb{C}$ で与えられることを用いてよい．

問 4.6.2. $f \colon V \to W$ を線型写像とする．

1) U を V の部分線型空間とする．$v_1, \ldots, v_r \in U$ が U を生成するとき，$f(v_1), \ldots, f(v_r)$ は $f(U)$ を生成することを示せ．
2) $v_1, \ldots, v_r \in V$ について $f(v_1), \ldots, f(v_r) \in W$ が線型独立であるとする．このとき $v_1, \ldots, v_r$ は線型独立であることを示せ．
3) f が単射であることと，線型独立であるような V の元の組 $v_1, \ldots, v_r$ について常に $f(v_1), \ldots, f(v_r)$ が線型独立であることは同値であることを示せ．
4) W を有限生成とする．f が全射であることと，V の元の組 $v_1, \ldots, v_r$ であって $f(v_1), \ldots, f(v_r)$ が W を生成するようなものが存在することは同値であることを示せ．
5) $v_1, \ldots, v_r \in V$ は線型独立であるが，$f(v_1), \ldots, f(v_r)$ は線型独立ではないような f, V, W の例を挙げよ．
6) $v_1, \ldots, v_r \in V$ は V を生成しない（生成する）が，$f(v_1), \ldots, f(v_r)$ は W を生成する（生成しない）ような f, V, W の例を挙げよ．

問 4.6.3. $v_1, v_2, \ldots, v_k \in \mathbb{C}^n$ とする．

1) $v_1, v_2, \ldots, v_k$ が $\mathbb{C}$ 上線型独立であれば $v_1, v_2, \ldots, v_k$ は $\mathbb{R}$ 上線型独立であることを示せ．
2) $v_1, v_2, \ldots, v_k$ が $\mathbb{R}$ 上線型独立であるとする．また，$v_1, \ldots, v_k$ の成分はすべて実数であるとする．このとき $v_1, \ldots, v_k$ は $\mathbb{C}$ 上線型独立であることを示せ．
3) $v_1, v_2, \ldots, v_k$ が $\mathbb{R}$ 上線型独立であるが $\mathbb{C}$ 上線型独立でない例を挙げよ．
4) $v_1, \ldots, v_r \in \mathbb{R}^n$ が $\mathbb{R}$ 上生成する $\mathbb{R}^n$ の部分空間が $\mathbb{R}$ 上 k 次元であることと，$v_1, \ldots, v_r$ を $\mathbb{C}^n$ の元とみなしたとき，これらが $\mathbb{C}$ 上生成する $\mathbb{C}^n$ の部分空間が $\mathbb{C}$ 上 k 次元であることは同値であることを示せ．

問 4.6.4.

1) $\mathscr{V} = \left\{ \begin{pmatrix} 1 \\ 0 \end{pmatrix}, \begin{pmatrix} \sqrt{-1} \\ 0 \end{pmatrix}, \begin{pmatrix} 0 \\ 1 \end{pmatrix}, \begin{pmatrix} 0 \\ -\sqrt{-1} \end{pmatrix} \right\}$ とすると，$\mathscr{V}$ は $\mathbb{C}^2$ の $\mathbb{R}$ 上の基底であることを示せ．
2) $A \in M_2(\mathbb{C})$ とし，$v \in \mathbb{C}^2$ について $f(v) = Av$ と置く．$f \colon \mathbb{C}^2 \to \mathbb{C}^2$ は $\mathbb{C}^2$ を $\mathbb{R}$-線型空間とみなせば $\mathbb{R}$-線型写像であることを示し，$\mathscr{V}$ に関する表現行列を求めよ．

問 4.6.5. $x_1, \ldots, x_5$ を実変数とする．W_1 を $\begin{cases} 2x_1 + 3x_2 + x_3 + x_4 = 0, \\ x_1 + x_2 + x_4 - x_5 = 0 \end{cases}$ の解空間，W_2 を $\begin{cases} x_1 + 2x_2 + x_3 + x_4 - x_5 = 0, \\ 2x_1 + x_2 - x_3 - 2x_4 + 6x_5 = 0 \end{cases}$ の解空間とする．W_1, W_2 をそれぞれ $\mathbb{R}^5$ の部分線型空間と自然にみなす．

1) $W_1 \cap W_2$ を式で表し，その次元と基底を一組求めよ．これを $\mathscr{V}_0$ とする．

2) W_1 の基底 $\mathscr{V}_1$ であって，$\mathscr{V}_0$ の拡大となっているものを一組求めよ．また，W_1 の次元を求めよ．

3) W_2 の基底 $\mathscr{V}_2$ であって，$\mathscr{V}_0$ の拡大となっているものを一組求めよ．また，W_2 の次元を求めよ．

4) $W_1 + W_2$ を式で表せ．また，$W_1 + W_2$ の基底であって $\mathscr{V}_1$ の拡大にも $\mathscr{V}_2$ の拡大にもなっているものを一組求めよ．最後に，$\dim(W_1 + W_2)$ を求めよ．

問 4.6.6. K^n から K^m への線型写像に対して，標準基底に関する表現行列を対応させることにより $\mathrm{Hom}_K(K^n, K^m)$ から $M_{m,n}(K)$ への線型同型写像が得られる（定理 3.8.4）．この写像を φ とする．E_{ij} で (i,j) 成分が 1 でほかの成分はすべて 0 であるような $M_{m,n}(K)$ の元を表す．

1) $\{E_{ij}\}$ は $M_{m,n}(K)$ の基底であることを示せ．
2) $f_{ij} = \varphi^{-1}(E_{ij})$ と置く．$\{f_{ij}\}$ は $\mathrm{Hom}_K(K^n, K^m)$ の基底であることを示せ．
3) $e_1, \ldots, e_n$ を K^n の基本ベクトルとする．$f_{ij}(e_k)$ を求めよ．

問 4.6.7. $K = \mathbb{R}$ または $K = \mathbb{C}$ とし，$V = \{\{a_i\}_{i \in \mathbb{N}} \mid a_i \in K\}$ とする．

1) $f: V \to K$ を $f(a) = a_3$ により定めると，$f \in V^*$ であることを示せ．
2) W を V の部分線型空間とする．$f \in V^*$ であれば，f の W への制限 $f|_W$ は W^* の元であることを示せ．さらに $\varphi: V^* \to W^*$ を $\varphi(f) = f|_W$ によって定めると φ は K-線型写像であることを示せ．
3) $W_1 = \{a \in V \mid a_3 = 0\}$ とする．W_1 は V の部分線型空間であることを示せ．
4) $\varphi_1: V^* \to W_1^*$ を $\varphi_1(f) = f|_{W_1}$ で定めると φ_1 は単射ではないことを示せ．
5) $W_2 = \left\{ a = \{a_n\} \in V \mid \lim_{n \to \infty} a_n \text{が存在する} \right\}$ は V の部分線型空間であることを示せ．
6) $g: W_2 \to K$ を $g(a) = \lim_{n \to \infty} a_n$ により定めると，$g \in W_2^*$ であることを示せ．
(g を定める式はすべての V の元に対しては意味を持たないことに注意せよ．)

問 4.6.8. $A, B \in M_n(K)$ とし，$A + B = E_n$, $\mathrm{rank}\, A + \mathrm{rank}\, B = n$ が成り立つとする．このとき以下が成り立つことを示せ．

1) $f, g: K^n \to K^n$ を $f(v) = Av$, $gv = Bv$ により定めると $\mathrm{Ker}\, f = \mathrm{Im}\, g$.
2) $AB = BA = O_n$, $A^2 = A$, $B^2 = B$.

問 4.6.9. n 次実正方行列 A が $A^2 = E_n$ を充たすとする．このとき $f, g: K^n \to K^n$ を $f(v) = Av + v$, $g(v) = Av - v$ により定める．また，$V_1 = \mathrm{Im}\, f$, $V_2 = \mathrm{Im}\, g$ と置き，$s = \dim V_1$, $t = \dim V_2$ とする．

1) $s + t = n$ であることを示せ．
ヒント：$V_1 \cap V_2$ がどのような空間になるか考えてみよ．
2) $\{v_1, \ldots, v_s\}$ を V_1 の基底，$\{w_1, \ldots, w_t\}$ を V_2 の基底とする．このとき $\{v_1, \ldots, v_s, w_1, \ldots, w_t\}$ が K^n の基底となることを示せ．
3) $T = (e_1, \ldots, e_s, f_1, \ldots, f_t)$ とすると T は正則行列であって，$T^{-1}AT = E_s \oplus (-E_t)$ が成り立つことを示せ．

問 4.6.10. V, W を n 次元 $\mathbb{R}$-線型空間，$f: V \to W$ を $\mathbb{R}$-線型同型写像とする．V の向きを任意に固定したとき，f が向きを保つ写像となるようなような W の向きが唯一つ存在することを示せ．

問 4.6.11.

1) V を K-線型空間とする．$f_1, \ldots, f_r \in V^*$ が生成する V^* の部分線型空間を W とする．V の部分集合 $U = \{v \in V \mid \forall f \in W, f(v) = 0\}$ は V の部分線型空間であって，

$U = \operatorname{Ker} f_1 \cap \operatorname{Ker} f_2 \cap \cdots \cap \operatorname{Ker} f_r$ が成り立つことを示せ.

2) $v_1, \ldots, v_r \in K^n$ とし, $V = \langle v_1, \ldots, v_r \rangle$ とする. $v \in K^n$ について, $V = \langle v_1, \ldots, v_r, v \rangle$ が成り立つことと, $\operatorname{rank}(v_1 \ v_2 \ \cdots \ v_r) = \operatorname{rank}(v_1 \ v_2 \ \cdots \ v_r \ v)$ が成り立つことは同値であることを示せ.

3) $v_1, \ldots, v_r, w_1, \ldots, w_s \in K^n$ とする. $V = \langle v_1, \ldots, v_r \rangle$, $W = \langle w_1, \ldots, w_s \rangle$ とする. $V \cap W \neq \{o\}$ であるが, 任意の i, j について $v_i \notin V \cap W$, $w_j \notin V \cap W$ であるような例を挙げよ.

4) 3) の記号をそのまま用いることとし, $A = (v_1 \ \cdots \ v_r)$, $B = (w_1 \ \cdots \ w_s)$ と置く. $V = W$ であることと, 任意の j について $w_j = Ax$, $x \in K^r$ が解を持ち, かつ, 任意の i について $v_i = By$, $y \in K^s$ が解を持つことは同値であることを示せ. 言い換えれば, $V = W$ であることと, ある $X \in M_{r,s}(K)$, $Y \in M_{s,r}(K)$ が存在して $B = AX$, $A = BY$ が成り立つことと同値であることを示せ. また, さらに $n = r = s$ であって, A または B の少なくとも一方が正則行列であるならば, A, B はともに正則行列であって, $Y = X^{-1}$ であることを示せ.

問 4.6.12. $A \in M_{m,n}(K)$, $B \in M_{n,l}(K)$ とする. $\operatorname{rank} A + \operatorname{rank} B - n \leq \operatorname{rank} AB$ が成り立つことを示せ.

問 4.6.13. V, U を K-線型空間, W を V の K-部分線型空間とする. $f: W \to U$ を K-線型写像とすると K-線型写像 $\tilde{f}: V \to U$ であって $\tilde{f}|_W = f$ なるものが存在する (言い換えれば $\operatorname{Hom}_K(V, U) \xrightarrow{i^*} \operatorname{Hom}_K(W, U)$ は全射である) ことを示せ.

問 4.6.14. (補題 4.2.7 も参照のこと) V を K-線型空間, W を V の部分線型空間とする. $f: W \to W$ を恒等写像とする. 問 4.6.13 により $\tilde{f}: V \to W$ であって $\tilde{f}|_W$ が W の恒等写像であるようなものが存在する. W は V の部分線型空間であるから, $\tilde{f}: V \to V$ と考えることができる. このとき, $\operatorname{Ker} \tilde{f}$ は W の補空間であることを示せ.

問 4.6.15. V, W, U, X を有限次元線型空間とし, $\mathscr{V}, \mathscr{W}, \mathscr{U}, \mathscr{X}$ をそれぞれ V, W, U, X の基底とする. また, $f: V \to U$, $g: W \to U$, $h: W \to X$ をそれぞれ線型写像とし, $\mathscr{V}, \mathscr{U}$ に関する f の表現行列を A, $\mathscr{W}, \mathscr{U}$ に関する g の表現行列を B, $\mathscr{W}, \mathscr{X}$ に関する h の表現行列を C とする.

1) $\mathscr{V} = \{v_1, \ldots, v_n\}$, $\mathscr{W} = \{w_1, \ldots, w_m\}$ とする. v_i, w_j を $V \oplus W$ の元とみなすと $\{v_1, \ldots, v_n, w_1, \ldots, w_m\}$ は $V \oplus W$ の基底であることを示せ. この基底を $\mathscr{V} \cup \mathscr{W}$ で表す.

2) $\mathscr{V} \cup \mathscr{W}, \mathscr{U}$ に関する $f + g$ の表現行列は $(A \ B)$ であることを示せ.

3) $\mathscr{V} \cup \mathscr{W}, \mathscr{U} \cup \mathscr{X}$ に関する $f \oplus h$ の表現行列は $A \oplus C$ であることを示せ.

4) 一般の有限個の直和の場合にも 1)–3) と同様のことが成り立つことを示せ.

第5章 計量線型空間

　長さや角は平面や空間のベクトルを扱う際の基本的な概念の一つである．この章ではこれらを一般化した，計量と呼ばれるものを導入し，一般の線型空間における計量や，それに関連することについて述べる．計量は有限次元の場合にも重要であるが，無限次元の場合にはとりわけ重要[†1]である．最初から無限次元の場合を扱うのは無理があるので，本書ではときどき言及するに留め，原則として有限次元の場合を扱う[†2]．なお，この章では $K = \mathbb{R}$ あるいは $K = \mathbb{C}$ とする．

5.1 計量とノルム

定義 5.1.1. V を K-線型空間とする．V の元 v, w に対して K の元 $\langle v | w \rangle$ を与える対応 $\langle \cdot | \cdot \rangle$ が存在して次の性質を持つとする．

1) $\forall v, w_1, w_2 \in V, \langle v | w_1 + w_2 \rangle = \langle v | w_1 \rangle + \langle v | w_2 \rangle$.
2) $\forall v, w \in V, \forall \lambda \in K, \langle v | \lambda w \rangle = \lambda \langle v | w \rangle$.
3) $\forall v, w \in V, \langle v | w \rangle = \overline{\langle w | v \rangle}$ （特に $\langle v | v \rangle \in \mathbb{R}$ であることに注意）．
4) $\forall v \in V, \langle v | v \rangle \geq 0$ が成り立つ．また，$\langle v | v \rangle = 0$ が成り立つのは $v = o$ のとき，そのときのみである．

このとき $\langle \cdot | \cdot \rangle$ を[†3] $K = \mathbb{R}$ のときには計量，内積あるいはユークリッド計量，ユークリッド内積[†4]，$K = \mathbb{C}$ のときにはエルミート計量あるいはエル

[†1.] 例えば量子力学などには計量の入った無限次元の線型空間が多く現れる．
[†2.] 証明などに用いる議論にはなるべく有限次元性を用いないようにしているので，興味を持った読者はどこで有限次元性が必要になるのか意識して読むとよい．
[†3.] 記号'$\langle \cdot | \cdot \rangle$'にある'$\cdot$'は「ここに V の元が入る」という意味である．書かなくても同じ意味であるが，納まりが悪いときには書くことが多い．
[†4.] ユークリッド計量（内積）のことをリーマン計量と呼んでもよい．ただし，リーマン計量は線型空間よりもさらに一般の空間における計量（内積）なのでやや大げさな言い方で

ミート内積と呼ぶ．本書では原則として $K = \mathbb{R}$ のときにはユークリッド計量，$K = \mathbb{C}$ のときにはエルミート計量と呼び，両者を総称して計量と呼ぶ．また $\langle v | w \rangle$ を v と w の内積と呼ぶ[†5]．線型空間 V に計量（ユークリッド計量あるいはエルミート計量）が定まっているとき，V と計量の組 $(V, \langle \cdot | \cdot \rangle)$ を**計量線型空間**と呼ぶ．考えている計量が明らかなときには単に V を計量線型空間と呼ぶ．特に $K = \mathbb{R}$ のときには計量線型空間を**ユークリッド空間**と呼ぶことがある．

1), 2) と 3) から次が成り立つことが分かる．

1') $\forall v_1, v_2, w \in V$, $\langle v_1 + v_2 | w \rangle = \langle v_1 | w \rangle + \langle v_2 | w \rangle$.

2') $\forall v, w \in V$, $\forall \mu \in K$, $\langle \mu v | w \rangle = \overline{\mu} \langle v | w \rangle$.

注 5.1.2. 1), 2), 1'), 2') の性質を**双線型性**（$K = \mathbb{R}$ のとき）あるいは**半双線型性**（$K = \mathbb{C}$ のとき）と呼び，3) の性質を**対称性**（$K = \mathbb{R}$ のとき）あるいは**共役対称性**（$K = \mathbb{C}$ のとき）と呼ぶ．実際，条件 1) と 2) により，$v \in V$ を固定し，$f(v) = \langle w | v \rangle$ と定めれば f は V から K への線型写像である．一方，$g : V \to K$ を $g(w) = \langle v | w \rangle$ により定める．条件 1') と 2') により $K = \mathbb{R}$ であれば g は線型写像であるが，$K = \mathbb{C}$ であれば g は線型写像ではない[†6]．また，4) の性質を**正値性**と呼ぶ．本書では計量としては定義 5.1.1 にあるようなものを考えるが，一般にはもう少し一般化し，計量として 4) の代わりに**非退化性**と呼ばれるやや弱い条件を充たすものを考えることがある．このとき $\langle \cdot | \cdot \rangle$ は非退化な二次形式（エルミート二次形式）とも呼ばれる．例えばローレンツ計量と呼ばれるものはこのようなものの例である．二次形式については第 7 章を参照のこと．

注 5.1.3. 計量の定義において，定義 5.1.1 の条件 2) の代わりに条件 $\forall v, w \in V$, $\forall \mu \in K$, $\langle \lambda v | w \rangle = \lambda \langle v | w \rangle$ を用いることも多い[†7]．$\langle \cdot | \cdot \rangle$ を定義 5.1.1 の意味でのエルミート計量とするとき，$\langle v | w \rangle' = \langle w | v \rangle$ と定めれば $\langle \cdot | \cdot \rangle'$ はこの注で言うエルミート計量であるし，同様にこの注で言うエルミート計量から定義 5.1.1 の意味でのエルミート計量が得られるのでこの差異はあまり

ある．なお，リーマン内積とはあまり言わない．
 [†5]. この計量と内積の呼び分けは，本書における便宜的なものである．一般的では全くないので注意せよ．
 [†6]. うるさく言えば $V \neq \{o\}$ としている．
 [†7]. 線型代数の教科書に限ればこちらの流儀の方がむしろ多い．

本質的ではないが，どちらを用いているのかはきちんと区別する必要がある．

定義 5.1.4. $v = \begin{pmatrix} v_1 \\ \vdots \\ v_n \end{pmatrix} \in K^n$ に対して $v^* = (\overline{v}_1 \cdots \overline{v}_n)$ と置く．$v = \begin{pmatrix} v_1 \\ \vdots \\ v_n \end{pmatrix}, w = \begin{pmatrix} w_1 \\ \vdots \\ w_n \end{pmatrix} \in K^n$ に対して，

$$\langle v \,|\, w \rangle = v^* w = \sum_{i=1}^n \overline{v}_i w_i$$

と定めれば，これは K^n の計量である．この計量を**標準計量**と呼ぶ．$K = \mathbb{R}$ のときには**標準ユークリッド計量**，$K = \mathbb{C}$ のときには**標準エルミート計量**とも呼ぶ．通常は特に断らなければ K^n には標準計量が入っていると考える[†8]．

例 5.1.5.
1) $V = K^2$ とする．$v = \begin{pmatrix} v_1 \\ v_2 \end{pmatrix}, w = \begin{pmatrix} w_1 \\ w_2 \end{pmatrix} \in K^2$ に対して $\langle v \,|\, w \rangle = (\overline{v}_1 + \overline{v}_2)(w_1 + w_2) + \overline{v}_1 w_1$ と定めるとこれは計量である．

2) $V = \mathbb{C}^n$ とする．$v = \begin{pmatrix} v_1 \\ \vdots \\ v_n \end{pmatrix}, w = \begin{pmatrix} w_1 \\ \vdots \\ w_n \end{pmatrix} \in \mathbb{C}^n$ に対して $\langle v \,|\, w \rangle = \sum_{i=1}^n v_i w_i$ と定めるとこれはエルミート計量ではない．実際， $v = \begin{pmatrix} 1 + \sqrt{-1} \\ 0 \\ \vdots \\ 0 \end{pmatrix}$ とすると，$\langle v \,|\, v \rangle = 2\sqrt{-1}$ でこれは実数ではない．また，$n \geq 2$ であれば $v = \begin{pmatrix} 1 \\ \sqrt{-1} \\ 0 \\ \vdots \\ 0 \end{pmatrix}$ とすると $v \neq o$ だが $\langle v \,|\, v \rangle = 0$ である．

3) $V = \left\{ f \colon \mathbb{R} \to \mathbb{R} \,\middle|\, \begin{array}{l} f \text{ は連続であって，適当な } M > 0 \text{ に関して} \\ |x| \geq M \text{ のとき } f(x) = 0 \text{ が成り立つ} \end{array} \right\}$

とすると，V は $\mathbb{R}$ 上無限次元の $\mathbb{R}$-線型空間である．$f, g \in V$ に対して

[†8]. しかし，標準計量以外の計量を考えることも少なくない．

$$\langle f \,|\, g \rangle = \int_{-\infty}^{\infty} f(t)g(t)dt$$

と定めると，これは V のユークリッド計量を与える．

$$V' = \left\{ f \colon \mathbb{R} \to \mathbb{C} \,\middle|\, \begin{array}{l} f \text{ は連続であって，適当な } M > 0 \text{ に関して} \\ |x| \geq M \text{ のとき } f(x) = 0 \text{ が成り立つ} \end{array} \right\}$$

とするとこれは $\mathbb{C}$-線型空間であって，函数を実部と虚部に分けて積分することにすれば $\langle f \,|\, g \rangle = \int_{-\infty}^{\infty} \overline{f(t)} g(t) \, dt$ は V のエルミート計量を与える．

問 5.1.6. V を線型空間とし，$\langle \cdot \,|\, \cdot \rangle$ を V の計量とする．また，$v_1, v_2 \in V$ とする．$\forall v \in V, \langle v | v_1 \rangle = \langle v | v_2 \rangle$ が成り立てば，$v_1 = v_2$ であることを示せ．

定義 5.1.7. $(V, \langle \cdot \,|\, \cdot \rangle)$ を計量線型空間とする．$v \in V$ のとき，$\sqrt{\langle v | v \rangle} \geq 0$ をしばしば $\|v\|$ で表し計量 $\langle \cdot \,|\, \cdot \rangle$ から定まる v の**長さ**，**ノルム**と呼ぶ．単に v の長さ，ノルムと呼ぶことも多い．また，$V = K^n$ のときには特に断らなければ標準計量から定まるノルムを考え，標準的なノルムあるいは 2-ノルム[†9]などと呼ぶ．

定義 5.1.8. $(V, \langle \cdot \,|\, \cdot \rangle)$ を計量線型空間とする．
  1) $v, w \in V$ とする．$\langle v | w \rangle = 0$ が成り立つとき v, w は互いに**直交する**と言い，$v \perp w$ と表す．
  2) $v \in V$ とし，$W \subset V$ を部分線型空間とする．任意の $w \in W$ と v が直交するとき v と W は互いに直交すると言い $v \perp W$ と表す．
  3) $W_1, W_2 \subset V$ を部分線型空間とする．W_1 の任意の元 w_1 と W_2 の任意の元 w_2 が直交するとき，W_1 と W_2 は直交するといい，$W_1 \perp W_2$ と表す．

次は計量線型空間の部分線型空間の最も基本的な性質の一つである．

命題 5.1.9. $(V, \langle \cdot \,|\, \cdot \rangle)$ を計量線型空間とする．$W \subset V$ を線型部分空間とすると，W は自然に計量線型空間である．

[†9]. 成分の絶対値の 2 乗の和の平方根（つまり $\frac{1}{2}$ 乗）を取ることに由来する．

証明. $w_1, w_2 \in W$ に対して $\langle w_1 | w_2 \rangle_W = \langle w_1 | w_2 \rangle$ と定めれば $\langle \cdot | \cdot \rangle_W$ は W の計量となる． □

$W \subset V$ が線型部分空間のとき，通常はこの方法で W に計量を定める．証明では W の計量を $\langle \cdot | \cdot \rangle_W$ と，V の計量と別な記号で表したが，多くは V の計量と同じ記号で表す．計量線型空間の部分線型空間の性質は 5.4 節でさらに扱う．

定理 5.1.10. $(V, \langle \cdot | \cdot \rangle)$ を計量線型空間とし，$\|\cdot\|$ を計量から定まるノルムとする．

1) $\forall v, w \in V,\ |\langle v | w \rangle| \leq \|v\| \|w\|$ （シュワルツの不等式）が成り立つ．
2) $K = \mathbb{R}$ とする．

$$\langle v | w \rangle = \frac{\|v+w\|^2 - \|v\|^2 - \|w\|^2}{2}$$
$$= \frac{\|v+w\|^2 - \|v-w\|^2}{4}$$

が任意の $v, w \in V$ について成り立つ．また，

$$\|v+w\|^2 + \|v-w\|^2 = 2(\|v\|^2 + \|w\|^2) \quad \text{（中線定理）}$$

が成り立つ．特に $\|v\| = \|w\|$ と $\langle v+w | v-w \rangle = 0$ は同値である[†10]．

3) $K = \mathbb{C}$ とする．$v, w \in V$ とすると

$$\langle v | w \rangle = \frac{\|v+w\|^2 - \|v\|^2 - \|w\|^2}{2} + \sqrt{-1}\frac{\|v-\sqrt{-1}w\|^2 - \|v\|^2 - \|w\|^2}{2}$$
$$= \frac{\|v+w\|^2 - \|v-w\|^2}{4} + \sqrt{-1}\frac{\|v-\sqrt{-1}w\|^2 - \|v+\sqrt{-1}w\|^2}{4}$$

が成り立つ．また，

$$\|v+w\|^2 + \|v-w\|^2 = \|v-\sqrt{-1}w\|^2 + \|v+\sqrt{-1}w\|^2 = 2(\|v\|^2 + \|w\|^2)$$

が成り立つ．

証明. <u>1) の証明</u>．$v = o$ なら両辺は 0 に等しく，主張は正しいので $v \neq o$ とする．$t \in K$ とするとノルムの定義から $\|tv + w\|^2 \geq 0$ である．したがって

[†10] $V = \mathbb{R}^2$ として v, w を図示してみよ．

5.1 計量とノルム | 181

$0 \leq \|tv+w\|^2 = \langle tv+w \,|\, tv+w \rangle = |t|^2 \|v\|^2 + \bar{t}\langle v \,|\, w \rangle + t\langle w \,|\, v \rangle + \|w\|^2$ が成り立つ．ここで $t = -\dfrac{\langle v \,|\, w \rangle}{\|v\|^2}$ とすると $\dfrac{|\langle v \,|\, w \rangle|^2}{\|v\|^4}\|v\|^2 - 2\dfrac{|\langle v \,|\, w \rangle|^2}{\|v\|^2} + \|w\|^2 \geq 0$ であるから $-\dfrac{|\langle v \,|\, w \rangle|^2}{\|v\|^2} + \|w\|^2 \geq 0$ を得る．$\|v\|^2 > 0$ だから両辺に $\|v\|^2$ を掛けて整理すればシュワルツの不等式を得る．

2) の証明．$v, w \in V$ とすると

$$\|v+w\|^2 = \langle v+w \,|\, v+w \rangle$$
$$= \langle v \,|\, v \rangle + \langle w \,|\, v \rangle + \langle v \,|\, w \rangle + \langle w \,|\, w \rangle$$
$$= \|v\|^2 + \|w\|^2 + \langle w \,|\, v \rangle + \langle v \,|\, w \rangle$$

が成り立つ．$K = \mathbb{R}$ であるから $\langle w \,|\, v \rangle = \langle v \,|\, w \rangle$ が成り立つので主張が従う．w を $-w$ とすれば

$$-\langle v \,|\, w \rangle = \frac{\|v-w\|^2 - \|v\|^2 - \|w\|^2}{2}$$

を得るから，これら二式の差を取れば後半の等式を，加えれば中線定理がそれぞれ得られる．最後に，前半の二番目の等式において v, w をそれぞれ $v+w$，$v-w$ で置き換えれば

$$\langle v+w \,|\, v-w \rangle = \frac{\|(v+w)+(v-w)\|^2 - \|(v+w)-(v-w)\|^2}{4} = \|v\|^2 - \|w\|^2$$

が得られるので最後の主張が従う．3) の証明は $\|v \pm w\|^2$ と $\|v \mp \sqrt{-1}w\|^2$ を計算すれば 2) と同様にできるので省略する． □

注 5.1.11. 定理 5.1.10 の 1) の証明では

$$tv + w = w - \frac{\langle v \,|\, w \rangle}{\|v\|^2}v = w - \left\langle \frac{v}{\|v\|} \,\middle|\, w \right\rangle \frac{v}{\|v\|}$$

の長さが 0 以上であることを用いている．このベクトルを u とし，$u' = \langle v \,|\, w \rangle \dfrac{v}{\|v\|^2} = \left\langle \dfrac{v}{\|v\|} \,\middle|\, w \right\rangle \dfrac{v}{\|v\|}$ と置くと，$w = u + u'$, $\langle v \,|\, u \rangle = 0$ が成り立つ．$u' \in Kv$ であるから，u' は w の v に平行な部分と考えることができる．u' は Kv への直交射影と呼ばれる（定義 5.4.6）．一方，u は w から v に平行な部分を差し引いたベクトルであると考えることができる．

シュワルツの不等式により次の定義が可能である．

定義 5.1.12. $K = \mathbb{R}$ のとき，計量線型空間（ユークリッド空間）V の o でない元 v, w のなす角を，$\theta \in \mathbb{R}$ であって

$$\cos\theta = \frac{\langle v \mid w \rangle}{\|v\|\|w\|}$$

が成り立つ数として定める．θ が v, w のなす角であれば，任意の整数 n について $\theta + 2\pi n$ も v, w のなす角である．また，$-\theta$ も v, w のなす角である．

注 5.1.13. $n = 2, 3$ であれば，$\mathbb{R}^n$ には直感的に角が定まる．この角と，$\mathbb{R}^n$ とその標準計量から定義 5.1.12 により定まる角は一致する．また，定理 5.1.10 と定義 5.1.12 をあわせれば余弦定理が得られる．

定理 5.1.14. V を計量線型空間，$\|\cdot\|$ を計量から定まるノルムとする．このとき $\forall v, w \in V$, $\|v + w\| \leq \|v\| + \|w\|$（三角不等式）が成り立つ．

証明. $|\langle v \mid w \rangle| \geq \operatorname{re}\langle v \mid w \rangle$ であるから，シュワルツの不等式から $\|v+w\|^2 = \|v\|^2 + 2\operatorname{re}\langle v \mid w \rangle + \|w\|^2 \leq \|v\|^2 + 2|\langle v \mid w \rangle| + \|w\|^2 \leq \|v\|^2 + 2\|v\|\|w\| + \|w\|^2 \leq (\|v\| + \|w\|)^2$ が成り立つ．$\|v+w\|, \|v\| + \|w\|$ はともに負ではない実数なので，平方根をとって主張を得る． $\square$

計量から定まるノルムに関しては三角不等式は証明されることであったが，一般にはこれを仮定したものをノルムと呼ぶ．

定義 5.1.15. V を K-線型空間とする．$v \in V$ に対して非負の実数を与える写像 $\|\cdot\|: V \to \mathbb{R}$ が以下の条件を充たすとき $\|\cdot\|$ を V 上のノルムと呼ぶ．

1) $\forall v \in V$, $\|v\| \geq 0$ である．また，$\|v\| = 0 \Leftrightarrow v = o$ が成り立つ．
2) $\forall v, w \in V$, $\|v + w\| \leq \|v\| + \|w\|$（三角不等式）が成り立つ．
3) $\forall v \in V$, $\forall \lambda \in K$, $\|\lambda v\| = |\lambda|\|v\|$ が成り立つ．

補題 5.1.16. 計量から定まるノルムは定義 5.1.15 の意味でのノルムである．

証明は容易であるので省略する．

計量からノルムは定まるが，逆は必ずしも正しくない．

例 5.1.17. $V = K^2$ とし，$v = \begin{pmatrix} x_1 \\ x_2 \end{pmatrix} \in V$ に対して $\|v\|_1 = |x_1| + |x_2|$ と置くと，これは V 上のノルムである（1-ノルムあるいは絶対値ノルムな

どと呼ばれる). e_1, e_2 でそれぞれ K^2 の基本ベクトルを表すことにすると $\|e_1\|_1 = \|e_2\|_1 = 1$ である. ここで, V の計量 g であって, $\|v\|_1 = \sqrt{g(v,v)}$ が任意の $v \in V$ について成り立つものが存在したとする. 定義により $\|e_1 + e_2\|_1 = \|e_1 - e_2\|_1 = 2$ であるから $\|e_1 + e_2\|_1{}^2 + \|e_1 - e_2\|_1{}^2 = 8$ である. 一方 $2(\|e_1\|_1{}^2 + \|e_2\|_1{}^2) = 4$ となり, 定理 5.1.10 に反する. 同様に, $K^n, n \geq 2$, には計量から定まらないノルムが存在する.

注 5.1.18. 計量やノルムは有限次元の線型空間を扱う際にも大切であるが, 無限次元の線型空間を扱う際にはますます大切である. 本書の範囲を越えるので具体的には扱わないが, 興味を持った読者は函数解析学などの教科書を参照するとよい.

$v \in V$ のとき, そのノルム $\|v\|$ は直感的には v の長さである. 実際, $V = \mathbb{R}^n$ であって, v, w を位置ベクトル[†11]と考えるのであれば $\|v - w\|$ は v, w が表す二点間の距離である. 一般には次のように定める.

定義 5.1.19. V を線型空間とし, $\|\cdot\|$ を V 上のノルムとする (例えば V を計量線型空間とし, 計量から定まるノルムを考える). $v, w \in V$ のとき,

$$d(v, w) = \|v - w\|$$

と置いて, v, w の $\|\cdot\|$ に関する**距離**と呼ぶ. また, d を**距離函数**と呼ぶ.

距離は次の性質を充たす.

補題 5.1.20.
1) $\forall v, w \in V, d(v, w) \geq 0$ であって, $d(v, w) = 0 \Leftrightarrow v = w$.
2) $\forall v, w \in V, d(v, w) = d(w, v)$.
3) $\forall v, w, u \in V, d(v, w) \leq d(v, u) + d(u, w)$. (三角不等式)

証明は易しいので省略する.

一般に集合 X が与えられたとき, 補題 5.1.20 の条件を充たす $d: X \times X \to \mathbb{R}$ を X 上の**距離** (**距離函数**) と呼ぶ. ここで, $X \times X = \{(x_1, x_2) \,|\, x_1, x_2 \in X\}$ は X の元の組全体のなす集合である. ノルムが決まれば距離が決まるが, 距

---
†11. ベクトルの成分と $\mathbb{R}^n$ における座標を同一視することにより, $\mathbb{R}^n$ の点をベクトルで表したもの.

離は必ずしもノルムから上のようにして得られるとは限らない．証明は難しくないが線型代数からは外れるので省略する．

5.2　直交系・正規直交基底

計量線型空間に関連してよく現れる行列についてあらかじめまとめておく．

定義 5.2.1.　$P \in M_{m,n}(\mathbb{R})$ のとき $P^* = {}^tP$, $P \in M_{m,n}(\mathbb{C})$ のとき $P^* = {}^t\overline{P}$ と置き，P の**随伴行列**と呼ぶ[12]．

補題 5.2.2.　随伴行列について，以下が成り立つ．
1) $P \in M_{m,n}(K)$ について $(P^*)^* = P$.
2) $P, Q \in M_{m,n}(K)$ について $(P+Q)^* = P^* + Q^*$.
3) $P \in M_{m,n}(K), \lambda \in K$ について $(\lambda P)^* = \overline{\lambda} P^*$.
4) $P, Q \in M_{m,n}(K)$ について $(PQ)^* = Q^* P^*$.
5) $P \in \mathrm{GL}_n(K)$ について $(P^{-1})^* = (P^*)^{-1}$.

証明は容易であるので省略する．

定義 5.2.3.
1) $P \in M_n(K)$ が ${}^tPP = P{}^tP = E_n$ を充たすとき，P を**直交行列**と呼ぶ．通常は直交行列は実数を成分とするものを考え，成分が複素数のときには**複素直交行列**と呼ぶ．n 次直交行列全体のなす集合を $\mathrm{O}_n(K)$ あるいは $\mathrm{O}(n;K)$ などと表す．特に $K = \mathbb{R}$ のときには単に O_n あるいは $\mathrm{O}(n)$ とすることが多い[13]．
2) $P \in M_n(\mathbb{C})$ が $P^*P = PP^* = E_n$ を充たすとき，P を**ユニタリ行列**と呼ぶ．（実数を成分とする）直交行列はユニタリ行列である．n 次ユニタリ行列全体のなす集合を U_n あるいは $\mathrm{U}(n)$ などと表す．
3) $A \in M_n(K)$ が**対称行列**であるとは ${}^tA = A$ が成り立つことを言う[14]．
4) $A \in M_n(K)$ が**エルミート行列**であるとは $A^* = A$ が成り立つことを言

---

[12] これは定義 5.1.4 における v^* の定義を含んでいる．
[13] $P \in M_n(\mathbb{R})$ とし，$P = (p_1 \cdots p_n)$ と列ベクトルで表す．命題 5.2.14 に示すように，$P \in \mathrm{O}_n$ と $\{p_1, \ldots, p_n\}$ が $\mathbb{R}^n$ の正規直交基底（定義 5.2.9）であることは同値なので，O_n の元は正規直交行列と呼んだ方がよいのかもしれないが，実際にはそのようには呼ばない．
[14] 対称行列全体あるいはエルミート行列全体を表す定まった記号はないように思う．

う．実対称行列はエルミート行列である．
5) $A \in M_n(K)$ が**歪対称行列**であるとは ${}^t\!A = -A$ が成り立つことを言う．n 次歪対称行列全体のなす集合を $\mathfrak{o}_n(K)$ あるいは $\mathfrak{o}(n;K)$ などと表す．$\mathfrak{o}_n(\mathbb{R})$ あるいは $\mathfrak{o}(n;\mathbb{R})$ は単に $\mathfrak{o}_n$, $\mathfrak{o}(n)$ などとも表す．
6) $A \in M_n(\mathbb{C})$ が**歪エルミート行列**であるとは，$A^* = -A$ が成り立つことを言う．n 次歪エルミート行列全体のなす集合を $\mathfrak{u}_n$ あるいは $\mathfrak{u}(n)$ などと表す．実歪対称行列は歪エルミート行列である．すなわち $\mathfrak{o}_n \subset \mathfrak{u}_n$ である．一方，複素歪対称行列は必ずしも歪エルミート行列ではない．

問 5.2.4. $\mathfrak{o}_n(\mathbb{C}) \cap \mathfrak{u}_n = \mathfrak{o}_n(\mathbb{R})$ であることを示せ．また，$\mathfrak{o}_n(\mathbb{C}) \not\subset \mathfrak{u}_n$ であることを例を挙げることにより示せ．

本書には歪対称行列や歪エルミート行列はあまり現れないが，これらは直交行列やユニタリ行列と関係が深く，重要である（付録 B も参照せよ）．

問 5.2.5.
1) $K = \mathbb{R}$ または $K = \mathbb{C}$ とする．$A \in \mathrm{O}_n(K)$ とすると $A \in \mathrm{GL}_n(K)$ かつ $\det A = \pm 1$ が成り立つことを示せ．
2) $A \in \mathrm{U}_n(\mathbb{C})$ とする．$A \in \mathrm{GL}_n(\mathbb{C})$ かつ $|\det A| = 1$ が成り立つことを示せ．

定義 5.2.6. $\mathrm{SO}_n(K) = \{A \in \mathrm{O}_n(K) \mid \det A = 1\}$ と置く[†15]．$K = \mathbb{R}$ のときには $\mathrm{SO}_n(\mathbb{R})$ をしばしば SO_n で表す．また，$\mathrm{SU}_n = \{A \in \mathrm{U}_n \mid \det A = 1\}$ と置く[†16]．

補題 5.2.7. （補題 1.4.7, 1.4.11 および問 1.4.8 も参照のこと） G を $\mathrm{U}_n, \mathrm{SU}_n, \mathrm{O}_n(K)$ あるいは $\mathrm{SO}_n(K)$ のいずれかとする．すると，以下が成り立つ．
1) $A, B \in G$ であれば $AB \in G$.
2) $A \in G$ であれば，A は正則であって，$A^{-1} \in G$.
3) $E_n \in G$.

また，$G = \mathrm{U}_n$ あるいは $G = \mathrm{SU}_n$ であれば $A^{-1} = A^*$ が，$G = \mathrm{O}_n(K)$ あるいは $G = \mathrm{SO}_n(K)$ であれば $A^{-1} = {}^t\!A$ がそれぞれ成り立つ．

[†15] $\mathrm{SO}_n(K)$ の元を special orthogonal matrix と呼ぶ．
[†16] SU_n の元を special unitary matrix と呼ぶ．

G が補題 5.2.7 の性質 1)–3) を持つとき，G を**群**と呼ぶ（付録 B あるいは C も参照のこと）．

計量線型空間においては，計量によく合った基底を考えるのが便利であることが多い．

定義 5.2.8. X を V の部分集合とする（X を V の元からなる族とする）．$v \in X$ であれば $v \neq o$，また，$v, v' \in X$，$v \neq v'$ であれば $\langle v \mid v' \rangle = 0$ がそれぞれ成り立つとき X を計量 $\langle \cdot \mid \cdot \rangle$ に関する**直交系**と呼ぶ．直交系 X について，$v \in X$ ならば $\|v\| = 1$ が成り立つとき，X は**正規直交系**であると言う．

定義 5.2.9. $\{v_1, \ldots, v_n\}$ を V の基底とする．$v_1, \ldots, v_n$ が直交系であるとき $\{v_1, \ldots, v_n\}$ を**直交基底**と呼ぶ．また，$v_1, \ldots, v_n$ が正規直交系であるとき $\{v_1, \ldots, v_n\}$ を**正規直交基底**[17]と呼ぶ．

例 5.2.10.

1) e_i で K^n の第 i 基本ベクトルを表せば，$\{e_1, \ldots, e_n\}$ は K^n の正規直交基底である．

2) $S^1 = \{z \in \mathbb{C} \mid |z| = 1\}$ と置く．S^1 は $\mathbb{C}$ 上の単位円周（原点を中心とする半径 1 の円周）である．$V = \{f \colon S^1 \to \mathbb{C} \mid f \text{ は連続}\}$ と置く．函数の和，複素数倍により V は複素線型空間である．$f, g \in V$ に対して

$$\langle f \mid g \rangle = \int_0^1 \overline{f(e^{2\pi\sqrt{-1}\theta})} g(e^{2\pi\sqrt{-1}\theta}) \, d\theta$$

と置くとこれは V のエルミート計量を定める．ここで $n \in \mathbb{Z}$ として $z \in S^1$ について $\varphi_n(z) = z^n$ と定めれば $\{\varphi_n\}_{n \in \mathbb{Z}}$ はこの計量に関して正規直交系をなす．一方 $\{\varphi_n\}_{n \in \mathbb{Z}}$ は V を生成しない，すなわち，V の元で φ_n たちの線型結合として表せない元が存在する[18]ので $\{\varphi_n\}_{n \in \mathbb{Z}}$ は V の基底ではない．しかし V の元は $\varphi_n, n \in \mathbb{Z}$, の無限個の線型結合として表す[19]ことができることが知られている．その意味で $\{\varphi_n\}_{n \in \mathbb{Z}}$ はほとんど V の基底である．無限次元の計量線型空間においては，こ

---

[17] 英語では orthonormal basis と呼ぶ．正規直交基底のことをしばしば o.n.b. と略す．
[18] 本当は証明が要る．
[19] きちんと考えるためには級数の収束のような概念（L^2-収束と呼ばれる．級数の収束とは異なるので，「$f \in V$ は z^n の収束する級数で表すことができる」わけではない）が必要になる．

のような「基底」が重要である．本書の範囲を越えるので，ここではこれ以上述べない．詳しくは微積分学（や函数解析学・函数論）についての教科書でフーリエ展開・フーリエ級数などについて調べてみよ．

以下では原則として計量線型空間は有限次元であると仮定する．有限次元性が不要な場合にはなるべくこれを用いずに議論を進めるが，最初のうちは気にしなくてよい．

補題 5.2.11. $v_1, \ldots, v_r$ が直交系であれば，$v_1, \ldots, v_r$ は線型独立である．

証明． $\sum_{i=1}^{r} \lambda_i v_i = o$ とする．このとき，$0 = \left\langle v_j \middle| \sum_{i=1}^{r} \lambda_i v_i \right\rangle = \lambda_j \|v_j\|^2$ である．$v_j \neq o$ だから $\lambda_j = 0$ が成り立つ． □

補題 5.2.12. V を n 次元 K-計量線型空間とし，$\{v_1, \ldots, v_n\}$ を V の正規直交基底とする．このとき，任意の $v \in V$ に対して $v = \sum_{i=1}^{n} \langle v_i \,|\, v \rangle v_i$ が成り立つ．

証明． $\{v_1, \ldots, v_n\}$ は V の基底であるから $v = \sum_{i=1}^{n} \lambda_i v_i, \lambda_i \in K$，と表すことができる．一方 $\{v_1, \ldots, v_n\}$ は正規直交系であるから $\langle v_j \,|\, v \rangle = \left\langle v_j \middle| \sum_{i=1}^{n} \lambda_i v_i \right\rangle = \sum_{i=1}^{n} \lambda_i \langle v_j \,|\, v_i \rangle = \lambda_j$ が成り立つ． □

$\begin{pmatrix} \langle v_1 \,|\, v \rangle \\ \vdots \\ \langle v_n \,|\, v \rangle \end{pmatrix}$ は $\{v_1, \ldots, v_n\}$ に関する v の成分（定義 4.1.25）である．

補題 5.2.13. （定義 5.1.4 も参照のこと） $A, B \in M_n(K)$ とし，$A = (a_1 \cdots a_n), B = (b_1 \cdots b_n)$ と列ベクトルで表す．$\langle \cdot \,|\, \cdot \rangle$ を K^n の標準計量とすると，

$$A^*B = \begin{pmatrix} \langle a_1|b_1\rangle & \cdots & \langle a_1|b_n\rangle \\ \vdots & & \vdots \\ \langle a_n|b_1\rangle & \cdots & \langle a_n|b_n\rangle \end{pmatrix}$$

が成り立つ．

命題 5.2.14. K^n に標準計量を入れる．$v_1, \ldots, v_n \in K^n$ とし，$P = (v_1 \cdots v_n) \in M_n(K)$ とする．このとき，$\{v_1, \ldots, v_n\}$ が正規直交基底で

あることと，P が直交行列（$K = \mathbb{R}$ のとき）あるいはユニタリ行列（$K = \mathbb{C}$ のとき）であることは同値である．

証明は補題 5.2.13 を用いれば容易であるので省略する．

定義 5.2.15. $\mathscr{V} = \{v_1, \ldots, v_n\}$ を V の基底とする．$g_{ij} = \langle v_i \,|\, v_j \rangle$ として，$G = (g_{ij})$ と置く．

$$G = \begin{pmatrix} \langle v_1 \,|\, v_1 \rangle & \langle v_1 \,|\, v_2 \rangle & \cdots & \langle v_1 \,|\, v_n \rangle \\ \langle v_2 \,|\, v_1 \rangle & \langle v_2 \,|\, v_2 \rangle & \cdots & \langle v_2 \,|\, v_n \rangle \\ \vdots & \vdots & \ddots & \vdots \\ \langle v_n \,|\, v_1 \rangle & \langle v_n \,|\, v_2 \rangle & \cdots & \langle v_n \,|\, v_n \rangle \end{pmatrix}$$

を計量 $\langle \cdot \,|\, \cdot \rangle$ の基底 $\mathscr{V}$ に関する**表現行列**と呼ぶ（必ずしも一般的な呼称ではないので注意せよ）．

次の補題は容易である．

補題 5.2.16. $\mathscr{V}$ が $\langle \cdot \,|\, \cdot \rangle$ に関する正規直交基底であることと，$\langle \cdot \,|\, \cdot \rangle$ の $\mathscr{V}$ に関する表現行列が E_n であることは同値である．

補題 5.2.17. 定義 5.2.15 の記号を引き続き用いる．$v, w \in V$ が与えられたとして，v, w の $\mathscr{V}$ に関する成分がそれぞれ $x = \begin{pmatrix} x_1 \\ \vdots \\ x_n \end{pmatrix}$, $y = \begin{pmatrix} y_1 \\ \vdots \\ y_n \end{pmatrix}$ であったとする．このとき

$$(5.2.18) \quad \forall v, w \in V, \; \langle v \,|\, w \rangle = (\overline{x_1} \; \cdots \; \overline{x_n}) G \begin{pmatrix} y_1 \\ \vdots \\ y_n \end{pmatrix} = x^* G y$$

が成り立つ．$K = \mathbb{R}$ でユークリッド計量を考えているときには G は実対称行列，$K = \mathbb{C}$ でエルミート計量を考えているときには G はエルミート行列である．また，式 (5.2.18) が成り立つような $G \in M_n(K)$ は一意的である．

証明． 実際に計算してみる．$v = \sum\limits_{i=1}^{n} x_i v_i$, $w = \sum\limits_{j=1}^{n} y_j v_j$ であるから

$$\langle v|w\rangle = \left\langle \sum_{i=1}^n x_i v_i \,\middle|\, \sum_{j=1}^n y_j v_j \right\rangle = \sum_{i,j} \langle x_i v_i \,|\, y_j v_j\rangle = \sum_{i,j} \overline{x_i} y_j \langle v_i \,|\, v_j\rangle$$

$$= \sum_{i,j} \overline{x_i} g_{ij} y_j$$

$$= x^* G y$$

が成り立つ．また，$g_{ji} = \langle v_j \,|\, v_i\rangle = \overline{\langle v_i|v_j\rangle} = \overline{g_{ij}}$ が成り立つから G は実対称行列あるいはエルミート行列である．逆に $G \in M_n(K)$ について計量が式 (5.2.18) を充たしたとする．$v_1,\ldots,v_n$ の $\mathscr{V}$ に関する成分は K^n の基本ベクトルで与えられることから G は与えられた計量の $\mathscr{V}$ に関する表現行列であることが従う． □

$\{v_1,\ldots,v_n\}$ が正規直交基底であれば $G = E_n$ である．特に G の対角成分はすべて正である．一般に実対称行列あるいはエルミート行列から上の式で計量を定めるためには，これをもう少し緩めた条件が必要となる（命題 5.2.30）．

補題 5.2.19. $\mathscr{V}$ を V の基底とし，計量 $\langle \cdot \,|\, \cdot \rangle$ の $\mathscr{V}$ に関する表現行列が G であったとする．$\mathscr{W}$ を V の基底とし，P を $\mathscr{V}$ から $\mathscr{W}$ への変換行列とすると $\mathscr{W}$ に関する $\langle \cdot \,|\, \cdot \rangle$ の表現行列は $P^* G P$ である．

証明． 定義により $\mathscr{W} = \mathscr{V} P$ が成り立つ．$v,w \in V$ とし，v,w の $\mathscr{V}$ に関する成分をそれぞれ $x,y \in K^n$，$\mathscr{W}$ に関する成分をそれぞれ $x', y' \in K^n$ とする（$n = \dim V$）．すると $x = Px', y = Py'$ がそれぞれ成り立つので

$$\forall v,w \in V, \ \langle v \,|\, w\rangle = x^* G y = x'^* P^* G P y'$$

が成り立つ．よって $\mathscr{W}$ に関する $\langle \cdot \,|\, \cdot \rangle$ の表現行列は $P^* G P$ である． □

このことから正規直交基底の間の変換行列は特別な形をしていることが分かる．

補題 5.2.20. V を計量線型空間とし，$\mathscr{V}$ を V の正規直交基底とする．$\mathscr{W}$ を V の基底とし，P を $\mathscr{V}$ から $\mathscr{W}$ への変換行列とする．このとき，$\mathscr{W}$ が正規直交基底であることと $P \in \mathrm{O}_n$（$K = \mathbb{R}$ のとき）あるいは $P \in \mathrm{U}_n$（$K = \mathbb{C}$ のとき）が成り立つことは同値である．

証明． V の計量の $\mathscr{V}$ に関する表現行列は単位行列である．補題 5.2.19 により，V の計量の $\mathscr{W}$ に関する表現行列は P^*P である．したがって補題 5.2.16 により $\mathscr{W}$ が正規直交基底であることと，$P^*P = E_n$ が成り立つことは同値である．さらに，定理 1.5.27 からこれは $P^*P = PP^* = E_n$ と同値である．□

問 5.2.21. 命題 5.2.14 を補題 5.2.20 を用いて示せ．
ヒント：$\mathscr{V} = \{v_1, \ldots, v_n\}$ を K^n の基底とすると，標準基底から $\mathscr{V}$ への変換行列は $(v_1 \cdots v_n)$ で与えられる．

定理 5.2.22. V を計量線型空間とすると V には正規直交基底が存在する．より詳しく，$\mathscr{W} = \{w_1, \ldots, w_n\}$ を V の基底とすると（ただし $n = \dim V$）対角成分がすべて正の実数であるような上三角行列（定義 2.3.4）T が存在して，$\mathscr{V} = \mathscr{W}T$ と置くと $\mathscr{V}$ は正規直交基底となる[20]．

証明． 以下に示す方法をグラム–シュミットの**直交化法**と呼ぶ．まず対角成分がすべて 1 であるような上三角行列 T' であって，$\mathscr{V}' = \mathscr{W}T'$ と置くと $\mathscr{V}'$ が直交基底となるものを作る．もしこのような T' が作れれば，$\mathscr{V}' = \{v'_1, \ldots, v'_n\}$ として
$$T = T' \begin{pmatrix} \frac{1}{\|v'_1\|} & & \\ & \ddots & \\ & & \frac{1}{\|v'_n\|} \end{pmatrix}$$
とすれば T は求めるような行列である．さて，$\{w_1, \ldots, w_n\}$ は基底であるから $w_1 \neq o$ である．そこでまず $v'_1 = w_1$ と置く．ここで $t_{ij} \in K$（ただし $1 \leq i < j \leq k$）が，$v'_j = w_j + \sum_{i=1}^{j-1} t_{ij} w_i$ と置くと $\{v'_1, \ldots, v'_k\}$ が直交系であるように選べたとする．$k = n$ であれば補題 5.2.11 と系 4.2.3 により $\{v'_1, \ldots, v'_n\}$ は直交基底であり，作業はここで終わる．そこで $k < n$ とし，
$$v'_{k+1} = w_{k+1} - \sum_{i=1}^{k} \frac{\langle v'_i | w_{k+1} \rangle}{\langle v'_i | v'_i \rangle} v'_i$$
と置く．$\langle v'_1, \ldots, v'_k \rangle = \langle w_1, \ldots, w_k \rangle$ であることから，$v'_1, \ldots, v'_k, w_{k+1}$ は線型独立であるので $v'_{k+1} \neq o$ である．また，$v'_1, \ldots, v'_k$ が直交系であることから $j \leq k$ であれば
$$\langle v'_j | v'_{k+1} \rangle = \langle v'_j | w_{k+1} \rangle - \sum_{i=1}^{k} \frac{\langle v'_i | w_{k+1} \rangle}{\langle v'_i | v'_i \rangle} \langle v'_j | v'_i \rangle = \langle v'_j | w_{k+1} \rangle - \langle v'_j | w_{k+1} \rangle = 0$$

---

[20] $V = \{o\}$（つまり $n = 0$）だと後半の主張は意味をなさないが，この場合には空集合が正規直交基底である．確かめてみよ．以下の証明では $n \geq 1$ とする．

が成り立つ．したがって v'_{k+1} は $v'_1,\ldots,v'_k$ のいずれとも直交し，$\{v'_1,\ldots,v'_k\}$ は直交系である．帰納法の仮定から $v'_i \in \langle w_1,\ldots,w_i \rangle$ であるから $v'_{k+1} = w_{k+1} + \sum_{i=1}^{k} t_{i,k+1} w_i$ がある．$t_{i,k+1} \in K, 1 \leq i \leq k$, について成り立つ．よって帰納法により求めるような T' が得られる． □

注 5.2.23. 定理 5.2.22 の証明の記号をそのまま用いることにすると，$\forall k$, $\langle w_1,\cdots,w_k \rangle = \langle v'_1,\cdots,v'_k \rangle = \langle v_1,\cdots,v_k \rangle$ が成り立つ．

補題 5.2.24. $\dim V = n \geq 1$ とし，$w_1,\ldots,w_r \in V$ とする．また，$W = \langle w_1,\ldots,w_r \rangle$ とする．$s = \dim W$ とすると，V の正規直交基底 $\{v_1,\ldots,v_n\}$ を $W = \langle v_1,\ldots,v_s \rangle$ であるように選べる．特に $w_1,\ldots,w_r$ が直交系（正規直交系）であれば $r = s$ であり，$1 \leq i \leq s$ について $v_i = \dfrac{1}{\|w_i\|} w_i$ ($v_i = w_i$) とできる．

証明． 定理 4.1.19 により，必要であれば $w_1,\ldots,w_r$ の順序を入れ換えて $\{w_1,\ldots,w_s\}$ は W の基底としてよい．$\{w_1,\ldots,w_s,w'_{s+1}\ldots,w'_n\}$ をこれを拡大して得られる V の基底とする．この基底にグラム–シュミットの方法を用いて得られる基底を $\{v_1,\ldots,v_n\}$ とすればこれが求める基底の一つである．後半は容易なので省略する． □

系 5.2.25. （QR 分解）　$A \in \mathrm{GL}_n(K)$ とすると，$A = UT, U \in \mathrm{U}_n, T$ は正則な上三角行列，と書ける．T の対角成分は正の実数とすることができて，この条件の下で分解は一意的である．また，$K = \mathbb{R}$ のときには $U \in \mathrm{O}_n$ とすることができる．このような分解を **QR 分解**[21]と呼ぶ．

証明． K^n に標準計量をいれる．$A = (a_1 \cdots a_n)$ とすると，$A \in \mathrm{GL}_n(K)$ であるから $\mathscr{W} = \{a_1,\ldots,a_n\}$ は K^n の基底である．そこで $\mathscr{W}$ をグラム–シュミットの方法で直交化すれば，対角成分がすべて正の実数であるような上三角行列 S が存在して $\mathscr{W}S$ は正規直交基底である．$\mathscr{W}S = AS$ であるから，命題 5.2.14 により $U = AS$ と置けば U はユニタリ行列 ($K = \mathbb{C}$ のとき) あるいは直交行列 ($K = \mathbb{R}$ のとき) である．$T = S^{-1}$ とすると T も対角成分

---

[21]　もともとは行列 P を Q と R の積に分解するとして，$P = QR$ と書くことが多いから QR 分解と呼ぶと聞いているが，本当のところは不明にして知らない．

がすべて正の実数であるような上三角行列であって $A = UT$ が成り立つ. さて, $A = U_1T_1 = U_2T_2$ をともに QR 分解とし, T_1, T_2 の対角成分は正の実数であるとする. $U_2^{-1}U_1 = T_2T_1^{-1}$ が成り立つので, この等しい行列を X とすると, X は上三角行列であるようなユニタリ行列である. よって X は対角行列であって, その成分の大きさは 1 である (問 5.2.26). $T_2T_1^{-1}$ の対角成分は正の実数であるから, $X = E_n$ が成り立つ. □

A が正則ではないときにも同様の分解が取れるが一意性は必ずしも成り立たない (問 5.6.2).

問 5.2.26. X を直交行列あるいはユニタリ行列とし, しかも上三角行列であったとする. $X = (x_{ij})$ と成分で表したとき, $x_{ij} = 0$ $(i \neq j)$ かつ $|x_{ii}| = 1$ が成り立つことを示せ.

問 5.2.27. V, W を K-線型空間とし, $\langle \cdot | \cdot \rangle_W$ を W の計量とする. また, $f: V \to W$ を単射な K-線型写像とする. $v_1, v_2 \in V$ に対して $\langle v_1 | v_2 \rangle_V = \langle f(v_1) | f(v_2) \rangle_W$ と置くと, $\langle \cdot | \cdot \rangle_V$ は V の計量であることを示せ.

定理 5.2.28. $\mathscr{V}$ を V の基底とすると, $\mathscr{V}$ が正規直交基底であるような V の計量が一意的に存在する.

証明. $\mathscr{V} = \{v_1, \ldots, v_n\}$ とする. $g_{\mathscr{V}}: K^n \to V$ をいつものように定め, $f = g_{\mathscr{V}}^{-1}$ とする. $\langle \cdot | \cdot \rangle$ を K^n の標準計量とし, $v, w \in V$ について $\langle v | w \rangle_V = \langle f(v) | f(w) \rangle$ と置けば問 5.2.27 により $\langle \cdot | \cdot \rangle_V$ は V の計量である. 定め方から $\mathscr{V}$ は $\langle \cdot | \cdot \rangle_V$ に関する正規直交基底である. また, $\langle \cdot | \cdot \rangle_V'$ も $\mathscr{V}$ を正規直交基底とするような計量であるとすると, $v = \sum_{i=1}^n x_i v_i, w = \sum_{j=1}^n y_j v_j$ のとき, $\langle v | w \rangle_V' = \sum_{i=1}^n \overline{x_i} y_i = \langle v | w \rangle_V$ が成り立つので, $\langle \cdot | \cdot \rangle_V$ と $\langle \cdot | \cdot \rangle_V'$ は等しい. □

実対称行列やエルミート行列で一定の条件を充たすものを G とすると, 式 (5.2.18) は計量を与える. 結論を述べる前に一つ用語を定義する.

定義 5.2.29. $G \in M_n(K)$ とする. G の左上の k 行 k 列を取り出して得られる k 次行列を**第 k 主座小行列**と呼ぶ.

命題 5.2.30. $\mathscr{V} = \{v_1, \ldots, v_n\}$ を V の基底とし，$G \in M_n(K)$ を計量の $\mathscr{V}$ に関する表現行列とする．G_k を G の第 k 主座小行列とすると $\det G_k > 0$ が $k = 1, \ldots, n$ について成り立つ．逆に，実対称行列（エルミート行列）G であって，$\det G_k > 0$ が $k = 1, \ldots, n$ について成り立つものが与えられたとき，補題 5.2.17 の式 (5.2.18) で $\langle \cdot | \cdot \rangle$ を定めれば計量が得られる．

証明． $\mathscr{W} = \{w_1, \ldots, w_n\}$ を V の正規直交基底とする．P を $\mathscr{V}$ から $\mathscr{W}$ への変換行列とすれば $P^*GP = E_n$ が成り立つ．したがって $|\det P|^2 \det G = 1$ が成り立つので $\det G > 0$ である．$V_k = \langle v_1, \ldots, v_k \rangle$ とする．$\langle \cdot | \cdot \rangle$ の V_k への制限（V_k の元しか代入しないことにしたもの）は V_k の計量であるが，これは $\{v_1, \ldots, v_k\}$ に関して G_k で表現されるから $\det G_k > 0$ が成り立つ．逆に，G が $\det G_i > 0$ を $i = 1, \ldots, n$ について充たしたとする．$\langle \cdot | \cdot \rangle$ を式 (5.2.18) で定めれば（半）双線型性や対称性（共役対称性）が成り立つことは容易に確かめることができる．そこで正値性を示す．$\mathscr{V}_k = \{v_1, \ldots, v_k\}$, $V_k = \langle v_1, \ldots, v_k \rangle$ と置く．$\langle \cdot | \cdot \rangle$ を V_k に制限したものを $\langle \cdot | \cdot \rangle_k$ とすると，これは G_k と $\mathscr{V}_k$ を用いて式 (5.2.18) により定めたと考えることができる．$k = 1$ とし，$v \in V_1$ を $v = \lambda v_1$ と表せば $\langle v | v \rangle_1 = |\lambda|^2 g_{11} \geq 0$ が成り立つ．等号が成り立つのは $v = o$ のとき，そのときのみであるから $\langle \cdot | \cdot \rangle_1$ は V_1 の計量である．そこで $1 \leq l \leq k$ のとき $\langle \cdot | \cdot \rangle_l$ は V_l の計量であるとすると，定理 5.2.22 により，対角成分がすべて正の実数であるような上三角行列 T が存在して $\{w_1, \ldots, w_k\} = \{v_1, \ldots, v_k\}T$ は V_k の正規直交基底である．$\mathscr{V}'_{k+1} = \{w_1, \ldots, w_k, v_{k+1}\}$ と置けば $\mathscr{V}'_{k+1}$ は V_{k+1} の基底であって，$T' = T \oplus (1)$ とすると $\mathscr{V}'_{k+1} = \mathscr{V}_{k+1} T'$ が成り立つ．そこで $x, y \in K^{k+1}$ を $v, w \in V_{k+1}$ の $\mathscr{V}'_{k+1}$ に関する成分とすると $\langle v | w \rangle_{k+1} = x^*(T')^* G_{k+1} T' y$ が成り立つ．ここで $(T')^* G_{k+1} T' = \begin{pmatrix} E_k & a \\ a^* & b \end{pmatrix}$ と置く．a の第 i 成分を a_i とすると $\det(T')^* G_{k+1} T' = b - |a_1|^2 - \cdots - |a_k|^2$ が成り立つ．$\det G_{k+1} > 0$, $\det T' = \det T > 0$ であるから $b - |a_1|^2 - \cdots - |a_k|^2 > 0$ が成り立つ．ここで $v \in V_{k+1}$ とし，v の $\mathscr{V}'_{k+1}$ に関する成分を $x = (x_i) \in K^{k+1}$ とすると，$\langle v | v \rangle_{k+1} = x^*(T')^* G_{k+1} T' x = \sum_{j=1}^{k}(|x_j|^2 + a_j \overline{x_j} x_{k+1}) + \sum_{j=1}^{k} \overline{a_j} \overline{x_{k+1}} x_j + b|x_{k+1}|^2 = \sum_{j=1}^{k} |x_j + a_j x_{k+1}|^2 + (b - |a_1|^2 - \cdots - |a_k|^2)|x_{k+1}|^2 \geq 0$ が成り立つ．$\langle v | v \rangle_{k+1} = 0$ となるのは，$1 \leq \forall j \leq k$, $x_j + a_j x_{k+1} = 0$

かつ $x_{k+1} = 0$ が成り立つとき，そのときのみであるが，この条件は $1 \le \forall j \le k+1$, $x_j = 0$ と同値であるから，結局 $v = o$ と同値である．したがって $\langle \cdot | \cdot \rangle$ は V_{k+1} の計量を定める．帰納法により $\langle \cdot | \cdot \rangle$ は V の計量を定める． □

系 5.2.31. （命題 6.6.20 も参照のこと） G を n 次のエルミート行列（実対称行列）とし，$\det G_k > 0$ が $k = 1, \ldots, n$ について成り立つとする．ここで G_k は G の第 k 主座小行列である．このとき，正則な下三角行列 L で対角成分が正の実数であるようなものが一意的に存在して $G = LL^*$ が成り立つ．このような分解を**コレスキー分解**と呼ぶ．

証明． 命題 5.2.30 により G は K^n の計量を定める．この計量に関する正規直交基底を，K^n の標準基底からグラム–シュミットの方法で構成して $\{p_1, \ldots, p_n\}$ とする．$P = (p_1 \cdots p_n)$ と置けば，P は対角成分が正の実数であるような上三角行列であって $P^*GP = E_n$ が成り立つ．$L = (P^{-1})^*$ と置けば L は条件を充たす．また，$G = LL^* = L'L'^*$ をともにコレスキー分解とする．$L'^{-1}L = L'^*L^{*-1}$ が成り立つが，左辺は下三角行列であり，右辺は上三角行列であるから等しい両辺は対角行列である．L の対角成分を $a_1, \ldots, a_n$, L' の対角成分を $b_1, \ldots, b_n$ とすると，左辺の対角成分は $b_1^{-1}a_1, \ldots, b_n^{-1}a_n$, 右辺の対角成分は $b_1a_1^{-1}, \ldots, b_na_n^{-1}$ なので，$b_i^{-1}a_i = b_ia_i^{-1}$ が $i = 1, \ldots, n$ について成り立つ．したがって $a_i^2 = b_i^2$ であるが，a_i, b_i はともに正だから $a_i = b_i$ が成り立つ．すると，$L'^{-1}L = L'^*L^{*-1} = E_n$ が成り立つから $L = L'$ である． □

5.3 計量線型空間に関わる種々の写像

定義 5.3.1. $(V, \langle \cdot | \cdot \rangle_V), (W, \langle \cdot | \cdot \rangle_W)$ を計量線型空間，$f \colon V \to W$ を線型写像とする．線型写像 $g \colon W \to V$ であって，

$$\forall v \in V, \forall w \in W, \langle w | f(v) \rangle_W = \langle g(w) | v \rangle_V$$

が成り立つものを f の**随伴写像**と呼び f^* で表す．また，特に $V = W$ であって，f を V の線型変換と考えるときには f^* を f の**随伴変換**あるいは**共役**と呼ぶ．

5.3 計量線型空間に関わる種々の写像 | 195

補題 5.3.2. V, W を計量線型空間とし，$f: V \to W$ を線型写像とする．すると f の随伴写像が一意的に存在する．また，$\mathscr{V}, \mathscr{W}$ を V, W の正規直交基底とし，A を $\mathscr{V}, \mathscr{W}$ に関する表現行列とすると，f^* の $\mathscr{W}, \mathscr{V}$ に関する表現行列は A^* である[†22]．特に $V = K^n, W = K^m$ であって標準計量を考えているときには，f の標準基底に関する表現行列を A とすれば f^* は $f^*(v) = A^*v$ で与えられる．

証明． $h: W \to V$ も f の随伴写像であったとする．$w \in W$ のとき $v = g(w) - h(w)$ と置くと，$\|g(w) - h(w)\|_V^2 = \langle g(w) - h(w) | v \rangle_V = \langle g(w) | v \rangle_V - \langle h(w) | v \rangle_V = \langle w | f(v) \rangle_W - \langle w | f(v) \rangle_W = 0$ が成り立つので $g(w) = h(w)$ である．よって随伴写像は存在すれば一意的である．ここで $\mathscr{V} = \{v_1, \ldots, v_n\}, \mathscr{W} = \{w_1, \ldots, w_m\}$ とする．f が $\mathscr{V}, \mathscr{W}$ に関して $A = (a_{ij})$ により表現されるということは，$v \in V$ が $v = \sum_{j=1}^n y_j v_j$ と表されたとするとき，$f(v) = \sum_{\substack{1 \leq k \leq m \\ 1 \leq j \leq n}} a_{kj} y_j w_k$ が成り立つということである．これを踏まえて $w = x_1 w_1 + \cdots + x_m w_m \in W$ のとき $g(w) = \sum_{\substack{1 \leq k \leq n \\ 1 \leq i \leq m}} \overline{a_{ik}} x_i v_k$ と置く．g は $\mathscr{W}, \mathscr{V}$ に関する表現行列が A^* であるような線型写像である．すると，

$$\langle g(w) | v \rangle_V = \left\langle \sum_{i,k} \overline{a_{ik}} x_i v_k \middle| \sum_j y_j v_j \right\rangle_V = \sum_{i,j,k} a_{ik} \overline{x_i} y_j \langle v_k | v_j \rangle_V = \sum_{i,j} a_{ij} \overline{x_i} y_j$$

が成り立つが，一方，

$$\langle w | f(v) \rangle_W = \left\langle \sum_i x_i w_i \middle| \sum_{k,j} a_{kj} y_j w_k \right\rangle_W = \sum_{i,j,k} a_{kj} \overline{x_i} y_j \langle w_i | w_k \rangle_W = \sum_{i,j} a_{ij} \overline{x_i} y_j$$

が成り立つので $g = f^*$ である． □

補題 5.3.3. $f^{**} = (f^*)^*$ と定める．すると $f^{**} = f$ が成り立つ．

証明． $\forall v \in V, \forall w \in W, \langle w | f^{**}(v) \rangle_W = \overline{\langle f^{**}(v) | w \rangle_W} = \overline{\langle v | f^*(w) \rangle_V} = \langle f^*(w) | v \rangle_V = \langle w | f(v) \rangle_W$ が成り立つ．よって問 5.1.6 により $f^{**} = f$ である． □

[†22] $K = \mathbb{R}$ のときには $A \in M_n(\mathbb{R})$ であるから $A^* = {}^t\! A$ である．定理 4.4.32 との類似に注意せよ．また，問 7.3.7, 7.3.8 も参照のこと．

補題 5.3.4. V, W, U を計量線型空間とし，$f\colon V \to W$, $U\colon W \to U$ を線型写像とする．すると $(g \circ f)^* = f^* \circ g^*$ が成り立つ．また，$\mathrm{id}_V\colon V \to V$ について $(\mathrm{id}_V)^* = \mathrm{id}_V$ が成り立つ．

定義 5.3.5. $(V, \langle\,\cdot\,|\,\cdot\,\rangle_V)$, $(W, \langle\,\cdot\,|\,\cdot\,\rangle_W)$ をそれぞれ計量線型空間とする．K-線型写像 $f\colon V \to W$ が**計量を保つ**とは，任意の $v_1, v_2 \in V$ について

$$\langle f(v_1)\,|\,f(v_2)\rangle_W = \langle v_1\,|\,v_2\rangle_V$$

が成り立つことを言う．f が計量を保つ線型同型写像であるとき，特に**計量同型写像・等長写像**[†23]などと呼ぶ．また，$(V, \langle\,\cdot\,|\,\cdot\,\rangle_V) = (W, \langle\,\cdot\,|\,\cdot\,\rangle_W)$ であるときには，計量を保つ線型変換のことを**等長変換**[†24]あるいは**ユニタリ変換**（$K = \mathbb{C}$ のとき）・**直交変換**（$K = \mathbb{R}$ のとき）とも呼ぶ．

問 5.3.6. W を計量線型空間，V を線型空間とする．また，$f\colon V \to W$ を単射線型写像とし，V の計量を問 5.2.27 のように定める．このとき f は計量を保つ線型写像であることを示せ．

注 5.3.7. 特に，定理 5.2.28 によって，計量線型空間 W と V から W への線型同型写像から V の計量を作ると，これらの計量に関して f は計量同型写像である．

問 5.3.8. V, W を計量線型空間，$\langle\,\cdot\,|\,\cdot\,\rangle_V$, $\langle\,\cdot\,|\,\cdot\,\rangle_W$ をそれぞれ V, W の計量とする．
1) 線型とは限らない写像 $f\colon V \to W$ が計量を保つとする．すなわち，$\langle f(v_1)\,|\,f(v_2)\rangle_W = \langle v_1\,|\,v_2\rangle_V$ が任意の $v_1, v_2 \in V$ について成り立つとする．このとき f は K-線型写像であることを示せ．
ヒント： $\|f(av_1 + bv_2) - (af(v_1) + bf(v_2))\|^2$ を計算してみよ．
2) V, W における角を計量から（定義 5.1.12 により）定める．$f\colon V \to W$ が計量を保てば角を保つことを示せ．
3) $V = \mathbb{R}^n$, $W = \mathbb{R}^m$ とし，標準計量を考える．角を保つ線型写像 $f\colon V \to W$ であって，計量を保たないものの例を挙げよ．

[†23] 等長写像・等長変換は線型写像や線型変換に限らないもっと一般的な状況でもしばしば考える．
[†24] †23. に同じ．

注 5.3.9. $\mathbb{R}^n, \mathbb{R}^m$ に標準計量を入れる．$f\colon \mathbb{R}^n \to \mathbb{R}^m$ が角を保ってもそれだけでは必ずしも線型写像とは限らない．例えば $\mathbb{C} = \mathbb{R}^2$ 上でユークリッド計量を考えると，$\mathbb{C}$ から自分自身への写像 f が $z = x + \sqrt{-1}y$ のみの函数（正則函数）であれば f は角を保つ．証明には線型とは限らない函数や写像が角を保つことの定義などが必要になるのでここでは省略する．

注 5.3.10. 線型空間を離れ，より一般に距離が定まった空間を考えることができる．また，本書の意味での計量をより一般化したもの[†25]が定まっている空間を考えることができる．距離や計量を保つ写像をこのような場合にも考えることができるが，これらは一般には線型写像ではない．例えば，第 9 章には線型写像ではない等長写像が現れる．

命題 5.3.11. V, W を計量線型空間とし，$f\colon V \to W$ を線型写像とする．このとき，f が計量を保つことと $f^* \circ f = \mathrm{id}_V$ が成り立つことは同値である．特に，この同値な条件が充たされれば f は単射であり，f^* は全射である．

証明． 随伴写像の定義により $\forall v, w \in V$, $\langle f(v) \mid f(w) \rangle = \langle f^* \circ f(v) \mid w \rangle$ が成り立つ．一方，f が計量を保つならば $\forall v, w \in V$, $\langle f(v) \mid f(w) \rangle = \langle v \mid w \rangle$ が成り立つ．したがって，問 5.1.6 により f が計量を保つならば $\forall v \in V$, $f^* \circ f(v) = v$ が成り立つ．つまり $f^* \circ f$ は V の恒等写像である．逆に $f^* \circ f = \mathrm{id}_V$ が成り立つとすると，最初の式から $\forall v, w \in V$, $\langle f(v) \mid f(w) \rangle = \langle f^* \circ f(v) \mid w \rangle = \langle v \mid w \rangle$ が成り立つから，f は計量を保つ．また，この同値な条件が充たされれば補題 3.4.2 により f は単射であり，f^* は全射である． □

補題 5.3.12. V, W を計量線型空間とし，$\dim V = \dim W < +\infty$ とする．すると，$f\colon V \to W$ が計量を保つ線型写像であれば f は線型同型写像である．

証明． 命題 5.3.11 により $f^* \circ f = \mathrm{id}_V$ が成り立つ．$\dim V = \dim W < +\infty$ と仮定しているから定理 4.4.26 により f は線型同型写像である． □

命題 5.3.13. $f\colon V \to W$ が計量を保つ線型同型写像であるならば f^{-1} も計量を保つ線型同型写像である．また，$f^* = f^{-1}$ が成り立つ．特に f^* も計量を保つ線型同型写像である．

[†25.] 多様体上のリーマン計量など．

証明. f が計量を保つ線型同型写像であるとする．このとき，$w_1, w_2 \in W$ とすると $\langle f^{-1}(w_1) | f^{-1}(w_2) \rangle = \langle f(f^{-1}(w_1)) | f(f^{-1}(w_2)) \rangle = \langle w_1 | w_2 \rangle$ が成り立つから f^{-1} も計量を保つ線型同型写像である．また，命題 5.3.11 により $f^* \circ f = \mathrm{id}_V$ が成り立つので，$f^{-1} = \mathrm{id}_V \circ f^{-1} = f^* \circ f \circ f^{-1} = f^*$ が成り立つ．したがって $f^* = f^{-1}$ であって，f^* も計量を保つ線型同型写像である． □

定理 5.3.14. V を有限次元計量線型空間とし，f を V の線型変換とする．このとき以下の条件は同値である．

1) f は計量を保つ．
2) $f^* \circ f = f \circ f^* = \mathrm{id}_V$ が成り立つ．
3) V のある正規直交基底に関して f は直交行列（ユニタリ行列）で表される．
4) V の任意の正規直交基底に関して f は直交行列（ユニタリ行列）で表される．

特に $V = K^n$ であって，標準計量（標準エルミート計量）を考えているときには f の標準基底に関する表現行列は直交行列（ユニタリ行列）である．

証明. 1) ⇔ 2) の証明．命題 5.3.11，補題 5.3.12 と命題 5.3.13 により 1) と 2) は同値である．

2) ⇒ 4) の証明．$\mathscr{V} = \{v_1, \ldots, v_n\}$ を V の正規直交基底とし，f の $\mathscr{V}$ に関する表現行列を A とする．補題 5.3.2 より $\mathscr{V}$ に関する f^* の表現行列は A^* であるが，一方，恒等写像 id_V は常に単位行列で表されるから $A^*A = AA^* = E_n$ が成り立つ．すなわち A は直交行列（ユニタリ行列）である．

4) ⇒ 3) の証明．3) は 4) の特別な場合であるから 4) ⇒ 3) が成り立つ．

3) ⇒ 2) の証明．V のある正規直交基底 $\mathscr{V} = \{v_1, \ldots, v_n\}$ に関して f が直交行列（ユニタリ行列）$A = (a_{ij})$ で表示されたとする．すると f^* は A^* により表されるので，$f^* \circ f$ は A^*A により，$f \circ f^*$ は AA^* によりそれぞれ表される．仮定から $A^*A = AA^* = E_n$ であるから $f^* \circ f = f \circ f^* = \mathrm{id}_V$ が成り立つ． □

例 5.3.15. 補題 5.3.12，命題 5.3.13 や定理 5.3.14 は V が有限次元でないと一般には成り立たない．例えば $V = \mathbb{R}[x]$ とする．V の元 φ, ψ について，

$\varphi(x) = \sum\limits_{i=0}^{r} \varphi_i x^i$, $\psi(x) = \sum\limits_{i=0}^{s} \psi_i x^i$ のとき，

$$\langle \varphi \mid \psi \rangle = \sum_{i=0}^{\max\{r,s\}} \varphi_i \psi_i$$

と定めると，$\langle \cdot \mid \cdot \rangle$ は V の計量である[†26]．一方，$f\colon V \to V$ を $f(\varphi)(x) = x\varphi(x) = \sum\limits_{i=0}^{r} \varphi_i x^{i+1} = \sum\limits_{i=1}^{r+1} \varphi_{i-1} x^i$ と定めると，

$$\langle f(\varphi) | f(\psi) \rangle = \sum_{i=1}^{\max\{r,s\}+1} \varphi_{i-1} \psi_{i-1} = \sum_{i=0}^{\max\{r,s\}} \varphi_i \psi_i = \langle \varphi \mid \psi \rangle$$

が成り立つから，f は V の計量を保つ．さて，$f(\psi)$ の定数項は 0 であることに注意すると，

$$\langle \varphi | f(\psi) \rangle = \sum_{i=1}^{\max\{r,s+1\}} \varphi_i \psi_{i-1}$$

が成り立つから，$f^*(\varphi)(x) = \dfrac{\varphi(x) - \varphi_0}{x} = \sum\limits_{i=1}^{r} \varphi_i x^{i-1} = \sum\limits_{i=0}^{r-1} \varphi_{i+1} x^i$ である．実際，この写像を仮に g とすると，

$$\langle g(\varphi) | \psi \rangle = \sum_{i=0}^{\max\{r-1,s\}} \varphi_{i+1} \psi_i = \sum_{i=1}^{\max\{r,s+1\}} \varphi_i \psi_{i-1}$$

だから確かに $g = f^*$ である．すると，

$$f^* \circ f(\varphi)(x) = f^*(x\varphi(x)) = \frac{x\varphi(x) - 0}{x} = \varphi(x)$$

だから $f^* \circ f = \mathrm{id}_V$ である．一方，

$$f \circ f^*(\varphi)(x) = f\left(\frac{\varphi(x) - \varphi_0}{x}\right) = \sum_{i=1}^{s} \varphi_i x^i = \varphi(x) - \varphi_0$$

だから $f \circ f^* \neq \mathrm{id}_V$ である．

定理 5.3.16. $(V, \langle \cdot \mid \cdot \rangle_V)$, $(W, \langle \cdot \mid \cdot \rangle_W)$ をそれぞれ計量線型空間とする．すると V から W への計量同型写像が存在する（一意的とは限らない）．

[†26] 各自確かめてみよ．実際には $\max\{r,s\}$ を $\min\{r,s\}$ に置き換えても同じである．これも確かめてみよ．

証明. $\{v_1,\ldots,v_n\}$, $\{w_1,\ldots,w_n\}$ をそれぞれ V, W の正規直交基底とする. $f\colon V \to W$ を条件 $f(v_i) = w_i$ により定めればよい. □

定義 5.3.17. V を計量線型空間, f を V の線型変換とする. f が**対称変換**（$K = \mathbb{R}$ のとき）あるいは**エルミート変換**（$K = \mathbb{C}$ のとき）であるとは, $\forall v, w \in V$, $\langle f(v) | w \rangle = \langle v | f(w) \rangle$ が成り立つことを言う. また, f が**歪対称変換**（$K = \mathbb{R}$ のとき）あるいは**歪エルミート変換**（$K = \mathbb{C}$ のとき）であるとは, $\forall v, w \in V$, $\langle f(v) | w \rangle = -\langle v | f(w) \rangle$ が成り立つことを言う.

対称（歪対称）変換やエルミート（歪エルミート）変換は対称（歪対称）行列やエルミート（歪エルミート）行列と関連が深い.

定理 5.3.18. V を計量線型空間, f を V の線型変換とする. f が V のエルミート変換（対称変換）であることと $f^* = f$ が成り立つことは同値である. また, V が有限次元であれば以下の条件は同値である.

1) f はエルミート変換（対称変換）である.
2) $f^* = f$ が成り立つ.
3) V のある正規直交基底に関して f はエルミート行列（対称行列）で表される.
4) V の任意の正規直交基底に関して f はエルミート行列（対称行列）で表される.

特に $V = K^n$ であって標準エルミート計量（標準計量）を考えているときには f を自然に行列で表せばエルミート行列（対称行列）で表される. また, エルミート変換（対称変換）の代わりに歪エルミート変換（歪対称変換）を考えたときには, 条件 $f^* = f$ を $f^* = -f$ に置き換えれば全く同様のことが成り立つ.

定理 5.3.18 の証明は定理 5.3.14 の証明と同様にできるから省略する.

5.4 計量線型空間の部分線型空間と直交射影

この節では V を K-線型空間, $\langle \cdot | \cdot \rangle$ を V の計量とする.

補題 5.4.1. W_1 と W_2 が直交すれば, $W_1 \cap W_2 = \{o\}$ である. 特に $W_1 + W_2$

は直和 $W_1 \oplus W_2$ である.

証明. $w \in W_1 \cap W_2$ とすると,$\langle w | w \rangle = 0$ だから $w = o$ である. □

定義 5.4.2. $W_1, W_2 \subset V$ が直交しているとき,和空間 $W_1 + W_2$ を **直交直和** と呼び,本書では,
$$W_1 \oplus W_2 \quad (\text{直交直和})$$
と表す.

定義 5.4.3. $W \subset V$ を部分線型空間とする.W の V における補空間(定義 3.2.22)U であって,W と直交する(定義 5.1.8)ものを W の **直交補空間** と呼び,$W^\perp$ で表す.

特に $W \cap W^\perp = \{o\}$ が成り立つ.後で $W^\perp$ をもう少し具体的に与える(定理 5.4.10).

補題 5.4.4. 直交補空間は存在すれば一意的である.つまり,$V = W \oplus U = W \oplus U'$(ともに直交直和)が成り立てば $U = U'$ が成り立つ.

証明. $u \in U$ とする.直和分解 $V = W \oplus U'$ に対応して $u = w + u', w \in W, u' \in U'$ と表す.すると $0 = \langle w | u \rangle = \langle w | w + u' \rangle = \|w\|^2$ が成り立つ.したがって $u = u' \in U'$ が成り立つので $U \subset U'$ である.同様に $U' \subset U$ が成り立つ. □

系 5.4.5. W を V の部分線型空間とし,$W^\perp$ を W の直交補空間とすると $(W^\perp)^\perp = W$ が成り立つ.

証明. $V = W^\perp \oplus W = W^\perp \oplus (W^\perp)^\perp$(ともに直交直和)であるから,補題 5.4.4 により $W = (W^\perp)^\perp$ である. □

定義により $V = W \oplus W^\perp$ が成り立つが,一方,3.9 節(定理 3.9.3)で示したように直和分解と V から W への射影(定義 3.9.1)は一対一に対応する.これを $W^\perp$ は(存在すれば)W と計量から定まる(定理 5.4.10)こととあわせると,計量線型空間においては W から射影が定まることが分かる.しかし,一般の線型空間 V においては部分線型空間 $W \subset V$ が与えられても V の元から自然に W の元を定める方法は存在しない.実際 $U \neq U'$ であっ

て $V = W \oplus U = W \oplus U'$ が成り立つような部分線型空間 U, U' が一般には存在する（注 3.2.23）．このことは W から射影が定まるためには V に計量が定まっていることが実際に必要であることを意味する．これらの事情は鏡映（定義 5.5.5）についても同様である．

W と計量から射影を定めるには，例えば次のようにすればよい．

定義 5.4.6. $W \subset V$ を部分線型空間とする．このとき線型写像 $p \colon V \to W$ を次のように定める．まず $W = \{o\}$ のときには $p = 0$ とする．$W \neq \{o\}$ のときには $\{w_1, \ldots, w_r\}$ を W の正規直交基底とし，$p(v) = \sum_{i=1}^{r} \langle w_i \mid v \rangle w_i$ とする．このように定めた p を W への**直交射影**あるいは**正射影**と呼ぶ[27]．

直交射影は線型写像である[28]．

問 5.4.7.
1) 定義 5.4.6 において，$\{w'_1, \ldots, w'_r\}$ を W の直交基底とする．このとき，$p'(v) = \sum_{i=1}^{r} \dfrac{\langle w'_i \mid v \rangle}{\langle w'_i \mid w'_i \rangle} w'_i$ と定めると $p' = p$ が成り立つことを示せ．
2) 定理 5.2.22 の証明において w_{i+1} から v'_{i+1} を作ったが，p_i を $\langle w_1, \ldots, w_i \rangle$ への直交射影とすれば $v'_{i+1} = w_{i+1} - p_i(w_{i+1})$ が成り立つことを示せ（定理 5.4.10 も参照のこと）．

補題 5.4.8. W への直交射影は W の正規直交基底の選び方に依らず定まる．

証明． $\{w'_1, \ldots, w'_r\}$ を W の正規直交基底とし，$\{w_1, \ldots, w_r\}$ から $\{w'_1, \ldots, w'_r\}$ への基底の変換行列を P とする．$(w'_1 \cdots w'_r) = (w_1 \cdots w_r)P$ であるので補題 5.2.20 から $(w'_1 \cdots w'_r)P^* = (w_1 \cdots w_r)$ も成り立つ．P の成分を p_{ij} とすると，$\langle w'_j \mid v \rangle = \left\langle \sum_{i=1}^{r} p_{ij} w_i \mid v \right\rangle = \sum_{i=1}^{r} \overline{p_{ij}} \langle w_i \mid v \rangle$ だから $\sum_{j=1}^{r} \langle w'_j \mid v \rangle w'_j = \sum_{j=1}^{r} \left(\sum_{i=1}^{r} \overline{p_{ij}} \langle w_i \mid v \rangle \right) w'_j = \sum_{i=1}^{r} \langle w_i \mid v \rangle \left(\sum_{j=1}^{r} \overline{p_{ij}} w'_j \right) = \sum_{i=1}^{r} \langle w_i \mid v \rangle w_i$ が成り立つ．　□

問 5.4.9. 問 5.4.7 のように，直交基底から正射影を作っても，得られる正射影は直交基底の選び方に依らず定まることを示せ．

---
[27] 式をみるとわかるように，W が無限次元の場合には $p(v)$ の定義には収束に関する困難が生じる．ここではこのような場合は考えない．
[28] 計量を注 5.1.3 のように定めるのであれば，定義 5.4.6 において $\langle w_i \mid v \rangle$ は $\langle v \mid w_i \rangle$ としなければならない．

定理 5.4.10. V を計量線型空間とし，$W \subset V$ を部分線型空間とする．W' を W と直交する V の元全体からなる V の部分集合とする．すなわち，

$$W' = \{v \in V \mid \forall w \in W, \langle w|v \rangle = 0\}$$

と置く．すると W' は V の部分線型空間であって，以下が成り立つ．

1) $W + W'$ は直交直和である．また，$W^\perp$ が存在すれば $W' = W^\perp$ が成り立つ．

2) $\dim V < +\infty$ とする[29]．このとき $W^\perp$ が存在する（したがって $W' = W^\perp$ が成り立つ）．また，p を W への直交射影とし，$q(v) = v - p(v)$ と定めれば $q(v) \in W^\perp$ が成り立ち，q は $W^\perp$ への直交射影である．さらに，$W = \mathrm{Im}\, p = \mathrm{Ker}\, q$, $W^\perp = \mathrm{Ker}\, p = \mathrm{Im}\, q$, $q \circ p = p \circ q = 0$, $p^2 = p$, $q^2 = q$ がそれぞれ成り立つ（p, q はそれぞれ W, $W^\perp$ への射影（定義 3.9.1）であって，p, q は完全系（定義 3.9.4）をなす）．

証明． <u>1) の証明．</u> $o \in W'$ であるから $W' \neq \varnothing$ である．$w \in W$ とする．$v_1, v_2 \in W'$ とすると $\langle w|v_1+v_2 \rangle = \langle w|v_1 \rangle + \langle w|v_2 \rangle = 0+0 = 0$ が成り立つ．よって $v_1 + v_2 \in W'$ である．同様に，$v \in W'$, $\lambda \in K$ とすると $\lambda v \in W'$ が成り立つから W' は部分線型空間である．また，W と W' は直交するから，補題 5.4.1 により $W + W'$ は直和である．ここで $W^\perp$ が存在するとする．$w' \in W'$ とし，直和分解 $V = W \oplus W^\perp$ に応じて $w' = w + u$, $w \in W$, $u \in W^\perp$ と表す．すると，$0 = \langle w|w' \rangle = \langle w|w+u \rangle = \|w\|^2$ が成り立つから $w' = u$ が成り立つ．よって $W' \subset W^\perp$ である．一方，$W^\perp$ の元は W と直交するから $W^\perp \subset W'$ が成り立つ．したがって $W' = W^\perp$ が成り立つ．

<u>2) の証明．</u> $\dim V < +\infty$ とする．$\{w_1, \ldots, w_r\}$ を W の正規直交基底とする．$\forall j,\, p(w_j) = w_j$ が成り立つので $W = \mathrm{Im}\, p$ が成り立つ．また，$\forall j,\, \langle w_j|p(v) \rangle = \langle w_j|v \rangle$ が成り立つので $p^2 = p$ が成り立つ．よって $q \circ p = (\mathrm{id}_V - p) \circ p = p - p^2 = 0$ および $p \circ q = p \circ (\mathrm{id}_V - p) = p - p^2 = 0$ が成り立つ．また，$q^2 = (\mathrm{id}_V - p)^2 = \mathrm{id}_V - 2p + p^2 = \mathrm{id}_V - p = q$ が成り立つ．$v \in \mathrm{Im}\, p$ とし，$v = p(u)$, $u \in V$, と表す．すると $q(v) = q(p(u)) = o$ が成り立つので $\mathrm{Im}\, p \subset \mathrm{Ker}\, q$ である．逆に $v \in \mathrm{Ker}\, q$ とすると $v = p(v)$ が成り立つの

---

[29] 本節では V は有限次元と仮定しているので本来はわざわざこの仮定を記す必要はないが，ここではとりわけ重要なのであえて記した．なお，この仮定はもっと弱くできる．

で $\operatorname{Ker} q \subset \operatorname{Im} p$ が成り立つ．よって $W = \operatorname{Im} p = \operatorname{Ker} q$ が成り立つ．一方，$\forall j$, $\langle w_j | q(v) \rangle = \langle w_j | v \rangle - \langle w_j | p(v) \rangle = 0$ が成り立つので $q(v) \in W'$ である．したがって $v = p(v) + q(v) \in W + W'$ であるから $V = W + W'$ が成り立つ．定め方から $W' \perp W$ なので W' は W の直交補空間である．よって $W^{\perp}$ が存在して $W^{\perp} = W'$ が成り立つ．また $\{w_1, \ldots, w_n\}$ を $\{w_1, \ldots, w_r\}$ を拡大して得られる V の正規直交基底とすると $\{w_{r+1}, \ldots, w_n\}$ は $W^{\perp}$ の正規直交基底である．すると $v = \sum_{i=1}^{n} \langle w_i | v \rangle w_i = p(v) + \sum_{i=r+1}^{n} \langle w_i | v \rangle w_i$ が成り立つことから $q(v) = v - p(v) = \sum_{i=r+1}^{n} \langle w_i | v \rangle w_i$ が従う．定義 5.4.6 により q は $W^{\perp}$ への直交射影である．$W^{\perp} = \operatorname{Im} q = \operatorname{Ker} p$ が成り立つことは W に関する主張と同様に示せる． □

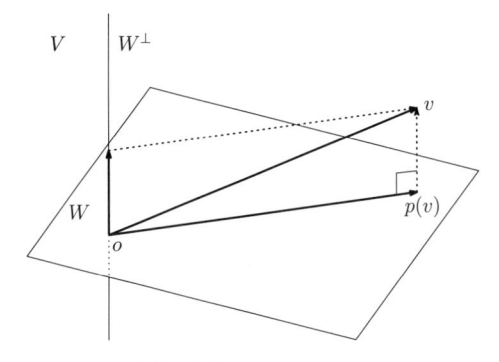

図 5.1. $V = W \oplus W^{\perp}$（直交直和）が成り立つ．$v \in V$ の W への射影による像 ($p(v)$ とする) は v から W に下ろした垂線の足と考えることができる．3.9 節で考えた線型空間には角度の概念が定まっていないので $W^{\perp}$ は自然には定まらない．そこで，代わりに直和分解 $V = W \oplus U$ を固定する必要があった（図 3.2）．

問 5.4.11. 定理 5.4.10 の 2) において，$W = \{v \in V \mid v = p(v)\}$, $W^{\perp} = \{v \in V \mid v = q(v)\}$ がそれぞれ成り立つことを示せ．

射影については 5.5 節でもう少し触れる．

補題 5.4.12. $W_1, W_2 \subset V$ を部分線型空間とすると，以下が成り立つ．
  1) $W_1 \subset W_2$ ならば $W_2^{\perp} \subset W_1^{\perp}$．
  2) $(W_1 + W_2)^{\perp} = W_1^{\perp} \cap W_2^{\perp}$．

3) $(W_1 \cap W_2)^\perp = W_1^\perp + W_2^\perp$.

証明. 1) は補題 5.4.4 と同様に示せる．$(W_1 + W_2)^\perp \subset W_1^\perp$，$(W_1 + W_2)^\perp \subset W_2^\perp$ が成り立つから $(W_1 + W_2)^\perp \subset W_1^\perp \cap W_2^\perp$ である．$u \in W_1^\perp \cap W_2^\perp$ とする．$w \in W_1 + W_2$ とすれば $w_1 \in W_1, w_2 \in W_2$ が存在して $w = w_1 + w_2$ が成り立つから $\langle w|u \rangle = \langle w_1|u \rangle + \langle w_2|u \rangle = 0$ である．したがって定理 5.4.10 により $W_1^\perp \cap W_2^\perp \subset (W_1 + W_2)^\perp$ が成り立つ．よって 2) が成り立つ．すると系 5.4.5 より $(W_1^\perp + W_2^\perp)^\perp = (W_1^\perp)^\perp \cap (W_2^\perp)^\perp = W_1 \cap W_2$ が成り立つ．両辺の直交補空間を取れば $W_1^\perp + W_2^\perp = (W_1 \cap W_2)^\perp$ を得る．したがって 3) が示された． □

また，随伴写像の核と像について以下のようなことが分かる．

命題 5.4.13. V, W を線型空間，$f: V \to W$ を線型写像とする．このとき $\mathrm{Ker}\, f^* = (\mathrm{Im}\, f)^\perp$，$\mathrm{Im}\, f^* = (\mathrm{Ker}\, f)^\perp$ が成り立つ．

証明. $w \in \mathrm{Ker}\, f^*$ とする．$u = f(v), v \in V$，とすると，$\langle w|u \rangle_W = \langle w|f(v) \rangle_W = \langle f^*(w)|v \rangle_V = 0$ が成り立つから $w \in (\mathrm{Im}\, f)^\perp$ である．逆に $w \in (\mathrm{Im}\, f)^\perp$ とすると，任意の $v \in V$ について $\langle f^*(w)|v \rangle_V = \langle w|f(v) \rangle_W = 0$ が成り立つ．したがって $w \in \mathrm{Ker}\, f^*$ であるから $\mathrm{Ker}\, f^* = (\mathrm{Im}\, f)^\perp$ が成り立つ．すると $\mathrm{Ker}(f^*)^* = (\mathrm{Im}\, f^*)^\perp$ が成り立つことから $\mathrm{Ker}\, f = (\mathrm{Im}\, f^*)^\perp$ が従う． □

系 5.4.14. f が V のエルミート変換（対称変換）であれば $V = \mathrm{Ker}\, f \oplus \mathrm{Im}\, f$（直交直和）が成り立つ．

直交射影は系 5.4.14 の特別な場合と考えることもできる（系 5.5.2）．なお，系 5.4.14 の逆は正しくない．実際，$V = K^n$ として標準計量を考え，A をエルミート行列ではないような正則行列として $f(v) = Av$ と定めると $\mathrm{Ker}\, f = \{o\}$，$\mathrm{Im}\, f = V$ である．

系 5.4.15. （問 3.12.14 も参照のこと） V, W を線型空間，$f: V \to W$ を線型写像とする．すると $\mathrm{Ker}(f^* \circ f) = \mathrm{Ker}\, f$，$\mathrm{Ker}(f \circ f^*) = \mathrm{Ker}\, f^*$，$\mathrm{Im}(f^* \circ f) = \mathrm{Im}\, f^*$，$\mathrm{Im}(f \circ f^*) = \mathrm{Im}\, f$ がそれぞれ成り立つ．

証明. $\mathrm{Ker}(f^* \circ f) \supset \mathrm{Ker}\, f$ は容易に示せる．$f^* \circ f(v) = o$ とすると $f(v) \in \mathrm{Ker}\, f^* = (\mathrm{Im}\, f)^\perp$ であるから，$f(v) \in (\mathrm{Im}\, f) \cap (\mathrm{Im}\, f)^\perp$ なので $f(v) = o$

である．f を f^* に置き換えれば $\operatorname{Ker}(f \circ f^*) = \operatorname{Ker} f^*$ が得られる．また，$\operatorname{Im}(f^* \circ f) \subset \operatorname{Im} f^*$ が成り立つ．逆に $v \in \operatorname{Im} f^*$ とし，$v = f^*(w), w \in W$ と仮定する．直和分解 $W = \operatorname{Im} f \oplus (\operatorname{Im} f)^\perp$ に応じて $w = w_1 + w_2, w_1 \in \operatorname{Im} f$, $w_2 \in (\operatorname{Im} f)^\perp$，と表す．命題 5.4.13 により $(\operatorname{Im} f)^\perp = \operatorname{Ker} f^*$ が成り立つから，$v = f^*(w) = f^*(w_1)$ が成り立つ．$w_1 \in \operatorname{Im} f$ であるから $v \in \operatorname{Im}(f^* \circ f)$ である．よって $\operatorname{Im} f^* \subset \operatorname{Im}(f^* \circ f)$ も成り立つ．最後に，f を f^* で置き換えれば $\operatorname{Im} f = \operatorname{Im}(f \circ f^*)$ を得る． □

系 5.4.16. （問 6.7.4 も参照のこと） $A \in M_{m,n}(K)$ とすると $\operatorname{rank} A = \operatorname{rank} A^* = \operatorname{rank} A^* A = \operatorname{rank} AA^*$ が成り立つ．

証明． 系 5.4.15 において $V = K^n$, $W = K^m$ とし，$f(v) = Av$ として標準計量を考える．像の次元を考えれば，$\operatorname{rank} A = \operatorname{rank} AA^*$, $\operatorname{rank} A^* = \operatorname{rank} A^* A$ を得る．$\operatorname{rank} A^* = \operatorname{rank} A$ であるからこれらはすべて等しい． □

5.5 計量線型空間における射影と鏡映 *

命題 5.5.1. V を計量線型空間とし，$p: V \to V$ を定義 3.9.1 の意味での射影とする．すなわち $p \circ p = p$ であるとする．p から定まる直和分解 $V = \operatorname{Ker} p \oplus \operatorname{Im} p$ が直交直和であることと $p^* = p$ が成り立つ（すなわちエルミート変換（対称変換）である）ことは同値である．

証明． 定理 3.9.3 により $\operatorname{Ker} p = \operatorname{Im}(\operatorname{id}|_V - p)$ である．したがって $\operatorname{Ker} p \perp \operatorname{Im} p$ であることは $\forall v, w \in V, \langle v - p(v) | p(w) \rangle = 0$ が成り立つことと同値である．ここで $\langle v - p(v) | p(w) \rangle = \langle p^*(v) - p^* \circ p(v) | w \rangle$ であるから，$\operatorname{Ker} p \perp \operatorname{Im} p$ は $p^* = p^* \circ p$ と同値である．すると，$p = (p^*)^* = (p^* \circ p)^* = p^* \circ (p^*)^* = p^* \circ p = p^*$ が成り立つ．逆に $p^* = p$ であれば $p^* = p = p \circ p = p^* \circ p$ が成り立つので，$\operatorname{Ker} p \perp \operatorname{Im} p$ は $p^* = p$ と同値である． □

系 5.5.2. 直交射影はエルミート変換（対称変換）である．また，直交射影の，正規直交基底に関する表現行列はエルミート行列であって，また，射影行列である．

命題 5.5.3. $W \subset V$ を部分線型空間とする．W への直交射影を p とすると，$p \circ p = p$ が成り立つ．また，$q = \operatorname{id}_V - p$ とすると $W = \operatorname{Im} p = \operatorname{Ker} q$, $W^\perp =$

$\operatorname{Ker} p = \operatorname{Im} q$ が成り立つ. 特に $V = \operatorname{Im} p \oplus \operatorname{Ker} p$ (直交直和) である. 逆に $p\colon V \to V$ が定義 3.9.1 の意味での射影であって, p から定まる直和分解 $V = \operatorname{Ker} p \oplus \operatorname{Im} p$ について $\operatorname{Ker} p \perp \operatorname{Im} p$ が成り立てば p は $\operatorname{Im} p$ への直交射影である.

証明. 前半は定理 5.4.10 で既に示したので後半を示す. $p\colon V \to V$ が $p \circ p = p$ を充たし, $\operatorname{Ker} p \perp \operatorname{Im} p$ が成り立つとする. $W = \operatorname{Im} p$ と置けば $\operatorname{Ker} p$ は W の補空間であるから補題 5.4.4 により $\operatorname{Ker} p = W^\perp$ が成り立つ. また, $p(v - p(v)) = p(v) - p(v) = o$ であるから, 命題 5.5.1 により $\forall w \in W, \langle v - p(v) | w \rangle = 0$ が成り立つ. 一方, $p'\colon V \to W$ を W への直交射影とすると $W^\perp = \operatorname{Im}(\operatorname{id}_V - p')$ である. したがって $\forall w \in W, \langle v - p'(v) | w \rangle = 0$ が成り立つ. $p(v) - p'(v) \in W$ であるから

$$\begin{aligned}\|p(v) - p'(v)\|^2 &= \langle p(v) - p'(v) | p(v) - p'(v) \rangle \\ &= \langle v - p'(v) | p(v) - p'(v) \rangle - \langle v - p(v) | p(v) - p'(v) \rangle \\ &= 0\end{aligned}$$

が成り立つ. したがって $p = p'$ が成り立つ. □

一般には射影の完全系と部分空間への直和分解が対応した (定理 3.9.6). 直交射影の場合にはこれとここまでの結果を合わせれば次が従う.

系 5.5.4. $p_1, \ldots, p_r$ を射影の完全系とし (定義 3.9.4), $p_i^* = p_i$ がすべての i について成り立つとする. このとき, $V = W_1 \oplus \cdots \oplus W_r$, $W_i = \operatorname{Im} p_i$, は直交直和である. 逆に $V = W_1 \oplus \cdots \oplus W_r$ (直交直和) という直交直和分解が与えられていれば, W_i への直交射影をすべて集めたものは射影の完全系をなす.

一般の射影から鏡映が定まったように, 直交射影からも鏡映が定まる.

定義 5.5.5. V を n 次元 K-計量線型空間, W を V の部分線型空間とする. $p\colon V \to W$ を直交射影とするとき, $r = 2p - \operatorname{id}_V$ を W に関する**鏡映**と呼ぶ.

鏡映は $v \in V$ に対して W と対称な点を与える写像であったが，直交射影から定まる鏡映については次のような直感的な理解が可能である．特に W が $(n-1)$ 次元部分線型空間である場合を考える．$W^\perp$ は 1 次元であることに注意して，$\{e\}$ を $W^\perp$ の正規直交基底の一つとする．V から W への直交射影を p とすると，$v \in V$ に対して $p(v) = v - \langle e|v\rangle e$ が成り立つ．実際，補題 5.2.24 より $\{e\}$ を拡大して V の正規直交基底 $\{e, v_1, \ldots, v_{n-1}\}$ を得ることができるので，補題 5.2.12 から $v = \langle e|v\rangle e + \sum_{i=1}^{n-1}\langle v_i|v\rangle v_i = \langle e|v\rangle e + p(v)$ であることが従う．ところで，$W^\perp$ は 1 次元なので $W^\perp$ の o でない元 a について $\{a\}$ は $W^\perp$ の基底であるから $W = (W^\perp)^\perp = \{v \in V \mid \langle a|v\rangle = 0\}$ が成り立つ．また，$a' = \dfrac{1}{\|a\|}a$ とすると $\{a'\}$ は $W^\perp$ の正規直交基底であるから $v \in V$ に対して $p(v) = v - \dfrac{\langle a|v\rangle}{\langle a|a\rangle}a$ が成り立つ．

$$\langle a|p(v)\rangle = \langle a|v\rangle - \frac{\langle a|v\rangle}{\langle a|a\rangle}\langle a|a\rangle = 0$$

より確かに $p(v) \in W$ であるし，一方 $w \in W$ であれば，

$$\langle w|v - p(v)\rangle = \left\langle w \middle| \frac{\langle a|v\rangle}{\langle a|a\rangle}a \right\rangle = \frac{\langle a|v\rangle}{\langle a|a\rangle}\langle w|a\rangle = 0$$

が成り立つから，$v - p(v)$ と W は直交している．

一方，W に関して v と対称な点を v' とする（定義 3.9.9）．v' は条件 $v + v' \in \mathrm{Im}\,p$ かつ $v - v' \in \mathrm{Ker}\,p$ で与えられるのであった．p は直交射影であるから $\mathrm{Im}\,p = W$，$\mathrm{Ker}\,p = W^\perp$ である．したがって $v - v' \in W^\perp$ であるが，$\dim W^\perp = 1$ であることから $v - v' = \lambda a$ と，ある $\lambda \in K$ を用いて書ける．すると $v + v' = 2v - \lambda a$ が成り立つ．これが W に属しているので $\langle a|2v - \lambda a\rangle = 2\langle a|v\rangle - \lambda\langle a|a\rangle = 0$ が成り立つ．したがって，$\lambda = 2\dfrac{\langle a|v\rangle}{\langle a|a\rangle}$ である．よって，W に関する鏡映を r とすれば r は $r(v) = v - 2\dfrac{\langle a|v\rangle}{\langle a|a\rangle}a$ により与えられる．図 3.3 と 5.1 を参考に射影と鏡映の模式図を描いてみよ．

補題 5.5.6. r を W に関する鏡映とする．

1) $v \in W$ であれば $r(v) = v$ が成り立つ．
2) $v \in W^\perp$ であれば $r(v) = -v$ が成り立つ．
3) 鏡映は計量を保つ．さらに，任意の $v \in K^n$ について $r(r(v)) = v$ を充たす．特に，$r^{-1} = r^* = r$ が成り立つ．

証明. 1) と 2) は問 3.9.11 の主張であるので証明は省略する．$v, w \in V$ のとき $\langle r(v)| r(w)\rangle = \langle p(v) - q(v)| p(w) - q(w)\rangle = \langle p(v)| p(w)\rangle + \langle q(v)|q(w)\rangle$ が成り立つが，一方 $\langle v|w\rangle = \langle p(v) + q(v)| p(w) + q(w)\rangle = \langle p(v)| p(w)\rangle + \langle q(v)|q(w)\rangle$ が成り立つから，$\langle r(v)| r(w)\rangle = \langle v|w\rangle$ である．よって r は計量を保つ．最後に，$v \in V$ に対して $r(r(v)) = r(p(v) - q(v)) = p(v) + q(v) = v$ が成り立つ． □

直交射影は以下のような性質を持つ．これらはいずれも直交射影の定義とすることができる．

補題 5.5.7. $W \subset V$ を部分線型空間とする．$v \in V$ を直和分解 $V = W \oplus W^{\perp}$ に応じて $v = w + w'$, $w \in W$, $w' \in W^{\perp}$，と表せば w は v の W への直交射影である．

証明. p を V から W への直交射影とする．$v = p(v) + (v - p(v))$ と表せば $p(v) \in W$, $v - p(v) \in W^{\perp}$ であるが，V の元を W の元と $W^{\perp}$ の元の和に表す方法は一意的であるから $w = p(v)$ が成り立つ． □

定理 5.5.8. $W \subset V$ を部分線型空間とする．$v \in V$ について W の元 w であって $\|v - w\|$ が最小値を取るものが唯一存在する．この w は v の W への直交射影に一致する．

証明. まず $\|v - w\|$ が最小値を取るような W の元が存在するとし，その一つを w_0 とする．すると $v - w_0 \in W^{\perp}$ が成り立つ．実際，$w \in W$ とする．$w = o$ であれば $\langle w|v - w_0\rangle = 0$ が成り立つ．$w \neq o$ であれば，$u = w_0 + \dfrac{\langle w|v - w_0\rangle}{\|w\|^2} w$ と置くと $\|v - u\|^2 = \|v - w_0\|^2 - \dfrac{|\langle w|v - w_0\rangle|^2}{\|w\|^2}$ が成り立つ．w_0 の選び方により $\|v - u\|^2 \geq \|v - w_0\|^2$ が成り立つから，$\langle w|v - w_0\rangle = 0$ が成り立つ．もし w_1 も $\|v - w\|$ が最小値を取るような W の元であるとすると，$v - w_1 \in W^{\perp}$ も成り立つ．よって $\|w_1 - w_0\|^2 = \langle w_1 - w_0|(v - w_0) - (v - w_1)\rangle = 0$ が成り立つ．したがって $w_1 = w_0$ が成り立つので，$\|v - w\|$ が最小値を取るような $w \in W$ は w_0 のみである．また，$v = w_0 + (v - w_0)$ であるから補題 5.5.7 により w_0 は v の W への直交射影である．

次に w_0 の存在を示す．$w \in W$, $\|w\| > 2\|v\|$ とすると $\|w\| \leq \|w - v\| + \|v\|$ であることから $\|v - w\| \geq \|w\| - \|v\| > \|v\|$ が成り立つ．一方 $o \in W$ であっ

て $\|v - o\| = \|v\|$ であるから，$\|v - w\|$ が最小値を取るような $w \in W$ が存在するとすれば w は $\|w\| \leq 2\|v\|$ を充たす．したがって $\|v - w\|$ を最小にするような w を $B = \{w \in W \mid \|w\| \leq 2\|v\|\}$ から探せばよい．$\{w_1, \ldots, w_r\}$ を W の正規直交基底とし，$x = (x_i) \in K^r$ について $g(x) = x_1 w_1 + \cdots + x_r w_r$ と定めれば g は線型同型写像である．ところで $|x|$ で x の標準的なノルムを表すことにすれば $\|w\| = |x|$ であるから，$\|v - g(x)\|$ を最小にするような $x \in K^r$ を $B' = \{x \in K^r \mid |x| \leq 2\|v\|\}$ から探せばよい．ここで $\|v - g(x)\|$ は $x_1, \ldots, x_r$ に関する連続関数であって，B' はコンパクトであるから，$\|v - g(x)\|$ が最小値を取るような $x \in B'$ が存在する[30]．このような $x = (x_i)$ について $w_0 = x_1 w_1 + \cdots + x_r w_r$ と置けば w_0 は $\|v - w\|$ を最小にする W の元である． □

注 5.5.9. 定理 5.5.8 の証明の後半で w_0 の存在を示すために K ($\mathbb{R}$ や $\mathbb{C}$) のコーシー列が K の元に収束することを用いている．例えば $\mathbb{Q}$ はこのような性質を持たないので上の証明はそのままでは不完全である．これは次のように補うことができる[31]．少し難しくなるので $V = \mathbb{Q}^n$ であって，標準計量と同じ式で計量を定めた場合に大雑把に述べる．まず，W の正規直交基底を考えることが必ずしもできなくなる（例えば $\mathbb{Q}\begin{pmatrix}1\\1\end{pmatrix} \subset \mathbb{Q}^2$ の正規直交基底を取ることはできない）ので，直交基底を考える．すると $W^\perp$ の存在を示せる．ところで $v \in \mathbb{Q}^n$ について，$v = w + w'$, $w \in W$, $w' \in W^\perp$, と分解できることは K^n ($n = \dim V$) の元に関する K-係数の連立一次方程式の解の存在に帰着され，分解が一意的であることは解の一意性に帰着される．一方，$\mathbb{Q}$-係数の連立一次方程式を $\mathbb{R}$-係数の連立一次方程式と見ても解は一意的に存在することは変わらない（このことを示すには定理 1.6.11 の証明と類似の議論が本当に必要である）．したがって $\mathbb{Q}$-係数の連立一次方程式を $\mathbb{R}^n$ の範囲で解けば実際には $\mathbb{Q}^n$ の解が得られる．したがって定理の証明のように求めた w_0 は W に属する．このように，K のままでは議論が困難な場合に K よりも大きな K' に話を一度すりかえる（今の場合には $\mathbb{Q} \subset \mathbb{R}$）ことはしばしば有用である．第 6 章では $\mathbb{R}$ と $\mathbb{C}$ について，少し違った形で話のすりかえが現れ

---

[30]. ここではコンパクト集合とは有界閉集合を指すと考えておけばよい．詳しくは微積分学の教科書を参照のこと．
[31]. しかし，このようにしてもあらかじめ $W^\perp$ の存在を示さないといけないので，定理 5.5.8 の性質を直交射影の定義にはできない．

る（例えば定理 6.2.7 など）．

5.6 演習問題

問 5.6.1. $(V, \langle \cdot | \cdot \rangle_V), (W, \langle \cdot | \cdot \rangle_W)$ をそれぞれ計量線型空間とする．このとき，$V \oplus W$ 上で $\langle \cdot | \cdot \rangle_{V \oplus W}$ を，$u_1 = (v_1, w_1), u_2 = (v_2, w_2) \in V \oplus W$ について
$$\langle u_1 | u_2 \rangle_{V \oplus W} = \langle v_1 | v_2 \rangle_V + \langle w_1 | w_2 \rangle_W$$
として定める．すると $\langle \cdot | \cdot \rangle_{V \oplus W}$ は $V \oplus W$ の計量であることを示せ．

問 5.6.2. $A \in M_{m,n}(K)$ とし，A を列ベクトルを用いて $A = (a_1 \cdots a_n)$ と表す．K^m には標準計量を入れる．
1) K^m の部分線型空間 $W_1, \ldots, W_n$ を $W_i = \langle a_1, \ldots, a_i \rangle$ により定める．また，$W_0 = \{o\}$ と定める．このとき，$\{o\} = W_0 \subset W_1 \subset \cdots \subset W_n \subset K^m$ であることをふまえて次を示せ．
   i) $j = 0, 1, \ldots, n-1$ について，$0 \leq \dim W_{j+1} - \dim W_j \leq 1$ が成り立つ．
   ii) $r = \text{rank } A$ とすると $W_j \subsetneq W_{j+1}$ なる j, $0 \leq j \leq n-1$, はちょうど r 個である．特に $\dim W_n = r$ である．
2) 1) を踏まえて，$j(1), \ldots, j(r)$ を $W_{j-1} \subsetneq W_j$ なる j, $1 \leq j \leq n$, を小さい順に並べたものとする．$\{a_{j(1)}, a_{j(2)}, \ldots, a_{j(r)}\}$ からグラム–シュミットの方法で得られる正規直交系 $\mathscr{V}_0 = \{e_1, \ldots, e_r\}$ とする．すると，$\{e_1, \ldots, e_k\}$ は $W_{j(k)} = W_{j(k)+1} = \cdots = W_{j(k+1)-1}$ の基底であることを示せ．ただし $j(r+1) = n+1$ と定める．また，$e_k = \lambda_1 a_1 + \cdots + \lambda_{j(k)} a_{j(k)}$ が適当な $\lambda_1, \ldots, \lambda_{j(k)}$ について成り立ち，$\lambda_{j(k)}$ は正の実数であることを示せ．
3) $\mathscr{V} = \{e_1, \ldots, e_m\}$ を 2) で得られた正規直交系 $\mathscr{V}_0$ を拡大して得られる K^m の正規直交基底とする．$Q = (e_1 \cdots e_m)$ とすると，$Q \in \text{O}_n$ ($K = \mathbb{R}$ のとき) または $Q \in \text{U}_n$ ($K = \mathbb{C}$ のとき) であることを示せ．
4) ある行列 $R = (r_{ij}) \in M_{m,n}(K)$ で条件
   i) $j(k) \leq j < j(k+1)$ とすると，$i > k$ のとき $r_{ij} = 0$. ただし，$j(0) = 1$ とし，$k = 0, \ldots, r$ とする．
   ii) $r_{i,j(i)}$ は正の実数．
   iii) $A = QR$.
   を充たすものが存在することを示せ．これを A の QR 分解と呼ぶ．
5) $k \leq j(k)$ に注意して R は上三角行列であることを示せ．
6) $A \in \text{GL}_n(K)$ であればここで与えた QR 分解は系 5.2.25 における分解と一致することを示せ．
7) $A = QR = Q'R'$ をともに QR 分解とすると $R = R'$ が成り立つことを示せ．また，必ずしも $Q = Q'$ とはならないことを例を挙げて示せ．
   ヒント：条件 $R = Q^{-1}Q'R'$ の下で $R = R'$ を示せばよい．$R = (r_1 \cdots r_n)$, $R' = (r'_1 \cdots r'_n)$ とし，$X_k = \langle r_1, \ldots, r_k \rangle$, $X'_k = \langle r'_1, \ldots, r'_k \rangle$ と置くと $\dim X_k = \dim X'_k$ が成り立つ．特に，$\dim X_k < \dim X_{k+1}$ が成り立つような k 全体の組と，$\dim X'_l < \dim X'_{l+1}$ が成り立つような l 全体の組は一致するので，これを $k(1), \ldots, k(r)$ とする．$T_0 = (r_{k(1)} \cdots r_{k(r)})$ と置くと $T_0 = \begin{pmatrix} T \\ O_{m-r,r} \end{pmatrix}$ と区分けができて，T は対角

成分が正の実数であるような上三角行列である。同様に $T_0' = (r_{k(1)}' \cdots r_{k(r)}')$ としたうえで区分けし T' を定める。$Q^{-1}Q' = \begin{pmatrix} Q_{11} & Q_{12} \\ Q_{21} & Q_{22} \end{pmatrix}$ と $Q_{11} \in M_r(K)$ となるように区分けすると、$T_0 = \begin{pmatrix} Q_{11}T' \\ Q_{21}T' \end{pmatrix}$ が成り立つ。T' は正則であるから $Q_{21} = O$ が成り立つ。これから $Q_{11} \in U_r$ (あるいは $Q_{11} \in O_r$)、$O_{12} = O$ が従う。また、$T = Q_{11}T'$ より $Q_{11} = E_r$ が成り立つので、結局 $Q^{-1}Q' = E_r \oplus Q_{22}$ が成り立つ。R, R' の形に注意すると、これから $R = R'$ が従う。

問 5.6.3. V を n 次元計量線型空間とする。
1) $W \subset V$ を $(n-1)$ 次元部分線型空間とすると、ある $a \in V$ が存在して $W = \{v \in V \mid \langle a | v \rangle = 0\}$ が成り立つことを示せ。
2) 1) の条件 $\langle a | v \rangle = 0$ を a, v の成分を用いて表し、v の成分の一次式であることを確かめよ。
3) 1) が成り立つような $a \in V$ 全体のなす集合に $o \in V$ を付け加えた集合は $W^\perp$ に等しいことを示せ。
4) $a_1, \ldots, a_r \in V$ とし、$W = \{v \in V \mid \langle a_1 | v \rangle = \cdots = \langle a_r | v \rangle = 0\}$ と置く。$a_1, \ldots, a_r$ が線型独立であれば $\dim W = n - r$ であることを示せ。
5) W が V の $(n-r)$ 次元部分線型空間であれば、ある $a_1, \ldots, a_r \in V$ が存在して $W = \{v \in V \mid \langle a_1 | v \rangle = \cdots = \langle a_r | v \rangle = 0\}$ が成り立つことを示せ。また、このとき $\langle a_1, \ldots, a_r \rangle$ は W の直交補空間に等しいことを示せ。

問 5.6.4. V を n 次元計量線型空間とし、$V = V_1 \oplus \cdots \oplus V_r$ を直交直和分解とする(つまり、直和分解であって、$i \neq j$ であれば V_i と V_j は直交するとする)。f を V の線型変換とし、$f(V_i) \subset V_i$ が成り立つとする (V_i は f-不変であるという (定義 6.1.17))。f^* を f の随伴変換とすると V_i は f^*-不変であって、$(f|_{V_i})^* = (f^*)|_{V_i}$ が成り立つことを示せ。

問 5.6.5. $A, B \in M_{m,n}(K)$ のとき、$\langle A | B \rangle = \operatorname{tr} A^*B$ と置く。$\langle \cdot | \cdot \rangle$ は $M_{m,n}(K)$ の計量を定めることを示せ。また、正規直交基底を一組求めよ。

問 5.6.6. $\| \cdot \|$ を問 5.6.5 の計量から定まるノルムとする (これを行列の 2-ノルムなどと呼ぶ)。$A \in M_{m,n}(K), B \in M_{n,l}(K)$ とすると $\|AB\| \leq \|A\| \|B\|$ が成り立つことを示せ。

定義 5.6.7. $M(K)$ で K の元を成分とする行列全体のなす集合を表す。$M(K) = \bigcup_{m>0, n>0} M_{m,n}(K)$ である。任意の $X \in M(K)$ に対して実数 $\|X\|$ を与える写像 $\| \cdot \|$ が以下の条件を充たすとき、$\| \cdot \|$ を**行列のノルム**と言う。
1) 任意の $X \in M(K)$ について $\|X\| \geq 0$ であって、$X \in M_{m,n}(K)$ かつ $\|X\| = 0 \Leftrightarrow X = O_{m,n}$.
2) 任意の $X, Y \in M_{m,n}(K)$ について $\|X + Y\| \leq \|X\| + \|Y\|$. (三角不等式)
3) 任意の $X \in M(K), \lambda \in K$ について $\|\lambda X\| = |\lambda| \|X\|$.
4) 任意の $X \in M_{m,n}(K), Y \in M_{n,l}(K)$ について $\|XY\| \leq \|X\| \|Y\|$.

定義 5.6.7 の 1) から 3) は $M_{m,n}(K)$ を K^{mn} とみなしたときに $\| \cdot \|$ は K^{mn} 上のノルムであることを意味する。また、問 5.6.6 により行列の 2-ノルムは行列のノルムである。

問 5.6.8. (記号・用語については定義 5.2.3、B.15 も参照のこと)
$\mathfrak{sl}_n(K) = \{X \in M_n(K) \mid \operatorname{tr} X = 0\}$, $V = \{A \in M_n(K) \mid A = {}^t A\}$ と置く。ここで、$\operatorname{tr} X$ は λ の対角成分の和を表す (定義 6.1.15)。

1) $\mathfrak{o}_n(K), \mathfrak{sl}_n(K), V$ はそれぞれ $M_n(K)$ の K-部分線型空間であることを示せ．また，それぞれについて，基底を一組ずつ挙げて K 上の次元を求めよ．さらに，求めた基底の拡大となっているような $M_n(K)$ の基底を一組ずつ求めよ．
2) $\mathfrak{u}_n$ は $M_n(\mathbb{C})$ の $\mathbb{R}$-部分線型空間であるが $\mathbb{C}$-部分線型空間ではないことを示せ．
3) $\mathfrak{u}_n$ の $\mathbb{R}$ 上の基底を一組求め，$\mathbb{R}$ 上の次元を求めよ．また，求めた基底の拡大となっているような $M_n(\mathbb{C})$ の $\mathbb{R}$ 上の基底を一組求めよ．

問 5.6.9. $\mathbb{R}^n$ に標準計量を入れ，$\mathscr{V} = \{e_1, \ldots, e_n\}$ を標準基底とする．$1 \leq i \leq n$ について，$\psi_i \in (\mathbb{R}^n)^*$ を $\psi_i(v) = \langle e_i | v \rangle$ により定めると $\{\psi_1, \ldots, \psi_n\}$ は $\mathscr{V}$ の双対基底であることを示せ．

問 5.6.10. (定理 6.3.13 も参照のこと) θ を実数とし，φ_θ で $\mathbb{R}^2$ の正の向き（反時計回り）の θ 回転を表す．
1) φ_θ は $\mathbb{R}$-線型写像であることを示し，表現行列を求めよ．
2) φ_θ は $\mathbb{R}$-線型同型写像であることを示せ．
3) $z \in \mathbb{C}$ とするとき，$z = x + \sqrt{-1}y,\ x, y \in \mathbb{R}$ と表して $\psi_\theta(z) = \varphi_\theta \begin{pmatrix} x \\ y \end{pmatrix}$ と定める．ここで，$\lambda = \cos\theta + \sqrt{-1}\sin\theta \in \mathbb{C}$ とすると $\psi_\theta(z) = \lambda z$ が成り立つことを示せ．ただし，左辺について $\begin{pmatrix} x \\ y \end{pmatrix} \in \mathbb{R}^2$ を $x + \sqrt{-1}y \in \mathbb{C}$ とみなす．

問 5.6.11. (定理 6.3.13，問 6.7.8 も参照のこと) $f_{\theta,\varphi} : \mathbb{R}^3 \to \mathbb{R}^3$ を
i) まず $\mathbb{R}^3$ を z 軸を軸として θ だけ正の向き（xy-平面上でみれば反時計回りになるような向きとする．このような向き（の付け方）を「右ねじの方向」と呼ぶこともある）に回転し，
ii) 次いで $\mathbb{R}^3$ を y 軸を軸として φ だけ正の向きに回転させる
ことにより得られる写像とする．
1) $f_{\theta,\varphi}$ は $\mathbb{R}$-線型同型写像であることを示し，表現行列を求めよ．
2) $y = x, z = 0$ で与えられる直線を軸とする θ 回転を g で表す（回転の方向は適宜定めること）．g は $\mathbb{R}$-線型写像であることを示し，表現行列を求めよ．
ヒント：うまく θ, φ を定めると $f_{\theta,\varphi}$ は x 軸を直線 $y = x, z = 0$ に写す．この $f_{\theta,\varphi}$ は $\mathbb{R}$-同型写像であることを確かめ，$f_{\theta,\varphi} \circ g \circ f_{\theta,\varphi}^{-1}$ を考えてみよ．

問 5.6.12. $\mathbb{R}^3$ とその標準計量を考え，$S^2 = \{a \in \mathbb{R}^3 \mid \|a\| = 1\}$ と置く．S^2 は半径 1 の球面である．$a \in S^2$ について $W = \{v \in \mathbb{R}^3 \mid \langle a|v \rangle = 0\}$ とする．W への直交射影および W に関する鏡映をそれぞれ求めよ．

問 5.6.13. $V = \left\{ (a_n)_{n=1,2,\ldots} \,\middle|\, a_n \in \mathbb{R},\ \sum_{n=1}^{\infty} |a_n|^2 \text{ が存在する} \right\}$ と置く．V は数列の和と実数倍に関して $\mathbb{R}$-線型空間である．また，$a = (a_n),\ b = (b_n) \in V$ について $\langle a|b \rangle = \sum_{n=1}^{\infty} a_n b_n$ とすると $\langle \cdot | \cdot \rangle$ は V の計量を定める[†32]．
1) N を正整数とする．$W_N = \{a = (a_n) \in V \mid n \geq N \text{ ならば } a_n = 0\}$ と置くと W_N は V の部分線型空間であることを示せ．また，$(W_N)^\perp$ を求めよ．

[†32]. 微積分学の教科書を参照のこと．直感的には，V は $\mathbb{R}^n$ の n を無限大にしたもので，ここで定めた計量は $\mathbb{R}^n$ の標準計量の類似である．慣れないうちはそんなものかと思っていればよい（実は V は l^2 あるいは ℓ^2 と表されるヒルベルト空間である）．

2) $U = \{a = (a_n) \in V \mid $ ある N が存在して, $n \geq N$ ならば $a_n = 0\}$ と置くと U は V の部分線型空間であることを示せ. また, $U' = \{a \in V \mid \forall b \in V, \langle b \mid a \rangle = 0\}$ と置くと $U' = \{o\}$ が成り立つことを示せ.
3) 2) の U について, $U^\perp$ は存在しないことを示せ.

第6章 行列や線型変換の対角化

この章では行列や線型変換の固有値や固有空間と呼ばれる概念が本質的である．固有値や固有空間は有限次元の場合でも，無限次元の場合でも大切である[†1]が，無限次元の場合を扱うためにはある程度の準備を必要とするので本書では有限次元の場合を扱う．

6.1 行列や線型変換の固有値と固有空間

まず対角化と呼ばれる操作の例を一つ挙げる．

例 6.1.1. $A = \begin{pmatrix} 5 & -2 \\ 1 & 2 \end{pmatrix}$ とする．$v_1 = \begin{pmatrix} 2 \\ 1 \end{pmatrix}$, $v_2 = \begin{pmatrix} 1 \\ 1 \end{pmatrix}$ とすると $Av_1 = \begin{pmatrix} 8 \\ 4 \end{pmatrix} = 4v_1$, $Av_2 = \begin{pmatrix} 3 \\ 3 \end{pmatrix} = 3v_2$ が成り立つ（このような v_1, v_2 の見付け方などについては後で述べるのでここでは気にしなくてよい）ので，$P = (v_1 \ v_2) = \begin{pmatrix} 2 & 1 \\ 1 & 1 \end{pmatrix}$ と置けば，

$$AP = A\begin{pmatrix} 2 & 1 \\ 1 & 1 \end{pmatrix} = \begin{pmatrix} 8 & 3 \\ 4 & 3 \end{pmatrix} = \begin{pmatrix} 2 & 1 \\ 1 & 1 \end{pmatrix}\begin{pmatrix} 4 & 0 \\ 0 & 3 \end{pmatrix} = P\begin{pmatrix} 4 & 0 \\ 0 & 3 \end{pmatrix}$$

が成り立つ．また，$P \in \mathrm{GL}_2(\mathbb{R})$ であって $P^{-1} = \begin{pmatrix} 1 & -1 \\ -1 & 2 \end{pmatrix}$ が成り立つので，上の式から，

$$P^{-1}AP = \begin{pmatrix} 1 & -1 \\ -1 & 2 \end{pmatrix}\begin{pmatrix} 5 & -2 \\ 1 & 2 \end{pmatrix}\begin{pmatrix} 2 & 1 \\ 1 & 1 \end{pmatrix} = \begin{pmatrix} 4 & 0 \\ 0 & 3 \end{pmatrix}$$

が従う．このような操作を行列の**対角化**と呼ぶ．行列の対角化は次のように

[†1]. 例えばある種の微分方程式を解くことは無限次元の線型空間の線型変換に関する固有値や固有空間などを調べることと捉えることができる．

考えると見通しがよい．$f\colon \mathbb{R}^2 \to \mathbb{R}^2$ を $f(v) = Av$ として定める．$\{e_1, e_2\}$ を $\mathbb{R}^2$ の標準基底とすると A は $\{e_1, e_2\}$ に関する f の表現行列である．また，$P = (v_1 \ v_2)$ は正則であるから，補題 4.3.3 により $\{v_1, v_2\}$ は $\mathbb{R}^2$ の基底である．一方，$f(v_1) = 4v_1$, $f(v_2) = 3v_2$ が成り立つから $\{v_1, v_2\}$ に関する f の表現行列は $\begin{pmatrix} 4 & 0 \\ 0 & 3 \end{pmatrix}$ である（問 4.4.3 も参照のこと）．このことは行列 P が $\{e_1, e_2\}$ から $\{v_1, v_2\}$ への基底の変換行列であることからも従う（補題 4.4.11）．$\{v_1, v_2\}$ に関する f の表現行列は標準基底に関する表現行列 A よりも単純な形であるから，扱い易いと考えられる．このように，行列の対角化は線型変換 f が与えられたときに基底をうまく取って f が対角行列で表されるようにする操作と考えることができる．

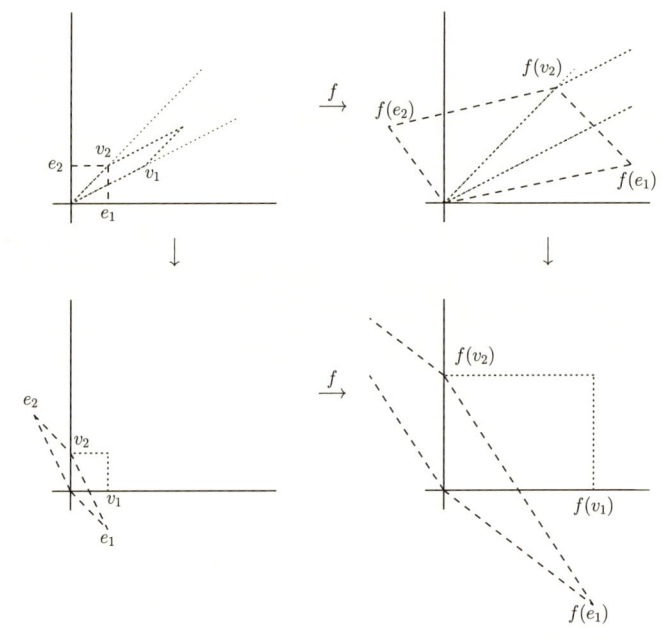

図 6.1. 標準基底を用いて f を図示すると例えば上段のようになる．座標は標準的であるので，図を描くことは容易であるが，f がどのような変換であるのか把握することは難しい．縦の写像は標準基底に関する成分を $\{v_1, v_2\}$ に関する成分に取り替える写像である．すると，下段の横向きの写像は基底 $\{v_1, v_2\}$ を用いて f を図示したものと考えられる．標準基底に関する座標（成分）を読み取ることは難しくなるが，f がどのような変換であるのか容易に把握できる．写像としてはどちらも f であるが，用いている基底が異なるので $\mathbb{R}^2$ から $\mathbb{R}^2$ への写像としては異なる写像として表されている．

6.1 行列や線型変換の固有値と固有空間

定義 6.1.2. $A \in M_n(K)$ とする．$\alpha \in K$ が A の**固有値**であるとは，$V(\alpha) = \{v \in K^n \mid Av = \alpha v\}$ と置いたとき $V(\alpha) \neq \{o\}$ が成り立つことを言う．α が A の固有値であるとき，$V(\alpha)$ を α に属する A の**固有空間**，$V(\alpha)$ の o でない元を α に属する A の**固有ベクトル**と呼ぶ．

注 6.1.3. $V(\alpha)$ という記号は必ずしも一般的なものではない．

補題 6.1.4. $\alpha \in K$ とし，$V(\alpha) = \{v \in K^n \mid Av = \alpha v\}$ と置く．
1) $V(\alpha)$ は K^n の K-部分線型空間である．また，A から自然に定まる K^n の線型変換を f とすると，
$$V(\alpha) = \operatorname{Ker}(\alpha \operatorname{id}_{K^n} - f) = \{v \in K^n \mid (\alpha E_n - A)v = o\}$$
が成り立つ．
2) $V(\alpha)$ は A-不変である．すなわち，$v \in V(\alpha)$ であれば $Av \in V(\alpha)$ である．

証明． 1) は容易なので 2) だけ示す．$v \in V(\alpha)$ とすると $Av = \alpha v$ であるから，$A(Av) = A(\alpha v) = \alpha Av$ が成り立つ．したがって $Av \in V(\alpha)$ である． □

A-不変な部分線型空間という概念は重要なので改めて定めておく．

定義 6.1.5. $A \in M_n(K)$ とする．K^n の部分線型空間 W が A-**不変**であるとは $w \in W$ であれば $Aw \in W$ が成り立つことを言う．A-不変な部分線型空間を少し省略して A-**不変部分空間**とも呼ぶ．

問 6.1.6. $A \in M_n(K)$ とすると次が成り立つことを示せ．
1) $\{o\}$ や K^n は A-不変部分空間である．
2) $W, U \subset V$ がともに A-不変部分空間であれば $W \cap U$，$W + U$ も A-不変部分空間である．

固有値や固有空間を考える際に次のような多項式が重要である．

定義 6.1.7. $A \in M_n(K)$ のとき $\det(xE_n - A) \in K[x]$ を A の**固有多項式**（**特性多項式**）と呼ぶ．本書では原則として A の固有多項式を F_A で表す[†2]．また，方程式 $F_A(x) = 0$ を A の**固有方程式**（**特性方程式**）と呼ぶ．

[†2] 一般には Φ_A で表すことも多い．いずれにせよ絶対的なものではない．

注 6.1.8. $A \in M_n(K)$ とすれば A の固有多項式は n 次式である．また，最高次の項の係数は必ず 1 である．ここでは変数を x としたが，もちろん何でもよい．一方，$A \in M_n(K)$ の固有多項式を $\det(A - xE_n)$ により定めることがある．この場合でも A の固有多項式は必ず n 次式であるが，最高次の項の係数は $(-1)^n$ となる．

定理 6.1.9. $A \in M_n(K)$ とする．$\alpha \in K$ について，α が A の固有値であることと，α が A の固有方程式の解であることは同値である．特に $A \in M_n(\mathbb{C})$ の固有値全体は A の固有方程式の解全体と一致する．

証明． $\alpha \in K$ が A の固有値であることは $v \in K^n$ に関する方程式 $(\alpha E_n - A)v = 0$ が非自明な解を持つことと同値である．この条件は，系 1.6.10 により $\operatorname{rank}(\alpha E_n - A) < n$ と，さらに定理 1.5.12 により，$(\alpha E_n - A) \notin \operatorname{GL}_n(K)$ が成り立つことと同値である．最後の条件は，系 2.3.3 により $F_A(\alpha) = \det(\alpha E_n - A) = 0$ と同値である． □

注 6.1.10. 定理における仮定 $\alpha \in K$ について，特に $K = \mathbb{R}$ のときには注意が必要である．例えば $A = \begin{pmatrix} 1 & 0 & 0 \\ 0 & 0 & -1 \\ 0 & 1 & 0 \end{pmatrix}$ とする．$F_A(x) = (x-1)(x^2 + 1)$ であるから A の固有方程式の解は $1, \pm\sqrt{-1}$ である．$v = \begin{pmatrix} 1 \\ 0 \\ 0 \end{pmatrix}$ とすると $Av = v$ であるから 1 は確かに A の固有値である．一方，$\pm\sqrt{-1} \notin \mathbb{R}$ であるからこれらは A の固有値ではあり得ない．もし $A \in M_3(\mathbb{C})$ と考えているのであれば，$\pm\sqrt{-1}$ も A の固有値であって，例えば $\begin{pmatrix} 0 \\ 1 \\ \mp\sqrt{-1} \end{pmatrix}$ がそれぞれの固有値に属する固有ベクトルである．

このように，$K = \mathbb{R}$ のときには固有値の扱いには注意が必要である．そのため，$K = \mathbb{R}$ であっても固有値を複素数の範囲で考えることも少なくないが，本書では原則として $K = \mathbb{R}$ のときには固有値は実数の範囲で考え，複素数も許す場合にはその旨明示することにする．

定理 6.1.9 から分かるように $M_n(K)$ の元を対角化する際に n 次方程式を解くことがしばしば有用である．n 次方程式の解については次が知られてい

る．証明は微積分学の教科書などに譲る．

定理 6.1.11.　（代数学の基本定理）　$P \in \mathbb{C}[x]$ とし，$P(x) = x^n + a_1 x^{n-1} + \cdots + a_n$ とする．このとき，$r (\leq n)$ 個の異なる複素数 $\alpha_1, \ldots, \alpha_r$ と，r 個の正整数 $p_1, \ldots, p_r$ で $p_1 + \cdots + p_r = n$ なるものが存在して $P(x) = (x - \alpha_1)^{p_1} \cdots (x - \alpha_r)^{p_r}$ が成り立つ．また，$(\alpha_1, p_1), \ldots, (\alpha_r, p_r)$ は r 個の組として考えれば P により一意的に定まる．

各 α_i を P の**根**と呼び，p_i を α_i の**重複度**と呼ぶ．重複度が 1 である根を**単根**と呼び，重複度が 2 以上の根を**重根**と呼ぶ．また，重複度が k である根を k **重根**と呼ぶこともある（定義 2.6.2 も参照のこと）．P の根のことを方程式 $P(x) = 0$ の**解**であるとも言う．重複度が 2 以上であるような解を**重解**と呼ぶ．

定義 6.1.12.　$A \in M_n(K)$ とし，α を A の固有値とする．固有多項式 F_A の根としての α の重複度を固有値 α の**重複度**と定める[†3].

系 6.1.13.　$A, B \in M_n(K)$ とする．$P \in \mathrm{GL}_n(K)$ が存在して $B = P^{-1}AP$ が成り立つとする（すなわち，A と B は相似（定義 4.4.12）であるとする）．このとき A の固有多項式と B の固有多項式は一致する．特に A の固有値と B の固有値は重複度を込めて一致する．

証明．　$P^{-1}(xE_n - A)P = xE_n - B$ に注意すると，系は定理 2.3.2 から従う． □

相似な行列は線型変換を行列表示したときに基底の変換に伴って現れた（補題 4.4.11）ことに注意せよ．

定理 6.1.14.　$A \in M_n(K)$ とする．$\alpha \in K$ を A の固有値とし，α に属する A の固有空間を $V(\alpha)$ とする．また p を α の重複度とする．f_A を A から自然に定まる K^n の線型変換とすると，

$$\dim V(\alpha) = n - \mathrm{rank}(\alpha E_n - A) = \dim \mathrm{Ker}(\alpha\, \mathrm{id}_{K^n} - f_A),$$

$$\dim V(\alpha) \leq p$$

がそれぞれ成り立つ．

[†3]. 代数的重複度と呼ぶこともある．

証明． 定理 3.7.1 により $\dim \operatorname{Ker}(\alpha \operatorname{id}_{K^n} - f_A) = n - \operatorname{rank}(\alpha E_n - A)$ であることから前半の等式が従う．後半の不等式を示す．$q = \dim V(\alpha)$ とする．$\{v_1, \ldots, v_q\}$ を $V(\alpha)$ の基底とし，$\{v_1, \ldots, v_n\}$ をこれを拡大して得られる K^n の基底とする．$P = (v_1 \cdots v_n)$ とすれば $P \in \operatorname{GL}_n(K)$ であって，$AP = P \begin{pmatrix} \alpha E_q & C \\ O & B \end{pmatrix}$ がある $C \in M_{q,n-q}(K)$, $B \in M_{n-q}(K)$ について成り立つ．すると系 6.1.13 により $F_A(x) = (x-\alpha)^q F_B(x)$ が成り立つ．特に $F_A(x)$ は $(x-\alpha)^q$ で割り切れるから $q \leq p$ が成り立つ． □

定義 6.1.15. $A = (a_{ij}) \in M_n(K)$ のとき，対角成分の和 $a_{11} + \cdots + a_{nn}$ を A のトレース（跡, trace）と呼び $\operatorname{tr} A$, $\operatorname{trace} A$ などで表す．

補題 6.1.16.
1) $A \in M_{m,n}(K)$, $B \in M_{n,m}(K)$ であれば $\operatorname{tr}(AB) = \operatorname{tr}(BA)$ が成り立つ．
2) $A \in M_n(K)$, $P \in \operatorname{GL}_n(K)$ とすると $\operatorname{tr} P^{-1}AP = \operatorname{tr} A$, $\det P^{-1}AP = \det A$ が成り立つ．

証明． 1) は容易である．2) の前半は 1) において A を $P^{-1}A$ に，B を P にそれぞれ置き換えれば得られる．後半は定理 2.3.2 より従う． □

相似な行列は線型変換を行列表示したときに基底の変換に伴って現れた（補題 4.4.11）が，これと系 6.1.13 により次のような定義が正当化される．

定義 6.1.17. V を K-線型空間，f を V の K-線型変換とする．
1) f のトレースを V の勝手な基底に関する f の表現行列のトレースと定め，$\operatorname{tr} f$ で表す．
2) f のデターミナント（行列式[4], determinant）を V の勝手な基底に関する f の表現行列の行列式として定め，$\det f$ で表す．
3) V を K-線型空間とする．$\alpha \in K$ が f の**固有値**であるとは，$V(\alpha) = \{v \in V \mid f(v) = \alpha v\}$ とすると $V(\alpha) \neq \{o\}$ であることを言う．このとき $V(\alpha)$ を α に属する f の**固有空間**，$V(\alpha)$ の <u>o でない</u> 元を α に属する f の**固有ベクトル**と呼ぶ．

---

[4]. f の行列式とも呼んでもよいと思うが，f は行列ではないのでここでは英語をそのまま片仮名にした．日本語の定まった用語はないように見える．なお，英語の「デターミナント」には日本語の「行列」の意味はない．

4) f の**固有多項式**を f の勝手な基底に関する表現行列の固有多項式とする．$F \in K[x]$ を f の固有多項式とするとき，方程式 $F(x) = 0$ を f の**固有方程式**と呼ぶ．
5) V の部分線型空間 W が f-**不変**であるとは，任意の $w \in W$ について $f(w) \in W$ が成り立つことを言う．

α に属する f の固有空間は $\mathrm{Ker}(\alpha\,\mathrm{id}_V - f)$ に他ならない．また，f の固有空間は f-不変な V の部分線型空間である．

問 6.1.18. 定義 6.1.17 の記号をそのまま用いる．F を f の固有多項式とすると $F(x) = \det(x\,\mathrm{id}_V - f)$ が成り立つことを示せ．

定義により次が成り立つ．

補題 6.1.19. $\alpha \in K$ とする．α が f の固有値であることと，α が f の固有多項式の根であることは同値である．特に $K = \mathbb{C}$ であれば f の固有値全体は f の固有多項式の根全体と一致する．

そこで，次のように定める．

定義 6.1.20. f の固有値 α の**重複度**[†5] を，f の固有多項式の根としての α の重複度とする．

このように定めると，行列 $A \in M_n(K)$ の固有値，固有空間，固有値の重複度は A から自然に定まる K^n の線型変換の固有値，固有空間，固有値の重複度と一致する．

固有空間は次のような基本的な性質を持つ．

補題 6.1.21. $A \in M_n(K)$ とし，$v_1, \ldots, v_k \in K^n$ をそれぞれ A の異なる固有値 α_i, $i = 1, \ldots, k$, に属する固有ベクトルとする．このとき $v_1, \ldots, v_k$ は線型独立である．

証明． $v_1 \neq o$ だから v_1 はベクトルの組としては線型独立である．$v_1, \ldots, v_s$ は線型独立であるとし，$\lambda_1 v_1 + \cdots + \lambda_{s+1} v_{s+1} = o$ と仮定する．両辺に $(A - \alpha_{s+1} E_n)$ を左から掛けると，$(A - \alpha_{s+1} E_n) v_{s+1} = o$ であるから

[†5] 行列の場合と同様に，代数的重複度と呼ぶこともある．

$\lambda_1(\alpha_1 - \alpha_{s+1})v_1 + \cdots + \lambda_s(\alpha_s - \alpha_{s+1})v_s = o$ を得る．帰納法の仮定から $\lambda_i(\alpha_i - \alpha_{s+1}) = 0$ がすべての $i = 1, \ldots, s$ について成り立つが，$\alpha_{s+1} \neq \alpha_i$ なので $\lambda_i = 0$ が $i = 1, \ldots, s$ について成り立つ．したがって $\lambda_{s+1}v_{s+1} = o$ であるが $v_{s+1} \neq o$ より $\lambda_{s+1} = 0$ が成り立つ．よって $v_1, \ldots, v_{s+1}$ は線型独立である． □

系 6.1.22. $V_1, \ldots, V_k$ を A の異なる固有値に属する固有空間とし，W_i, $i = 1, \ldots, k$, をそれぞれ V_i の部分線型空間とする．すると $W_1 + \cdots + W_k$ は直和である．特に V_1, V_2 を A の異なる固有値に属する固有空間とすれば $V_1 \cap V_2 = \{o\}$ が成り立つ．

証明． 補題 6.1.21 により，$w_1 + \cdots + w_k = o, w_i \in W_i$, が成り立てば $w_i = o$ がすべての i について成り立つ．したがって補題 3.2.18 により $W_1 + \cdots + W_k$ は直和である． □

線型変換の固有空間についても全く同様のことが成り立つ．各自で考えてみよ．

後で述べるように，対角化ができない場合もある．このような場合でも行列や写像をある程度簡単な形にすることができる．

定理 6.1.23.[6] 任意の $A \in M_n(\mathbb{C})$ に対して，ある $P \in \mathrm{GL}_n(\mathbb{C})$ が存在して $P^{-1}AP$ は上三角行列となる（このような操作を**三角化**と呼ぶ）．このとき $P^{-1}AP$ の対角成分には A の固有値がちょうどその重複度だけ現れるが，その順序は P を適当に選ぶことで自由に指定できる．また，$P \in \mathrm{SU}_n$ とできる．$A \in M_n(\mathbb{R})$ であって A の固有値がすべて実数であれば $P \in \mathrm{SO}_n$ とできる．

証明． 以下では $A \in M_n(\mathbb{C})$ の場合の証明を記し，$A \in M_n(\mathbb{R})$ であって A の固有値がすべて実数の場合の変更点は括弧書きにする．$\mathbb{C}^n(\mathbb{R}^n)$ に標準計量を入れ，A を掛ける $\mathbb{C}^n(\mathbb{R}^n)$ の線型変換を考える．さて，$n = 1$ のときは $P = (1)$ とすればよい．$M_{n-1}(\mathbb{C})$ の元（$M_{n-1}(\mathbb{R})$ の元であって，固有値がすべて実数であるもの）について定理が成り立つとする．A の固有値の一つを α とし，$v_1 \in \mathbb{C}^n(\mathbb{R}^n)$ を α に属する固有ベクトルであって $\|v_1\| = 1$ を充たすも

---

[6]. 商線型空間について既習の読者は問 6.7.9 も参照のこと．

のとする．順序が定められているときには最初の固有値を α とする．ここで $\{v_1, v_2, \ldots, v_n\}$ が $\mathbb{C}^n(\mathbb{R}^n)$ の正規直交基底となるように $v_2, \ldots, v_n \in \mathbb{C}^n(\mathbb{R}^n)$ を選ぶ．$P = (v_1 \cdots v_n)$ とすれば $P \in \mathrm{U}_n\,(\mathrm{O}_n)$ であるが，必要であれば v_1 を $\frac{1}{\det P} v_1$ で置き換えて $\det P = 1$ としてよい．すると $P \in \mathrm{SU}_n\,(P \in \mathrm{SO}_n)$ であり，また，$AP = P \begin{pmatrix} \alpha & * \\ 0 & B \end{pmatrix}$ が成り立つ．$\widetilde{B} = \begin{pmatrix} \alpha & * \\ 0 & B \end{pmatrix}$ とすると，$\det(xE_n - A) = \det(xE_n - P\widetilde{B}P^{-1}) = \det(xE_n - \widetilde{B})$ より $F_A(x) = (x - \alpha) F_B(x)$ である．したがって重複度を込めて考えれば B の固有値は A の固有値から α を 1 つ取り去ったものになっている（特に，A の固有値がすべて実数であれば B の固有値もすべて実数である）．よって帰納法の仮定により適当な $U \in \mathrm{SU}_{n-1}(\mathrm{SO}_{n-1})$ が存在して $T = U^{-1}BU$ は上三角行列である．対角成分の順序が指定されているときには U は T の対角成分がその順序（ただし，一番目の α は除いて無視する）になるように選ぶ．ここで $\widetilde{U} = \begin{pmatrix} 1 & 0 \\ 0 & U \end{pmatrix}$ と置けば $\widetilde{U} \in \mathrm{SU}_n\,(\mathrm{SO}_n)$ であって，$\widetilde{U}^{-1} P^{-1} A P \widetilde{U} = \begin{pmatrix} 1 & 0 \\ 0 & U \end{pmatrix}^{-1} \begin{pmatrix} \alpha & * \\ 0 & B \end{pmatrix} \begin{pmatrix} 1 & 0 \\ 0 & U \end{pmatrix} = \begin{pmatrix} 1 & 0 \\ 0 & U^{-1} \end{pmatrix} \begin{pmatrix} \alpha & * \\ 0 & BU \end{pmatrix} = \begin{pmatrix} \alpha & * \\ 0 & U^{-1}BU \end{pmatrix} = \begin{pmatrix} \alpha & * \\ 0 & T \end{pmatrix}$ が成り立つ．$\mathrm{SU}_n\,(\mathrm{SO}_n)$ の元同士の積は再び $\mathrm{SU}_n\,(\mathrm{SO}_n)$ の元である（補題 5.2.7）から，定理が示された． □

例 6.1.24.（三角化の例） $A = \begin{pmatrix} 2 & -1 \\ 1 & 4 \end{pmatrix}$ とする．A の固有多項式は $x^2 - 6x + 9 = (x-3)^2$ であるから A の固有値は 3 のみであって，その重複度は 2 である．A の 3 に属する固有空間を調べるために，$(A - 3E_2)v = 0$，$v \in \mathbb{C}^2$, を解く．$A - 3E_2 = \begin{pmatrix} -1 & -1 \\ 1 & 1 \end{pmatrix}$ であることから 3 に属する固有空間は $\mathbb{C} \begin{pmatrix} 1 \\ -1 \end{pmatrix}$ であることが従う（したがって A は対角化不可能である．定理 6.2.5 を参照のこと）．定理 6.1.23 の証明のように $v_1 = \frac{1}{\sqrt{2}} \begin{pmatrix} 1 \\ -1 \end{pmatrix}$ と置き，$\{v_1, v_2\}$ が $\mathbb{R}^2$ の正規直交基底となるように v_2 を選ぶ．例えば $v_2 = \frac{1}{\sqrt{2}} \begin{pmatrix} 1 \\ 1 \end{pmatrix}$ とすればよい．$P = (v_1\ v_2) = \frac{1}{\sqrt{2}} \begin{pmatrix} 1 & 1 \\ -1 & 1 \end{pmatrix}$ と置くと，P は直交行列であって

$P^{-1}AP = \begin{pmatrix} 3 & -2 \\ 0 & 3 \end{pmatrix}$ が成り立つ．対角成分には確かに固有値が並んでいる．A が対角化不可能であることは次のように示すこともできる．もし A が対角化可能であったとすれば，$P \in \mathrm{GL}_2(\mathbb{C})$ が存在して $P^{-1}AP = 3E_2$ が成り立つ[†7]から $A = 3E_2$ である．これは不合理であるから A は対角化不可能である．

トレースや行列式は次のような性質を持つ（定理 B.10 も参照のこと）．

定理 6.1.25. $A \in M_n(K)$ とし，$\alpha_1, \ldots, \alpha_r$ を A の固有多項式の相異なる根全体，p_i を α_i の重複度とする．このとき次が成り立つ．
1) $\det A = \alpha_1{}^{p_1} \alpha_2{}^{p_2} \cdots \alpha_r{}^{p_r}$.
2) $\mathrm{tr}\, A = p_1 \alpha_1 + \cdots + p_r \alpha_r$.

証明. $K = \mathbb{R}$ のときには A を $M_n(\mathbb{C})$ の元とみなすことにすれば，$K = \mathbb{C}$ であって，$\alpha_1, \ldots, \alpha_r$ は A の固有値全体と考えてよい．定理 6.1.23 により $P \in \mathrm{GL}_n(\mathbb{C})$ であって $A' = P^{-1}AP$ が上三角行列であるようなものが存在する．A' の対角成分には $\alpha_1, \ldots, \alpha_r$ がそれぞれ p_i 個ずつ並んでいる．したがって $\mathrm{tr}\, A = \mathrm{tr}\, A' = \sum_{i=1}^{r} p_i \alpha_i$, $\det A = \det A' = \alpha_1{}^{p_1} \cdots \alpha_r{}^{p_r}$ がそれぞれ成り立つ． □

問 6.1.26. $A \in M_n(K)$ とし，A の固有多項式を F_A とする．
1) $F_A(0) = (-1)^n \det A$ が成り立つことを F_A の定義から直接示せ．
2) F_A の $(n-1)$ 次の項の係数は $-\mathrm{tr}\, A$ に等しいことを F_A の定義から直接示せ．
3) 定理 6.1.25 を，F_A の根と係数の関係に着目して示せ．

ここで次のように定める．

定義 6.1.27. $f \in K[x]$ とする．$f(x) = a_0 + a_1 x + \cdots + a_k x^k$ のとき，$X \in M_n(K)$ に対して $f(X) \in M_n(K)$ を $f(X) = a_0 E_n + a_1 X + \cdots + a_k X^k$ により定める．このような操作を f に X を代入すると呼ぶ．また，$f(X)$ の右辺のような形の式を X の多項式と呼ぶ．

[†7] 6.2 節で見るように，対角化可能であれば，対角成分には固有値がその重複度の分並ぶ．右辺が $3E_2$ となることは，固有多項式を用いてもわかる．

問 6.1.28. $A \in M_n(K)$, $P \in \mathrm{GL}_n(K)$, $f \in K[x]$ とすると $f(P^{-1}AP) = P^{-1}f(A)P$ が成り立つことを示せ.

定理 6.1.29. (ハミルトン–ケーリーの定理) $A \in M_n(K)$ とする. F_A を A の固有多項式とすれば $F_A(A) = O_n$ が成り立つ.

証明. $A \in M_n(\mathbb{R})$ であるとき, A を $M_n(\mathbb{C})$ の元とみなしても固有多項式は変化しないので, $K = \mathbb{C}$ として定理を証明すれば十分である. さて, $n = 1$ のときは $A = (a)$ とすれば $F_A(x) = x - a$ だから定理は成り立つ. n 次以下の行列まで定理が成り立つとして $A \in M_{n+1}(\mathbb{C})$ とする. このとき, 定理 6.1.23 により $P \in \mathrm{GL}_{n+1}(\mathbb{C})$ を適当にとれば $P^{-1}AP$ は上三角行列であって, 対角成分には A の固有値がちょうどその重複度だけ並ぶ. $B = P^{-1}AP$ と置けば系 6.1.13 により $F_A = F_B$ が成り立つ. 一方 $B = \begin{pmatrix} t_{11} & * \\ 0 & C \end{pmatrix}$ と表せば $F_B(x) = (x - t_{11})F_C(x)$ が成り立つことから $F_B(B) = (B - t_{11}E_{n+1})F_C(B)$ が従う. 帰納法の仮定により $F_C(C) = O_n$ が成り立つことに注意して $F_B(B)$ をさらに計算する. まず $B - t_{11}E_{n+1} = \begin{pmatrix} 0 & * \\ 0 & * \end{pmatrix}$ が成り立つ. 一方, $k \in \mathbb{N}$ のとき $B^k = \begin{pmatrix} (t_{11})^k & * \\ 0 & C^k \end{pmatrix}$ であることより, $F_C(B) = \begin{pmatrix} * & * \\ O & F_C(C) \end{pmatrix} = \begin{pmatrix} * & * \\ 0 & O_n \end{pmatrix}$ が成り立つ. したがって $F_B(B) = \begin{pmatrix} 0 & * \\ 0 & * \end{pmatrix} \begin{pmatrix} * & * \\ 0 & O_n \end{pmatrix} = O_{n+1}$ が成り立つから, $F_A(A) = F_B(A) = PF_B(B)P^{-1} = O_{n+1}$ が成り立つ. □

注 6.1.30. 例えば $A = E_n$ とすると $F_A(x) = (x-1)^n$ であって $F_A(A) = O_n$ は確かに成り立つが, $f(x) = x - 1$ としても $f(A) = O_n$ が成り立つ. このように $A \in M_n(K)$ であるとしても, $f(A) = O_n$ が成り立つような 0 でない多項式の最小の次数は n であるとは限らない (8.2 節も参照のこと).

6.2 行列や線型変換の対角化

定義 6.2.1. $K \subset K'$ とする.
1) $A \in M_n(K)$ が K' 上対角化可能であるとは $P \in \mathrm{GL}_n(K')$ が存在して $P^{-1}AP$ が対角行列となることを言う.
2) V を K-線型空間, f を V の K-線型変換とする. V の K 上の基底 $\mathscr{V}$

が存在して, $\mathscr{V}$ に関する f の表現行列が K' 上対角化可能であるとき, f は K' **上対角化可能**であると言う.

$K = \mathbb{R}$ であっても $K = \mathbb{C}$ であっても $K' = \mathbb{C}$ のときを考えることが多いが $K = \mathbb{R}$ のときには $K' = \mathbb{R}$ の場合も考えることがある.

注 6.2.2. 線型変換が対角化可能なことの定義がややこしいのは次のような例を念頭に置いているからである. $\theta \in \mathbb{R}$ とし, $R(\theta) = \begin{pmatrix} \cos\theta & -\sin\theta \\ \sin\theta & \cos\theta \end{pmatrix}$ と置く. $f: \mathbb{R}^2 \to \mathbb{R}^2$ を $f\begin{pmatrix} x_1 \\ x_2 \end{pmatrix} = R(\theta)\begin{pmatrix} x_1 \\ x_2 \end{pmatrix}$ により定める. f の固有多項式を F とすれば $F(x) = x^2 - 2(\cos\theta)x + 1$ である. 固有方程式 $F(x) = 0$ が実数解を持つのは $\cos\theta = \pm 1$ のとき, そのときのみであるが, 複素数の範囲では固有方程式は二解 $x = \cos\theta \pm \sqrt{-1}\sin\theta$ を持つ (重解の場合も含む). 行列 $R(\theta)$ が $\mathbb{R}$ 上対角化可能であるとすれば, $P \in \mathrm{GL}_2(\mathbb{R})$ が存在して $P^{-1}R(\theta)P$ が対角行列となる. 特にその成分はすべて実数である. 後で示すように, 対角化した行列の対角成分には元の行列の固有値が現れる. したがって $R(\theta)$ は $\sin\theta = 0$ でない限り $\mathbb{R}$ 上対角化不可能である (一方 $\sin\theta = 0$ のときには $\mathbb{R}$ 上対角化可能である). このように考えることも重要であるが, これでは不便なことも多い. そこで, 複素数を用いた操作を許すことにすると

$$\begin{pmatrix} 1 & 1 \\ -\sqrt{-1} & \sqrt{-1} \end{pmatrix}^{-1} R(\theta) \begin{pmatrix} 1 & 1 \\ -\sqrt{-1} & \sqrt{-1} \end{pmatrix}$$
$$= \begin{pmatrix} \cos\theta + \sqrt{-1}\sin\theta & 0 \\ 0 & \cos\theta - \sqrt{-1}\sin\theta \end{pmatrix}$$

が成り立ち, この意味では f は対角化可能である. あるいは, $R(\theta)$ を $M_2(\mathbb{C})$ の元とみなし, すべて複素数の範囲で考える ($\mathbb{C}$ 上で考える) ことにすれば $R(\theta)$ は対角化可能であると言ってもよい.

ここまでの作業を例 6.1.1 と比べてみる. $v_1 = \begin{pmatrix} 1 \\ -\sqrt{-1} \end{pmatrix}$, $v_2 = \begin{pmatrix} 1 \\ \sqrt{-1} \end{pmatrix}$ と置けば, f は「基底」$\{v_1, v_2\}$ に関して $\begin{pmatrix} \cos\theta + \sqrt{-1}\sin\theta & 0 \\ 0 & \cos\theta - \sqrt{-1}\sin\theta \end{pmatrix}$ により表され, $\begin{pmatrix} 1 & 1 \\ -\sqrt{-1} & \sqrt{-1} \end{pmatrix}$ は標準基底から $\{v_1, v_2\}$ への「基底の変換行列」であると考えられる. v_1 や v_2 は $\mathbb{R}^2$ の元ではないからこのままではこれは正しくないが, 最初に行列で定められた写像 f は実は同じ式で定められ

る $\mathbb{C}^2$ から $\mathbb{C}^2$ への写像であって，最初の標準基底は $\mathbb{C}^2$ の基底であったと考えれば，このような基底の変換は意味を持つ．これは**複素化**と呼ばれる操作の例である．

問 6.2.3.
1) $K \subset K'$ とする．$A \in M_n(K), P \in \mathrm{GL}_n(K')$ とする．A が K' 上対角化可能であれば $P^{-1}AP$ も K' 上対角化可能であることを示せ．
2) V を $\mathbb{C}$-線型空間，f を V の $\mathbb{C}$-線型変換とする．f が $\mathbb{C}$ 上対角化可能であるとする．このとき，V の任意の（$\mathbb{C}$ 上の）基底に関する f の表現行列は $\mathbb{C}$ 上対角化可能であることを示せ．
3) V を $\mathbb{R}$-線型空間，g を V の $\mathbb{R}$-線型変換とする．
    a) g が $\mathbb{R}$ 上対角化可能であるとする．定義により V のある（$\mathbb{R}$ 上の）基底に関する g の表現行列が $\mathbb{R}$ 上対角化可能である．このとき，V の任意の（$\mathbb{R}$ 上の）基底に関する g の表現行列は $\mathbb{R}$ 上対角化可能であることを示せ．
    b) g が $\mathbb{C}$ 上対角化可能であるとする．定義により，V のある（$\mathbb{R}$ 上の）基底に関する g の表現行列が $\mathbb{C}$ 上対角化可能である．このとき，V の任意の（$\mathbb{R}$ 上の）基底に関する g の表現行列は $\mathbb{C}$ 上対角化可能であることを示せ．

例 6.2.4.
1) 例 6.1.1 が示す通り，$\begin{pmatrix} 5 & -2 \\ 1 & 2 \end{pmatrix}$ は $\mathbb{R}$ 上対角化可能である．
2) $A = \begin{pmatrix} 1 & 1 \\ 0 & 1 \end{pmatrix}$ とすると，A は $\mathbb{C}$ 上対角化不可能である（したがって $\mathbb{R}$ 上でも対角化不可能である）．実際，ある $P \in \mathrm{GL}_2(\mathbb{C})$ により A が対角化されたとする．つまり $P^{-1}AP = \begin{pmatrix} \alpha & 0 \\ 0 & \beta \end{pmatrix}$ となったと仮定する．右辺の固有多項式は $(x-\alpha)(x-\beta)$ だが，A の固有多項式は $(x-1)^2$ だから，$\alpha = \beta = 1$ でなければならない．しかし，このとき $A = P \begin{pmatrix} 1 & 0 \\ 0 & 1 \end{pmatrix} P^{-1} = E_2$ となり，矛盾する．
3) 注 6.2.2 にあるように，$\sin\theta \neq 0$ とすると $\begin{pmatrix} \cos\theta & -\sin\theta \\ \sin\theta & \cos\theta \end{pmatrix}$ は $\mathbb{C}$ 上対角化可能であるが，$\mathbb{R}$ 上対角化可能ではない．

このように，行列が対角化可能であるためには一定の条件が必要である[†8].

定理 6.2.5. $A \in M_n(K)$ とすると次は同値である.
1) A は K 上対角化可能である.
2) A の固有ベクトルからなる K^n の基底が存在する.
3) α を A の任意の固有値, p を α の重複度とし, $V(\alpha)$ を α に属する A の固有空間とすると $\dim V(\alpha) = p$ が成り立つ.
4) α を A の任意の固有値, p を α の重複度とすると $n - \mathrm{rank}(\alpha E_n - A) = p$ が成り立つ.
5) $\alpha_1, \ldots, \alpha_r$ を A の相異なる固有値全体とし, V_i を α_i に属する A の固有空間とすると $K^n = V_1 + \cdots + V_r$ が成り立つ.
6) $\alpha_1, \ldots, \alpha_r$ を A の相異なる固有値全体とし, V_i を α_i に属する A の固有空間とすると $K^n = V_1 \oplus \cdots \oplus V_r$ が成り立つ.

また, $P \in \mathrm{GL}_n(K)$ について $P^{-1}AP$ が対角行列であれば, $P^{-1}AP$ の対角成分には A の固有値がそれぞれの重複度の数ずつ並ぶ. 特に, A を対角化して得られる行列は対角成分の順序の入れ替えを除いて一意的である.

証明. 1) $\Rightarrow$ 2) の証明. $P \in \mathrm{GL}_n(K)$ が存在し, $P^{-1}AP = T$, T は対角行列で対角成分は $t_1, \ldots, t_n$, が成り立ったとする. $AP = PT$ であるから $P = (p_1 \cdots p_n)$ と列ベクトルで表すと $Ap_i = t_i p_i$ である. P は正則行列だから系 4.3.6（あるいは補題 4.3.3）により $\{p_1, \ldots, p_n\}$ は K^n の基底である. また, $p_i \neq o$ であるから, t_i は A の固有値であって, p_i は λ_i に属する A の固有ベクトルである.

2) $\Rightarrow$ 1) の証明. $\{v_1, \ldots, v_n\}$ を A の固有ベクトルからなる K^n の基底とし, $Av_i = \lambda_i v_i$ とする. $P = (v_1 \cdots v_n)$ とすると系 4.3.6 により $P \in \mathrm{GL}_n(K)$ であって, $AP = P \begin{pmatrix} \lambda_1 & 0 & \cdots & 0 \\ 0 & \lambda_2 & \cdots & 0 \\ \vdots & & \ddots & \vdots \\ 0 & 0 & \cdots & \lambda_n \end{pmatrix}$ が成り立つ. したがって A は対角化可能である.

2) $\Rightarrow$ 5) の証明. 2) が成り立つとし, $\{v_1, \ldots, v_n\}$ を A の固有ベクトルからな

[†8]. 一方, 三角化は常に可能な操作であった.

る K^n の基底とする. すると, 各 i について $\lambda_i \in K$ が存在して $Av_i = \lambda_i v_i$ が成り立つ. $v_i \neq o$ であるから, λ_i は A の固有値である. したがって λ_i はいずれかの $\alpha_j, 1 \leq j \leq r,$ に等しい. ここで V_i' を $Av_j = \alpha_i v_j$ を充たす v_j たちで生成される K^n の部分線型空間とし, V_i を α_i に属する A の固有空間とすると $V_i' \subset V_i$ である. 一方 $v_1, \ldots, v_n$ は V の基底であったから $K^n = V_1' + \cdots + V_r'$ が成り立つので $K^n = V_1 + \cdots + V_r$ も成り立つ.

<u>5) $\Rightarrow$ 6)</u> の証明. 系 6.1.22 から従う.

<u>6) $\Rightarrow$ 3)</u> の証明. $\alpha_1, \ldots, \alpha_r$ を A の異なる固有値全体とする. 定理 6.1.14 により $\dim V_i \leq p_i$ が成り立つ. また, $p_1 + \cdots + p_r = n$ である. 一方, 仮定により $\dim V_1 + \cdots + \dim V_r = n$ であるから $\dim V_i = p_i$ がすべての i について成り立つ.

<u>3) $\Leftrightarrow$ 4)</u> の証明. 定理 6.1.14 から従う.

<u>3) $\Rightarrow$ 2)</u> の証明. $V_1, \ldots, V_r$ の基底を取り, それらを並べて得られる K^n の基底を考えればよい. □

問 6.2.6. $A \in M_n(K)$ は K 上対角化可能であるとする. A を対角化して得られる行列の対角成分の順序は自由に指定することができることを示せ.

ここで, $A \in M_n(\mathbb{R})$ であるが, $A \in M_n(\mathbb{C})$ と考えると A は $\mathbb{C}$ 上対角化可能である状況を考える. 注 6.2.2 にあるように, このとき A は $\mathbb{R}$ 上対角化可能であるとは限らない. $\mathbb{R}$ 上対角化できなかった原因の一つは固有値が実数ではなかったことである. 実際, A が $\mathbb{R}$ 上対角化可能であるならば, $P^{-1}AP \in M_n(\mathbb{R})$ であるから A の固有値はすべて実数でなければならない. そこで A の固有値はすべて実数であると仮定し, 定理 6.2.5 の 4) に着目する. A が $\mathbb{C}$ 上対角化可能であることは A の任意の固有値 α について $n - \mathrm{rank}(\alpha E_n - A)$ が α の重複度 p に等しいことと同値であった. 一方, 系 1.5.32 により $n - \mathrm{rank}(\alpha E_n - A)$ は A を複素行列と考えても実行列と考えても等しい. したがって定理 3.7.1 により $\{v \in \mathbb{R}^n \mid Av = \alpha v\}$ は $\mathbb{R}$ 上 p 次元である. すると, 複素数の範囲で考えたときと全く同じ理由により, A の固有ベクトルからなる $\mathbb{R}^n$ の基底 $\{v_1, \ldots, v_n\}$ であって, $P = (v_1 \cdots v_n)$ と置けば $P \in \mathrm{GL}_n(\mathbb{R})$ であって $P^{-1}AP$ が対角行列となるものが存在する. したがって次が示せた.

定理 6.2.7. $A \in M_n(\mathbb{R})$ が $\mathbb{C}$ 上対角化可能であるとする．A の固有値がすべて実数であれば A は $\mathbb{R}$ 上対角化可能である．つまり，ある $\mathrm{GL}_n(\mathbb{R})$ の元 P が存在し $P^{-1}AP$ が対角行列となる．

系 6.2.8. $A \in M_n(\mathbb{C})$ とし，A の固有値はすべて異なるとする．このとき A は $\mathbb{C}$ 上対角化可能である．さらに，もし $A \in M_n(\mathbb{R})$ であって固有値がすべて実数であれば A は $\mathbb{R}$ 上対角化可能である．

n 個の K の元を勝手に与えたときにそのうちのある二つの元が同じであることは直感的には非常に起こりにくい．その意味では上の結果は「ほとんどの正方行列は対角化可能である」ことを意味する．

ここまでの結果のいくつかを線型写像の言葉で述べておく．準備として次のことに注意しておく．

補題 6.2.9. f を V の K-線型変換とする．$V = W_1 \oplus \cdots \oplus W_r$ を V の f-不変部分空間への直和分解とする．$\dim W_i = n_i$ とし，$i = 1, \ldots, r$ について $\{e_1^{(i)}, \ldots, e_{n_i}^{(i)}\}$ を W_i の基底とする．そして $\mathscr{V}$ をこれらを順番に並べて得られる V の基底とする．このとき A_i を $f|_{W_i} : W_i \to W_i$ の $\{e_i^{(i)}, \cdots, e_{n_i}^{(i)}\}$ に関する表現行列，A を $\mathscr{V}$ に関する f の表現行列とすると，$A_i \in M_{n_i}(K)$ であって $A = A_1 \oplus \cdots \oplus A_r$（定義 1.4.18）が成り立つ．

証明． 各 W_i が f-不変であることから $f(e_k^{(i)}) \in W_i$ が成り立つ．したがってある $a_{jk}^{(i)} \in K$ が存在して，$f(e_k^{(i)}) = \sum_{j=1}^{n_i} a_{jk}^{(i)} e_j^{(i)}$ が成り立つ．$A_i = (a_{jk}^{(i)})_{jk}$ とすれば A_i は $f|_{W_i}$ の $\{e_i^{(i)}, \cdots, e_{n_i}^{(i)}\}$ に関する表現行列であって $A = A_1 \oplus \cdots \oplus A_r$ が成り立つ． □

定理 6.2.10. f を V の K-線型変換とすると以下は同値である．
1) f は K 上対角化可能である．
2) f の固有ベクトルからなる V の基底が存在する．
3) $\alpha_i, i = 1, \ldots, r$, を f の固有値全体とし，p_i を α_i の重複度とする．V_i を α_i に属する f の固有空間とすれば $\dim V_i = p_i$ が成り立つ．
4) A の任意の固有値 α_i について $\dim V - \mathrm{rank}(\alpha_i \, \mathrm{id}_V - f)$ は α_i の重複度 p_i に等しい．
5) $\alpha_i, i = 1, \ldots, r$, を f の固有値全体とし，V_i を α_i に属する f の固有空

間とすると $V = V_1 + \cdots + V_r$ が成り立つ．

6) $\alpha_i, i = 1, \ldots, r$, を f の固有値全体とし，V_i を α_i に属する f の固有空間とすると $V = V_1 \oplus \cdots \oplus V_r$ が成り立つ．

また，f を対角行列で表現したとき，その行列には，対角成分に f の固有値がそれぞれの重複度の数ずつ並ぶ．特に，対角成分の順序の入れ替えを除いて一意的である．

$\mathbb{R}$-線型空間の線型変換については定理 6.2.7 に対応して次が成り立つ．

定理 6.2.11. V を $\mathbb{R}$-線型空間とし，V の $\mathbb{R}$-線型変換 f が $\mathbb{C}$ 上対角化可能であるとする．f の固有値がすべて実数であれば，f は $\mathbb{R}$ 上対角化可能である．すなわち，V の $\mathbb{R}$ 上の基底 $\mathscr{V} = \{v_1, \ldots, v_n\}$ が存在し，$\mathscr{V}$ に関する f の表現行列は実対角行列となる．

6.3 正規行列・正規変換とその対角化

ここでは主に $M_n(\mathbb{C})$ の元について述べる．$A \in M_n(\mathbb{C})$ とすると A は常にユニタリ行列で三角化可能である（定理 6.1.23）が，対角化に関しては，単に A が対角化可能というよりさらに強い条件が必要である．具体的には，A は正規行列と呼ばれるものでなければならない．

定義 6.3.1.

1) $A \in M_n(K)$ が**正規行列**であるとは，$AA^* = A^*A$ が成り立つことを言う．
2) V を計量線型空間とする．V の線型変換 f が**正規変換**であるとは，$f \circ f^* = f^* \circ f$ が成り立つことを言う．

エルミート（実対称）行列，ユニタリ（実直交）行列や歪エルミート（実歪対称）行列は正規行列である．また，エルミート（実対称）変換，ユニタリ（実直交）変換や歪エルミート（実歪対称）変換は正規変換である．一方，複素直交行列（変換），複素対称行列（変換）や複素歪対称行列（変換）は必ずしも正規行列（変換）ではない．定義 5.2.3, 定理 5.3.18 や問 6.3.14 を参照のこと．

補題 6.3.2. V を計量線型空間, f を V の線型変換とすると以下の条件は同値である．

1) f は正規変換である．
2) V のある正規直交基底に関して f は正規行列で表される．
3) V の任意の正規直交基底に関して f は正規行列で表される．

証明は易しいので省略する．

定理 6.3.3. $A \in M_n(\mathbb{C})$ がユニタリ行列で対角化可能であることは A が正規行列であることと同値である．

証明. ある $U \in U_n$ について $T = U^{-1}AU$ が対角行列であれば, $TT^* = T^*T$ と $U^* = U^{-1}$ であることから $AA^* = (UTU^*)(UT^*U^*) = UTT^*U^* = UT^*TU^* = (UT^*U^*)(UTU^*) = A^*A$ が成り立つ．よって A は正規行列である．逆に A を正規行列とする．ある $U \in U_n$ が存在して $T = U^{-1}AU$ は上三角行列となる．この T が対角行列であることを示す．$T^* = (U^*AU)^* = U^*A^*U$ が成り立つから, $TT^* = (U^*AU)(U^*A^*U) = U^*AA^*U$, $T^*T = (U^*A^*U)(U^*AU) = U^*A^*AU$ がそれぞれ成り立つが, A は正規なのでこれらは等しい．つまり $TT^* = T^*T$ が成り立つ．T の成分を t_{ij} とする．$i > j$ であれば $t_{ij} = 0$ が成り立つので, T^*T の $(1,1)$ 成分は $|t_{1,1}|^2$ である．一方 TT^* の $(1,1)$ 成分は $\sum_{j=1}^n t_{1,j}\overline{t_{1,j}}$ である．したがって $j \neq 1$ ならば $t_{1,j} = 0$ が成り立つ．$1 \leq k' \leq k$ のとき, $t_{k',l} = 0$ が $l \neq k'$ について成り立つとする．すると T^*T の $(k+1, k+1)$ 成分は $\sum_{j=1}^{k+1} \overline{t_{j,k+1}}t_{j,k+1} = |t_{k+1,k+1}|^2$ で与えられる．一方 TT^* の $(k+1, k+1)$ 成分は $\sum_{j=k+1}^n t_{k+1,j}\overline{t_{k+1,j}}$ であるから, $j > k+1$ のとき $t_{k+1,j} = 0$ が成り立つ．よって T は対角行列であるので, A はユニタリ行列により対角化可能である． □

A を正規行列, $U \in U_n$ とし, $U^{-1}AU$ が対角行列であるとする．$U = (u_1 \cdots u_n)$ とすると, $u_i, i = 1, \ldots, n$, は A の固有ベクトルである．一方, $\{u_1, \ldots, u_n\}$ は標準計量に関する正規直交基底である (命題 5.2.14)．したがって次が成り立つ．

定理 6.3.4. $A \in M_n(\mathbb{C})$ とすると以下は同値である．ただし, $\mathbb{C}^n$ には標準

計量を入れる.
1) A は正規行列である.
2) A の固有ベクトルからなる $\mathbb{C}^n$ の正規直交基底が存在する.
3) A はユニタリ行列で対角化可能である.
4) $\alpha_1, \ldots, \alpha_r$ を A の相異なる固有値全体とし,V_i を α_i に属する A の固有空間とすると $\mathbb{C}^n = V_1 \oplus \cdots \oplus V_r$ (直交直和) が成り立つ.

代表的な正規行列は次のような特徴を持つ.

定理 6.3.5. $A \in M_n(\mathbb{C})$ を正規行列とすると,次が成り立つ.
1) A がエルミート行列 $\Leftrightarrow$ A の固有値がすべて実数.特に $A \in M_n(\mathbb{R})$ であって A が対称行列であれば,A の固有値はすべて実数である.
2) A が歪エルミート行列 $\Leftrightarrow$ A の固有値がすべて純虚数.
3) A がユニタリ行列 $\Leftrightarrow$ A の固有値の大きさがすべて 1.

証明. A をユニタリ行列 U により対角化し,$T = U^{-1}AU$ とする.$A = \pm A^* \Leftrightarrow (UTU^*) = \pm(UTU^*)^* \Leftrightarrow T = \pm T^*$(複号同順)より A がエルミート(歪エルミート)行列であることと,A の固有値がすべて実数(純虚数)であることは同値である.また,$AA^* = E_n \Leftrightarrow TT^* = E_n$ より A がユニタリ行列であることと,A の固有値の大きさがすべて 1 であることも同値である. □

線型変換についても同様のことが成り立つ.

定理 6.3.6. V を(有限次元)計量線型空間とする.f を V の線型変換とすると,以下は同値である.
1) f は正規変換である.
2) f の固有ベクトルからなる V の正規直交基底が存在する.特に,この基底に関する f の表現行列は対角行列である.
3) V の任意の正規直交基底に関する f の表現行列はユニタリ行列で対角化可能である.
4) $\alpha_i, i = 1, \ldots, r,$ を f の固有値全体とし,V_i を α_i に属する f の固有空間とすると $V = V_1 \oplus \cdots \oplus V_r$ (直交直和) が成り立つ.

定理 6.3.7. V を計量線型空間とし,f を V の正規変換とすると,次が成り立つ.

1) f がエルミート変換 $\Leftrightarrow$ f の固有値がすべて実数.特に V が実計量線型空間であって f が実対称変換であれば,f の固有値はすべて実数である.
2) f が歪エルミート変換 $\Leftrightarrow$ f の固有値がすべて純虚数.
3) f がユニタリ変換 $\Leftrightarrow$ f の固有値の大きさがすべて 1.

証明はそれぞれ定理 6.3.4, 6.3.5 に帰着できるので省略する.

実対称行列は固有値がすべて実数であるような実行列であり,対角化可能であるから実行列で対角化可能である(定理 6.2.7).さらに強く,次が成り立つ.

定理 6.3.8. 実対称行列は SO_n の元により対角化可能である.また,対角行列の対角成分の順序は自由に指定できる.

証明. A を n 次実対称行列とすると,定理 6.1.23 によりある $P \in \mathrm{SO}_n$ が存在し,$P^{-1}AP$ は上三角行列であって,対角成分には A の固有値がちょうどそれぞれの重複度の分だけ並ぶ.このとき,対角成分の順番は自由に指定できるのであった.${}^tP = P^{-1}$ であることと ${}^tA = A$ であることから,${}^t(P^{-1}AP) = P^{-1}AP$ が成り立つが,左辺は下三角行列であって,右辺は上三角行列である.よって,この等しい行列は対角行列である.□

複素対称行列は一般には正規行列ではないからユニタリ行列で対角化できるとは限らない[†9].しかし,定理 6.3.5 のある種の類似が成り立つ(問 6.3.15).また,実直交行列の固有値は一般には実数ではないから,実行列で対角化できるとは限らない.しかし,実直交行列はユニタリ行列であるので,ユニタリ行列で対角化できる.このことを用いると直交行列や,より一般に実正規行列(実数を成分とする正規行列)を直交行列により一定の形にすることができる.

記号 6.3.9. $R(\theta) = \begin{pmatrix} \cos\theta & -\sin\theta \\ \sin\theta & \cos\theta \end{pmatrix}$ と置く.

定理 6.3.10. A を実正規行列とすると,ある $P \in \mathrm{SO}_n$ が存在して,
$$P^{-1}AP = O_m \oplus D_p \oplus (-D_q) \oplus r_1 R(\theta_1) \oplus \cdots \oplus r_s R(\theta_s)$$

[†9] そもそも対角化可能であるとは限らない.

が成り立つ．ここで，D_p, D_q は対角成分が正の対角行列であって，$r_i > 0$ である．また，$m+p+q+2s = n$ であって，いずれの i についても $R(\theta_i) \neq \pm E_2$ である（θ_i が π の整数倍ではない）．m, p, q, s は一意的であり，D_p, D_q は対角成分の並べ替えを除き，また，$r_1 R(\theta_1), \ldots, r_s R(\theta_s)$ は並べ方を除いてそれぞれ一意的である．

右辺の形を実正規行列の**実標準形**と呼ぶことがある．

証明． ここでは一度 $A \in M_n(\mathbb{C})$ と考える．A は正規行列であるからユニタリ行列 Q で対角化可能である．A の固有多項式は実多項式であるから，もし実数でない複素数 α が A の固有値であれば $\overline{\alpha}$ も A の固有値であり，α と $\overline{\alpha}$ の重複度は等しい．ここで A の実固有値の，重複度を込めた総数を k とし，そのうち 0 の数を m，正であるものの数を p，負であるものの数を q とする．そして，正の固有値を並べて得られる対角行列を D_p，負の固有値を並べて得られる対角行列の (-1) 倍を D_q とし，実数でない固有値を $\alpha_1, \overline{\alpha_1}, \ldots, \alpha_s, \overline{\alpha_s}$ とすれば，

$$Q^{-1}AQ = O_m \oplus D_p \oplus (-D_q) \oplus \begin{pmatrix} \alpha_1 & \\ & \overline{\alpha_1} \end{pmatrix} \oplus \cdots \oplus \begin{pmatrix} \alpha_s & \\ & \overline{\alpha_s} \end{pmatrix}$$

が成り立つとしてよい．ここで，実固有値に属する固有ベクトルは実ベクトルであるように選ぶことができるから $Q = (q_1 \cdots q_n)$ とすれば $q_1, \ldots, q_k$ は実ベクトルとしてよい．そこで $j \leq k$ のとき $p_j = q_j$ と置く．また，$\overline{A} = A$ であるから $Aq_i = \alpha q_i$ であれば $A\overline{q_i} = \overline{\alpha}\,\overline{q_i}$ であるので，$q_{k+2i} = \overline{q_{k+2i-1}}$ とすることができる．ここで $p_{k+2i-1} = \dfrac{1}{\sqrt{2}}(q_{k+2i-1} + q_{k+2i})$，$p_{k+2i} = \dfrac{\sqrt{-1}}{\sqrt{2}}(q_{k+2i-1} - q_{k+2i})$ と置くと $p_{k+2i-1}, p_{k+2i} \in \mathbb{R}^n$ である．また，$\alpha = a + \sqrt{-1}b$, $a, b \in \mathbb{R}$, と表すと $A(p_{k+2i-1} \; p_{k+2i}) = (p_{k+2i-1} \; p_{k+2i}) \begin{pmatrix} a & -b \\ b & a \end{pmatrix}$ が成り立つ．ここで $P = (p_1 \cdots p_n)$ と置く．$S = \dfrac{1}{\sqrt{2}} \begin{pmatrix} 1 & \sqrt{-1} \\ 1 & -\sqrt{-1} \end{pmatrix}$ として $T = E_k \oplus \overbrace{S \oplus \cdots \oplus S}^{s\text{個}}$ と置くと $P = QT$ が成り立つ．$P \in M_n(\mathbb{R})$ であるから，${}^tPP = P^*P = T^*Q^*QT = T^*T$ が成り立つが，$S^*S = E_2$ により $T^*T = E_n$ が成り立つ．したがって $P \in \mathrm{O}_n$ である．また，$r_i = |\alpha_i|$ と置けば α_i は実数ではないので $r_i > 0$ である．そこで $\dfrac{\alpha_i}{r_i} = \cos\theta_i + \sqrt{-1}\sin\theta_i$ と表せば $p_1, \ldots, p_n$ の定め方から $P^{-1}AP = O_m \oplus D_p \oplus (-D_q) \oplus r_1 R(\theta_1) \oplus \cdots \oplus r_s R(\theta_s)$ が成り立つが，

再び α_i は実数ではないことから $R(\theta_i) \neq \pm E_2$ である．定理の後半の一意性に関する主張は $P^{-1}AP$ の固有値は A の固有値と重複度を込めて等しいことから従う．最後に，$\det P < 0$ であるときには $P = (p_1 \cdots p_n)$ の代わりに $P' = (-p_1 \cdots p_n)$ を考えれば，$P'^{-1}AP' = P^{-1}AP$ であって $P' \in \mathrm{SO}_n$ である． □

系 6.3.11. $A \in \mathrm{O}_n$ とすると，ある $P \in \mathrm{SO}_n$ が存在して，
$$P^{-1}AP = E_p \oplus (-E_q) \oplus R(\theta_1) \oplus \cdots \oplus R(\theta_s)$$
が成り立つ．ただし $p + q + 2s = n$ であって，いずれの i についても $R(\theta_i) \neq \pm E_2$ である（θ_i が π の整数倍ではない）．ここで，p, q, s は一意的であり，$R(\theta_1), \ldots, R(\theta_s)$ は並べ方を除いて一意的である．

右辺の形を直交行列の**実標準形**と呼ぶことがある．

証明． A は実正規行列であるから，ある $P \in \mathrm{SO}_n$ が存在して $P^{-1}AP$ は実標準形である．$A \in \mathrm{O}_n$ であることから，A の実固有値は 1 あるいは -1 であるので $m = 0$，$D_p = E_p$，$D_q = E_q$ が成り立つ．また，$r_1 = \cdots = r_s = 1$ であるから，$P^{-1}AP$ は確かに主張にある式の形をしている． □

注 6.3.12. $E_2 = R(0)$，$-E_2 = R(\pi)$ に注意すれば，$P^{-1}AP = (\pm 1) \oplus R(\theta_1) \oplus \cdots \oplus R(\theta_{s'})$（$n$ が奇数のとき），$P^{-1}AP = R(\theta_1) \oplus \cdots \oplus R(\theta_{s'})$ あるいは $P^{-1}AP = (-1) \oplus (1) \oplus R(\theta_1) \oplus \cdots \oplus R(\theta_{s'})$（$n$ が偶数のとき）と書くこともできる．

定理 6.3.13.
1) SO_2 の元は $\mathbb{R}^2$ の回転を表す．また，O_2 の元は $\mathbb{R}^2$ の回転もしくは原点を通るある直線に関する鏡映（定義 5.5.5）を表す．
2) SO_3 の元は $\mathbb{R}^3$ の原点を通るある直線を軸とする回転を表す．また，O_3 の元は $\mathbb{R}^3$ の原点を通るある直線を軸とする回転，あるいは，$\mathbb{R}^2$ のある直線を軸とする回転と，回転面（回転軸に直交し原点を通る平面）に関する鏡映の合成を表す．

証明． 直接計算することにより SO_2 の元は $R(\theta)$ の形をしていることが分かる．これは $\mathbb{R}^2$ の回転を表す．A を O_2 の元であって，SO_2 の元でないものと

する. 系 6.3.11 により,ある $P \in \mathrm{SO}_2$ が存在して $P^{-1}AP$ は実標準形であるが,$\det A = -1$ であることから $q = 1$ である.したがって $p = 1, s = 0$ が成り立つので $P^{-1}AP = \begin{pmatrix} 1 & 0 \\ 0 & -1 \end{pmatrix}$ が成り立つ.$P = (p_1\ p_2)$ と列ベクトルを用いて表せば,A は $\langle p_1 \rangle$ への直交射影から定まる鏡映であることが分かる.

$A \in \mathrm{SO}_3$ とする.ある $P \in \mathrm{SO}_3$ が存在して $P^{-1}AP$ は実標準形であるが,$R(\theta) = \pm E_2$ の場合も許せば(注 6.3.12)$P^{-1}AP = (1) \oplus R(\theta)$ と表すことができる.$P = (p_1\ p_2\ p_3)$ とすれば,A は $\langle p_1 \rangle$ が表す直線を軸とする θ 回転を表す.$A \in \mathrm{O}_3$ かつ $A \notin \mathrm{SO}_3$ であれば $P^{-1}AP = (-1) \oplus R(\theta)$ と表せる.上と同様の議論により A は $\langle p_1 \rangle$ が表す直線に関する θ 回転と,回転面に関する鏡映の合成を表すことが分かる. □

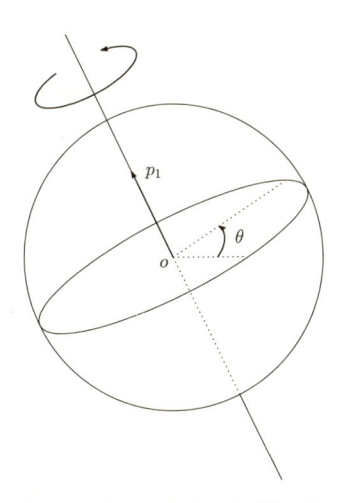

図 **6.2**. SO_3 の元が定める線型変換

問 6.3.14.
1) 複素対称行列(複素直交行列・複素歪対称行列)であるが正規行列ではないような行列の例を挙げよ.
2) 複素対称行列であって対角化不可能であるような行列の例を挙げよ.

ヒント:いずれの例も実行列ではありえない(なぜか?).また複素対称行列・複素直交行列の場合には $n > 1$ ならば,また,複素歪対称行列の場合に

は $n > 2$ ならば任意の n について上のような例は存在する．特に 2 次の複素対称行列・複素直交行列，3 次の複素歪対称行列で，正規行列でないものが存在するので，まず 2 次や 3 次の場合から考えるのがよいであろう．

問 6.3.15. $A \in M_n(\mathbb{C})$ とし，${}^t A = A$ が成り立つとする．一般には A は対角化可能ではない（問 6.3.14）．以下，$\mathbb{C}^n$ には標準計量を入れる．

1) $B = A^* A$ と置くと，$B^* = B$ が成り立つことを示せ．

定理 6.3.3 により，ある $U \in \mathrm{U}_n$ が存在し，$U^* BU$ は対角行列である．この対角行列を D とし，対角成分を $d_1, \ldots, d_n$ とする．

2) $d_i \in \mathbb{R}$ であって，さらに $d_i \geq 0$ が成り立つことを示せ．

3) $C = {}^t UAU$ と置くと，${}^t C = C$ かつ $C^* C = D$ が成り立つことを示せ．

4) D は実行列であることに注意して，$CD = DC$ が成り立つことを示せ．

$d_1, \ldots, d_n$ から重複を除いたものを $\delta_1, \ldots, \delta_r$ とする．δ_i は D の固有値であることに注意し，$V(\delta_i) = \{v \in \mathbb{C}^n \mid Dv = \delta_i v\}$ と置く．

5) $Du = o$ と $Cu = o$ は同値であることを示せ．したがって $u \in V(0)$ であれば $Cu = 0\overline{u}$ が成り立つ．

6) $i \neq j$ であれば $V(\delta_i)$ と $V(\delta_j)$ は直交することを示せ．また，$V(\delta_i)$ は C-不変であることを示せ．

7) $v \in V(\delta_i)$ であれば $\overline{v} \in V(\delta_i)$ が成り立つことを示せ．

ここで $\mathbb{C}^n$ の線型変換 f を $f(v) = Cv$ により定め，f_i を f の $V(\delta_i)$ への制限とする．$f_i^* = (f^*)|_{V(\delta_i)}$ が成り立つ（問 5.6.4）．以下，12) の直前まで $\delta_i \neq 0$ と仮定する．

8) $g_i = \dfrac{1}{\sqrt{\delta_i}} f_i$ と置くと g_i は $V(\delta_i)$ のユニタリ変換である，すなわち $g_i^* \circ g_i = g_i \circ g_i^* = \mathrm{id}_{V(\delta_i)}$ が成り立つことを示せ．

λ を g_i の固有値とし，$u \in V(\delta_i)$ を λ に属する g_i の固有ベクトルとする．$|\lambda| = 1$ が成り立つ．

9) $\overline{u}$ も λ に属する g_i の固有ベクトルであることを示せ．

10) $\overline{u}$ と u が線型独立でなければ，$\exists \alpha \in \mathbb{C},\ Cu = \alpha \overline{u}$ が成り立つことを示せ．

11) $\overline{u}$ と u が線型独立であるとする．このとき，ある $s \in \sqrt{-1}\,\mathbb{R}$（純虚数）が存在し，$w = u + s\overline{u}$ と置いて，$w' = w + \overline{w},\ w'' = w - \overline{w}$ と定めると $w', w'' \neq o,\ \langle w' | w'' \rangle = 0,\ g_i(w') = \lambda \overline{w'},\ g_i(w'') = -\lambda \overline{w''}$ が成り立つ

ことを示せ.

12) ある $U \in U_n$ が存在して ${}^t\!UAU$ は対角行列となることを示せ.また, U は ${}^t\!UAU$ の対角成分が非負の実数であるように取れて,このとき対角成分の並べ替えを除いて ${}^t\!UAU$ は一意に定まることを示せ.

6.4 ジョルダン標準形 *[†10]

この節では固有値に関する複雑さを避けるために $M_n(\mathbb{C})$ の元について述べる[†11].

記号 6.4.1. $N_n \in M_n(\mathbb{C})$ を $N_1 = (0)$, $n > 1$ のとき $N_n = \begin{pmatrix} 0 & 1 & 0 & \cdots & 0 \\ & \ddots & \ddots & & \vdots \\ & & \ddots & \ddots & 0 \\ & & & 0 & 1 \\ & & & & 0 \end{pmatrix}$ により定める ($(i, i+1)$ 成分は 1,その他の成分はすべて 0).また,$\alpha \in \mathbb{C}$ のとき $J_n(\alpha) = \alpha E_n + N_n$ と定める.これを α に対する(属する,関するなどとも言う)n 次の **Jordan block** と呼ぶ.

定義 6.4.2. $A \in M_n(\mathbb{C})$, $\alpha \in \mathbb{C}$ について $W(\alpha) = \{v \in \mathbb{C}^n | \exists k \geq 1 \text{ s.t. } (A - \alpha E_n)^k v = o\}$ と置く.$W(\alpha) \neq \{o\}$ のとき,$W(\alpha)$ を α に属する A の **広義固有空間** あるいは **一般固有空間** と呼び,$W(\alpha)$ の o でない元を α に属する A の **広義固有ベクトル** あるいは **一般固有ベクトル** と呼ぶ.

問 6.4.3. $w \in W(\alpha), w \neq o$ とする.ある $k \geq 1$ が存在して $(A - \alpha E_n)^k w = o$ かつ $(A - \alpha E_n)^{k-1} w \neq o$ が成り立つことを示せ.ただし,$(A - \alpha E_n)^0 = E_n$ と定める.

固有空間と同様に(補題 6.1.4)次が成り立つ.

補題 6.4.4.

1) $W(\alpha)$ は $\mathbb{C}^n$ の A-不変な部分線型空間である.

[†10]. ジョルダン標準形は行列の最小多項式と深く関連する.8.3 節も参照のこと.
[†11]. 本書では述べないが $K = \mathbb{R}$ のときにも実ジョルダン標準形と呼ばれるものを考えることができる.

2) α が A の固有値であることと $W(\alpha) \neq \{o\}$ が成り立つことは同値である.

3) $V(\alpha)$ を α に属する A の固有空間とすると $V(\alpha) \subset W(\alpha)$ が成り立つ.

証明. まず 1) を示す. $o \in W(\alpha)$ なので $W(\alpha) \neq \varnothing$ である. $v, w \in W(\alpha)$ とする. 適当な $k, l \geq 1$ が存在して $(A - \alpha E_n)^k v = o$, $(A - \alpha E_n)^l w = o$ であるから, $m = \max\{k, l\}$ とすれば $(A - \alpha E_n)^m (v + w) = o$ が成り立つ. よって $v + w \in W(\alpha)$ が成り立つ. また, $\lambda \in \mathbb{C}$ について $(A - \alpha E_n)^k (\lambda v) = \lambda (A - \alpha E_n)^k v = o$ であるから $\lambda v \in W(\alpha)$ も成り立つ. 最後に, $(A - \alpha E_n) A = A (A - \alpha E_n)$ により, $(A - \alpha E_n)^k (Av) = A (A - \alpha E_n)^k v = o$ が成り立つので $W(\alpha)$ は A-不変である. 3) は $W(\alpha)$ の定義から直ちに従う. 2) を示す. $v \in W(\alpha)$, $v \neq o$ とし, k を $(A - \alpha E_n)^{k+1} v = o$ かつ $(A - \alpha E_n)^k v \neq o$ なる自然数とする. $w = (A - \alpha E_n)^k v$ とすれば w は α に属する A の固有ベクトルであるから, α は A の固有値である. 逆は 3) より従う. □

補題 6.4.5. $\alpha_1, \ldots, \alpha_r$ を A の相異なる固有値とする. このとき $W(\alpha_1) + \cdots + W(\alpha_r)$ は直和である.

証明. 補題は $r = 1$ のときには成り立つ. 補題が s 個の相異なる固有値に対して成り立つと仮定し, $w_i \in W(\alpha_i)$, $w_1 + \cdots + w_{s+1} = o$ とする. $\exists k \geq 1$ s.t. $(A - \alpha_1 E_n)^k w_1 = o$ が成り立つので $(A - \alpha_1 E_n)^k (w_2 + \cdots + w_{s+1}) = o$ である. $W(\alpha_i)$ は A-不変であるので, $(A - \alpha_1 E_n)^k w_i \in W(\alpha_i)$ が成り立つ. よって, 帰納法の仮定により $(A - \alpha_1 E_n)^k w_i = o$ が $i = 2, \ldots, s+1$ について成り立つ. ある $i > 1$ について $w_i \neq o$ が成り立つとする. $w_i \in W(\alpha_i)$ であったので, $\exists k_i \geq 1$ s.t. $(A - \alpha_i E_n)^{k_i} w_i = o$ が成り立つ. また, $v = (A - \alpha_i E_n)^{k_i - 1} w_i$ と置けば, $v \neq o$ が成り立つとしてよい (問 6.4.3). 一方, $(A - \alpha_i E_n) v = o$ が成り立つので $Av = \alpha_i v$ であるから,

$$\begin{aligned} o &= (A - \alpha_i E_n)^{k_i - 1} (A - \alpha_1 E_n)^k w_i = (A - \alpha_1 E_n)^k (A - \alpha_i E_n)^{k_i - 1} w_i \\ &= (A - \alpha_1 E_n)^k v \\ &= (\alpha_i - \alpha_1)^k v \end{aligned}$$

が成り立つ. $\alpha_i \neq \alpha_1$ であったから, $v = o$ が成り立つ. これは v の定め方に反するから $w_i = o$ が成り立つ. よって $w_1 = o$ も成り立ち, 補題は $s + 1$

個の相異なる固有値に対しても成り立つ. □

定理 6.4.6. $A \in M_n(\mathbb{C})$ とし,A の相異なる固有値全体を $\alpha_1, \ldots, \alpha_r$ とする.また α_i の重複度を p_i とする.すると $\mathbb{C}^n = W(\alpha_1) \oplus \cdots \oplus W(\alpha_r)$ および $\dim W(\alpha_i) = p_i$ が成り立つ.特に,$\mathbb{C}^n$ を広義固有空間に直和分解する方法は順序を除いて一意的である.

証明. まず,α を A の固有値,p をその重複度とすると $\dim W(\alpha) \geq p$ が成り立つことを示す.定理 6.1.23 により,$P \in \mathrm{GL}_n(\mathbb{C})$ が存在して $P^{-1}AP$ は上三角行列となる.さらに,$P^{-1}AP$ の対角成分の最初の p 個は α であるとしてよい.このとき,$P^{-1}(A - \alpha E_n)P$ の対角成分の最初の p 個は 0 となるので,$P^{-1}(A - \alpha E_n)^p P$ の第 1 列から第 p 列は o となる.したがって,$P = (v_1 \cdots v_n)$ として,$W = \langle v_1, \ldots, v_p \rangle$ と置けば,W は $W(\alpha)$ の部分線型空間となる.P は正則であるから $\dim W = p$ であるので,$\dim W(\alpha) \geq p$ が成り立つ.ここで,補題 6.4.5 により $W(\alpha_1) + \cdots + W(\alpha_r)$ は直和である.一方 $p_1 + \cdots + p_r = n$ であるから,定理が成り立つ. □

系 6.4.7. 定理 6.4.6 の記号をそのまま用いる.$(V_1, \lambda_1), \ldots, (V_k, \lambda_k)$ を次のような $\{o\}$ でない $\mathbb{C}^n$ の部分線型空間と $\mathbb{C}$ の元の組とする.

$v \in V_i$ であれば $\exists m \in \mathbb{N}$ s.t. $(A - \lambda_i E_n)^m v = 0$ が成り立つ.

ここで $\mathbb{C}^n = V_1 \oplus \cdots \oplus V_k$ と仮定する.このとき,V_i たちの順序を適当に入れ替えれば $j_0 = 1 \leq j_1 < j_2 < \cdots < j_r \leq k$ が存在して,$\lambda_{j_{i-1}} = \cdots = \lambda_{j_i} = \alpha_i$,$W(\alpha_i) = V_{j_{i-1}} \oplus \cdots \oplus V_{j_i}$ が成り立つ.

証明. V_i は A のある広義固有空間に含まれるので,λ_i は A の固有値である.W'_l を V_i たちのうち $\lambda_i = \alpha_l$ を充たすもの全体の和空間とすると,仮定からこの和は直和である.ただし,もし $\lambda_i = \alpha_l$ なる i が存在しなければ $W'_l = \{o\}$ とする.仮定から $W'_l \subset W(\alpha_l)$,$\mathbb{C}^n = W'_1 + \cdots + W'_r$ が成り立つので問 3.12.17 により $W'_l = W(\alpha_l)$ が $l = 1, \ldots, r$ について成り立つ.これで前半が示せた.後半は前半から従う. □

補題 6.4.4 と定理 6.4.6 により,A の様子を調べるには A との掛け算により自然に定まる $W(\alpha_i)$ の線型変換の様子を調べればよいことが分かる.

そこで, α を A の固有値の一つ, p をその重複度とし, $W = W(\alpha)$ と置く. また, $A_\alpha = A - \alpha E_n$ と置く. $W^{(0)} = \{o\}$ とし, $W^{(k)}$, $k \geq 1$, を $W^{(k)} = \{v \in \mathbb{C}^n \mid A_\alpha^k v = o\}$ により定める. $W^{(1)} = V(\alpha)$ (α に属する A の固有空間) である. また, 形式的に $A_\alpha^0 = (A - \alpha E_n)^0 = E_n$ と定めれば $W^{(0)}$ も上の式で定まっていると考えてよい.

補題 6.4.8. $W^{(k+1)} \supset W^{(k)}$ が成り立つ. また, $v \in W^{(k+1)} \setminus W^{(k)}$ であれば $v, A_\alpha v, \ldots, A_\alpha^k v$ は線型独立である.

証明. 最初の包含関係は定義から直接従う. $v \in W^{(k+1)} \setminus W^{(k)}$ として, $\lambda_0 v + \lambda_1 A_\alpha v + \cdots + \lambda_k A_\alpha^k v = o$ とする. この式の両辺に A_α^k を掛けると $A_\alpha^{k+1} v = o$ より $\lambda_0 A_\alpha^k v = o$ を得る. $v \notin W^{(k)}$ より $A_\alpha^k v \neq o$ なので $\lambda_0 = 0$ が成り立つ. $\lambda_0 = \cdots = \lambda_{j-1} = 0$ が示せたとする (ただし $1 \leq j \leq k$). 上の式の両辺に A_α^{k-j} を掛けて $\lambda_j A_\alpha^k v = o$ を得る. 再び $A_\alpha^k v \neq o$ により $\lambda_j = 0$ が成り立つ. よって帰納法により $\lambda_1 = \cdots = \lambda_k = 0$ が成り立つ. □

W は p 次元なので次が成り立つ.

系 6.4.9. $W^{(p)} = W^{(p+1)} = \cdots = W$.

ここで W の基底を次のように構成する. まず $W^{(r)} = W$ となるような最小の r を取り, $i_1 = \dim W^{(r)} - \dim W^{(r-1)}$ とする. $w_1^{(r)}, \ldots, w_{i_1}^{(r)} \in W^{(r)} \setminus W^{(r-1)}$ を $W = W^{(r)} = W^{(r-1)} \oplus \langle w_1^{(r)}, \ldots, w_{i_1}^{(r)} \rangle$ が成り立つように取る (すると $w_1^{(r)}, \ldots, w_{i_1}^{(r)}$ は線型独立であることに注意). そのためには例えば $W^{(r-1)}$ の基底をあらかじめ取っておき, それを拡大して $W^{(r)}$ の基底を作り, 拡大した部分を $w_1^{(r)}, \ldots, w_{i_1}^{(r)}$ とすればよい (後で別の方法も述べる). $r = 1$ であれば, $W^{(1)} = W$ なので既に W の基底が得られている. なお, このときには $V(\alpha) = W(\alpha)$ である. さて, $r > 1$ とすると, $A_\alpha^r w_k^{(r)} = o$ かつ $A_\alpha^{r-1} w_k^{(r)} \neq o$ であるから $A_\alpha w_k^{(r)} \in W^{(r-1)} \setminus W^{(r-2)}$ である.

補題 6.4.10. $A_\alpha w_1^{(r)}, \ldots, A_\alpha w_{i_1}^{(r)}$ は線型独立であって, さらに $W^{(r-2)} + \langle A_\alpha w_1^{(r)}, \ldots, A_\alpha w_{i_1}^{(r)} \rangle$ は直和である.

証明. $w \in W^{(r-2)}, \lambda_1, \ldots, \lambda_{i_1} \in K$, とし, $w + \sum_{j=1}^{i_1} \lambda_j A_\alpha w_j^{(r)} = o$ とする. 両辺に A_α^{r-2} を掛ければ $\sum_{j=1}^{i_1} \lambda_j A_\alpha^{r-1} w_j^{(r)} = o$ を得るから, $\sum_{j=1}^{i_1} \lambda_j w_j^{(r)} \in W^{(r-1)}$ である. したがって $w_1^{(r)}, \ldots, w_{i-1}^{(r)}$ の選び方により $\lambda_1 = \cdots = \lambda_{i_1} = 0$ であるので, $w = o$ も成り立つ. □

そこで, $i_2 = \dim W^{(r-1)} - (\dim W^{(r-2)} + i_1)$ とし, $W^{(r-1)} \setminus W^{(r-2)}$ の元 $w_1^{(r-1)}, \ldots, w_{i_2}^{(r-1)}$ を,

$$W^{(r-1)} = W^{(r-2)} \oplus \langle w_1^{(r-1)}, \ldots, w_{i_2}^{(r-1)} \rangle \oplus \langle A_\alpha w_1^{(r)}, \ldots, A_\alpha w_{i_1}^{(r)} \rangle$$
$$= W^{(r-2)} \oplus \langle w_1^{(r-1)}, \ldots, w_{i_2}^{(r-1)}, A_\alpha w_1^{(r)}, \ldots, A_\alpha w_{i_1}^{(r)} \rangle$$

が成り立つように取る. $W^{(0)} = \{o\}$ であるので $r = 2$ であればこれで $W^{(1)}$ の基底が得られたことになる. 既に選んだ $W^{(2)} \setminus W^{(1)}$ の元と合わせれば W の基底が得られる.

ここで $1 \leq j \leq r$ とし, $i_1, i_2, \cdots, i_j$ と, $1 \leq l \leq j$ について $W^{(r-l+1)} \setminus W^{(r-l)}$ の元 $w_1^{(r-l+1)}, \cdots, w_{i_l}^{(r-l+1)}$ が存在して

$$W^{(r-l+1)} = W^{(r-l)} \oplus \langle w_1^{(r-l+1)}, \ldots, w_{i_l}^{(r-l+1)}, \ldots, A_\alpha^{l-1} w_1^{(r)}, \ldots, A_\alpha^{l-1} w_{i_1}^{(r)} \rangle$$

が成り立つと仮定する. $j = 1$ までは確かにこのような元が得られている. また, このとき $i_l = \dim W^{(r-l+1)} - \left(\dim W^{(r-l)} + \sum_{k=1}^{l-1} i_k \right)$ が成り立つ. すると, 次が成り立つ.

補題 6.4.11. $A_\alpha w_1^{(r-j+1)}, \ldots, A_\alpha w_{i_j}^{(r-j+1)}, \ldots, A_\alpha^j w_1^{(r)}, \ldots, A_\alpha^j w_{i_1}^{(r)} \in W^{(r-j)}$ が成り立ち, これらの元は線型独立である. また, $W^{(r-j-1)} + \langle A_\alpha w_1^{(r-j+1)}, \ldots, A_\alpha w_{i_j}^{(r-j+1)}, \ldots, A_\alpha^j w_1^{(r)}, \ldots, A_\alpha^j w_{i_1}^{(r)} \rangle$ は直和である.

問 6.4.12. 補題 6.4.11 を示せ. 必要に応じて補題 6.4.10 の証明を参考にせよ.

したがって帰納法により W の基底であって

$$w_1^{(r)}, \ldots, w_{i_1}^{(r)},$$
$$A_\alpha w_1^{(r)}, \ldots, A_\alpha w_{i_1}^{(r)}, \quad w_1^{(r-1)}, \ldots, w_{i_2}^{(r-1)},$$
$$\vdots \quad A_\alpha w_1^{(r-1)}, \ldots, A_\alpha w_{i_2}^{(r-1)}, \quad \ddots$$
$$\vdots \quad \vdots$$
$$A_\alpha^{r-1} w_1^{(r)}, \ldots, A_\alpha^{r-1} w_{i_1}^{(r)}, A_\alpha^{r-2} w_1^{(r-1)}, \ldots, A_\alpha^{r-2} w_{i_2}^{(r-1)}, \quad \cdots, \quad w_1^{(1)}, \ldots, w_{i_r}^{(1)},$$

ただし $w_1^{(r-k+1)}, \ldots, w_{i_k}^{(r-k+1)} \in W^{(r-k+1)} \setminus W^{(r-k)}$, であるようなものが得られる. これらを左の列から, 下から上に向かって順番に並べた基底に関して, A_α との掛け算で定まる W の線型変換は $N_{i_1,\ldots,i_r} = N_r^{\oplus i_1} \oplus N_{r-1}^{\oplus i_2} \oplus \cdots \oplus N_1^{\oplus i_r}$ (記号 6.4.1) で表される. したがって A との掛け算で定まる W の線型変換は $\alpha E_n + N_{i_1,\ldots,i_r}$ で表される (ただし $n = \dim W = \sum_{k=1}^{r}(r-k+1)i_k$). 逆に A を掛ける線型写像がある基底に関して $\alpha E_n + N_{j_1,\ldots,j_r}$ で表されたとすると $\dim W^{(k)} = j_1 + j_2 + \cdots + j_{r-k+1}$ となる. したがって A を掛ける線型写像を $\alpha E_n + N_{i_1,\ldots,i_r}$ の形に表す方法は一意的である. $\alpha E_n + N_{i_1,\ldots,i_r} = J_{i_1}(\alpha) \oplus \cdots \oplus J_{i_r}(\alpha)$ なので, これを $J_{i_1,\ldots,i_r}(\alpha)$ で表すことにする. $\mathbb{C}^n$ の一般固有空間への分解は一意的であるから, 結局次が示せた.

定理 6.4.13. $A \in M_n(\mathbb{C})$ とする. $\alpha_1, \ldots, \alpha_r$ を A の相異なる固有値の全体とする. すると, ある $P \in \mathrm{GL}_n(K)$ と正整数 $d_k, 1 \leq k \leq r$, と各 k について正整数の組 $(i_1^k, \ldots, i_{d_k}^k)$ が存在して, $P^{-1}AP = J_{i_1^1,\ldots,i_{d_1}^1}(\alpha_1) \oplus \cdots \oplus J_{i_1^r,\ldots,i_{d_r}^r}(\alpha_r)$ が成り立つ. この形を A のジョルダン標準形と呼ぶ. A のジョルダン標準形は Jordan block の並べ方を除いて[†12]一意的である.

ジョルダン標準形の存在を示すために $A_\alpha^j w_i^{(k)}$ の形をしたベクトルを用いたが, これは次のように考えると見通しがよい[†13].

補題 6.4.14. $f_k \colon W^{(k)} \to W^{(k-1)}$ を $f_k(w) = A_\alpha w$ により定める. $k > 1$ で

[†12] 上の方法では Jordan block は大きい順に並べているが, 一般にはそこまでは仮定しないので並べ替えが起きうる. また, 対角化と同様に α_i たちの順序にも入れ替えが起きうる.
[†13] ここからしばらく商線型空間の知識が必要になるので, 未習の読者は例 6.4.20 まで飛ばしてもよい.

あれば f_k は単射線型写像 $\overline{f_k}\colon W^{(k)}/W^{(k-1)} \to W^{(k-1)}/W^{(k-2)}$ を導く[†14].

証明. $w \in W^{(k)}$ とすると $A_\alpha w \in W^{(k-1)}$ である. 一方, $w - w' \in W^{(k-1)}$ であれば $A_\alpha(w - w') \in W^{(k-2)}$ であるから, $[w] \in W^{(k)}$ に対して $\overline{f_k}([w]) = [A_\alpha w] = [f_k(w)]$ とすれば, $\overline{f_k}$ は well-defined である. $\overline{f_k}$ が線型写像であることは容易に分かる. $[w] \in \operatorname{Ker} \overline{f_k}$ とすると, $A_\alpha w \in W^{(k-2)}$ であるから $A_\alpha^{k-1} w = o$ が成り立つ. したがって $w \in W^{(k-1)}$ である. よって $\overline{f_k}$ は単射である. □

すると次の図式は可換である.

$$\begin{array}{ccc} W^{(k)} & \xrightarrow{f_k} & W^{(k-1)} \\ \pi_k \downarrow & & \downarrow \pi_{k-1} \\ W^{(k)}/W^{(k-1)} & \xrightarrow{\overline{f_k}} & W^{(k-1)}/W^{(k-2)}, \end{array}$$

ここで π_k, π_{k-1} は標準射影である. そこで $W^{(k)}$ の元 $\{w_1, \ldots, w_m\}$ を $\{[w_1], \ldots, [w_m]\}$ が $W^{(k)}/W^{(k-1)}$ の基底であるように選べば, $[A_\alpha w_1], \ldots, [A_\alpha w_m]$ は $W^{(k-1)}/W^{(k-2)}$ の元として線型独立である. したがって, $v_1, \ldots, v_l \in W^{(k-1)}$ を $\{[A_\alpha w_1], \ldots, [A_\alpha w_m], [v_1], \ldots, [v_l]\}$ が $W^{(k-1)}/W^{(k-2)}$ の基底となるように選ぶことができる. この作業を繰り返していくと $W^{(k)}$ たちの基底が得られる.

問 6.4.15. 先の基底の選び方はこの方法にしたがっていることを確かめよ.

また, 次のように基底を構成することもできる.

$$V^{(k)} = A_\alpha^{(k-1)} W^{(k)} = \{v \in V \mid \exists w \in W^{(k)} \text{ s.t. } v = A_\alpha^{k-1} w\}$$

と置く. 容易に分かるように $V^{(k)}$ は W の部分線型空間である.

補題 6.4.16. $V^{(k)} \subset V^{(k-1)}$ が成り立つ. また, r を $W^{(r)} = W$ となるような最小の自然数とすると $\{o\} = V^{(r+1)} \subset \cdots \subset V^{(1)} = W^{(1)} = V(\alpha)$ が成り立つ.

[†14]. 記号が似ているが, $W^{(k)}/W^{(k-1)}$ は商線型空間 (定義 3.11.1) であって, 集合としての差 $W^{(k)} \setminus W^{(k-1)}$ とは異なる.

証明. $v \in V^{(k)}$ とすると $v = A_\alpha^{k-1}w$, $w \in W^{(k)}$ と書ける．このとき $w = A_\alpha^{k-2}(A_\alpha w)$ が成り立つが，$A_\alpha w \in W^{(k-1)}$ であるから $w \in V^{(k-1)}$ が成り立つ．r の定め方から任意の $w \in W$ について $A_\alpha^r w = o$ であるから $V^{(r+1)} = \{o\}$ である．また，定義により $V^{(1)} = W^{(1)}$ が成り立つ． □

補題 6.4.17. $g_k \colon W^{(k)} \to V^{(k)}$ を $g_k(w) = A_\alpha^{(k-1)}w$ により定めると，g_k は線型同型写像 $\overline{g}_k \colon W^{(k)}/W^{(k-1)} \cong V^{(k)}$ を自然に誘導する．

証明. $\operatorname{Ker} g_k = W^{(k)} \cap W^{(k-1)} = W^{(k-1)}$ であるから，g_k から誘導される写像 $\overline{g}_k \colon W^{(k)}/W^{(k-1)} \to V^{(k)}$ は線型同型写像である． □

そこで，$W^{(1)} = V(\alpha)$ の基底を次のように取る．まず $\{u_1^{(r)}, \ldots, u_{i_r}^{(r)}\}$ を $V^{(r)}$ の基底とする．$V^{(r)} \subsetneq V^{(r-1)}$ であればこれを拡大して $V^{(r-1)}$ の基底 $\{u_1^{(r)}, \ldots, u_{i_r}^{(r)}, u_1^{(r-1)}, \ldots, u_{i_{r-1}}^{(r-1)}\}$ を得る．この作業を順次続けていって，$V(\alpha)$ の基底 $\{u_1^{(r)}, \ldots, u_{i_r}^{(r)}, u_1^{(r-1)}, \ldots, u_{i_{r-1}}^{(r-1)}, \ldots, u_1^{(1)}, \ldots, u_{i_1}^{(1)}\}$ であって，$\{u_1^{(r)}, \ldots, u_{i_r}^{(r)}, \ldots, u_1^{(k)}, \ldots, u_{i_k}^{(k)}\}$ が $V^{(k)}$ の基底であるようなものを取る．$u_i^{(k)}$ の定義から，$v_i^{(k)} \in W^{(k)}$ であって $u_i^{(k)} = (A_\alpha)^{k-1} v_i^{(k)}$ が成り立つものが存在する．そこで $A_\alpha^j v_i^{(k)}$ の形をしたベクトルすべてを考える．

命題 6.4.18. $\{A_\alpha^j v_i^{(k)}\}$, $1 \leq k \leq r$, $1 \leq i \leq i_k$, $0 \leq j \leq k-1$, は W の基底である．

問 6.4.19. 命題 6.4.18 を証明せよ．

これらは次のような図式と関連する．$f_r \colon W^{(r)} \to W^{(r-1)}$（補題 6.4.14）の像を $W^{(r,1)}$ と置くと $W^{(r,1)} \subset W^{(r-1)}$ である．次に，f_{r-1} による $W^{(r-1)}$ の像を $W^{(r-1,1)}$, $W^{(r,1)}$ の像を $W^{(r,2)}$ と置くと $W^{(r,2)} \subset W^{(r-1,1)} \subset W^{(r-2)}$ である．この作業を繰り返していくと，$W^{(k,k-1)} = V^{(k)}$ が成り立ち，補題 6.4.16 が得られる．全体としては次の図式が得られる．

6.4 ジョルダン標準形 *

$$
\begin{array}{ccccccc}
W^{(r)} & & & & & & \\
{\scriptstyle f_r}\downarrow & & & & & & \\
W^{(r,1)} & \longrightarrow & W^{(r-1)} & & & & \\
{\scriptstyle f_{r-1}}\downarrow & & {\scriptstyle f_{r-1}}\downarrow & & & & \\
W^{(r,2)} & \longrightarrow & W^{(r-1,1)} & \longrightarrow & W^{(r-2)} & & \\
{\scriptstyle f_{r-2}}\downarrow & & {\scriptstyle f_{r-2}}\downarrow & & {\scriptstyle f_{r-2}}\downarrow & & \\
\vdots & \longrightarrow & \vdots & \longrightarrow & \vdots & \longrightarrow & \ddots \\
{\scriptstyle f_2}\downarrow & & {\scriptstyle f_2}\downarrow & & {\scriptstyle f_2}\downarrow & & \cdots \\
V^{(r)} & \longrightarrow & V^{(r-1)} & \longrightarrow & \cdots & \longrightarrow \cdots \longrightarrow & V^{(1)}.
\end{array}
$$

命題 6.4.18 で得られる W の基底は次のように考えるとよい. まず $V^{(r)}$ の基底 $\{u_1^{(r)}, \ldots, u_{i_r}^{(r)}\}$ を考える. $u_i^{(r)} = A_\alpha^{r-1} v_i^{(r)}$ とすれば, $A_\alpha^j v_i^{(r)}, 0 \leq j \leq r-1$, は $W^{(r,j)}$ の線型独立な元の組である ($W^{(r,0)} = W^{(r)}$ とする). 同様に, 各列について線型独立な元を i_k 個ずつ選んでおく. 最初に $V(\alpha)$ の基底を, $V^{(k)}$ の列を考えてそれに合わせて選んだのは, このように選んで得られる元が線型独立であるようにするためである. あとはこのようにして定めた元が W を生成するかどうか調べる必要がある (問 6.4.19).

どちらの構成においても単射線型写像の列

$$\{o\} \to W^{(r)}/W^{(r-1)} \to W^{(r-1)}/W^{(r-2)} \to \cdots \to W^{(1)}/W^{(0)} = W^{(1)}$$

が重要である. 構成の差は $W^{(k)}$ の中に $W^{(k)}/W^{(k-1)}$ に同型に写される部分空間をどのように見付けるかという点にある. ジョルダン標準形への変形は三角化の精密化と考えることもできる. 問 6.7.9 も参照のこと.

例 6.4.20. $A = \begin{pmatrix} 13 & 6 & -8 \\ 0 & 1 & 0 \\ 18 & 9 & -11 \end{pmatrix}$ とする. A の固有多項式は $(x-1)^3$ なので, 固有値は 1 のみであって, 重複度は 3 である. $A \neq E_3$ なので A は対角化不可能である. 上の記号をそのまま用いることにすると, $A_1 = \begin{pmatrix} 12 & 6 & -8 \\ 0 & 0 & 0 \\ 18 & 9 & -12 \end{pmatrix}$ であって, $W^{(2)} = \mathbb{C}^3$, $W^{(1)} = \langle u_1^{(1)}, u_2^{(1)} \rangle$, $W^{(0)} = \{o\}$ が成り立つ. ただし,

$u_1^{(1)} = \begin{pmatrix} 1 \\ -2 \\ 0 \end{pmatrix}, u_2^{(1)} = \begin{pmatrix} 2 \\ 0 \\ 3 \end{pmatrix}$ である．また，$W^{(2)} = W^{(3)} = \cdots = W$ である．まず $w_1^{(2)} = \begin{pmatrix} 0 \\ 1 \\ 0 \end{pmatrix}$ と置く（$\{u_1^{(1)}, u_1^{(2)}\}$ を拡大して $W^{(2)}$ の基底を得るためには例えば $w_1^{(2)}$ を付け加えればよい）．すると $A_1 w_1^{(2)} = \begin{pmatrix} 6 \\ 0 \\ 9 \end{pmatrix}$ である．

そこで，$\dim W^{(1)} = 2$ に注意して $W^{(1)} = W^{(0)} \oplus \langle A_1 w_1^{(2)} \rangle \oplus \langle w_1^{(1)} \rangle$ が成り立つように $w_1^{(1)}$ を選ぶ．例えば $w_1^{(1)} = u_1^{(1)}$ とすればよい．W の基底としては $\{A_1 w_1^{(2)}, w_1^{(2)}, w_1^{(1)}\}$ を考えることになるので，$P = \begin{pmatrix} 6 & 0 & 1 \\ 0 & 1 & -2 \\ 9 & 0 & 0 \end{pmatrix}$ と置くと P は正則で，$P^{-1}AP = \begin{pmatrix} 1 & 1 & 0 \\ 0 & 1 & 0 \\ 0 & 0 & 1 \end{pmatrix}$ が成り立つ．また，$V^{(2)} = \langle u_2^{(1)} \rangle$，$V^{(1)} = \langle u_1^{(1)}, u_2^{(1)} \rangle$ が成り立つので，二番目の方法に従うのであれば，まず $V^{(1)} = V(1)$ の基底 $\{u_2^{(1)}, u_1^{(1)}\}$ を考えることになる．$u_2^{(1)} = A_1 v_2^{(1)}$，$v_2^{(1)} = \begin{pmatrix} 0 \\ \frac{1}{3} \\ 0 \end{pmatrix}$ が成り立つので，W の基底としては $\{u_2^{(1)}, v_2^{(1)}, u_1^{(1)}\}$ が得られる．$Q = (A_1 v_2^{(1)} \ v_2^{(1)} \ u_1^{(1)})$ と置けば $Q^{-1}AQ = \begin{pmatrix} 1 & 1 & 0 \\ 0 & 1 & 0 \\ 0 & 0 & 1 \end{pmatrix}$ が成り立つ．

6.5 可換な線型変換 *

定義 6.5.1. $A, B \in M_n(K)$ とする．A, B が**可換**であるとは，$AB = BA$ が成り立つことである．

定義 6.5.2. V を K-線型空間，f, g を V の K-線型変換とする．f, g が**可換**であるとは $f \circ g = g \circ f$ が成り立つことを言う．

補題 6.5.3. f, g を V の線型変換とすると以下は同値である．

1) f, g は可換である．

2) V のある基底に関する f, g の表現行列は可換である.

3) V の任意の基底に関する f, g の表現行列は可換である.

可換な行列や線型変換の例として射影の完全系（定義 3.9.4）が挙げられる.

補題 6.5.4. V を線型空間, f を V の線型変換とする. U を f-不変な V の部分線型空間とする. このとき, 以下が成り立つ.

1) $f|_U$ の固有値は f の固有値である. また, $f|_U$ の固有ベクトルを V の元とみなせば f の固有ベクトルである.

2) V_α を f の固有値 α に属する f の固有空間とし, $U_\alpha = \{u \in U \mid f|_U(u) = \alpha u\}$ と置くと $U_\alpha = V_\alpha \cap U$ が成り立つ.

3) α を f の固有値とする. W_α を f の固有値 α に属する f の広義固有空間とし, $X_\alpha = \{u \in U \mid \exists m \geq 1 \text{ s.t. } (f|_U - \alpha \operatorname{id}_U)^m u = o\}$ とすると, $X_\alpha = W_\alpha \cap U$ が成り立つ.

証明. 1) は $u \in U$ に対して $f|_U(u) = f(u)$ であることから従う. 2) を示す. 定義から $U_\alpha \subset V_\alpha$ である. そもそも $U_\alpha \subset U$ なので, $U_\alpha \subset V_\alpha \cap U$ が成り立つ. また, $u \in V_\alpha \cap U$ とすれば, $f(u) = \alpha u$ だから $u \in U_\alpha$ が成り立つ. 3) も同様に示せる. □

系 6.5.5. V を線型空間とし, f, g を可換な V の線型変換とする. また, α を f の固有値とし, V_α, W_α をそれぞれ α に属する f の固有空間および広義固有空間とする.

1) V_α, W_α は g-不変である.

2) U_β を g の固有値 β に属する g の固有空間, $U_\beta' = \{v \in V_\alpha \mid g|_{V_\alpha}(v) = \beta v\}$ と置くと $U_\beta' = U_\beta \cap V_\alpha$ が成り立つ.

3) X_β を g の固有値 β に属する g の広義固有空間, $X_\beta' = \{w \in W_\alpha \mid \exists m \geq 1 \text{ s.t. } (g|_{W_\alpha} - \beta \operatorname{id}_{W_\alpha})^m(w) = o\}$ と置くと $X_\beta' = X_\beta \cap W_\alpha$ が成り立つ.

証明. $v \in V_\alpha$ とすると, $f(g(v)) = g(f(v)) = g(\alpha v) = \alpha g(v)$ が成り立つ. したがって $g(v) \in V_\alpha$ であるから V_α は g-不変である. また, $w \in W_\alpha$ とすると, $\exists m \geq 1 \text{ s.t. } (f - \alpha \operatorname{id}_V)^m(w) = o$ が成り立つ. 一方 $(f - \alpha \operatorname{id}_V)^m \circ g(w) = g \circ (f - \alpha \operatorname{id}_V)^m(w) = o$ が成り立つので, やはり $g(w) \in W_\alpha$ である. よって W_α も g-不変である. 2) と 3) はそれぞれ 1) と補

題 6.5.4 から従う. □

定理 6.5.6. $A, B \in M_n(\mathbb{C})$ が可換であればある $P \in \mathrm{SU}_n(\mathbb{C})$ が存在して $P^{-1}AP, P^{-1}BP$ はともに上三角（下三角）行列となる．また，このとき $P^{-1}AP$ の対角成分には A の，$P^{-1}BP$ の対角成分には B の固有値がちょうど重複度の個数ずつ現れる．このような操作を**同時三角化**と呼ぶ．

証明． n に関する帰納法で示す．$\mathbb{C}^n$ には標準エルミート計量を入れる．$n = 1$ のときには $A, B \in \mathbb{C}$ であって既に三角化されているし，成分は固有値である．$P = (1)$ とすれば $P \in \mathrm{SU}_1$ であるから定理は成り立つ．$\alpha \in \mathbb{C}$ を A の固有値の一つとし，V_α を α に属する A の固有空間とする．$\mathbb{C}^n$ の線型変換 g を $g(v) = Bv$ により定めると，系 6.5.5 により V_α は g-不変である．そこで g の V_α への制限を $g|_{V_\alpha}$ とすると，$g|_{V_\alpha}$ は少なくとも一つの固有値とそれに属する固有ベクトルを持つ．すなわち $\exists \beta \in \mathbb{C}, \exists v \in V_\alpha$ s.t. $v \neq o, g|_{V_\alpha}(v) = \beta v$ が成り立つ．このとき $\|v\| = 1$ であるとしてよい．一方，$g|_{V_\alpha}$ の定義から $g|_{V_\alpha}(v) = Bv$ であるので $Bv = \beta v$ が成り立つ．ここで $\{v\}$ を拡大して $\{v, v_2, \ldots, v_n\}$ を $\mathbb{C}^n$ の正規直交基底とする．$P_1 = (v \; v_2 \; \cdots \; v_n)$ としたとき，必要であれば v を $\overline{\det P_1} v$ で置き換えて $P_1 \in \mathrm{SU}_n$ としてよい．すると，$AP_1 = P_1 \begin{pmatrix} \alpha & a_1 \\ 0 & A' \end{pmatrix}$ がある $A' \in M_{n-1}(\mathbb{C}), a_1 \in M_{1,n-1}(\mathbb{C})$ について成り立つ．また，$BP_1 = P_1 \begin{pmatrix} \beta & b_1 \\ 0 & B' \end{pmatrix}$ がある $B' \in M_{n-1}(\mathbb{C}), b_1 \in M_{1,n-1}(\mathbb{C})$ について成り立つ．ところで，A と B が可換であることから，$P_1^{-1}AP_1$ と $P_1^{-1}BP_1$ も可換である．このことから A' と B' も可換であることが従う．したがって帰納法の仮定により，ある $P_2' \in \mathrm{SU}_{n-1}$ が存在して，$P_2'^{-1}A'P_2', P_2'^{-1}B'P_2'$ はともに上三角行列となる．そこで $P_2 = \begin{pmatrix} 1 & 0 \\ 0 & P_2' \end{pmatrix}, P = P_1 P_2$ とすれば $P \in \mathrm{SU}_n$ であって，$P^{-1}AP = P_2^{-1}P_1^{-1}AP_1P_2 = P_2^{-1}\begin{pmatrix} \alpha & a_1 \\ 0 & A' \end{pmatrix} P_2 = \begin{pmatrix} \alpha & a_1 P_2' \\ 0 & P_2'^{-1}A'P_2' \end{pmatrix}$ が成り立つので，$P^{-1}AP$ は上三角行列である．同様に $P^{-1}BP$ も上三角行列となる．最後に，固有多項式を比較すれば，$P^{-1}AP$ の対角成分には A の固有値が重複度の個数ずつ並ぶことが分かる．B についても同様である．下三角化したい場合には，P_1 の代わりに $(v_2 \; \cdots \; v_n \; v)$ を用いて同様の議論を行えばよい． □

注 6.5.7. 証明を見れば分かるように，$P^{-1}AP$ の対角成分の順序は自由に指定できるが，$P^{-1}BP$ の対角成分の順序は一定の制約を受ける．また，$A, B \in M_n(\mathbb{R})$ であって A, B の固有値がすべて実数であれば，P は SO_n の元に取れる．詳しくは読者に任せる．

系 6.5.8. V を $\mathbb{C}$-線型空間とし，f, g を可換な V の線型変換とする．このとき，V のある基底が存在し，その基底に関して f, g は上三角（下三角）行列で表示される．このように f, g を表現することを**同時三角化**と呼ぶ．

$A \in M_n(\mathbb{C})$ がユニタリ行列で対角化できる[†15]ことと，A が正規行列であることは同値であった（定理 6.3.3）が，正規行列であればユニタリ行列で対角化できることは定理 6.5.6 からも従う．

系 6.5.9. $A \in M_n(\mathbb{C})$ が正規行列であれば，A はユニタリ行列で対角化可能である．

証明． $AA^* = A^*A$ が成り立つから，ある $U \in \mathrm{U}(n)$ が存在して $U^{-1}AU$, $U^{-1}A^*U$ はともに上三角行列である．ところが，$(U^{-1}A^*U)^* = U^{-1}AU$ であるから，左辺は下三角行列，右辺は上三角行列となるので，この等しい行列は対角行列である． □

系 6.5.10. $A, B \in M_n(\mathbb{C})$ が可換であるとする．このとき，$A+B$ の固有値は (A の固有値) + (B の固有値)，AB の固有値は (A の固有値)(B の固有値) の形をしている．

証明． $P \in \mathrm{GL}_n(\mathbb{C})$ が存在して $A' = P^{-1}AP$, $B' = P^{-1}BP$ はそれぞれ上三角行列となる．また，A', B' の対角成分にはそれぞれ A の固有値と B の固有値が重複度の個数ずつ並ぶ．さて，$A'+B' = P^{-1}(A+B)P$, $A'B' = P^{-1}ABP$ が成り立つが，これらの式はそれぞれ $A+B$, AB を三角化したと見ることができる．したがって $A'+B'$ と $A'B'$ の対角成分にはそれぞれ $A+B$ と AB の固有値がちょうど重複度の個数ずつ並んでいる．A', B' が上三角行列であることから，$A'+B'$, $A'B'$ の対角成分は A の対角成分と B の対角成分のそれぞれ和と積になっている．これらのことを合わせると系が従う． □

[†15]. 実際には SU_n の元で対角化できる．以下同様．

第 6 章 行列や線型変換の対角化

注 6.5.11. $A, B \in M_n(\mathbb{C})$ が可換でなければ系 6.5.10 は必ずしも成り立たない. 例えば $A = \begin{pmatrix} 1 & 1 \\ 0 & 1 \end{pmatrix}, B = \begin{pmatrix} 2 & 0 \\ 1 & 2 \end{pmatrix}$ とすると $A + B = \begin{pmatrix} 3 & 1 \\ 1 & 3 \end{pmatrix}$, $AB = \begin{pmatrix} 3 & 2 \\ 1 & 2 \end{pmatrix}, BA = \begin{pmatrix} 2 & 2 \\ 1 & 3 \end{pmatrix}$ である. A の固有値は 1 (重複度 2), B の固有値は 2 (重複度 2) であるが, $A + B$ の固有値は $2, 4$ であり, AB, BA の固有値はそれぞれ $1, 4$ である. AB, BA の固有値については, 問 6.7.4 も参照のこと.

対角化可能な行列や線型変換が可換である場合には次が成り立つ.

定理 6.5.12. $A, B \in M_n(\mathbb{C})$ がともに $\mathbb{C}$ 上対角化可能であり, さらに可換であれば, ある $P \in \mathrm{GL}_n(\mathbb{C})$ が存在して $P^{-1}AP, P^{-1}BP$ はともに対角行列となる. このような操作を**同時対角化**と呼ぶ.

問 6.5.13. A と B が同時対角化されるのであれば, A と B は可換であることを示せ.

定理 6.5.12 を示すためにまず次を示す.

補題 6.5.14. V を線型空間とし, f を V の線型変換であって対角化可能なものとする. $U \subset V$ を f-不変な V の部分線型空間とすると $f|_U$ も対角化可能である.

証明. $\alpha_1, \ldots, \alpha_r$ を f の相異なる固有値全体とし, V_i, W_i をそれぞれ α_i に属する f の固有空間, 広義固有空間とする. f は対角化可能であるから $W_i = V_i$ が成り立つ. 補題 6.5.4 により $f|_U$ の固有値は f の固有値であるから, 適当に順序を入れ替えて $\alpha_1, \ldots, \alpha_s$ が $f|_U$ の相異なる固有値全体であるとしてよい. ここで, V'_k, W'_k を α_k に属する $f|_U$ の固有空間および広義固有空間とする. 補題 6.5.4 から $V'_k = V_k \cap U, W'_k = W_k \cap U$ が成り立つが, f は対角化可能だから $W_k = V_k$ であるので $W'_k = V_k \cap U = V'_k$ が成り立つ. 一方 $U = W'_1 \oplus \cdots \oplus W'_s$ が成り立つので, $U = V'_1 \oplus \cdots \oplus V'_s$ が成り立つ. したがって定理 6.2.5 により $f|_U$ は対角化可能である. □

定理 6.5.12 の証明. $\alpha_1, \ldots, \alpha_r$ を A の相異なる固有値全体とする. また, $V_i = V_{\alpha_i}$ を α_i に属する A の固有空間とする. f, g をそれぞれ A, B との積と

して定まる $\mathbb{C}^n$ の線型変換とする．A は対角化可能であるから，定理 6.2.5 により $\mathbb{C}^n = V_1 \oplus \cdots \oplus V_r$ が成り立つ．また，系 6.5.5 により各 V_i は g-不変であるので，補題 6.5.14 により g の V_i への制限も対角化可能である．そこで，V_i の基底 $\{v_1^{(i)}, \ldots, v_{d_i}^{(i)}\}$, $d_i = \dim V_i$, を $g|_{V_i}$ が対角行列で表されるように選ぶ．V_i はもともと α_i に属する A の固有空間であったから，f はこの基底に関して $\alpha_i E_{d_i}$ により表される．そこで $P = (v_1^{(1)} \; \cdots \; v_{d_1}^{(1)} \; \cdots \; v_1^{(r)} \; \cdots \; v_{d_r}^{(r)})$ と置けば，$P^{-1}AP$, $P^{-1}BP$ はともに対角行列である． □

一方，可換な線型変換を同時にジョルダン標準形にすることは必ずしもできない．

例 6.5.15. $A = J = \begin{pmatrix} 1 & 1 \\ 0 & 1 \end{pmatrix}$, $B = \begin{pmatrix} 1 & 2 \\ 0 & 1 \end{pmatrix}$ とする．$AB = BA = \begin{pmatrix} 1 & 3 \\ 0 & 1 \end{pmatrix}$ であるから A, B は可換である．また，B のジョルダン標準形は $J = \begin{pmatrix} 1 & 1 \\ 0 & 1 \end{pmatrix}$ である．$P \in \mathrm{GL}_2(\mathbb{C})$, $P^{-1}AP = P^{-1}BP = J$ とすると，$A = B$ となり矛盾する．

6.6　スペクトル分解 *

射影行列（定義 4.4.19）は対角化可能な行列の一つの重要な例である．

命題 6.6.1. $A \in M_n(K)$ を射影行列とすると，A は K 上対角化可能である．また，A の固有値は 0 あるいは 1 である．また，V を n 次元 K-線型空間とし，$p\colon V \to V$ を射影とすると p は K 上対角化可能である．

証明． A が射影行列であるときには $p\colon K^n \to K^n$ を $p(v) = Av$ により定めれば p は射影である．さて，定理 3.9.3 により $K^n = \operatorname{Im} p \oplus \operatorname{Ker} p$ が成り立つ．また，$\operatorname{Im} p = \{v \in K^n \mid p(v) = v\}$ が成り立つから，$\operatorname{Im} p$ は A の固有値 1 に属する固有空間である．そこで $\{v_1, \ldots, v_r\}$ を $\operatorname{Im} p$ の基底とする．一方，$\operatorname{Ker} p$ は固有値 0 に属する p の固有空間であるから，$\{v_{r+1}, \ldots, v_n\}$ を $\operatorname{Ker} p$ の基底とし，$P = (v_1 \; \cdots \; v_n)$ と置く．すると $P \in \mathrm{GL}_n(K)$ であって $P^{-1}AP$ は対角行列である． □

一般に，対角化可能な正方行列は射影に重みを付けて足し上げたものと考えることができる．

定理 6.6.2. $A \in M_n(K)$ を K 上対角化可能な行列とする．このとき，$P_1, \ldots, P_r \in M_n(K)$（ただし，いずれの P_i も O_n でない）と相異なる K の元 $\alpha_1, \ldots, \alpha_r$ で次の性質を持つものが順序の入れ替えを除いて一意的に存在する．

1) $P_1 + \cdots + P_r = E_n$.
2) $P_i P_j = \begin{cases} P_i, & i = j, \\ O_n, & i \neq j. \end{cases}$
3) $A = \alpha_1 P_1 + \cdots + \alpha_r P_r$.

このような分解を A の**スペクトル分解**と呼ぶ．また，$A = \alpha_1 P_1 + \cdots + \alpha_r P_r$ が A のスペクトル分解であれば $\{\alpha_1, \ldots, \alpha_r\}$ は A の相異なる固有値全体と一致する．$A \in M_n(\mathbb{R})$ であって，すべての固有値が実数であれば $P_1, \ldots, P_r$ は実行列である．

注 6.6.3. $P_1, \ldots, P_r$ から自然に定まる射影たちは完全系（定義 3.9.4）をなす．

証明． まず存在を示す．n_i を固有値 α_i の重複度とすると，仮定により，ある $P \in \mathrm{GL}_n(K)$ であって $P^{-1}AP = \alpha_1 E_{n_1} \oplus \cdots \oplus \alpha_r E_{n_r}$ が成り立つものが存在する．そこで $P_i = P(O_{n_1} \oplus \cdots \oplus O_{n_{i-1}} \oplus E_{n_i} \oplus O_{n_{i+1}} \oplus \cdots \oplus O_{n_r})P^{-1}$ と定めれば，$P_1, \ldots, P_r$ は定理の条件を充たす．もし $A \in M_n(\mathbb{R})$ であって，固有値がすべて実数であれば P は実行列に取れるから P_i たちも実行列となる．次に一意性を示す．$A = \alpha_1 P_1 + \cdots + \alpha_r P_r$ を A の一つのスペクトル分解とする．$W_i = \{P_i v \mid v \in K^n\}$ とすれば，定理 3.9.6 により $V = W_1 \oplus \cdots \oplus W_r$ である．一方，条件 2) と 3) より $AP_i v = \alpha_i P_i v$ が任意の $v \in K^n$ について成り立つから α_i は A の固有値である．Q を W_i の基底を順番に並べて得られる行列とすると，$V = W_1 \oplus \cdots \oplus W_r$ であることから Q は正則であって，$Q^{-1}AQ = \alpha_1 E_{n_1} \oplus \cdots \oplus \alpha_r E_{n_r}$，$n_i = \dim W_i$，が成り立つ．したがって $\{\alpha_1, \ldots, \alpha_r\}$ は A の相異なる固有値全体と一致し，$V = W_1 \oplus \cdots \oplus W_r$ は V の A の固有空間への分解である．射影の完全系と直和分解は一対一に対応した（定理 3.9.6）から，固有空間への分解の一意性から $P_1, \ldots, P_r$ も一意的である（α_i たちの並べ方により P_i たちの並べ方も決まるので，全体としては順序の入れ替えが起こりうる）． □

正規行列はユニタリ行列により対角化可能である（定理 6.3.3）から定理 6.6.2 が適用できるが，さらに強く，射影が直交射影になる．

定理 6.6.4. $A \in M_n(\mathbb{C})$ を正規行列とする．また，$\mathbb{C}^n$ には標準計量を入れる．このとき，A のスペクトル分解において射影はすべて直交射影である．つまり，定理 6.6.2 に加え，$P_i^* = P_i$ が成り立つ．逆に $A \in M_n(\mathbb{C})$ が $\mathbb{C}$ 上対角化可能であるとき，A のスペクトル分解 $A = \sum_{i=1}^{r} \alpha_i P_i$ において $P_i^* = P_i$ がすべての i について成り立てば A は正規行列である．

証明． A を正規行列とし，$A = \alpha_1 P_1 + \cdots + \alpha_r P_r$ を A のスペクトル分解とする．$W_i = \{P_i v \mid v \in \mathbb{C}^n\}$ とすれば，定理 6.3.4 により $V = W_1 \oplus \cdots \oplus W_r$（直交直和）である．したがって系 5.5.4 により W_i への射影はエルミート変換であるから，$P_i^* = P_i$ が成り立つ．逆に A が対角化可能であって，$P_i^* = P_i$ が成り立てば $A^* = \overline{\alpha_1} P_1 + \cdots + \overline{\alpha_r} P_r$ が成り立つことから $A^* A = A A^*$ が従う． □

実対称行列の場合，定理 6.3.8 から次が従う．

定理 6.6.5. $A \in M_n(\mathbb{R})$ を実対称行列とすると A は次のようにスペクトル分解可能である．すなわち，$P_1, \ldots, P_r \in M_n(\mathbb{R})$（ただし，いずれの P_i も O_n でない）と相異なる実数 $\alpha_1, \ldots, \alpha_r$ で次の性質を持つものが順序の入れ替えを除いて一意的に存在する．

1) $P_1 + \cdots + P_r = E_n$.
2) $P_i P_j = \begin{cases} P_i, & i = j, \\ O_n, & i \neq j. \end{cases}$
3) $A = \alpha_1 P_1 + \cdots + \alpha_r P_r$.
4) ${}^t P_i = P_i$.

また，このとき $\{\alpha_1, \ldots, \alpha_r\}$ は A の相異なる固有値全体と一致する．

例 6.6.6. 定理 6.6.2 の証明はスペクトル分解の具体的な求め方まで示している．$A = \begin{pmatrix} 1 & 2 & 0 \\ 2 & -5 & 3 \\ 0 & 3 & -1 \end{pmatrix}$ とする．A は実対称行列である．A の固有多項式を F_A とすれば $F_A(x) = x(x-2)(x+7)$ であるから，A

の固有値を大きい順に並べれば $2, 0, -7$ である. $v_1 = \dfrac{1}{\sqrt{6}}\begin{pmatrix} 2 \\ 1 \\ 1 \end{pmatrix}$, $v_2 = \dfrac{1}{\sqrt{14}}\begin{pmatrix} 2 \\ -1 \\ -3 \end{pmatrix}$, $v_3 = \dfrac{1}{\sqrt{21}}\begin{pmatrix} 1 \\ -4 \\ 2 \end{pmatrix}$ とすれば v_1, v_2, v_3 はそれぞれ $2, 0, -7$ に属する固有ベクトルであって, $P = (v_1\ v_2\ v_3)$ とすれば ${}^t\!PP = E_3$ が成り立つ. $P^{-1}AP = \begin{pmatrix} 2 & 0 & 0 \\ 0 & 0 & 0 \\ 0 & 0 & -7 \end{pmatrix}$ であるから, 定理の証明に従えば $P_1 = P\begin{pmatrix} 1 & 0 & 0 \\ 0 & 0 & 0 \\ 0 & 0 & 0 \end{pmatrix}P^{-1}$, $P_2 = P\begin{pmatrix} 0 & 0 & 0 \\ 0 & 1 & 0 \\ 0 & 0 & 0 \end{pmatrix}P^{-1}$, $P_3 = P\begin{pmatrix} 0 & 0 & 0 \\ 0 & 0 & 0 \\ 0 & 0 & 1 \end{pmatrix}P^{-1}$ と置けば $A = 2P_1 + 0P_2 - 7P_3$ が A のスペクトル分解である. ところで, 定め方から $P_1 = v_1{}^t\!v_1$, $P_2 = v_2{}^t\!v_2$, $P_3 = v_3{}^t\!v_3$ が成り立つ. 具体的に計算すると $P_1 = \dfrac{1}{6}\begin{pmatrix} 4 & 2 & 2 \\ 2 & 1 & 1 \\ 2 & 1 & 1 \end{pmatrix}$, $P_2 = \dfrac{1}{14}\begin{pmatrix} 4 & -2 & -6 \\ -2 & 1 & 3 \\ -6 & 3 & 9 \end{pmatrix}$, $P_3 = \dfrac{1}{21}\begin{pmatrix} 1 & -4 & 2 \\ -4 & 16 & -8 \\ 2 & -8 & 4 \end{pmatrix}$ を得る.

ここでは実対称行列のスペクトル分解を考えたので $v_i{}^t\!v_i$ の形の行列が現れたが, エルミート行列の場合には $v_i v_i^*$ を考えることになる. また, 固有値の重複度が 1 でなければ, 例えば $(v_1\ v_2)(v_1\ v_2)^*$ のような行列が射影として現れる.

上の例 6.6.6 のような方法でスペクトル分解を求めるためには固有ベクトルの計算が必要となり, 必ずしも容易ではない. 以下に示すような方法のほうがより簡単である場合も多い. $A \in M_n(\mathbb{C})$ を対角化可能な行列とし, $A = \alpha_1 P_1 + \cdots + \alpha_r P_r$ を A のスペクトル分解とする. $P_i{}^2 = P_i$, $P_i P_j = O_n$ ($i \neq j$) であることから, $A^k = \alpha_1^k P_1 + \cdots + \alpha_r^k P_r$ が成り立つ. すると $f \in K[x]$ のとき, $f(A) = f(\alpha_1)P_1 + \cdots + f(\alpha_r)P_r$ が成り立つ. そこで, $f_k, k = 1, \ldots, r$, を $f_1 + \cdots + f_r = 1$ かつ $f_k(\alpha_j) = \begin{cases} 1, & j = k \\ 0, & j \neq k \end{cases}$ を充たすような多項式とすると, $f_1(A) + \cdots + f_r(A) = E_n$, $f_k(A) = P_k$ が成り立つ. このような多項式は確かに存在する. $r = 1$ であれば $f_1(x) = 1$ とすればよく, $r > 1$ であれば, 差積 (問 2.3.19) を用いて

$$f_k(x) = \frac{\Delta(\alpha_1, \ldots, \alpha_{k-1}, x, \alpha_{k+1}, \ldots, \alpha_r)}{\Delta(\alpha_1, \ldots, \alpha_r)}$$
$$= \frac{(x-\alpha_1)\cdots(x-\alpha_{k-1})(x-\alpha_{k+1})\cdots(x-\alpha_r)}{(\alpha_k-\alpha_1)\cdots(\alpha_k-\alpha_{k-1})(\alpha_k-\alpha_{k+1})\cdots(\alpha_k-\alpha_r)}$$

と定めればよい（問 2.7.1 も参照のこと）．

定理 6.6.7. $A \in M_n(K)$ とする．$\alpha_1, \ldots, \alpha_r$ を A の相異なる固有値全体とし，$P_1, \ldots, P_r$ を上の方法で定める．このとき $P_1 + \cdots + P_r = E_n$ が成り立つ．また，任意の i, j について $P_i P_j = P_j P_i$ が成り立つ．A が対角化可能であることと $A = \alpha_1 P_1 + \cdots + \alpha_r P_r$ かつ $P_i P_j = \begin{cases} P_i, & i = j, \\ O, & i \neq j \end{cases}$ が成り立つことは同値である．この条件が充たされるときには $A = \alpha_1 P_1 + \cdots + \alpha_r P_r$ は A のスペクトル分解を与える．特に，A が正規行列であれば $P_i^* = P_i$ が成り立つ．

証明． $f_1 + \cdots + f_r = 1$ であるから $P_1 + \cdots + P_r = E_n$ が成り立つ．また，P_i たちは A の多項式であるから $P_i P_j = P_j P_i$ が成り立つ．さて，A が対角化可能であれば，定理 6.6.2 により $A = \alpha_1 P_1 + \cdots + \alpha_r P_r$ とスペクトル分解され，P_i たちは上述のように求まる．特に P_i たちは射影行列であり，A が正規行列であれば $P_i^* = P_i$ が成り立つ．逆に P_i たちが定理の条件を充たすとすれば $\{P_1, \ldots, P_r\}$ は射影の完全系であるから，$A = \alpha_1 P_1 + \cdots + \alpha_r P_r$ は A のスペクトル分解を与えている．命題 6.6.1 と定理 6.5.12 により右辺は対角化可能であるから，A も対角化可能である． □

例 6.6.8. A を例 6.6.6 と同じものとする．すると，$F_A(x) = (x-2)x(x+7)$ なので $f_1(x) = \frac{1}{18}x(x+7)$, $f_2(x) = \frac{1}{-14}(x-2)(x+7)$, $f_3(x) = \frac{1}{63}(x-2)x$ である．$f_1 + f_2 + f_3 = 1$, $(2f_1 + 0f_2 - 7f_3)(x) = x$ であることは容易に確かめられる．直接計算することにより，$P_1 = f_1(A)$, $P_2 = f_2(A)$, $P_3 = f_3(A)$ が成り立つことが示される．

例 6.6.9. $A = \begin{pmatrix} 1 & 1 \\ 0 & t \end{pmatrix}$ とすると，A は $t \neq 1$ のとき，そのときのみ対角化可能である（確かめよ）．A の固有値は 1 と t である．差積を用いて f_1, f_2 を定めると $t = 1$ のときには $f_1 = 1$ であるから $P_1 = E_2$ であるが，$A \neq 1P_1 = E_2$ である．一方 $t \neq 1$ のときには $f_1(x) = \frac{x-t}{1-t}$, $f_2(x) = \frac{x-1}{t-1}$ であって，

$f_1(A) = \dfrac{1}{1-t}\begin{pmatrix} 1-t & 1 \\ 0 & 0 \end{pmatrix}$, $f_2(A) = \dfrac{1}{t-1}\begin{pmatrix} 0 & 1 \\ 0 & t-1 \end{pmatrix}$ である．これらをそれぞれ P_1, P_2 とすると，$P_1{}^2 = P_1, P_2{}^2 = P_2, P_1 P_2 = P_2 P_1 = O_2$ が成り立ち，P_1, P_2 は射影の完全系である．そして $A = 1P_1 + tP_2$ は A のスペクトル分解を与えている．

ここまでは行列について述べてきたが，線型変換についても同様の結果が成り立つ．ここでは線型空間は有限次元とする．

定理 6.6.10. V を線型空間，f を対角化可能な V の線型変換とする．このとき，射影の完全系 $p_1, \ldots, p_r$ と相異なる K の元 $\alpha_1, \ldots, \alpha_r$ で $f = \alpha_1 p_1 + \cdots + \alpha_r p_r$ を充たすものが一意的に存在する．このとき $\{\alpha_1, \ldots, \alpha_r\}$ は f の相異なる固有値全体と一致する．このような分解を f の**スペクトル分解**と呼ぶ．また，f が正規変換であることと p_i たちが直交射影であることは同値である．

行列のときと同様に，対角化可能な線型変換についてスペクトル分解が一意的に存在し，定理 6.6.4 から 6.6.7 と同様のことが成り立つ．

スペクトル分解の簡単な応用をいくつか挙げる．

定義 6.6.11. （命題 7.2.4 も参照のこと） A をエルミート行列（実対称行列）とする．A が**正値**（**半正値，負値，半負値**）であるとは A の固有値がすべて正（非負，負，非正）であることを言う．また，A が**非退化**であるとは A が 0 を固有値として持たないことを言う．エルミート変換・実対称変換に関しても同様に定める．

補題 6.6.12. A を半正値エルミート（実対称）行列とすると，$B^2 = A$ なる半正値エルミート（実対称）行列が唯一つ存在する．この B を $\sqrt{A}$ で表す．f を半正値エルミート（実対称）変換とすると，$g \circ g = f$ なる半正値エルミート（実対称）変換が唯一つ存在する．この g を $\sqrt{f}$ で表す．

証明． $A = \alpha_1 P_1 + \cdots + \alpha_r P_r$ を A のスペクトル分解とする．$\alpha_i \geq 0$ より，$B = \sqrt{\alpha_1} P_1 + \cdots + \sqrt{\alpha_r} P_r$ と定めると B は半正値エルミート（実対称）行列であって，$B^2 = A$ が成り立つ．逆に，B' を $(B')^2 = A$ なる半正値エルミート（実対称）行列とし $B' = \lambda_1 P'_1 + \cdots + \lambda_s P'_s$ を B' のスペクトル分解とす

ると，$(B')^2 = \lambda_1{}^2 P_1' + \cdots + \lambda_s{}^2 P_s'$ であるが，これは A のスペクトル分解を与えるから適当に順序を入れ替えれば $\lambda_i{}^2 = \alpha_i, P_i' = P_i$ が成り立つ． □

行列を用いれば $\sqrt{A}$ は次のように求めることができる．A をユニタリ（直交）行列 U で対角化する．$U^{-1}AU$ の対角成分には非負の実数が並ぶので，$U^{-1}AU = B_0{}^2$ となる対角行列 B_0 で，対角成分がすべて非負なものが唯一存在する．$B = UB_0U^{-1}$ と置けば B は半正値エルミート（実対称）行列であって，$B^2 = A$ が成り立つ．

補題 6.6.13. $A \in M_{m,n}(K)$ とする．A^*A, AA^* はそれぞれ半正値エルミート行列である．$K = \mathbb{R}$ なら半正値対称行列である．

証明． K^n に標準計量を入れる．A^*A, AA^* がそれぞれエルミート行列であることは容易に示せる．α を A^*A の固有値，v を α に属する A^*A の固有ベクトルとすると $v^*(A^*A)v = v^*A^*Av = (Av)^*(Av) = \|Av\|^2 \geq 0$ であるが，一方 $v^*(A^*A)v = v^*(\alpha v) = \alpha\|v\|^2$ であるから $v \neq o$ より $\alpha \geq 0$ が成り立つ．AA^* についても同様である． □

定義 6.6.14. $A \in M_{m,n}(K)$ とする．正の実数 σ が A の**特異値**であるとは，それぞれ標準計量に関する長さが 1 の $u \in K^m, v \in K^n$ が存在して $Av = \sigma u$, $A^*u = \sigma v$ がそれぞれ成り立つことを言う．また，u を σ に属する**左特異ベクトル**，v を σ に属する**右特異ベクトル**と呼ぶ．

定理 6.6.15. $A \in M_{m,n}(K)$ とする．このとき，$U \in U_m$ と $V \in U_n$ ($K = \mathbb{R}$ のときには $U \in O_m, V \in O_n$) が存在して

$$U^*AV = \Sigma = \begin{pmatrix} \sigma_1 & & & \\ & \ddots & & \\ & & \sigma_r & \\ & & & \end{pmatrix}$$

が成り立つ．ここで $r = \mathrm{rank}\, A$ であって，また，Σ は $(1,1)$ 成分から (r,r) 成分までが正の実数で，ほかの成分は 0 であるような $M_{m,n}(K)$ の元である．分解 $A = U\Sigma V^*$ を A の**特異値分解**と呼ぶ．$\sigma_1, \ldots, \sigma_r$ は A の特異値であって，A^*A の零でない固有値の正の平方根である．また，Σ は σ_i たちの並べ

替えを除いて一意に定まる．

証明． $f\colon K^n \to K^m$ を $f(v) = Av$ により定める．$f^* \circ f\colon K^n \to K^n$ の表現行列は A^*A であるが，補題 6.6.13 によりこれは半正値エルミート行列（対称行列）である．よって $f^* \circ f$ はユニタリ行列（直交行列）で対角化可能であり，固有値はすべて非負の実数である．そこで $\{v_1, \ldots, v_n\}$ を固有ベクトルからなる K^n の正規直交基底とし，$f^* \circ f(v_i) = \alpha_i v_i$ とする．すると，系 5.4.15 により $\mathrm{Ker}\, f^* \circ f = \mathrm{Ker}\, f$ が成り立つので，$r = \mathrm{rank}\, A$ とすると $\alpha_1 \geq \cdots \geq \alpha_r > \alpha_{r+1} = \cdots = \alpha_n = 0$ が成り立つとしてよい．ここで $1 \leq i \leq r$ について $u_i = \dfrac{1}{\sqrt{\alpha_i}} f(v_i)$ と置く．$\langle \cdot \mid \cdot \rangle$ を標準計量とすれば

$$\langle u_i | u_j \rangle = \frac{1}{\sqrt{\alpha_i \alpha_j}} \langle Av_i | Av_j \rangle = \frac{1}{\sqrt{\alpha_i \alpha_j}} \langle A^*Av_i | v_j \rangle = \begin{cases} 1, & i = j, \\ 0, & i \neq j \end{cases}$$

が成り立つ．そこで $\{u_1, \ldots, u_r\}$ を拡大して K^m の正規直交基底 $\{u_1, \ldots, u_m\}$ を作る．$V = (v_1 \cdots v_n)$，$U = (u_1 \cdots u_m)$ と置けば，定め方により $U^*AV = \Sigma$ が成り立つ．逆に $A = U\Sigma V^*$ を A の特異値分解とすると，$\Sigma^*\Sigma = V^*A^*AV$ であって，この等しい行列は対角行列である．したがって，$r = \mathrm{rank}\, A$ であって，Σ の 0 でない成分は A^*A の 0 でない固有値の正の平方根である．$\square$

注 6.6.16. 定理 6.6.15 とその証明の記号をそのまま用いる．系 5.4.15 と命題 5.4.13 により $\mathrm{Ker}(f^* \circ f) = \mathrm{Ker}\, f$, $\mathrm{Im}(f^* \circ f) = \mathrm{Im}\, f^* = (\mathrm{Ker}\, f)^\perp$ が成り立つ．定め方から $\{v_{r+1}, \ldots, v_n\}$ は $\mathrm{Ker}\, f$ の基底である．また，$f^* \circ f$ は $(\mathrm{Ker}\, f)^\perp$ の線型変換を定めるが，$\{v_1, \ldots, v_r\}$ は $(\mathrm{Ker}\, f)^\perp$ の正規直交基底であって，これに関する $f^* \circ f$ の表現行列は $(\alpha_1) \oplus \cdots \oplus (\alpha_r)$ である．一方，$(\mathrm{Im}\, f)^\perp = \mathrm{Ker}\, f^*$ が成り立つ．よって $\{u_{r+1}, \ldots, u_m\}$ は $\mathrm{Ker}\, f^*$ の基底である．一方 $\mathrm{Ker}(f \circ f^*) = \mathrm{Ker}\, f^*$ と $\mathrm{Im}(f \circ f^*) = \mathrm{Im}\, f = (\mathrm{Ker}\, f^*)^\perp$ が成り立つから $f \circ f^*$ は $(\mathrm{Ker}\, f^*)^\perp$ の線型変換を定め，正規直交基底 $\{u_1, \ldots, u_r\}$ に関して $(\alpha_1) \oplus \cdots \oplus (\alpha_r)$ で表現されることが従う．

定理 6.6.15 は命題 1.5.16 の一つの精密化と考えることができる．つまり，A から定まる K^n から K^m への線型写像を，等長変換でなるべく単純な形にしたと考えることができる．また，f^* の代わりに $f^+\colon K^m \to K^n$ をうまく定めて $f^+ \circ f|_{(\mathrm{Ker}\, f)^\perp}$, $f \circ f^+|_{\mathrm{Im}\, f}$ が E_r で表示されるようにできる．このよ

うな行列は一意的ではないが，ある程度条件を付けて代表的なものを選ぶことができる．これらは一般逆行列と呼ばれる[†16]．

系 6.6.17. （問 6.7.4 も参照のこと） $A \in M_{m,n}(K)$ とする．F_{A^*A}, F_{AA^*} をそれぞれ A^*A, AA^* の固有多項式とすると $F_{AA^*}(x) = x^{m-n} F_{A^*A}(x)$ が成り立つ．

証明． $A = U\Sigma V^*$ を A の特異値分解とする．すると，$F_{AA^*}(x) = \det(xE_m - U\Sigma\Sigma^* U^*) = \det(xE_m - \Sigma\Sigma^*)$, $F_{A^*A}(x) = \det(xE_n - V\Sigma^*\Sigma V^*) = \det(xE_n - \Sigma^*\Sigma)$ がそれぞれ成り立つ．$m \geq n$ であれば $\Sigma\Sigma^* = \Sigma^*\Sigma \oplus O_{m-n}$, $m < n$ であれば $\Sigma^*\Sigma = \Sigma\Sigma^* \oplus O_{n-m}$ がそれぞれ成り立つので主張が従う． □

定理 6.6.18. $A \in M_n(K)$ とする．このとき，$U \in U_n$ と半正値エルミート行列 H が存在して $A = UH$ が成り立つ．このとき，$H = \sqrt{A^*A}$ である．また，もし A が正則であれば U も一意的である．また，$A \in M_n(\mathbb{R})$ であれば $U \in O_n$ であって，H は実対称行列に取れる．このような分解を**極分解**と呼ぶ．$A = UH$ の代わりに $A = HU$ としても同様のことが成り立つ．

証明． $A = U\Sigma V^*$ を A の特異値分解とする．$U, V \in U_n$ ($U, V \in O_n$) であって，Σ は対角成分が非負であるような対角行列である．$U' = UV^*$, $H = V\Sigma V^*$ と置くと U' はユニタリ（直交）行列，H は半正値エルミート（実対称）行列で，$A = U'H$ が成り立つ．また，$U'' = U^*V^*$, $H' = U\Sigma U^*$ と置くと $A = H'U''$ が成り立つ．$A = UH = U'H'$ を極分解とする．すると $A^*A = H^*H = H^2$ であるから，H が半正値であることより $H = \sqrt{A^*A}$ が成り立つ．同様に $H' = \sqrt{A^*A}$ が成り立つ．A は正則であるとすると $H = U^{-1}A$ も正則なので $UH = U'H$ より $U = U'$ が成り立つ．$A = HU$ としても同様である． □

注 6.6.19. $A = HU$ を極分解として行列式を取ると $\det A = (\det H)(\det U)$ である．ここで，H は半正値エルミート行列であるから $\det H \geq 0$, U はユニタリ行列であるから $\det U$ は大きさが 1 の複素数である．したがって $\det A \neq 0$ であればこの式は $\det A$ の極形式による表示（定義 0.2.4）を与えている．定理 6.6.18 は極形式の一意性に対応する一意性が行列の段階で成り立っている

[†16] 特にムーアーペンローズ逆行列が有名である．一般逆行列は最小二乗法などとも関連する．

ことを示している．また，複素数のときと同様に正方行列に対しても指数写像（指数函数）が定義される（付録 B）．任意の正値エルミート行列 H に対し，エルミート行列 H' が一意的に存在して $H = \exp H'$ が成り立つ．また，任意のユニタリ（直交）行列 U に対してある歪エルミート（実歪対称）行列 U' が存在して $U = \exp U'$ が成り立つ（この U' は一般には一意ではない）．したがって任意の正則行列 A は $A = (\exp H')(\exp U')$ と書き表すことができる．右辺は一般には $\exp(H'+U')$ には等しくないので，複素数のときと全く同様ではないが，かなりの程度類似がある．

半正値エルミート行列に対しても正値エルミート行列のコレスキー分解と同様の分解が存在する（系 5.2.31 も参照のこと）．

命題 6.6.20. A を半正値エルミート行列（実対称行列）とすると対角成分が非負の実数であるような下三角行列 L が存在して $A = LL^*$ が成り立つ．A が正値エルミート行列（実対称行列）であれば L は正則であって，またこのような L は一意的である．

証明． $\sqrt{A}$ を QR 分解して，$\sqrt{A} = QR$, $Q \in U_n$, R は対角成分が非負の実数であるような上三角行列とすることができる．すると，$A = (\sqrt{A})^*\sqrt{A} = R^*Q^*QR = R^*R$ が成り立つ．$L = R^*$ とすれば $A = LL^*$ が成り立つ．A が正則な場合の分解の一意性は系 5.2.31 と同様に示せる． □

A が正則でないときには L の一意性は一般には成り立たない．例えば
$$\begin{pmatrix} 0 & 0 \\ 0 & 1 \end{pmatrix} = \begin{pmatrix} 0 & 0 \\ 1 & 0 \end{pmatrix}\begin{pmatrix} 0 & 1 \\ 0 & 0 \end{pmatrix} = \begin{pmatrix} 0 & 0 \\ 0 & 1 \end{pmatrix}\begin{pmatrix} 0 & 0 \\ 0 & 1 \end{pmatrix}$$
が成り立つ．

6.7 演習問題

問 6.7.1. $A = (a_{ij})_{i,j} \in M_n(K)$ とする．$\exists k$, $A^k = O_n$ が成り立つとき，$A^n = O_n$ が成り立つことを示せ．
ヒント：まず上三角行列について考えてみよ．

問 6.7.2. $A \in \mathrm{GL}_2(K)$ とするとき，$\operatorname{tr} A^2 = 2(\operatorname{tr} A)^2$ となるための A の条件を求めよ．

問 6.7.3. $A \in M_n(\mathbb{R})$ とすると，以下が成り立つことを示せ．
1) $v \in \mathbb{C}^n$, $v \neq o$ について $Av = o$ が成り立てば，ある $u \in \mathbb{R}^n$, $u \neq o$ について $Au = o$ が成り立つ．
2) ある実数 α と $v \in \mathbb{C}^n$, $v \neq o$, について $Av = \alpha v$ が成り立てば，ある $u \in \mathbb{R}^n$, $u \neq o$, について $Au = \alpha u$ が成り立つ．

問 **6.7.4.** $m \leq n$ とし，$A \in M_{m,n}(\mathbb{C})$, $B \in M_{n,m}(\mathbb{C})$ とする．
1) AB, BA の固有多項式をそれぞれ $F, G \in \mathbb{C}[x]$ とすると，$G(x) = x^{n-m}F(x)$ が成り立つことを示せ．ただし $x^0 = 1$ とみなす．
2) $\lambda_1, \ldots, \lambda_r$ を AB の相異なる固有値全体とする．BA の相異なる固有値全体は AB が正則であって，かつ $m \neq n$ であれば $\lambda_1, \ldots, \lambda_r, 0$ であって，そうでなければ $\lambda_1, \ldots, \lambda_r$ であることを示せ．
3) $f: K^n \to K^m$ を $f(v) = Av$ で，$g: K^m \to K^n$ を $g(w) = Bw$ でそれぞれ定める．また，V_i, W_i をそれぞれ λ_i に属する f, g の広義固有空間とする．すると $f(V_i) \subset W_i$ であって，また，$\lambda_i \neq 0$ であれば $f|_{V_i}: V_i \to W_i$ は線型同型写像であることを示せ．g についても同様のことが成り立つことを示せ．
4) $m = n \geq 2$ とする．AB と BA のジョルダン標準形が異なる例を一組挙げよ．特に，AB は対角化可能であるが，BA はそうではない例を一組挙げよ．

問 **6.7.5.** $K = \mathbb{R}$ あるいは $K = \mathbb{C}$ とする．$A, B \in M_n(K)$ について $\langle A|B \rangle = \operatorname{tr} A^*B$ と置く．$\langle \cdot | \cdot \rangle$ は $M_n(K)$ の計量を定める（問 5.6.5）．
1) $\forall A \in M_n(K)$, $\forall \varepsilon > 0$, $\exists B \in \operatorname{GL}_n(K)$ s.t. $\|B - A\| < \varepsilon$ が成り立つことを示せ．
2) $\forall A \in \operatorname{GL}_n(K)$, $\exists \delta > 0$, s.t. $\|B - A\| < \delta \Rightarrow B \in \operatorname{GL}_n(K)$ が成り立つことを示せ．
3) $\forall A \in M_n(\mathbb{C})$, $\forall \varepsilon > 0$, $\exists B \in M_n(\mathbb{C})$ s.t. $\|B - A\| < \varepsilon$ かつ B の固有値の重複度はすべて 1 である（したがって対角化可能である），が成り立つことを示せ．
4) $A \in M_n(\mathbb{C})$ とし，A のある固有値について重複度が 2 以上であるとする．このとき，$\forall \varepsilon > 0$, $\exists B \in M_n(\mathbb{C})$ s.t. $\|B - A\| < \varepsilon$ かつ B は対角化不可能，が成り立つことを示せ．

したがって $A \in \operatorname{GL}_n(K)$ であれば A に十分近い成分を持つ行列は正則である．一方，A が正則であってもなくても，A にいくらでも近い成分を持つ正則行列が存在する．また，$A \in M_n(\mathbb{C})$ について，A にいくらでも近い成分を持つ対角化可能な行列が存在する．一方，A が対角化可能であっても，A の固有値に重複があると A にいくらでも近い成分を持つ対角化不可能な行列が存在する．重複がない場合には A に十分近い成分を持つ行列の固有値には重複がないことが分かり，したがって対角化可能であることが示せる[†17]が，少し難しくなるので省略する．

問 **6.7.6.** V を線型空間とする．$f \in \operatorname{Hom}_K(V, V)$ に対して $\operatorname{tr} f \in K$ を与える対応を写像とみなす．
1) $\operatorname{tr}: \operatorname{Hom}_K(V, V) \to K$ は線型写像であることを示せ．
2) $\{v_1, \ldots, v_n\}$ を V の基底，$\{\varphi_1, \ldots, \varphi_n\}$ を双対基底とする．このとき $\operatorname{tr} f = \sum_{i=1}^n \varphi_i(f(v_i))$ が成り立つことを示せ．

問 **6.7.7.** V を線型空間とする．
1) $f, g \in \operatorname{Hom}_K(V, V)$ とすると $\det(g \circ f) = (\det g)(\det f)$ が成り立つことを示せ．
2) $\{v_1, \ldots, v_n\}$ を V の基底，$\{\varphi_1, \ldots, \varphi_n\}$ を双対基底とする．このとき，
$$\det f = \sum_{\sigma \in \mathfrak{S}_n} (\operatorname{sgn} \sigma)\, \varphi_1(f(v_{\sigma(1)})) \cdots \varphi_n(f(v_{\sigma(n)}))$$
が成り立つことを示せ．

[†17] 例えば多項式の係数が変化したときの解の変化を評価することにより示すことができる．

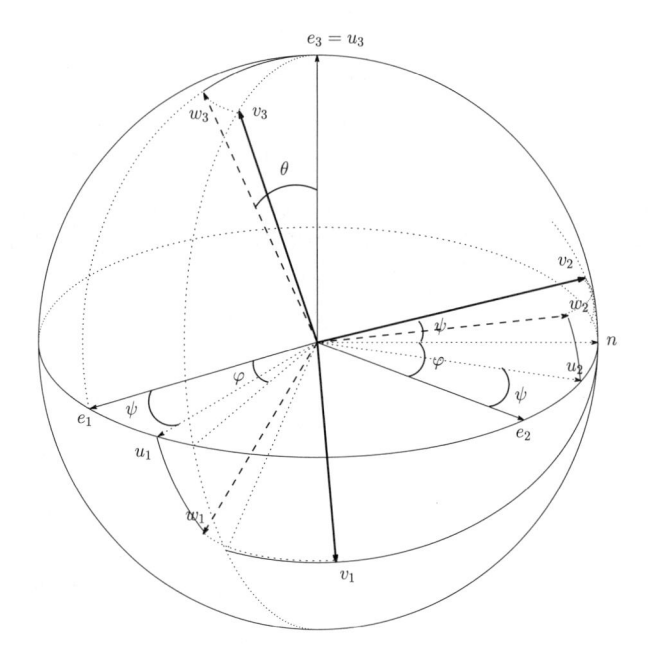

図 6.3. オイラー角

問 6.7.8. $\mathbb{R}^3$ に標準計量を入れる. $\{v_1, v_2, v_3\}$ を正規直交基底とし, $(v_1\ v_2\ v_3) \in \mathrm{SO}_3$ とする (すなわち, $\{v_1, v_2, v_3\}$ は正の向きを定めるとする). また, $\{e_1, e_2, e_3\}$ を $\mathbb{R}^3$ の標準基底とする.

1) $v_3 \notin \mathbb{R}e_3$ であれば, $\langle e_1, e_2 \rangle \cap \langle v_1, v_2 \rangle = \mathbb{R}n$ で, e_1 と n のなす角が 0 以上 π 未満であるような $n \in \mathbb{R}^3$ が唯一存在することを示せ.

2) $R_z(\varphi) = \begin{pmatrix} \cos\varphi & -\sin\varphi & 0 \\ \sin\varphi & \cos\varphi & 0 \\ 0 & 0 & 1 \end{pmatrix}$, $R_y(\theta) = \begin{pmatrix} \cos\theta & 0 & \sin\theta \\ 0 & 1 & 0 \\ -\sin\theta & 0 & \cos\theta \end{pmatrix}$ と置く. このとき, $0 \leq \varphi < 2\pi, 0 \leq \theta \leq \pi, 0 \leq \psi < 2\pi$ が存在して $(v_1\ v_2\ v_3) = R_z(\varphi) R_x(\theta) R_z(\psi)$ が成り立つことを示せ (実際には φ は $\langle e_1, e_3 \rangle$ と $\langle e_3, v_3 \rangle$ のなす角, θ は e_3 と v_3 のなす角, ψ は n と v_2 がなす角とすればよい). また, $\theta \neq 0, \pi$ であれば ψ, θ, φ は一意的であることを示せ. (φ, θ, ψ) は $(v_1\ v_2\ v_3)$ の**オイラー角**と呼ばれるが, どの座標軸をどの順に用いるかにいくつか流儀があるので用いるときには注意が必要である[18].

オイラー角は次のように考えることができる (図 6.3 を参照のこと. ただし, 図は見やすくするために少し不正確なところがある).

1) (e_1, e_2, e_3) を, 一斉に z 軸を軸として ψ だけ回す. 得られたベクトルを (u_1, u_2, u_3) とすると $u_3 = e_3$ が成り立つ.

2) (u_1, u_2, u_3) を一斉に y 軸を軸として θ だけ回す. 得られたベクトルを (w_1, w_2, w_3) と

---

[18]. 本書は山内恭彦・杉浦光夫, 『連続群論入門』, 培風館 (1960) に拠った. 『岩波数学辞典 第 4 版』, 岩波書店 (2007) も同様ではあるが, 角を (θ, φ, ψ) と記している.

すると，w_3 と e_3 のなす角は v_3 と e_3 のなす角に等しく，$\langle w_1, w_2 \rangle$ と $\langle e_1, e_2 \rangle$ がなす角と $\langle v_1, v_2 \rangle$ と $\langle e_1, e_2 \rangle$ がなす角は等しい．

3) (w_1, w_2, w_3) を一斉に z 軸を軸として φ だけ回す．すると (v_1, v_2, v_3) が得られる．

　逆に考えることもできる．まず (v_1, v_2, v_3) を z-軸を軸として回転させて v_3 が xz-平面の $x \geq 0$ の部分に入るようにする．すると (w_1, w_2, w_3) が得られるので，y-軸を軸として回転させて w_3 を $u_3 = e_3$ に重ねる．すると (u_1, u_2, u_3) が得られるので，z-軸を軸として回転させて u_1, u_2 を e_1, e_2 に重ねる．このときに回転させるときの角度が順に $-\varphi, -\theta, -\psi$ である．オイラー角は力学などで多く用いられるが，例えば SO_3 の図形としての形を調べるためにも用いることができる．これらについては本書の範囲を越えるので力学や多様体論・表現論の教科書を参照のこと．

問 6.7.9. $A \in M_n(K)$ とし，$f \colon K^n \to K^n$ を $f(v) = Av$ により定める．また，$\lambda_1, \ldots, \lambda_n$ を A の固有値全体とする．ただし，固有値の重複度が 2 以上の場合にはその固有値は重複度の分並べることとする．

1) v_1 を λ_1 に属する f の固有ベクトルとし $V_1 = K v_1$ と置く．$W_2 = K^n/V_1$ と置き，$\pi_2 \colon K^n \to W_2$ を標準射影とすると，線型写像 $\pi_2 \circ f \colon K^n \to W_2$ は線型写像 $W_2 \to W_2$ を導くことを示せ．これを W_2 の線型変換とみなして f_2 とする．

2) f_2 の固有値は $\lambda_2, \ldots, \lambda_n$ であることを示せ．

3) $\overline{v}_2$ を λ_2 に属する f_2 の固有ベクトルとし（$\overline{v}_2$ は v_2 の複素共役ではないので注意せよ．以下同様），$\overline{V}_2 = K\overline{v}_2$ と置く．$W_3 = W_2/\overline{V}_2$ と置き，$\pi_3 \colon W_2 \to W_3$ を標準射影とすると，$\pi_3 \circ f_2 \colon W_2 \to W_3$ は W_3 の線型変換を導くことを示せ．これを f_3 と置く．

4) 上と同様の作業を繰り返して，線型空間の列 $W_2, \ldots, W_n$ と，W_k の元 $\overline{v}_k$，$2 \leq k \leq n$，を得る．$2 \leq k \leq n$ について，$v_k \in K^n$ を $\pi_2^{-1}(\cdots \pi_n^{-1}(\overline{v}_k) \cdots)$ の元とする．$V_k = \langle v_1, \ldots, v_k \rangle$ と置くと $\dim V_k = k$ が成り立つことを示せ．したがって $V_n = K^n$ が成り立つ．

5) $\mathcal{V} = \{v_1, \ldots, v_n\}$ は K^n の基底であって，$\mathcal{V}$ に関する f の表現行列は上三角行列であることを示せ．また，$v_1, \ldots, v_n$ をうまく取ると $(v_1 \cdots v_n) \in SO_n$ とできることを示せ．

問 6.7.10. A を以下の行列とするとき，${}^t U A U$ が成分が非負であるような対角行列となるようなユニタリ行列 U と，${}^t U A U$ を求めよ．

1) $\begin{pmatrix} 3 & -2\sqrt{-1} \\ -2\sqrt{-1} & -1 \end{pmatrix}$ 　　2) $\begin{pmatrix} 2 & -\sqrt{2} & \sqrt{-2} \\ -\sqrt{2} & 3 & \sqrt{-1} \\ \sqrt{-2} & \sqrt{-1} & -3 \end{pmatrix}$

3) $\dfrac{1}{4} \begin{pmatrix} 2\sqrt{-1} & 1+\sqrt{-1} & 1+\sqrt{-1} \\ 1+\sqrt{-1} & 1+2\sqrt{-1} & 1-2\sqrt{-1} \\ 1+\sqrt{-1} & 1-2\sqrt{-1} & 1+2\sqrt{-1} \end{pmatrix}$

問 6.7.11. 問 6.3.15 と同様にして，次が成り立つことを示せ[19]．$A \in M_n(\mathbb{C})$ とし，${}^t A = -A$ が成り立つとする．このとき，ある $U \in U_n$ が存在して，${}^t U A U$ は (0) と $\begin{pmatrix} 0 & \lambda \\ -\lambda & 0 \end{pmatrix}$，$\lambda > 0$ の形の行列の直和（定義 1.4.18）となる．また，ブロックの並べ替えを除いて ${}^t U A U$ は一意的に定まる．

---

[19] ヒント：8) まではほとんど同様にできるが，9) で $\overline{u}$ は固有値 $-\lambda$ に属する固有ベクトルになる．以降は対応して議論がやや変わるが対称行列の場合より容易である．

$A \in M_n(\mathbb{C})$ とし, $AA^* = \overline{A^*A}(= {}^t\overline{AA})$ が成り立つとする (このような A を共役正規行列と呼ぶことがある). このような行列についても問 6.3.15 や 6.7.11 に当たることが成り立つ. すなわち, ある $U \in \mathrm{U}_n$ が存在して ${}^tUAU$ は (a), $a \in \mathbb{R}$, $a \geq 0$ と $\begin{pmatrix} b & c \\ -c & b \end{pmatrix}$, $b,c \in \mathbb{R}$, $b \geq 0$, $c > 0$ の形をした行列の直和となることを同様の方針で示すことができる.

問 6.7.12.[20] $A \in M_{2n}(K)$ とし, A を歪対称行列 (定義 5.2.3) とする. このとき, $\mathrm{Pf}(A) \in K$ を以下のように定め, A のパフィアン(Pfaffian) と呼ぶ. まず, $\mathfrak{S}_{2n}$ の部分集合 $\mathfrak{S}'$ を $\mathfrak{S}' = \left\{ \begin{pmatrix} 1 & 2 & \cdots & 2n-1 & 2n \\ i_1 & j_1 & \cdots & i_n & j_n \end{pmatrix} \middle| 1 = i_1 < \cdots < i_n,\ i_l < j_l\ (l=1,\ldots,n) \right\}$ により定める. そして A の (i,j) 成分を a_{ij} とし, $\mathrm{Pf}(A) = \sum_{\sigma \in \mathfrak{S}'} (\mathrm{sgn}\,\sigma)\, a_{\sigma(1),\sigma(2)} \cdots a_{\sigma(n-1),\sigma(n)}$ と置く.

1) $B \in M_{2n}(K)$ とすると ${}^tBAB$ は歪対称行列であって, $\mathrm{Pf}({}^tBAB) = \det(B)\mathrm{Pf}(A)$ が成り立つことを示せ.
   ヒント: まず $B \in \mathrm{GL}_{2n}(K)$ の場合を示し, 2) を示してから $B \notin \mathrm{GL}_{2n}(K)$ の場合を示すこともできる.
2) $\mathrm{Pf}(A)^2 = \det A$ が成り立つことを示せ.
3) $n > 1$ とする. A から第 1 行と第 i 行, 第 1 列と第 i 列を取り除いて得られる $M_{2n-2}(K)$ の元を B_{1i} とすると, $\mathrm{Pf}(A) = \sum_{i=2}^{2n} (-1)^i a_{1i} \mathrm{Pf}(B_{1i})$ が成り立つことを示せ.

問 6.7.13. $A \in M_n(K)$ とし, $c_1(A), \ldots, c_n(A) \in K$ を条件 $\det(xE_n - A) = x^n + c_1(A)x^{n-1} + \cdots + c_n(A)$ により定める (定義 6.1.7 も参照のこと). ここで両辺は x の多項式と考える. このとき, $\forall P \in \mathrm{GL}_n(K)$, $c_i(P^{-1}AP) = c_i(A)$ が成り立つことを示せ.

---

[20] パフィアンについては外積代数と一緒に学んだ方がよいので, この問については解くことにあまりこだわらなくて構わない.

第7章 二次形式

この章では K^n の元を主に ${}^t(x_1,\ldots,x_n)$ で表す．原則としては $K=\mathbb{R}$ あるいは $K=\mathbb{C}$ とするが，応用に際しては K が一般の場合も重要である．K が一般の場合には扱いを変えないといけないことが所々現れるので，関連する注意をときどき記すが，初読の際は一切気にしなくてよい．

7.1 対称双一次形式と二次形式

定義 7.1.1. V を K-線型空間とし，$V \times V = \{(v_1, v_2) \mid v_1, v_2 \in V\}$ と置く．また，$f: V \times V \to K$ とする．

1) f が V 上の**対称双一次形式**（あるいは対称双線型形式）であるとは，

　　i) $\forall v, w_1, w_2 \in V,\ f(v, w_1 + w_2) = f(v, w_1) + f(v, w_2)$.

　　ii) $\forall v, w \in V,\ \forall \lambda \in K,\ f(v, \lambda w) = \lambda f(v, w)$.

　　iii) $\forall v, w \in V,\ f(w, v) = f(v, w)$.

　　が成り立つことを言う．

2) $K = \mathbb{C}$ とする．f が V 上の**エルミート形式**であるとは，

　　i) $\forall v, w_1, w_2 \in V,\ f(v, w_1 + w_2) = f(v, w_1) + f(v, w_2)$.

　　ii) $\forall v, w \in V,\ \forall \lambda \in \mathbb{C},\ f(v, \lambda w) = \lambda f(v, w)$.

　　iii) $\forall v, w \in V,\ f(w, v) = \overline{f(v, w)}$.

　　が成り立つことを言う[†1]．

例 7.1.2. ユークリッド計量は対称双一次形式である．また，エルミート計量はエルミート形式である．

[†1] エルミート計量（定義 5.1.1）と同様に，ii) において $\forall v, w \in V, \forall \lambda \in \mathbb{C}, f(\lambda v, w) = \lambda f(v, w)$ とすることもある．

定義 7.1.3. f を V 上の対称双一次形式あるいはエルミート形式とする. $\mathscr{V} = \{v_1, \ldots, v_n\}$ を V の基底とし, 行列 $A = (a_{ij})$ を $a_{ij} = f(v_i, v_j)$ で定める. このように定まる行列 $A \in M_n(K)$ を対称双一次形式あるいはエルミート形式の $\mathscr{V}$ に関する**表現行列**と呼ぶ.

計量の定義 5.2.15 の意味での表現行列と, 計量を対称双一次形式あるいはエルミート形式と考えたときの定義 7.1.3 の意味での表現行列は同一である.

補題 7.1.4.
1) 対称双一次形式(エルミート形式)の表現行列は対称行列(エルミート行列)である.
2) V を K-線型空間, f を V 上の対称双一次形式あるいはエルミート形式とする. $\{v_1, \ldots, v_n\}$ を V の基底とし, A を f の $\mathscr{V}$ に関する表現行列とする. $v, w \in V$ として $v = \sum_{i=1}^{n} \lambda_i v_i,\ w = \sum_{i=1}^{n} \mu_j v_j$ とすれば対称双一次形式については $f(v, w) = \sum_{\substack{1 \leq i \leq n \\ 1 \leq j \leq n}} \lambda_i a_{ij} \mu_j$ が, エルミート形式については $f(v, w) = \sum_{\substack{1 \leq i \leq n \\ 1 \leq j \leq n}} \overline{\lambda_i} a_{ij} \mu_j$ がそれぞれ成り立つ.
3) 逆に, V の基底が与えられたとき f を対称行列あるいはエルミート行列を用いて上の式で定めれば f は対称双一次形式あるいはエルミート形式となる.

証明はいずれも容易であるから省略する.

表現行列は基底を取り替えると次のように変化する.

補題 7.1.5. $\mathscr{V}, \mathscr{W}$ をそれぞれ V の基底とし, P を $\mathscr{V}$ から $\mathscr{W}$ への基底の変換行列とする. f を V 上の対称双一次形式とし, A を f の $\mathscr{V}$ に関する表現行列とすると, f の $\mathscr{W}$ に関する表現行列は ${}^t\!PAP$ である. f が V 上のエルミート形式であれば $\mathscr{W}$ に関する表現行列は P^*AP である.

これも証明は易しいので省略する.

定義 7.1.6.
1) $q \colon K^n \to K$ が K^n 上の**二次形式**であるとは, 適当な $a_{ij} \in K$, $1 \leq i, j \leq n$, が存在し, ${}^t(x_1, \ldots, x_n) \in K^n$ に対して,

$$q(^t(x_1,\ldots,x_n)) = \sum_{\substack{1\le i\le n\\ 1\le j\le n}} a_{ij}x_ix_j$$

が成り立つことを言う．一般に，V を n 次元 K-線型空間とするとき，$q\colon V \to K$ が V 上の**二次形式**であるとは，V のある基底 $\mathscr{V} = \{v_1,\ldots,v_n\}$ について，

$$Q(^t(x_1,\ldots,x_n)) = q(x_1v_1 + \cdots + x_nv_n)$$

で定まる $Q\colon K^n \to K$ が K^n 上の二次形式であることを言う．

2) $q\colon \mathbb{C}^n \to \mathbb{R}$ が $\mathbb{C}^n$ 上の**エルミート二次形式**[†2]であるとは，適当な $a_{ij} \in \mathbb{C}$, $1 \le i,j \le n$, であって $\forall i,j,\ a_{ji} = \overline{a_{ij}}$ を充たすものが存在し，$^t(x_1,\ldots,x_n) \in \mathbb{C}^n$ に対して，

$$q(^t(x_1,\ldots,x_n)) = \sum_{\substack{1\le i\le n\\ 1\le j\le n}} a_{ij}\overline{x_i}x_j$$

が成り立つことを言う．一般に，V を n 次元 $\mathbb{C}$-線型空間とするとき，$q\colon V \to \mathbb{R}$ が V 上の**エルミート二次形式**であるとは，V のある基底 $\mathscr{V} = \{v_1,\ldots,v_n\}$ について，

$$Q(^t(x_1,\ldots,x_n)) = q(x_1v_1 + \cdots + x_nv_n)$$

で定まる $Q\colon \mathbb{C}^n \to \mathbb{R}$ が $\mathbb{C}^n$ 上のエルミート二次形式であることを言う．

q が K^n 上の二次形式あるいはエルミート二次形式のとき，$q(^t(x_1,\ldots,x_n))$ をしばしば $q(x_1,\ldots,x_n)$ と記す．

定義 7.1.7.

1) A を n 次対称行列とする．$A[v]$ で $v \in K^n$ に対して ^tvAv を与える二次形式を表す．

2) A を n 次エルミート行列とする．$A\{v\}$ で $v \in \mathbb{C}^n$ に対して v^*Av を与えるエルミート二次形式を表す．

[†2]. 一般的にはこれもエルミート形式と呼ぶ．この場合，定義 7.1.1 におけるエルミート形式と区別するためには，本書でのエルミート形式をエルミート双線型形式と呼ぶことが多いが，実際には双線型形式ではないので本書ではこのように呼び分けることにする．必ずしも一般的な呼称ではないので注意せよ．

注 7.1.8. 定義 7.1.7 の 1) で A は対称行列としているが，実際には A が対称行列でなくとも，$q(v) = {}^t v A v$ とすれば q は二次形式である．

$\mathbb{C}^n$ 上のエルミート二次形式はエルミート行列を用いて与えられる．一方 $\mathbb{R}^n$ あるいは $\mathbb{C}^n$ 上の二次形式は対称行列で与えることができる．

補題 7.1.9. q を K^n 上の二次形式とする．すると適当な $a'_{ij} \in K, i \le j,$ が存在して $q(x_1, \ldots, x_n) = \sum_{1 \le i \le j \le n} a'_{ij} x_i x_j$ が成り立つ．また，$K = \mathbb{R}$ または $K = \mathbb{C}$ とすると適当な対称行列 $B = (b_{ij})$ が存在し，$v = {}^t(x_1, \ldots, x_n)$ のとき $q(v) = B[v]$ が成り立つ．また，K^n とは限らない一般の K-線型空間上の二次形式や複素線型空間上のエルミート二次形式 q についても基底を取って q を成分で表せば同様のことが成り立つ．

証明. K^n 上の二次形式 q が与えられたとする．ある $a_{ij}, 1 \le i, j \le n,$ について $q(v) = \sum_{\substack{1 \le i \le n \\ 1 \le j \le n}} a_{ij} x_i x_j$ であるから，$a'_{ii} = a_{ii}, i < j,$ のときには $a'_{ij} = a_{ij} + a_{ji}$ と置けば最初の主張が成り立つ．また，行列 $B = (b_{ij})$ を $b_{ii} = a_{ii}, i \ne j,$ のときには $b_{ij} = \dfrac{a_{ij} + a_{ji}}{2}$ により定めれば[†3] B は対称行列であって $q(v) = B[v]$ が成り立つ．後半の証明は省略する． □

注 7.1.10. この章の定理などの多くは K が一般の場合であっても成り立つが，いくつか例外がある．例えば補題 7.1.9 の対称行列に関する主張がそうである．ときどき脚注を付けるが，初読の際には一切気にしなくてよい．興味を持った読者は付録 C を参照せよ．

このように対称行列あるいはエルミート行列を用いて二次形式やエルミート二次形式を表すと双一次形式あるいはエルミート形式と非常に似た形になるが，これは次のようにまとめることができる．

補題 7.1.11. f を K-線型空間 V 上の対称双一次形式とする．$v \in V$ について $q(v) = f(v,v)$ と置くと，q は V 上の二次形式である．また，f を $\mathbb{C}$-線型空間 V 上のエルミート形式とする．$v \in V$ について $q(v) = f(v,v)$ と置くと q は V 上のエルミート二次形式である．

---

†3. ここで 2 で割っている．$K = \mathbb{R}$ あるいは $K = \mathbb{C}$ のときには何も気にすることはないが，K が一般の場合には注意する必要がある．

命題 7.1.12. （定理 5.1.10 も参照のこと）

1) $K = \mathbb{R}$ あるいは $K = \mathbb{C}$ とし，V を K-線型空間とする．q を V 上の二次形式とすると，対称双一次形式 f であって，$\forall v \in V, q(v) = f(v,v)$ が成り立つようなものが唯一つ存在する．

2) V を $\mathbb{C}$-線型空間とする．q を V 上のエルミート二次形式とすると，エルミート形式 f であって，$\forall v \in V, q(v) = f(v,v)$ が成り立つようなものが唯一つ存在する．

証明． q を二次形式とする．$\mathscr{V} = \{v_1, \ldots, v_n\}$ を V の基底とし，$g\colon K^n \to V$ を $g({}^t(x_1, \ldots, x_n)) = x_1 v_1 + \cdots + x_n v_n$ により定める．$Q = q \circ g$ とすれば Q は K^n 上の二次形式だから，適当な対称行列 A を用いて $Q(w) = {}^t w A w$ と表すことができる[†4]．ここで，$w = {}^t(x_1, \ldots, x_n) \in K^n$ である．K^n 上の双一次形式 F を $F(w, w') = {}^t w A w'$ で定めれば，A が対称行列であることから F は対称である．また，$F(w, w) = Q(w)$ が成り立つ．そこで，$f(v, v') = F(g^{-1}(v), g^{-1}(v'))$ とすれば f は $q(v) = f(v,v)$ を充たす V 上の対称双一次形式である．逆に，$q(v) = f(v,v)$ が双一次形式 f について成り立っているとすれば，$q(v+w) - q(v) - q(w) = 2f(v,w)$ が成り立つ．したがって $f(v,w) = \dfrac{q(v+w) - q(v) - q(w)}{2}$ なので一意性が成り立つ．

q がエルミート二次形式のときにも同様に $q(v) = f(v,v)$ が成り立つようなエルミート二次形式 f が構成できる．逆に $q(v) = f(v,v)$ とすれば $q(v+w) = f(v,v) + f(v,w) + f(w,v) + f(w,w)$，$q(v + \sqrt{-1}w) = f(v,v) + \sqrt{-1}f(v,w) - \sqrt{-1}f(w,v) + f(w,w)$ より $q(v+w) - \sqrt{-1}q(v+\sqrt{-1}w) = (1-\sqrt{-1})(q(v)+q(w)) + 2f(v,w)$ が成り立つ．したがって $f(v,w) = \dfrac{q(v+w) - \sqrt{-1}q(v+\sqrt{-1}w) - (1-\sqrt{-1})(q(v)+q(w))}{2}$ が成り立つので，やはり一意性が成り立つ． □

そこで二次形式などの表現行列を次のように定める．

定義 7.1.13. $K = \mathbb{R}$ あるいは $K = \mathbb{C}$ とする．q を二次形式（エルミート

[†4] ここで補題 7.1.9 を用いているので，2 で割っている．これを避けたければ一般には $F(w,w) = 2Q(w)$ を充たす対称双一次形式しか得られない．双一次形式が対称でなくて構わないのであればこのような心配は不要であるが，その代わりに一意性を保証する条件が別に必要になる．

二次形式）とする．$\mathscr{V}$ を V の基底とするとき，q の $\mathscr{V}$ に関する**表現行列**を，q から命題 7.1.12 により定まる対称双一次形式（エルミート形式）の表現行列として定める．

定義 7.1.14.
1) 補題 7.1.11 により，対称双一次形式（エルミート形式）から定まる二次形式（エルミート二次形式）を対称双一次形式（エルミート形式）に対応する二次形式（エルミート二次形式）と呼ぶ．
2) $K = \mathbb{R}$ あるいは $K = \mathbb{C}$ とする．命題 7.1.12 により二次形式から定まる対称双一次形式を，二次形式に対応する対称双一次形式と呼ぶ．
3) $K = \mathbb{C}$ とする．命題 7.1.12 によりエルミート二次形式から定まるエルミート形式を，エルミート二次形式に対応するエルミート形式と呼ぶ．

例 7.1.15. q を $\mathbb{R}^n$ の標準計量あるいは $\mathbb{C}^n$ の標準エルミート計量とする．これを対称双一次形式あるいはエルミート形式とみなしたとき，対応する二次形式あるいはエルミート二次形式は標準的なノルム（2-ノルム）の 2 乗である．

系 7.1.16. $K = \mathbb{R}$ あるいは $K = \mathbb{C}$ とする．V を線型空間，f を V 上の対称双一次形式あるいはエルミート形式とし，q を f から定まる二次形式あるいはエルミート二次形式とする．$q = 0$，すなわち，$\forall v \in V, q(v) = 0$ が成り立てば $f = 0$，すなわち，$\forall v, w \in V, f(v, w) = 0$ が成り立つ．

証明． $f = 0$ ならば $q = 0$ である．対称双一次形式（エルミート形式）と二次形式（エルミート二次形式）の対応は一対一であるから $q = 0$ ならば $f = 0$ である． □

7.2 標準形

この節では $K = \mathbb{R}$ あるいは $K = \mathbb{C}$ とする．補題 7.1.5 により対称双一次形式あるいはエルミート形式の表現行列のランクは基底に依らず定まる．そこで次のように定める．

定義 7.2.1. V 上の対称双一次形式あるいはエルミート形式 f について，V

の任意の基底に関する表現行列 A のランクを f の**ランク**と呼び, $\operatorname{rank} f$ で表す. また, V 上の二次形式あるいはエルミート二次形式 q について, $q(v) = f(v,v)$ なる対称双一次形式あるいはエルミート形式のランクを q の**ランク**と呼び, $\operatorname{rank} q$ で表す.

定義 7.2.2.

1) V 上の対称双一次形式あるいはエルミート形式 f が**非退化**であるとは, $\forall w \in V, f(v,w) = 0 \Rightarrow v = o$ が成り立つことを言う.

2) V 上の対称双一次形式あるいはエルミート形式 f が**正値（半正値）**であるとは, $v \in V$ について $v \neq o \Rightarrow f(v,v) > 0$ ($f(v,v) \geq 0$) が成り立つことを言う. f に対応する二次形式あるいはエルミート形式を q とするとき, $v \in V$ について, $v \neq o \Rightarrow q(v) > 0$ ($q(v) \geq 0$) が成り立つとしても同じことである.

3) V 上の対称双一次形式あるいはエルミート形式 f が**負値（半負値）**であるとは, $-f$ が正値（半正値）であることを言う.

正値・負値の代わりに正定値・負定値と呼ぶこともある（不定値と紛らわしいので注意せよ）.

例 7.2.3.

1) ユークリッド計量やエルミート計量は正値である. したがって非退化である.

2) $\mathbb{C}$-線型空間 V 上の対称双一次形式は正値でも負値でもありえない. 実際, $f(v,v) \gtreqless 0$ とすれば $f(\sqrt{-1}v, \sqrt{-1}v) = -f(v,v) \lesseqgtr 0$ が成り立つ（複号同順）.

3) $V = \mathbb{R}^2$ とし, $v = {}^t(x_1, x_2)$, $w = {}^t(y_1, y_2)$ に対して $f(v,w) = x_1 y_1 - x_2 y_2$ と置く. 行列を用いれば $f(v,w) = {}^t v \begin{pmatrix} 1 & 0 \\ 0 & -1 \end{pmatrix} w$ と表すことができる. f は正値でも負値でもないが非退化である. 実際, e_1, e_2 を $\mathbb{R}^2$ の基本ベクトルとすると, $f(e_1, e_1) = 1$, $f(e_2, e_2) = -1$ である. 一方 $v = {}^t(x_1, x_2) \neq o$ であれば, $w = {}^t(x_1, -x_2)$ とすると $f(v,w) = x_1{}^2 + x_2{}^2 > 0$ が成り立つ.

次の命題は定理 6.3.3 から容易に従う（定義 6.6.11 も参照のこと）.

命題 7.2.4. f を V 上の実対称双一次形式あるいはエルミート形式とする.

また，$\mathscr{V}$ を V の任意の基底，A を f の $\mathscr{V}$ に関する表現行列とする．このとき，以下はすべて同値である．

1) f は正値（半正値・負値・半負値）である．
2) A の固有値がすべて正（非負・負・非正）である．
3) A はエルミート行列として正値（半正値・負値・半負値）である．

定理 7.2.5. $K = \mathbb{R}$ あるいは $K = \mathbb{C}$ とし，V 上の二次形式あるいはエルミート二次形式 q が与えられたとする．このとき，V のある基底 $\{v_1, \ldots, v_n\}$ が存在して q は対角行列 A であって，条件，

$i \leq \operatorname{rank} q$ であれば $a_{ii} \neq 0$ であって，$i > \operatorname{rank} q$ であれば $a_{ii} = 0$

を充たすもので表される．さらに，基底は表現行列 A が次の条件を充たすように選ぶことができる．

1) <u>$K=\mathbb{R}$ のとき．あるいは $K=\mathbb{C}$ であって q がエルミート形式のとき．</u>
   ある $s, 0 \leq s \leq \operatorname{rank} q$ が存在して，
   $$a_{ii} = \begin{cases} 1, & 1 \leq i \leq s, \\ -1, & s < i \leq \operatorname{rank} q, \\ 0, & \operatorname{rank} q < i \end{cases}$$
   が成り立つ．このような s は q により定まり，基底の取り方に依らない．数の組 $(s, \operatorname{rank} q - s)$ を q の**符号数** (signature) あるいは単に**符号**と呼び，$\operatorname{sgn} q$ で表す．

2) <u>$K = \mathbb{C}$ であって q が二次形式であるとき．</u>
   $a_{ii} = 1, i \leq \operatorname{rank} q, a_{ii} = 0, i > \operatorname{rank} q$ が成り立つ．

1) の $K = \mathbb{R}$ の場合を特にシルベスターの慣性律と呼ぶ．また，以下に示す「さらに」以前の部分の証明はラグランジュやガウスに帰することがある．

証明．「さらに」以前の部分の証明．V の次元に関して帰納的に示す．以下の証明は二次形式について述べるが，エルミート二次形式についても同様である（最初の部分だけ変更点を記した．b) の部分は各自で補うこと）．$\dim V = 1$ ならば q は $M_1(K)$ の元で表現されるから主張は正しい．$\dim V = n - 1$ のときまで主張が正しいとし，$\dim V = n$ とする．$\mathscr{V} = \{v_1, \ldots, v_n\}$ を V の基底とし，$x = {}^t(x_1, \ldots, x_n) \in K^n$ に対して $Q(x) = q(x_1 v_1 + \cdots + x_n v_n)$ と置けば，適当な $a_{ij}, 1 \leq i \leq j \leq n$, が存在して $Q(x) = \sum_{i \leq j} a_{ij} x_i x_j$ が成り立つ

($K = \mathbb{C}$ であって，エルミート二次形式を考えているときには $a_{ji} = \overline{a_{ij}}$ であって $Q(x) = \sum_{i,j} a_{ij}\overline{x_i}x_j$ が成り立つ)．

a) $\exists i, a_{ii} \neq 0$ が成り立つとき．

必要であれば v_i と v_1 を入れ替えて $i = 1$ としてよい．このときには

$$Q(x) = a_{11}\left(x_1 + \sum_{j>1}\frac{1}{2}\frac{a_{1j}}{a_{11}}x_j\right)^2 - \sum_{j>1}\frac{1}{4}\frac{{a_{1j}}^2}{a_{11}}{x_j}^2 + \sum_{2\leq j\leq k}a_{jk}x_jx_k$$

が成り立つ[†5]（エルミート二次形式については，

$$Q(x) = a_{11}\left|x_1 + \sum_{j>1}\frac{a_{1j}}{a_{11}}x_j\right|^2 - \sum_{j>1}\frac{|a_{1j}|^2}{a_{11}}|x_j|^2 + \sum_{2\leq j,k}a_{jk}\overline{x_j}x_k$$

が成り立つ）．そこで

$$Q'(x) = -\sum_{j>1}\frac{1}{4}\frac{{a_{1j}}^2}{a_{11}}{x_j}^2 + \sum_{2\leq j\leq k}a_{jk}x_jx_k$$

（あるいは $Q'(x) = -\sum_{j>1}\frac{|a_{1j}|^2}{a_{11}}|x_j|^2 + \sum_{2\leq j,k}a_{jk}\overline{x_j}x_k$) と置けば，$Q'$ は x_1 には依らないので K^{n-1} 上の二次形式（エルミート二次形式）とみなすことができる．したがって，ある $P \in \mathrm{GL}_{n-1}(K)$ と $b_2, \ldots, b_n \in K$ が存在して，$y = {}^t(y_2, \ldots, y_n) \in K^{n-1}$ に対して $R(y) = Q'(P^{-1}y)$ とすれば $R(y) = \sum_{j=2}^{n} b_j{y_j}^2$ ($R(y) = \sum_{j=2}^{n}b_j|y_j|^2$) が成り立つ．そこで $\widetilde{P} = \begin{pmatrix} 1 & \frac{1}{2}\frac{a_{12}}{a_{11}} & \cdots & \frac{1}{2}\frac{a_{1n}}{a_{11}} \\ 0 & & P & \end{pmatrix}$ と置けば $\widetilde{P} \in \mathrm{GL}_n(K)$ であり，$z = {}^t(z_1 \cdots z_n) \in K^n$ に対して $\widetilde{R}(z) = Q(\widetilde{P}^{-1}z)$，$b_1 = a_{11}$ と置けば

$$\widetilde{R}(z) = b_1{z_1}^2 + b_2{z_2}^2 + \cdots + b_n{z_n}^2$$

（あるいは $\widetilde{R}(z) = b_1|z_1|^2 + b_2|z_2|^2 + \cdots + b_n|z_n|^2$）が成り立つ．そこで V の基底として $\mathscr{W} = \mathscr{V}\widetilde{P}^{-1}$ を取れば，$\mathscr{W}$ に関する q の表現行列は $b_1, \ldots, b_n$ を対角成分とする対角行列である．ランクの定義により，必要であれば $\mathscr{W}$ をなすベクトルの順序を適当に入れ替えて，$i > \mathrm{rank}\, q$ であれば $b_i = 0$ としてよい．

[†5]. ここで 2 で割っていることに注意せよ．

b) $\forall i, a_{ii} = 0$ が成り立つとき．

$q \neq 0$ なので，$\exists i, j, i \neq j, a_{ij} \neq 0$ が成り立つ．必要であれば v_k たちの順序を入れ替えて $a_{12} \neq 0$ としてよい．すると，

$$Q(x) = a_{12}\left(\left(\frac{x_1+x_2}{2}\right)^2 - \left(\frac{x_1-x_2}{2}\right)^2\right)$$
$$+ \sum_{j>2} a_{1j}x_1x_j + \sum_{k>2} a_{2k}x_2x_k + \sum_{3 \leq l \leq m} a_{lm}x_lx_m$$

が成り立つ[†6]．そこで $P = \begin{pmatrix} \frac{1}{2} & -\frac{1}{2} & \\ \frac{1}{2} & \frac{1}{2} & \\ & & E_{n-2} \end{pmatrix}$ とすれば $P \in \mathrm{GL}_n(K)$ であって，$y = {}^t(y_1 \cdots y_n) \in K^n$ に対して $S(y) = Q(P^{-1}y)$ と置けば，

$$S(y) = a_{12}(-y_1{}^2 + y_2{}^2) + \sum_{j>2} a_{1j}(y_1+y_2)y_j + \sum_{k>2} a_{2j}(-y_1+y_2)y_k + \sum_{3 \leq l \leq m} a_{lm}y_ly_m$$

が成り立つ．よって V の基底として $\mathscr{V}P^{-1}$ を取れば a) の場合に帰着できる．

2) の証明．V の基底 $\{v_1, \ldots, v_n\}$ を上のように選んでおく．$c_1, \ldots, c_k \in \mathbb{C}$ を $c_i{}^2 = b_i$ が成り立つように選び，$c_{k+1} = \cdots = c_n = 1$ と定めれば，$\{c_1v_1, \ldots, c_nv_n\}$ が求める基底の一つである．

1) の証明．V の基底 $\{v_1, \ldots, v_n\}$ を上のように選んでおく．仮定から b_i はすべて実数である．そこで，まず v_i の順序を適当に入れ替えて $b_1, \ldots, b_s > 0$, $b_{s+1}, \ldots, b_k < 0$ としてよい．次に $d_1, \ldots, d_s \in \mathbb{R}$ を $d_i{}^2 = b_i$, $d_{s+1}, \ldots, d_k \in \mathbb{R}$ を $d_j{}^2 = -b_j$ であるように選ぶ[†7]．$d_{k+1} = \cdots = d_n = 1$ とすると基底 $\mathscr{V} = \{d_1v_1, \ldots, d_nv_n\}$ に関して q は定理の条件を充たすような行列により表される．一般に V の基底 $\mathscr{V}'$ に関して q が対角行列で表現され，さらにその行列の対角成分 $b'_1, \ldots, b'_n$ が $b'_1 = \cdots = b'_{s'} = 1$, $b'_{s'+1} = \cdots = b'_{k'} = -1$, $b'_{k'+1} = \cdots = b'_n = 0$ を充たすとする．k, k' はともに $\mathrm{rank}\, q$ に等しいので $k' = k$ である．そこで $s < s'$ と仮定する．$U_1 = \langle v_{s+1}, \ldots, v_n \rangle$, $U_2 = \langle v'_1, \ldots, v'_{s'} \rangle$ とすると，q の U_1 への制限は半負値であり，f の U_2 への制限は正値である．ここで $\dim U_1 = n - s$, $\dim U_2 = s'$ であることと，$n - s + s' > n$ であることから，$U_1 + U_2$ は直和ではあり得ない．したがって

[†6] ここや，この直後でも 2 で割っている．操作を少し変えて 2 で割る箇所を変えることはできるが，2 で割ること自体は避けられない．

[†7] K が一般の場合には $2 \in K$ であっても $\sqrt{b_i}, \sqrt{-b_i} \in K$ であるとは限らない．

$U_1 \cap U_2 \neq \{o\}$ であるので, v を o でない $U_1 \cap U_2$ の元とすれば $v \in U_1$ であることから $q(v) \leq 0$ が, $v \in U_2$ であることから $q(v) > 0$ が成り立ち, これは矛盾である. よって $s = s'$ が成り立つ. □

定義 7.2.6. V を K-線型空間, q を二次形式 ($K = \mathbb{R}$ のとき) あるいはエルミート二次形式 ($K = \mathbb{C}$ のとき) とする. 定理 7.2.5 により V の基底を適当に取って成分を用いることで $x_1^2 + \cdots + x_s^2 - x_{s+1}^2 - \cdots - x_r^2$, $r = \operatorname{rank} q$, あるいは $|x_1|^2 + \cdots + |x_s|^2 - |x_{s+1}|^2 - \cdots - |x_r|^2$, $r = \operatorname{rank} q$, と表すことができるので, この形のことを**標準形**と呼ぶ. V が複素線型空間であって, q が二次形式であるときには適当な基底を取って成分を用いると q は $x_1^2 + \cdots + x_r^2$, $r = \operatorname{rank} q$, と表せるが, これを**標準形**と呼ぶ.

注 7.2.7. $V = K^n$, A を実対称行列とする. $K = \mathbb{R}$ であっても $K = \mathbb{C}$ であっても A により二次形式が与えられる. これを q とすると, q の標準形は $\mathbb{R}^n$ 上の二次形式と考えるか $\mathbb{C}^n$ 上の二次形式と考えるかにより一般には異なる. 例えば $n = 2$ のときに $A = \begin{pmatrix} 1 & 0 \\ 0 & -1 \end{pmatrix}$ により与えられる二次形式を q とする. $v = {}^t(x_1, x_2) \in K^2$ のとき $q(v) = x_1^2 - x_2^2$ であるが, $K = \mathbb{R}$ であればこれはそのままで q の標準形であるし, $K = \mathbb{C}$ であれば標準形は $x_1^2 + x_2^2$ である.

標準形を与える作業は行列 A で表される二次形式を対角化しているように見えるが, 補題 7.1.5 によれば標準化の際に行う変形は A を Q^*AQ や ${}^tQAQ$ にするものなので, Q がユニタリ行列や直交行列でなければこれらの操作は第 6 章の意味での対角化とは一致しない. 実際, 6.3 節で見たように, 複素対称行列は一般には対角化不可能である. このような場合でも対応する二次形式の標準形は存在するから, 確かに対角化と標準形を求める作業は異なる作業である. 一方, 実二次形式やエルミート二次形式の標準化は直交行列やユニタリ行列を用いて二次形式に対応する行列を対角化することでも得られる (しかしこれは実行は困難であることが多い).

問 7.2.8. V を n 次元 K-線型空間, $W \subset V$ を部分線型空間とする. q が V 上の二次形式 (あるいは $K = \mathbb{C}$ であってエルミート二次形式) であるとき, q に W の元しか代入しないことにして定めた写像 $q \colon W \to K$ (あるいは $K = \mathbb{C}$ であって $q \colon W \to \mathbb{R}$) は W 上の二次形式 (エルミート二次形式)

であることを示せ．このようにして得られる W 上の二次形式（エルミート二次形式）を q の W への**制限**と呼ぶ．

例 7.2.9.

1) $q(x_1, x_2, x_3) = x_1{}^2 + x_2{}^2 + x_3{}^2 + 4x_1 x_3 + 6x_2 x_3$ とする．

まず q を $\mathbb{R}^3$ 上の二次形式とみなす．定理 7.2.5 の証明に従えば次のように標準形が求まる．

$$q(x_1, x_2, x_3) = (x_1 + 2x_3)^2 + x_2{}^2 - 3x_3{}^2 + 6x_2 x_3$$
$$= (x_1 + 2x_3)^2 + (x_2 + 3x_3)^2 - 12x_3{}^2$$

したがって符号は $(2,1)$ であって標準形は $x_1{}^2 + x_2{}^2 - x_3{}^2$ である．実際，$A = \begin{pmatrix} 1 & 0 & 2 \\ 0 & 1 & 3 \\ 2 & 3 & 1 \end{pmatrix}$ とすれば $F(x_1, x_2, x_3) = {}^t vAv, v = \begin{pmatrix} x_1 \\ x_2 \\ x_3 \end{pmatrix}$ であるから $Q = \begin{pmatrix} 1 & 0 & 2 \\ 0 & 1 & 3 \\ 0 & 0 & 1 \end{pmatrix}$ と置けば $({}^t Q)^{-1} A Q^{-1} = \begin{pmatrix} 1 & 0 & 0 \\ 0 & 1 & 0 \\ 0 & 0 & -12 \end{pmatrix}$ が成り立つ．$P = Q^{-1}$ と置けば ${}^t PAP = \begin{pmatrix} 1 & 0 & 0 \\ 0 & 1 & 0 \\ 0 & 0 & -12 \end{pmatrix}$ である．

$P' = \begin{pmatrix} 1 & 0 & 0 \\ 0 & 1 & 0 \\ 0 & 0 & 1/2\sqrt{3} \end{pmatrix}$, $R = PP'$ と置けば ${}^t RAR = \begin{pmatrix} 1 & 0 & 0 \\ 0 & 1 & 0 \\ 0 & 0 & -1 \end{pmatrix}$ となる．q を $\mathbb{C}^3$ 上の二次形式とみなした場合には標準形は $x_1{}^2 + x_2{}^2 + x_3{}^2$ であるが，実際，$P'' = \begin{pmatrix} 1 & 0 & 0 \\ 0 & 1 & 0 \\ 0 & 0 & \sqrt{-1} \end{pmatrix}$ として $R' = RP''$ と置けば ${}^t R'AR' = \begin{pmatrix} 1 & 0 & 0 \\ 0 & 1 & 0 \\ 0 & 0 & 1 \end{pmatrix}$ となる．

2) K^2 上の二次形式 $q(x_1, x_2, x_3) = x_1 x_2 + x_2 x_3$ を考える．

まず $K = \mathbb{R}$ とする．$y_1 = \dfrac{x_1 + x_2}{2}, y_2 = \dfrac{x_1 - x_2}{2}, y_3 = x_3$ とすると，$q(x_1, x_2, x_3) = \left(y_1 + \dfrac{1}{2} y_3\right)^2 - \left(y_2 + \dfrac{1}{2} y_3\right)^2$ が成り立つから，符号は $(1,1)$ であって標準形は $x_1{}^2 - x_2{}^2$ である．もし q を $\mathbb{C}^2$ 上の対称双一次形式と考えるのであれば標準形は $x_1{}^2 + x_2{}^2$ である．

3) $q(x_1, x_2, x_3) = |x_1|^2 + \overline{x_1}x_2 + \overline{x_2}x_1 + \sqrt{-1}\,\overline{x_1}x_3 - \sqrt{-1}\,\overline{x_3}x_1$ とする．
$y_1 = x_1 + x_2 + \sqrt{-1}x_3$ とすると

$$|y_1|^2 = |x_1|^2 + \overline{x_1}x_2 + \sqrt{-1}\,\overline{x_1}x_3 + \overline{x_2}x_1$$
$$+ |x_2|^2 + \sqrt{-1}\,\overline{x_2}x_3 - \sqrt{-1}\,\overline{x_3}x_1 - \sqrt{-1}\,\overline{x_3}x_2 + |x_3|^2$$

であるから，

$$q(x_1, x_2, x_3) = |y_1|^2 - |x_2|^2 - \sqrt{-1}\,\overline{x_2}x_3 + \sqrt{-1}\,\overline{x_3}x_2 - |x_3|^2$$
$$= |y_1|^2 - |x_2 + \sqrt{-1}x_3|^2$$

が成り立つ．したがって $\operatorname{sgn} q = (1,1)$ であって標準形は $|x_1|^2 - |x_2|^2$ である．

命題 5.2.30 で実対称行列あるいはエルミート行列がユークリッド計量やエルミート計量を与える条件を述べたが，これらは正値な対称双一次形式あるいはエルミート形式であるから，命題を次のように読み替えることができる．

命題 7.2.10. q を V 上の対称双一次形式（$K = \mathbb{R}$ のとき）あるいはエルミート形式（$K = \mathbb{C}$ のとき）とする．q が正値であることと，V のある基底に関する q の表現行列 A が $\det A_k > 0$, $k = 1, \ldots, \dim V$, を充たすことは同値である．ここで A_k は A の第 k 主座小行列を表す．

問 7.2.11. V を $\mathbb{R}$-線型空間とし，q を V 上の二次形式であって，符号が (r, s) であるものとする．W を V の部分線型空間であって，q の W への制限が正値であるようなものとすると，$\dim W \leq r$ が成り立つことを示せ．また，実際に等号が成り立つような W が存在することを示せ．

問 7.2.12. $K = \mathbb{R}$ あるいは $K = \mathbb{C}$ とする．V を K-線型空間，f を非自明な（0 でない）V 上の対称双一次形式とする．
1) $\exists v_1 \in V$, $f(v_1, v_1) \neq 0$ が成り立つことを示せ．
2) $W = \{v \in V \mid f(v_1, v) = 0\}$, $U = Kv_1$ とすれば $V = W \oplus U$ が成り立つことを示せ．
   ヒント：f が計量であれば W は U の直交補空間である．

7.3 演習問題

問 7.3.1.
1) V を n 次元 K-線型空間とする. $q\colon V \to K$ が V 上の二次形式であれば, V の任意の基底 $\mathscr{V} = \{v_1, \ldots, v_n\}$ について,
$$Q(x_1, \ldots, x_n) = q(x_1 v_1 + \cdots + x_n v_n)$$
で定まる $Q\colon K^n \to K$ は K^n 上の二次形式であることを示せ. また, n 次元複素線型空間 V と V 上のエルミート二次形式 $q\colon V \to \mathbb{R}$ について同様のことを示せ.

2) $a_{ij} \in \mathbb{C}$, $1 \le i, j \le n$, とし, $q\colon \mathbb{C}^n \to \mathbb{C}$ を
$$q({}^t(x_1, \ldots, x_n)) = \sum_{\substack{1 \le i \le n \\ 1 \le j \le n}} a_{ij} \overline{x_i} x_j$$
により定める. $\forall v \in \mathbb{C}^n$, $q(v) \in \mathbb{R}$ であるとすると, $\forall i, j$, $\overline{a_{ji}} = a_{ij}$ が成り立つことを示せ. したがって q はエルミート二次形式である.

問 7.3.2. α_i, β_i, $1 \le i \le r$, を V 上の一次形式（線型形式）とする.
1) $a_{ij} \in K$, $1 \le i, j \le r$, とする. $q\colon V \to K$ を $q(v) = \sum_{i,j} a_{ij} \alpha_i(v) \beta_j(v)$ により定めると q は V 上の二次形式であることを示せ.

2) $K = \mathbb{C}$ とする. また, $b_{ij} \in \mathbb{C}$, $1 \le i, j \le r$, とし, $b_{ji} = \overline{b_{ij}}$ とする. V を $\mathbb{C}$-線型空間とし, $q\colon V \to \mathbb{R}$ を $q(v) = \sum_{i,j} b_{ij} \overline{\alpha_i(v)} \alpha_j(v)$ により定めると q は V 上のエルミート二次形式であることを示せ.

問 7.3.3.
1) A を n 次対称行列とする. $q(v) = A[v]$ とすると q は K^n 上の二次形式であることを確かめよ. また, A が対称行列でなくとも, $q(v) = {}^t v A v$ とすれば q は二次形式であることを確かめよ.

2) 逆に q を K^n 上の二次形式とする. 定義 7.1.6 の 1) において $A = (a_{ij})$ と置けば $q(x) = {}^t x A x$ が成り立つことを示せ.

3) A を n 次エルミート行列とする. $q(v) = A\{v\}$ とすると q はエルミート二次形式であることを確かめよ.

4) 逆に q を $\mathbb{C}^n$ 上のエルミート二次形式とする. 定義 7.1.6 の 2) において $A = (a_{ij})$ と置けば $q(x) = x^* A x$ が成り立ち, A はエルミート行列であることを示せ.

問 7.3.4. 補題 7.1.9 で与えられる対称行列 B は二次形式 q の表現行列であることを示せ.

問 7.3.5. $A \in M_n(K)$ のとき, $v, w \in K^n$ に対して $\langle v | w \rangle_A = {}^t v A w$ と置く.
1) 条件 $\forall v \in K^n, \langle v | w \rangle_A = 0 \Rightarrow w = o$ が成り立つことと, A が正則であることは同値であることを示せ.

2) 条件 $\langle v | v \rangle_A = 0 \Rightarrow v = o$ が成り立てば A は正則であることを示せ.

3) $A \in \mathrm{GL}_n(K)$ であって, ある $w \in K^n \setminus \{o\}$ について $\langle w | w \rangle_A = 0$ となるものの例を $K = \mathbb{R}$, $K = \mathbb{C}$ それぞれの場合に挙げよ. したがって 2) の逆は正しくない.

問 7.3.6. $K = \mathbb{R}$ または $K = \mathbb{C}$ とし, f を V 上の対称双一次形式あるいはエルミート形式（ただし $K = \mathbb{C}$）とする.

1) f が正値あるいは負値であれば非退化であることを示せ．
2) f が正値であることと，f が半正値かつ非退化であることは同値であることを示せ．また，これらの条件は f が半正値かつ条件 $v \in V, f(v,v) = 0 \Rightarrow v = o$ を充たすこと[†8]と同値であることを示せ．
   ヒント：$v \in V, v \neq o$ について $f(v,v) = 0$ が成り立つとする．非退化性から $\exists w \in V$ s.t. $f(v,w) \neq 0$ が成り立つ．また，半正値性から $\forall t \in K, f(v+tw, v+tw) \geq 0$ が成り立つ．これらから矛盾を導くことができる．

問 7.3.7. V を K-線型空間とし，f を V 上の対称双一次形式とする．このとき $F\colon V \to V^*$ を $(F(v))(w) = f(v,w)$ により定める．
1) F は K-線型写像であることを示せ．
2) F が単射であることと，f が非退化であることは同値であることを示せ．
3) V が有限次元であって f が非退化であれば F は線型同型写像であることを示せ．

今度は V を $\mathbb{C}$-線型空間とし，g を V 上のエルミート形式とする．このとき $G\colon V \to V^*$ を $(G(v))(w) = g(v,w)$ により定める．$G(v+v') = G(v) + G(v')$, $G(\lambda v) = \overline{\lambda} G(v)$ が成り立つ（共役線型性などと呼ぶこともある）ことを示せ．また，f を F, g を G に置き換えると 2), 3) と同様のことが成り立つことを示せ（G は線型同型写像ではないが，共役線型な全単射になる）．

問 7.3.8. 問 7.3.7 において $V = K^n$ であって f が標準計量の場合を考える．$(K^n)^*$ の元について，K^n の標準基底に関する表現行列を対応させることにより $(K^n)^* \cong M_{1,n}(K)$ とみなす．$K^n = M_{n,1}(K)$ であるから，$F\colon M_{n,1}(K) \to M_{1,n}(K)$ である．$K = \mathbb{R}$ であれば $F(v) = {}^t v$, $K = \mathbb{C}$ であれば $F(v) = {}^t \overline{v} = v^*$ が成り立つことを示せ．

問 7.3.7 において $V = \mathbb{R}^3$, f がユークリッド計量の場合を考える．$v_1, v_2 \in \mathbb{R}^3$ とすると，V^* の元 h が $h(v) = \det(v_1\ v_2\ v)$ により定まる．すると $w \in \mathbb{R}^3$ が唯一存在して $h(v) = \langle w|v \rangle$ が成り立つ．この w を v_1, v_2 の**外積**と呼び，$v_1 \times v_2$ で表すことがある．外積や，これに関連した概念は例えばベクトル解析などで用いられる．

[†8] この条件は計量の定義（定義 5.1.1）と同一である．

第8章 最小多項式と固有多項式*

8.1 多項式

定義 8.1.1. $K[x]$ で変数 x に関する K-係数の多項式全体のなす集合を表す．$K[x]$ は多項式の和，定数倍により K-線型空間とみなす．$f \in K[x]$ を $f(x) = a_n x^n + a_{n-1} x^{n-1} + \cdots + a_0, a_i \in K,$ と表したとき，a_i を x^i の**係数**と呼ぶ．また，$a_i \neq 0$ なる最大の i を f の**次数**と呼び，$\deg f$ で表す．0 の次数は定めない[†1]．自然に $K \subset K[x]$ であるが，$K[x]$ の元とみなしたときの K の元を**定数**と呼ぶ．

$K[x]$ においてさらに多項式同士の積を考えることにすれば単位可換環（定義 C.3）である．これを**多項式環**と呼ぶ．多項式環やその元は整数と似た性質を持つ．しばらくこのことについて述べる．

補題 8.1.2. $f, g \in K[x]$ とする．
 1) $fg = gf$ が成り立つ．
 2) $fg = 0$ ならば $f = 0$ あるいは $g = 0$ が成り立つ．
また，f, g のいずれも 0 でないときには以下が成り立つ．
 3) $\deg(f + g) \leq \max\{\deg f, \deg g\}$．等号は一般には成り立たない．
 4) $\deg fg = \deg f + \deg g$．
 5) $\deg(g \circ f) = \deg(f \circ g) = (\deg f)(\deg g)$．

補題 8.1.3. $f, g \in K[x], f \neq 0,$ とする．このとき，$p, q \in K[x]$ であって，条件
 1) $g = pf + q$．
 2) $q \neq 0$ であれば $\deg q < \deg f$．

[†1]. 多項式 0 の次数の扱いには微妙な点があって，定めた方がよい場合もある．

を充たすものが唯一組存在する．p を g の f による**商**，q を g の f に関する**剰余**と呼ぶ．$q = 0$ であるとき，f は g を**割り切る**と言い，$f \mid g$ と記す．f が g を割り切らないことを $f \nmid g$ で表す．

証明． ここでは形式的に $\deg 0 = -1$ とする．$X = \{(p,q) \mid p, q \in K[x],\ g = pf + q\}$ と置く．$(0, g) \in X$ であるから X は空ではない．$(p, q) \in X$ とする．もし $\deg q \geq \deg f$ であれば，q の最高次の項の係数を a，f の最高次の項の係数を b，$k = \deg q - \deg f$ とすれば，$\left(p + \dfrac{a}{b} x^k, q - \dfrac{a}{b} x^k f\right) \in X$ であって，$\deg\left(q - \dfrac{a}{b} x^k f\right) < \deg q$ である（ただし，$x^0 = 1$ とする）．したがって，ある $(p, q) \in X$ であって $\deg q < \deg f$ なるものが存在する．そこで，(p, q) を X の元で $\deg q$ が最小であるようなものの一つとすると，$\deg q < \deg f$ が成り立つ．もし $(p', q') \in X$ であって，$\deg q' = \deg q$ であったとすると，$pf + q = p'f + q'$ により $(p - p')f = q' - q$ が成り立つ．したがって，$q' - q \neq 0$ であれば，$p - p' \neq 0$ が成り立つ．このとき，$\deg(q' - q) \leq \deg q < \deg f$ であるが，一方 $\deg((p - p')f) = \deg(p - p') + \deg f \geq \deg f$ であるからこれは矛盾である．したがって $q' - q = 0, p - p' = 0$ が成り立つ． $\square$

定義 8.1.4. $f \in K[x], f \neq 0$ とする．$g, h \in K[x]$ が $f = gh$ を充たすならば $g \in K$ あるいは $h \in K$ が成り立つとき，f は**既約**（既約元・既約多項式）であるという．

定義 8.1.5. $f_1, \ldots, f_r \in K[x], f_1, \ldots, f_r \neq 0$ とする．

1) $d \in K[x]$ が $d \mid f_i, i = 1, \ldots, r$, を充たすとき，$d$ を $f_1, \ldots, f_r$ の**公約元**と呼ぶ．このような d で，$\deg d$ が最大であるものが存在するとき，d を $f_1, \ldots, f_r$ の**最大公約元**と呼ぶ．$f, g \in K[x], f, g \neq 0$, の最大公約元が定数のとき，$f$ と g は**互いに素**であると言う．

2) $p \in K[x], p \neq 0$, が $f_i \mid p, i = 1, \ldots, r$, を充たすとき p を $f_1, \ldots, f_r$ の**公倍元**と呼ぶ．このような p であって，$\deg p$ が最小であるものが存在するとき，p を $f_1, \ldots, f_r$ の**最小公倍元**と呼ぶ．

補題 8.1.6. $f, g \in K[x], f_1, \ldots, f_r \neq 0$ とする．

1) $f_1, \ldots, f_r$ の最大公約元が存在し，0 でない定数倍を除いて一意的である．さらに，最大公約元を d とし，$I = \{g \in K[x] \mid \exists h_1, \ldots, h_r \in$

$K[x]$ s.t. $g = h_1 f_1 + \cdots + h_r f_r\}$ と置くと,$I = \{g \in K[x] \mid \exists f \in K[x]$ s.t. $g = fd\}$ が成り立つ.特に,d は I の 0 でない元で,次数が最も低いものの一つである.

2) $f_1, \ldots, f_r$ の最小公倍元が存在し,0 でない定数倍を除いて一意的である.

補題 8.1.6 の証明の前にいくつか用意をする.これらはこの後にもたびたび用いる.

定義 8.1.7. $K[x]$ の部分集合 I が $K[x]$ の**イデアル**であるとは,次が成り立つことを言う.

1) $I \neq \emptyset$.
2) $f, g \in I \Rightarrow f + g \in I$.
3) $f \in I, h \in K[x] \Rightarrow hf \in I$.

$\{0\}$ を**自明なイデアル**と呼ぶ.

定義 8.1.7 の条件 3) にある「$h \in K[x]$」を「$h \in K$」に置き換えると部分線型空間の定義(定義 3.2.1)と同一である.一般の線型空間と異なり $K[x]$ の元同士には積が定義されるため,それも考慮に入れたものがイデアルだと本書の範囲では考えておけばよい.

定義 8.1.8. $f \in K[x]$ のとき,$I(f) = \{g \in K[x] \mid \exists h \in K[x]$ s.t. $g = hf\}$ と置く.$I(f)$ を f により**生成されるイデアル**と呼ぶ[†2].

問 8.1.9. $I(f)$ は $K[x]$ のイデアルであることを確かめよ.

命題 8.1.10. I を $K[x]$ のイデアルとすると,$K[x]$ の元 f が存在して $I = I(f)$ が成り立つ.このような f は零でない定数倍を除いて一意的に定まる.

証明. まず $I = \{0\}$ とする.$f = 0$ とすれば $I = I(f)$ が成り立つ.一方,もし $f \neq 0$ であれば,$f \in I(f)$ に注意すると $I(f) \neq \{0\} = I$ である.したがって $I = I(f)$ が成り立つような f は 0 のみである.$I \neq \{0\}$ とする.このときには f を I の元のうち次数が最も低いものの一つとする.すると I がイデ

---

†2. $I(f)$ は (f) で表すのが一般的であるが,行列と紛らわしいので本書では $I(f)$ を用いる.

アルであることから $I(f) \subset I$ が成り立つ. $g \in I$ とすると補題 8.1.3 により, $K[x]$ の元 p, q が存在して, $g = pf + q$ が成り立つ. ここで $q = 0$ あるいは $\deg q < \deg f$ である. $q \neq 0$ とすると, $q = g - pf$ である. 一方 $pf \in I(f) \subset I$ なので, $q \in I$ が成り立つ. これは f の選び方に反する. したがって $q = 0$ であるが, このときは $g = pf \in I(f)$ である. よって $I = I(f)$ が成り立つ. もし $I = I(g)$ が成り立つとすると, $f \in I(g)$ であることから $f = pg$ がある $p \in K[x]$ について成り立つ. f の選び方から, $\deg p = 0$ が成り立つ. つまり p は定数である. $f \neq 0$ なので, $p \neq 0$ が成り立つから, $g = p^{-1}f$ が成り立つ. □

補題 8.1.6 の証明. 1) の証明. $I = \{g \in K[x] \mid \exists h_1, \dots, h_r \in K[x] \text{ s.t. } g = h_1 f_1 + \dots + h_r f_r\}$ と置けば I は $K[x]$ のイデアルである. すると命題 8.1.10 によりある $d \in K[x]$ が存在して $I = I(d)$ が成り立つ. また, このような d は 0 でない定数倍を除いて一意的である. $f_i \in I$ であるから, d は f_i を割り切る. f を $f_1, \dots, f_r$ の公約元とすると, $d \in I$ より $f \mid d$ が成り立つ. したがって, $\deg f \leq \deg d$ である. $\deg f = \deg d$ ならば $f \mid d$ なので $\exists \lambda \in K$, $\lambda \neq 0, d = \lambda f$ が成り立つ. よって d が求める元である.

2) の証明. $J = \{g \in K[x] \mid \forall i, f_i \mid g\}$ とすると J は $K[x]$ のイデアルである. よって, ある $f \in K[x]$ について $J = I(f)$ が成り立つ. この f が $f_1, \dots, f_r$ の最小公倍元である. □

系 8.1.11. $f_1, \dots, f_r \in K[x], f_i \neq 0$, の最大公約元が定数であるとすると, $\exists h_1, \dots, h_r \in K[x]$ s.t. $h_1 f_1 + \dots + h_r f_r = 1$ が成り立つ.

8.2 行列の多項式と最小多項式・固有多項式

定義 8.2.1.（定義 6.1.27）$f \in K[x]$ とする. $f(x) = a_n x^n + a_{n-1} x^{n-1} + \dots + a_0, A \in M_n(K)$ のとき, $f(A) = a_n A^n + a_{n-1} A^{n-1} + \dots + a_0 E_n \in M_n(K)$ と定める.

次の二つの補題は容易に示せる.

補題 8.2.2. $f, g \in K[x]$, $A \in M_n(K)$ とすると $(fg)(A) = f(A)g(A)$,

$(g \circ f)(A) = g(f(A))$ がそれぞれ成り立つ．

補題 8.2.3. $A \in M_n(K), P \in \mathrm{GL}_n(K)$ とすると $f(P^{-1}AP) = P^{-1}f(A)P$ が成り立つ．

前節で見たように，多項式を扱う際には 0 でない定数倍が常についてまわる．そこで，最高次の係数に着目して最も基本的なものを次のように定める．

定義 8.2.4. $f \in K[x]$ が**モニック**であるとは，f の最高次の項の係数が 1 であることを言う．

例 8.2.5. $A \in M_n(K)$ とすると，A の固有多項式はモニックである．

補題 8.2.6. $A \in M_n(K)$ とする．$I = \{f \in K[x] \mid f(A) = O_n\}$ とすると，X の元 φ であって次の性質を持つものが 0 でない定数倍を除いて一意的に存在する．

1) $\varphi \neq 0$ である．
2) φ は I の元のうち，次数が最小なものの一つである．
3) φ は I のすべての元を割り切る．

特に，このような φ でモニックなものは一意的である．

証明. まず，$I \neq \{0\}$ を示す．$A = O_n$ であれば $x \in X$ であるから $I \neq \{0\}$ である．$A \neq O_n$ とする．$M_n(K)$ は K 上 n^2 次元であるから，$E_n, A, A^2, \ldots, A^{n^2} \in M_n(K)$ は線型独立ではあり得ない．したがって，いずれかは 0 ではない K の元 $\lambda_0, \ldots, \lambda_{n^2}$ が存在し，$\lambda_0 E_n + \lambda_1 A + \cdots + \lambda_{n^2} A^{n^2} = O_n$ が成り立つ．よって，$f(x) = \lambda_0 + \lambda_1 x + \cdots + \lambda_{n^2} x^{n^2}$ と置けば $f \neq 0$ であって，$f(A) = O_n$ が成り立つ．したがって $I \neq \{0\}$ である．ここで I は $K[x]$ のイデアルであるから，命題 8.1.10 により $I = I(\varphi)$ がある $\varphi \in K[x]$ について成り立つ．$I \neq \{0\}$ であるから $\varphi \neq 0$ である．また，定め方から 2), 3) も成り立つ．また，このような φ は 0 でない定数倍を除いて一意であったから，モニックであると仮定すれば φ は唯一つに定まる． $\square$

定義 8.2.7. $A \in M_n(K)$ とする．補題 8.2.6 における φ であって，モニックであるものを A の**最小多項式**と呼ぶ．

例 8.2.8. O_n の最小多項式は x である．また，E_n の最小多項式は $x-1$ で

ある.

命題 8.2.9. $A \in M_n(K)$ とする. φ, F をそれぞれ A の最小多項式と固有多項式とすれば $\varphi \mid F$ が成り立つ. また, α を A の固有値とすると $\varphi(\alpha) = 0$ が成り立つ. 特に $K = \mathbb{C}$ のとき, $F(x) = (x - \alpha_1)^{p_1} \cdots (x - \alpha_r)^{p_r}$ と因数分解されるとすると, 整数 $q_1, \ldots, q_r$ で $1 \leq q_i \leq p_i, 1 \leq i \leq r$, なるものが存在して $\varphi(x) = (x - \alpha_1)^{q_1} \cdots (x - \alpha_r)^{q_r}$ が成り立つ.

証明. 定理 6.1.29 により, F を A の固有多項式とすれば $F(A) = O_n$ が成り立つ. よって $\varphi \mid F$ が成り立つ. また, $v \in K^n$ を α に属する A の固有ベクトルとする. すると $\varphi(A)v = \varphi(\alpha)v$ が成り立つが, 一方 $\varphi(A) = O_n$ であるから $\varphi(\alpha)v = o$ が成り立つ. $v \neq o$ なので $\varphi(\alpha) = 0$ が成り立つ. $K = \mathbb{C}$ であれば代数学の基本定理 (定理 6.1.11) から後半が従う. □

補題 8.2.10. $A \in M_n(K), P \in \mathrm{GL}_n(K)$ とする. このとき, A の最小多項式と $P^{-1}AP$ の最小多項式は等しい.

証明. φ を A の最小多項式, ψ を $P^{-1}AP$ の最小多項式とすると, $\varphi(P^{-1}AP) = P^{-1}\varphi(A)P = O_n$ だから, ψ は φ を割り切る. 一方, $\psi(A) = \psi(P(P^{-1}AP)P^{-1}) = P\psi(P^{-1}AP)P^{-1} = O_n$ だから φ は ψ を割り切る. φ も ψ もモニックであるから $\varphi = \psi$ が成り立つ. □

系 8.2.11. $A \in \mathrm{GL}_n(K)$ とすると, A^{-1} は A の多項式で表される. より詳しく, A の最小多項式の次数を r とすれば, A^{-1} は A に関する $(r-1)$ 次の多項式で表される.

証明. φ を A の最小多項式とする. $\varphi(x) = a_0 + a_1 x + \cdots + a_{r-1} x^{r-1} + x^r$ とすれば, $O_n = \varphi(A) = a_0 E_n + a_1 A + \cdots + a_{r-1} A^{r-1} + A^r$ が成り立つ. もし $a_0 = 0$ であったとすると, $A(a_1 E_n + a_2 A + \cdots + a_{r-1} A^{r-2} + A^{r-1}) = O_n$ が成り立つが, A が正則であることから $a_1 E_n + a_2 A + \cdots + a_{r-1} A^{r-2} + A^{r-1} = O_n$ が成り立つ. これは φ の最小性に反するから, $a_0 \neq 0$ である. よって $A^{-1} = -\dfrac{1}{a_0}(a_1 E_n + \cdots + a_{r-1} A^{r-2} + A^{r-1})$ が成り立つ. 逆に, $A^{-1} = g(A)$ と A の多項式で表されたとする. このとき, $h(x) = xg(x) - 1$ と置けば $h(A) = O_n$ が成り立つので $\varphi \mid h$ である. よって $\deg h \geq r$ が成り立つ. このことから $\deg g \geq r - 1$ が従う. □

補題 8.2.12. $A \in M_n(K), v \in K^n$ とする. $I = \{f \in K[x] \mid f(A)v = o\}$ とすると, $I \neq \emptyset$ であり, さらに I の元 ψ であって次の性質を持つものが 0 でない定数倍を除いて一意的に存在する.

1) ψ は I のうち, 次数が最小なものの一つである.
2) ψ は I のすべての元を割り切る.

特にこのような ψ であって, モニックなものは唯一つである.

補題 8.2.12 の証明は補題 8.2.6 と全く同様にできるから省略する.

定義 8.2.13. $A \in M_n(K), v \in K^n$ とする. 補題 8.2.12 における ψ であって, モニックであるものを A の v に関する**最小消去多項式**と呼ぶ.

例 8.2.14.

1) 任意の $A \in M_n(K)$ について, $o \in K^n$ に関する最小消去多項式は 1 である.
2) $A = \begin{pmatrix} 1 & 1 \\ 0 & 1 \end{pmatrix}$ とする. $\begin{pmatrix} 1 \\ 0 \end{pmatrix}$ に関する最小消去多項式は $x-1$ であって, $\begin{pmatrix} 0 \\ 1 \end{pmatrix}$ に関する最小消去多項式は $(x-1)^2$ である.

命題 8.2.15. $A \in M_n(K), v \in K^n$ とすると, v の最小消去多項式は A の最小多項式を割り切る. また, 最小多項式は任意の $v \in K^n$ について $f(A)v = o$ を充たす 0 でないモニックな多項式で, 次数が最低のものである.

証明. 前半は最小消去多項式の定義から従う. 後半を示す. f が任意の $v \in K^n$ について $f(A)v = o$ を充たすとする. すると $f(A)(e_1 \cdots e_n) = O_n$ が成り立つから $f(A) = O_n$ が成り立つ. したがって f は最小多項式で割り切れる. □

8.3 最小多項式・固有多項式とジョルダン標準形[†3]

$A \in M_n(K)$ とし, $\varphi \in \mathbb{C}[x]$ を A の最小多項式とする. $\mathbb{C}[x]$ の範囲で $\varphi(x) = (x - \alpha_1)^{p_1} \cdots (x - \alpha_r)^{p_r}$, $i \neq j$ であれば $\alpha_i \neq \alpha_j$, と因数分解する. $\varphi_i(x) = (x - \alpha_1)^{p_1} \cdots (x - \alpha_{i-1})^{p_{i-1}} (x - \alpha_{i+1})^{p_{i+1}} \cdots (x - \alpha_r)^{p_r}$, $i = 1, \ldots, r$,

---

[†3] この節に関しては 6.6 節も参照のこと.

と置くと,$\varphi_1, \ldots, \varphi_r$ の最大公約元は定数であるから,補題 8.2.6 により $f_1, \ldots, f_r \in \mathbb{C}[x]$ が存在して,

$$f_1 \varphi_1 + \cdots + f_r \varphi_r = 1$$

が成り立つ.そこで $p_i \colon \mathbb{C}^n \to \mathbb{C}^n$ を $p_i(v) = f_i(A)\varphi_i(A)v$ により定める.

補題 8.3.1. $p_1, \ldots, p_r$ は射影の完全系(定義 3.9.4)をなす.

証明. p_i の定め方から $p_1 + \cdots + p_r = \mathrm{id}_{\mathbb{C}^n}$ が成り立つ.$i \neq j$ とすると,$\varphi \mid (\varphi_i \varphi_j)$ であるから $p_i \circ p_j = p_j \circ p_i = 0$ が成り立つ.注 3.9.5 によりこれらのことから各 p_i が射影であることが従う. □

α_i に属する A の広義固有空間を $W(\alpha_i)$ で表す.

補題 8.3.2. $\mathrm{Im}\, p_i = W(\alpha_i)$.

証明. $v \in \mathrm{Im}\, p_i$ とする.ある $v' \in \mathbb{C}^n$ が存在し,$v = f_i(A)\varphi_i(A)v'$ が成り立つので,$(A - \alpha_i E_n)^{p_i} v = f_i(A)\varphi(A)v' = O_n v' = o$ が従う.よって $\mathrm{Im}\, p_i \subset W(\alpha_i)$ が成り立つ.一方,$p_1, \ldots, p_r$ は射影の完全系であるから $\mathbb{C}^n = \mathrm{Im}\, p_1 \oplus \cdots \oplus \mathrm{Im}\, p_r$ が成り立つ.問 3.12.17 から $\mathrm{Im}\, p_i = W(\alpha_i)$ が従う. □

一般的には $W(\alpha_i)$ は定義から直接求めるよりも補題 8.3.2 を用いた方が容易に求まる.

定理 8.3.3. $A \in M_n(\mathbb{C})$ とする.φ を A の最小多項式とする.A が $\mathbb{C}$ 上対角化可能であることと,φ が重根を持たないことは同値である.また,$A \in M_n(\mathbb{R})$ とする.A が $\mathbb{R}$ 上対角化可能であることと,φ の根がすべて実数で,かつ重根がないことは同値である.

証明. $\alpha_1, \ldots, \alpha_r$ を A の相異なる固有値全体とし,$V(\alpha_i)$ で α_i に属する A の固有空間を表す.また,各 i について p_i を α_i の重複度とする.$g(x) = (x - \alpha_1) \cdots (x - \alpha_r)$ と置くと,命題 8.2.9 により,$g \mid \varphi$ が成り立つ.A が $\mathbb{C}$ 上対角化可能であるとすると,$\exists P \in \mathrm{GL}_n(\mathbb{C})$ s.t. $P^{-1}AP = \alpha_1 E_{p_1} \oplus \cdots \oplus \alpha_r E_{p_r}$ が成り立つ.直接計算することにより,$g(P^{-1}AP) = O_n$ であることが示せる.よって $g(A) = Pg(P^{-1}AP)P^{-1} = O_n$ が成り立つ.

次数の最小性と，g がモニックであることから $g = \varphi$ が成り立つ．逆に $g = \varphi$ が成り立つとする．補題 8.3.1 の直前の記号をそのまま用いることにすると，$p_1, \ldots, p_r$ について補題 8.3.2 により $\operatorname{Im} p_i = W(\alpha_i)$ が成り立つ．ここで $v \in W(\alpha_i)$ とし，$v = p_i(u)$, $u \in \mathbb{C}^n$, と表す．$g = \varphi$ であるから，$(A - \alpha_i E_n)v = (A - \alpha_i E_n)p_i(u) = (A - \alpha_i E_n)f_i(A)\varphi_i(A)u = f_i(A)\varphi(A)u = o$ が成り立つ．したがって，$v \in V(\alpha_i)$ である．よって $W(\alpha_i) = V(\alpha_i)$ が各 i について成り立つから，A は対角化可能である．後半は前半と命題 8.2.9 および定理 6.2.7 から従う． □

 最小多項式が重根を持つか否かは例えば 2.6 節で扱った判別式を用いると調べることができる．

8.4 演習問題

問 8.4.1. I_1, I_2 を $K[x]$ のイデアルとする．$I_1 \cap I_2$ は $K[x]$ のイデアルであることを示せ．また，$I_1 + I_2 = \{f + g \mid f \in I_1, g \in I_2\}$ とすると $I_1 + I_2$ も $K[x]$ のイデアルであることを示せ．

問 8.4.2. 以下に挙げる $K[x]$ のイデアル I_1, I_2 の組について，$I_1 \cap I_2$, $I_1 + I_2$ をそれぞれ求めよ．
 1) $I_1 = I(x + 1)$, $I_2 = I(x - 2)$.
 2) $I_1 = I(x - 1)$, $W_2 = I(x^2 - 3x + 2)$.
 3) $I_1 = I(x^2 - 3x + 2)$, $I_2 = I(x^2 - 4)$.

問 8.4.3. （ユークリッドの互除法） $f, g \in K[x] \setminus \{0\}$ とすると，f, g の最大公約元は次のようにして求めることができる．詳細を詰めよ．$\deg f \leq \deg g$ とする．
 1) まず $g = p_1 f + g_1$, $\deg g_1 < \deg f$ が成り立つような $p_1, g_1 \in K[x]$ を選ぶ．$g_1 = 0$ であれば $f \mid g$ であるから最大公約元は f である．
 2) $g_1 \neq 0$ とする．このときには $f = p_2 g_1 + f_2$, $\deg f_2 < \deg g_1$ が成り立つような $p_2, f_2 \in K[x]$ を選ぶ．$f_2 = 0$ であれば $g_1 \mid f$ である．また，$g = p_1 f + g_1 = (p_1 p_2 + 1)g_1$ が成り立つから $g_1 \mid g$ も成り立つので，g_1 は f, g の公約元である．一方，h が f, g の公約元であれば h は $g_1 = g - p_1 f$ を割り切るから，g_1 は f, g の最大公約元である．
 3) $f_2 \neq 0$ とする．このときには $g_1 = p_3 f_2 + g_3$, $\deg g_3 < \deg f_2$ が成り立つような $p_3, g_3 \in K[x]$ を選ぶ．$g_3 = 0$ であれば $f_2 \mid g_1$ である．2) と同様に考えると f_2 は f, g の最大公約元であることが分かる．
 4) これを繰り返していくと，$g, f, g_1, f_2, g_3, f_4, \ldots \in K[x]$ が得られる．これらの次数は真に減少しているので，この列は有限である．したがって，ある k について $g_{k-2} = p_k f_{k-1}$ あるいは $f_{k-2} = p_k g_{k-1}$ が成り立っている．すると f_{k-1} あるいは g_{k-1} が最大公約元である．

第9章 二次曲線と二次曲面

ここでは二次形式の一つの応用として，二次式で定義される K^2 あるいは K^3 内の図形（それぞれ二次曲線，二次曲面と呼ぶ）について，主に $K = \mathbb{R}$ として調べる．図形的（幾何的）な考察が多くなるが，二次曲線や二次曲面はさまざまに応用される．一つだけ微積分学（解析学）に関係する例を挙げる．f を C^∞ 級の $\mathbb{R}$ 上の実数値函数とするとき，f の様子は例えば増減表[1]を用いて調べることができる．これを $\mathbb{R}^2$ 上の函数について行おうとすると，変数が増えるので，増減表（にあたるもの）は複雑になる．二次曲面は $\mathbb{R}^2$ 上の函数について，増減表のうち特に大事な情報を取り出して得られると考えることができる．詳しくは微積分学に関する教科書を参照のこと．

この章でも第7章と同様に K^n の元を主に ${}^t(x_1,\ldots,x_n)$ で表す．また，$K = \mathbb{R}$ あるいは $K = \mathbb{C}$ とする．

9.1 二次曲線・二次曲面とアフィン変換・合同変換

ここでは，主に $K = \mathbb{R}$ の場合について述べる（$K = \mathbb{C}$ の場合の扱いについては注 9.1.20 を参照のこと）．

定義 9.1.1. $\mathbb{R}^2 = \{{}^t(x,y) \mid x,y \in \mathbb{R}\}$ とする．x,y の二次式 F を用いて，$C = \{{}^t(x,y) \in \mathbb{R}^2 \mid F(x,y) = 0\}$ と表すことができる図形を（$\mathbb{R}^2$ 内の）**二次曲線**と呼ぶ．また，x,y,z の二次式 F を用いて，$C = \{{}^t(x,y,z) \in \mathbb{R}^3 \mid F(x,y,z) = 0\}$ と表すことができる図形を（$\mathbb{R}^3$ 内の）**二次曲面**と呼ぶ．

二次曲面については後回しにして，まず二次曲線を扱う．

例 9.1.2. a,b,c を正の実数とし，$F(x,y) = (ax)^2 + (by)^2 - c^2$ とすると，

[1]. f や f' が 0 になる点や，あるいは符号などに注目して表にしたもの．

$F(x,y) = 0$ は楕円を表す．$A = \begin{pmatrix} a^2 & 0 & 0 \\ 0 & b^2 & 0 \\ 0 & 0 & -c^2 \end{pmatrix}$ と置き，$\widetilde{u} = {}^t(x,y,1)$ とする[†2]と $F(x,y) = A[\widetilde{u}]$ が成り立つ．ここで $v = {}^t(x_1, x_2, x_3)$ とすると，

$$A[v] = (ax_1)^2 + (bx_2)^2 - (cx_3)^2$$

である．この二次形式を $Q(v)$ とすると $\operatorname{sgn} Q = (2,1)$ である．この例では係数を無視すれば Q は既に標準形であるが，一般にはそうであるとは限らない．

例 9.1.3. $a, b, c \in \mathbb{R}$, $a > 0$, $b \neq 0$, とする．$F(x,y) = (ax)^2 + by + c$ とすると $F(x,y) = 0$ は放物線を表す．$A = \begin{pmatrix} a^2 & 0 & 0 \\ 0 & 0 & \frac{b}{2} \\ 0 & \frac{b}{2} & c \end{pmatrix}$ と置き，$\widetilde{u} = {}^t(x,y,1)$ とすると $F(x,y) = A[\widetilde{u}]$ が成り立つ．$v = {}^t(x_1, x_2, x_3)$ とし，$Q(v) = A[v]$ とすると，

$$Q(v) = (ax_1)^2 + bx_2 x_3 + cx_3{}^2$$

である．$b \neq 0$ に注意して $\mathbb{R}^3$ の線型変換 $g \colon \mathbb{R}^3 \to \mathbb{R}^3$ を

$$g({}^t x_1, x_2, x_3) = {}^t\!\left(x_1, \frac{b+c}{b} x_2 + \frac{b-c}{b} x_3, -x_2 + x_3\right)$$

により定めると g は線型同型写像である．また

$$Q(g(x_1, x_2, x_3)) = (ax_1)^2 - bx_2{}^2 + bx_3{}^2$$

が成り立つ．したがって b の正負に依らず $\operatorname{sgn} Q = (2,1)$ である．

例 9.1.4. $F(x,y) = (ax)^2 + (by)^2 + c^2$, $a, b, c > 0$, とすると，$F(x,y) = 0$ は空集合を表す．$Q(x_1, x_2, x_3) = (ax_1)^2 + (bx_2)^2 + (cx_3)^2$ とすれば $\operatorname{sgn} Q = (3, 0)$ である．

C を定義する式 F を比べると，例 9.1.2 は例 9.1.4 と似ていて，例 9.1.3 とはあまり似ていない．しかし，C を図形として見た場合例 9.1.2 はむしろ例 9.1.3 と似

[†2] このように $\mathbb{R}^n$ の元と $\mathbb{R}^{n+1}$ の元がよく現れる．以下では原則として $\mathbb{R}^n$ の元を u で，u に '1' をつけて $\mathbb{R}^{n+1}$ の元とみなしたものを $\widetilde{u}$ で，一般の $\mathbb{R}^{n+1}$ の元を v で表すことにする．

ていて，例 9.1.4 とは大きく異なる．例 9.1.2 と例 9.1.3 を比べて式の上で似ている点を探すと，$\mathrm{sgn}\,Q$ はともに $(2,1)$ で等しい．さらに，楕円も放物線も同一の二次形式 $Q(x_1, x_2, x_3) = (ax_1)^2 + (bx_2)^2 - (cx_3)^2$（ただし $a, b, c > 0$）から次のようにして得ることができる．まず $\widetilde{C} = \{{}^t(x_1, x_2, x_3) \in \mathbb{R}^3 \,|\, Q(x_1, x_2, x_3) = 0\}$ と置く．$H_1 = \{{}^t(x_1, x_2, x_3) \in \mathbb{R}^3 \,|\, x_3 = 1\}$ とすると，

$$\widetilde{C} \cap H_1 = \{{}^t(x_1, x_2, 1) \in \mathbb{R}^3 \,|\, (ax_1)^2 + (bx_2)^2 - c^2 = 0\}$$

であるから，$\mathbb{R}^2$ の点 (x, y) と H_1 の点 $(x, y, 1)$ を同一視すれば $\widetilde{C} \cap H_1$ は楕円を表すと考えられる．一方，放物線が $(a'x)^2 + b'y + c' = 0$ で与えられているとする．$H_2 = \{{}^t(x_1, x_2, x_3) \in \mathbb{R}^3 \,|\, bx_2 - cx_3 + 1 = 0\}$ と置くと，H_2 も $\mathbb{R}^3$ 内の平面であって，

$$\widetilde{C} \cap H_2$$
$$= \{{}^t(x_1, x_2, x_3) \in \mathbb{R}^3 \,|\, (ax_1)^2 + (bx_2)^2 - (cx_3)^2 = 0,\ bx_2 - cx_3 + 1 = 0\}$$
$$= \{{}^t(x_1, x_2, x_3) \in \mathbb{R}^3 \,|\, (ax_1)^2 + (bx_2)^2 - (bx_2 + 1)^2 = 0\}$$
$$= \{{}^t(x_1, x_2, x_3) \in \mathbb{R}^3 \,|\, (ax_1)^2 - 2bx_2 - 1 = 0\}$$

が成り立つ．$\mathbb{R}^2$ の点 (x, y) と H_2 の点 $\left(\dfrac{a'}{a}x, -\dfrac{b'}{2b}y - \dfrac{c'+1}{2b}, -\dfrac{b'}{2c}y - \dfrac{c'-1}{2c}\right)$ を同一視すれば元の放物線が得られる．ここで $\mathbb{R}^2$ と H_1，H_2 の同一視はいずれも「線型写像＋定数項」で与えられるという共通点がある．

このように $F(x, y)$ が x, y の二次式であるとき，$F(x, y) = A[\widetilde{u}]$, $\widetilde{u} = {}^t(x, y, 1)$ と表し，$Q(v) = A[v]$, $v = {}^t(x_1, x_2, x_3)$ とすると F は Q と関連が深いので Q を F に対応する**二次形式**と呼ぶことにする．

問 9.1.5. x_3 による割り算は形式的に考えることにすると，$Q(x_1, x_2, x_3) = x_3{}^2 F\left(\dfrac{x_1}{x_3}, \dfrac{x_2}{x_3}\right)$ が成り立つことを示せ．

二次曲線を二次形式から得る際に原点を通らない平面と，「線型写像＋定数項」で表される写像を用いた．これらは次のように扱う．

定義 9.1.6. V を K-線型空間とする．空でない集合[3] A が K-**アフィン空間**であるとは，任意の $p \in A$ と $v \in V$ について，A の元 $p + v$ が定義されて次が成り立つことを言う．

---

[3]. 空集合もアフィン空間と考えることもある．

1) o を V の零ベクトルとすると $\forall p \in A,\ p + o = p$ が成り立つ．
2) $\forall p \in A,\ v, w \in V,\ (p + v) + w = p + (v + w)$．
3) $\forall p, q \in A,\ \exists! v \in V$ s.t. $q = p + v$．

例 9.1.7. V を線型空間とする．
1) V はアフィン空間である．特に $\mathbb{R}^n$ をアフィン空間と考えたときには $\mathbb{A}^n$ で表すことが多いが，本書では $\mathbb{R}^n$ で表す．
2) W を V の部分線型空間とする．$p \in V$ を一つ取り，$H = \{p + w \mid w \in W\}$ とすると H はアフィン空間である．

例 9.1.7 の 2) が示唆するように，アフィン空間は線型空間において零ベクトル o を特別視することをやめた空間と考えることができる（3.7 節の末尾も参照のこと）．以下ではアフィン空間としては $\mathbb{R}^n$ ($\mathbb{A}^n$) あるいは $\mathbb{R}^n$ の原点を通らない超平面のみを考える．線型写像に対応してアフィン空間の間の写像は次のように考える．

定義 9.1.8. $\mathbb{R}^n$ から $\mathbb{R}^m$ への写像 g であって，ある線型写像 $f\colon \mathbb{R}^n \to \mathbb{R}^m$ が存在して $\forall v, w \in \mathbb{R}^n,\ g(v + w) = f(v) + g(w)$ が成り立つものを**アフィン写像**と呼ぶ．また，$\mathbb{R}^n$ から $\mathbb{R}^n$ へのアフィン写像を $\mathbb{R}^n$ の**アフィン変換**と呼ぶこともある．また，$\mathbb{R}^n$ のアフィン変換 g が**正則**であるとは，あるアフィン変換 h であって $h \circ g = g \circ h = \mathrm{id}_{\mathbb{R}^n}$ が成り立つものが存在することを言う．

補題 9.1.9. $g\colon \mathbb{R}^n \to \mathbb{R}^m$ をアフィン写像とすると，線型写像 $f\colon \mathbb{R}^n \to \mathbb{R}^m$ と $u \in \mathbb{R}^m$ がそれぞれ一意的に存在して $\forall v \in \mathbb{R}^n,\ g(v) = f(v) + u$ が成り立つ．逆に，$g\colon \mathbb{R}^n \to \mathbb{R}^m$ を $A \in M_{m,n}(\mathbb{R}),\ u \in \mathbb{R}^m$ として $g(v) = Av + u$ で定めれば g はアフィン写像である．特に $f\colon \mathbb{R}^n \to \mathbb{R}^m$ を線型写像とすると f はアフィン写像である．

証明． 定義 9.1.8 の記号をそのまま用いる．$g\colon \mathbb{R}^n \to \mathbb{R}^m$ をアフィン写像とする．すると $v \in \mathbb{R}^n$ について $g(v) = g(v + o) = f(v) + g(o)$ が成り立つ．$u = g(o)$ とすれば $g(v) = f(v) + u$ が成り立つ．また，線型写像 $f'\colon \mathbb{R}^n \to \mathbb{R}^m$ と $u' \in \mathbb{R}^n$ について $\forall v \in \mathbb{R}^n,\ g(v) = f'(v) + u'$ が成り立つとする．すると $u' = g(o) = u$ が成り立つ．したがって $\forall v \in \mathbb{R}^n,\ f(v) - f'(v) = (f(v) + u) - (f'(v) + u) = g(v) - g(v) = o$ が成り立つから $f' = f$ が成り立つ．後半の証明は省略する．   □

補題 9.1.9 から，線型写像は原点を保つ[†4]アフィン写像と考えることができる．このようにアフィン写像は線型写像の一般化となっている．

$g : \mathbb{R}^n \to \mathbb{R}^m$ を $g(u) = Au + u_0$ で与えられるアフィン写像とする．$u \in \mathbb{R}^n$ について $\widetilde{u} = \begin{pmatrix} u \\ 1 \end{pmatrix} \in \mathbb{R}^{n+1}$ と置く．$\widetilde{A} = \begin{pmatrix} A & u_0 \\ 0 & 1 \end{pmatrix}$ として $\widetilde{g}(u) = \widetilde{A}\widetilde{u}$ と定めれば $\widetilde{g}(u) = \begin{pmatrix} g(u) \\ 1 \end{pmatrix}$ が成り立つ．逆に $\widetilde{A}$ が上のように区分けされているときに $h(u) = \widetilde{A}\widetilde{u}$ と定めれば h はアフィン写像である．そこで，$\widetilde{A} \in M_{m+1, n+1}(\mathbb{R})$ が上のように区分けされるとき，条件 $\begin{pmatrix} g(u) \\ 1 \end{pmatrix} = \widetilde{A} \begin{pmatrix} u \\ 1 \end{pmatrix}$ で定まるアフィン写像 g を $\widetilde{A}$ から定まるアフィン写像と呼ぶことにする．また，$\widetilde{A}$ を g の**表現行列**と呼ぶことにする．

アフィン変換は次のような性質を持つ．証明は容易であるので省略する．

補題 9.1.10.

1) g を $\mathbb{R}^n$ の線型変換とすると g は $\mathbb{R}^n$ のアフィン変換である．A を g の線型変換としての表現行列とすれば，g のアフィン変換としての表現行列は $\begin{pmatrix} A & 0 \\ 0 & 1 \end{pmatrix}$ である．また，$\mathbb{R}^n$ の線型変換 g が線型変換として正則であることと，アフィン変換として正則であることは同値である．

2) g をアフィン変換とする．g が全単射であれば，g は正則なアフィン変換である．また，g の表現行列を A とすれば g^{-1} の表現行列は A^{-1} である．

3) g, h を $\mathbb{R}^n$ のアフィン変換とする．$A \in M_{n+1}(\mathbb{R})$ を g の，$B \in M_{n+1}(\mathbb{R})$ を h のそれぞれ表現行列とすると，$h \circ g$ の表現行列は BA である．

二次曲線や二次曲面を分類する際，例えば楕円はすべてひとくくりにして同じものと考えるか，それとも合同であるかまで考慮に入れるかという問題がある．円と楕円は前者の立場では同一であるし，後者の立場では異なる．どちらの立場でも同様の方法で分類が可能であるので，ここでは主に後者の立場で分類を考える．

定義 9.1.11. $A = \mathbb{R}^m$，あるいは $\mathbb{R}^n$ のある m 次元部分線型空間 V と $p \in \mathbb{R}^n$ について $A = \{v + p \mid v \in V\}$ が成り立つとする．f が $\mathbb{R}^m$ から A への（アフィ

[†4] 原点は必ず保たれるのだから特別視することにすれば線型空間を考えることになる．

ン) **等長写像**であるとは，任意の $p, q \in \mathbb{R}^m$ について $\|f(p) - f(q)\| = \|p - q\|$ が成り立つことを言う．ここで $\|\cdot\|$ は標準計量から定まるノルムを表す（定義 5.1.7）．$\mathbb{R}^n$ から $\mathbb{R}^n$ への等長写像を $\mathbb{R}^n$ の（アフィン）**合同変換**とも呼ぶ．また，$\mathbb{R}^n$ の図形（部分集合）C, C' が**合同**であるとは，$\mathbb{R}^n$ のある合同変換 f が存在して $C' = f(C)$ が成り立つことを言う．

問 9.1.12.

1) $\mathbb{R}^n$ の合同変換の合成は再び $\mathbb{R}^n$ の合同変換であることを示せ．

2) g を $\mathbb{R}^n$ の合同変換とする．このとき，$\mathbb{R}^n$ の，標準計量を保つ正則な線型変換 f と $u_0 \in \mathbb{R}^n$ が一意的に存在して $\forall u \in \mathbb{R}^n, g(u) = f(u) + u_0$ が成り立つことを示せ．

3) $\mathbb{R}^n$ の合同変換は正則なアフィン変換であって，逆写像も $\mathbb{R}^n$ の合同変換であることを示せ．

問 9.1.13. $\mathbb{R}^2$ 内の二つの図形が合同であることを，回転，折り返しと平行移動の繰り返しによりそれらの図形を重ね合わせることができることとする．この意味での合同と，定義 9.1.11 の意味での合同は一致することを示せ．
ヒント：例えば問 9.1.12 と定理 6.3.13 を用いることができる．

　楕円と放物線についてそうであったように，二次曲線は二次形式の標準形から定まるような図形から「切り出す」ことで得ることができる．二次形式を標準形に直すことは，行列で言えば実対称行列 A が与えられたときに適当な正則行列 P を用いて ${}^t\!PAP$ を対角成分が $1, -1, 0$ のいずれかであるような対角行列にすることに対応した．$C = \{(x, y) \in \mathbb{R}^2 \mid A[{}^t(x\ y\ 1)] = 0\}$ であれば，$A' = {}^t\!PAP$ とすると $C = \left\{(x, y) \in \mathbb{R}^2 \;\middle|\; A'\left[P^{-1}\begin{pmatrix}x\\y\\1\end{pmatrix}\right] = 0\right\}$ が成り立つ．ここで $f: \mathbb{R}^2 \to \mathbb{R}^3$ を $f\begin{pmatrix}x\\y\end{pmatrix} = P^{-1}\begin{pmatrix}x\\y\\1\end{pmatrix}$ により定め，$H = \operatorname{Im} f = \{{}^t(x_1\ x_2\ x_3) \in \mathbb{R}^3 \mid \exists {}^t(x, y) \in \mathbb{R}^2 \text{ s.t. } {}^t(x_1\ x_2\ x_3) = f(x, y)\}$ と置く．すると $C = \{(x, y) \in \mathbb{R}^2 \mid A'[f(x, y)] = 0\}$ が成り立つ．また，$P^{-1} = (p_1\ p_2\ p_3)$ とすると H は p_1, p_2 で張られ，p_3 で表される点を通る $\mathbb{R}^3$ 内の平面である．もし $f(x, y) = o$ であるならば $P^{-1}\begin{pmatrix}x\\y\\1\end{pmatrix} = o$ が成り

立つが，これは P が正則であることに反する．したがって H は $\mathbb{R}^3$ 内の原点を通らない平面である．また，f は $\mathbb{R}^2$ から H へのアフィン写像であるが，全単射であることが容易に分かる．したがって補題 9.1.10 により f は正則である．もし $\|p_1\| = \|p_2\| = 1, \langle p_1 | p_2 \rangle = 0$ が成り立つ（$\langle \cdot | \cdot \rangle$ は $\mathbb{R}^3$ の標準計量とする）のであれば，H において $\mathbb{R}p_1$ を x-軸，$\mathbb{R}p_2$（あるいは $\mathbb{R}(-p_2)$）を y-軸と考えれば，合同を基準として二次曲線を分類できる．p_3 の選び方にはある程度自由度があるが，例えば $P \in \mathrm{SO}_3$ であればこの条件は充たされる．こうすると二次形式を標準形に直すことは一般にはできないが，定理 6.3.8 により，

(9.1.14) $q'(u) = (a_1 x_1)^2 + \cdots + (a_r x_r)^2 - (a_{r+1} x_{r+1})^2 - \cdots - (a_s x_s)^2,\ a_i > 0,$

の形に直すことはできて，(r, s) は元の曲線を定める二次式に対応する二次形式の符号に等しい．

これは二次式から定まる図形一般について成り立つ．少し一般的に述べるが，最初は $n = 2$ あるいは $n = 3$ と考えておけばよい．

命題 9.1.15. F を n 変数の二次式とし，X を $F(u_1, \ldots, u_n) = 0$ で与えられる $\mathbb{R}^n$ 内の図形[5]とする．また，Q を F に対応する二次形式，Q' を Q の標準形とし，$\widetilde{X} = \{{}^t(x_1, x_2, \ldots, x_{n+1}) \in \mathbb{R}^{n+1} \mid Q'(x_1, x_2, \ldots, x_{n+1}) = 0\}$ とする．このとき $\mathbb{R}^{n+1}$ の原点を通らない超平面 H と，$\mathbb{R}^n$ から $\mathbb{R}^{n+1}$ へのあるアフィン写像 g であって，$\mathrm{Im}\, g = H$ かつ，$g: \mathbb{R}^n \to H$ と考えれば正則なものが存在して，$g(X) = \widetilde{X} \cap H$ かつ $F(u) = Q'(g(u))$ が成り立つ．Q' の代わりに式 (9.1.14) の形を用いれば，g が $\mathbb{R}^n$ から H への等長写像であるように H と g が取れる．

証明． 前半は後半と同様に示せるので後半だけ示す．$Q(v) = A[v], v \in \mathbb{R}^{n+1}$，と対称行列を用いて表しておく．$u = {}^t(u_1, u_2, \ldots, u_n)$ のとき $\widetilde{u} = {}^t(u_1, u_2, \ldots, u_n, 1)$ とすると $F(u) = 0$ は $Q(\widetilde{u}) = 0$ と同値である．一方，定理 6.3.8 によりある $P \in \mathrm{SO}_{n+1}(\mathbb{R})$ が存在して，$A' = {}^t PAP$ とすれば $q'(v) = A'[v]$ が成り立つ（等長写像を考えないのであれば定理 7.2.5 と補題 7.1.5 を用いて $Q'(v) = {}^t PAP(v)$ が成り立つように P を取る）．すると $Q(\widetilde{u}) = 0$ は $q'(P^{-1} \widetilde{u}) = 0$ と同値である．ここで $P^{-1} = (A\ v_0), A \in M_{n+1, n}(\mathbb{R})$ と区

---

†5. $n = 2$ であれば二次曲線，$n = 3$ であれば二次曲面である．

分けし, $g: \mathbb{R}^n \to \mathbb{R}^{n+1}$ を $g(u) = Au + v_0 = P^{-1}\widetilde{u}$ と定める. すると,

$$\begin{aligned}
g(X) &= \{g(u) \,|\, u \in X\} \\
&= \{P^{-1}\widetilde{u} \,|\, u \in \mathbb{R}^n,\ Q(\widetilde{u}) = 0\} \\
&= \{P^{-1}\widetilde{u} \,|\, u \in \mathbb{R}^n,\ q'(P^{-1}\widetilde{u}) = 0\} \\
&= \{v \in \mathbb{R}^{n+1} \,|\, \exists u \in \mathbb{R}^n \text{ s.t. } v = P^{-1}\widetilde{u},\ q'(v) = 0\}
\end{aligned}$$

が成り立つ. ここで $H = \operatorname{Im} g = \{P^{-1}\widetilde{u} \,|\, u \in \mathbb{R}^n\}$ と置く. $u, u' \in \mathbb{R}^n$ について $g(u) = g(u')$ が成り立つとすると $Au + v_0 = Au' + v_0$ より $A(u - u') = o$ が成り立つ. P は正則であるから, $\operatorname{rank} A = n$ なので $u - u' = o$ が成り立つ. したがって g は $\mathbb{R}^n$ から H への全単射であるから, 補題 9.1.10 により正則である. さて, $v \in \mathbb{R}^{n+1}$ とすると, $v \in H$ であることは Pv の第 $(n+1)$ 成分が 1 であることと同値である. これを式で書けば $(\overbrace{0 \cdots 0}^{n\ \text{個}} 1)Pv = 1$ と同値である. そこで P の第 $(n+1)$ 行を $(a_1\ a_2\ \cdots\ a_{n+1})$ とすれば, $(0 \cdots 0\ 1)P = (a_1\ a_2\ \cdots\ a_{n+1})$ であるから $H = \{v \in \mathbb{R}^{n+1} \,|\, (a_1\ a_2\ \cdots\ a_{n+1})v = 1\}$ が成り立つ. P は正則であるから $(a_1\ a_2\ \cdots\ a_{n+1}) \neq (0\ 0\ \cdots\ 0)$ であるので H は超平面である. また $(a_1\ a_2\ \cdots\ a_{n+1})o = 1$ とすると不合理であるから $o \notin H$ である. つまり H は原点を通らない. 一方, $\widetilde{X} \cap H = \{v \in \mathbb{R}^{n+1} \,|\, q'(v) = 0,\ \exists u \in \mathbb{R}^n \text{ s.t. } v = P^{-1}\widetilde{u}\}$ が成り立つから, $g(X) = \widetilde{X} \cap H$ が成り立つ. □

注 9.1.16. 命題 9.1.15 の後半は次のようにも解釈できる. $\mathbb{R}^{n+1}$ の等長変換 $\widetilde{g}$ を $\widetilde{g}(v) = P^{-1}v$ により定める. $\widetilde{Y} = \{v \in \mathbb{R}^{n+1} \,|\, Q(v) = 0\}$, $H_1 = \{v \in \mathbb{R}^{n+1} \,|\, v \text{ の第 } (n+1) \text{ 成分は } 1\}$ と置くと $\widetilde{X} = \widetilde{g}(\widetilde{Y})$, $H = \widetilde{g}(H_1)$ が成り立つ. 一方 $X = \widetilde{Y} \cap H_1$ が成り立つから, $\mathbb{R}^{n+1}$ 全体を $\widetilde{g}$ で写せば, $g(X) = \widetilde{X} \cap H$ が得られる. $\mathbb{R}^n$ と H_1 は $u \in \mathbb{R}^n$ に $\widetilde{u}$ を対応させることで同一視したが, これが g による $\mathbb{R}^n$ と H の同一視と対応している.

注 9.1.17. 後で見るように, 楕円・放物線・双曲線に対応する二次形式の符号は $(2, 1)$ である. したがって命題 9.1.15 において対応する Q' は $Q'(x_1, x_2, x_3) = x_1{}^2 + x_2{}^2 - x_3{}^2$ で与えられる. このとき, $X = C$ であって, $\widetilde{X} = \widetilde{C}$ は円錐であるから, 楕円・放物線・双曲線は円錐を適当な平面で切った断面として得られることになる (もし合同な図形を得たいのであれば円錐を式 (9.1.14) で定まる図形に置き換える必要がある). そのため, これらの曲

線は**円錐曲線**と呼ばれる．円錐曲線は古くから研究され，例えばアポロニウスの「円錐曲線論」[†6]はよく知られている．

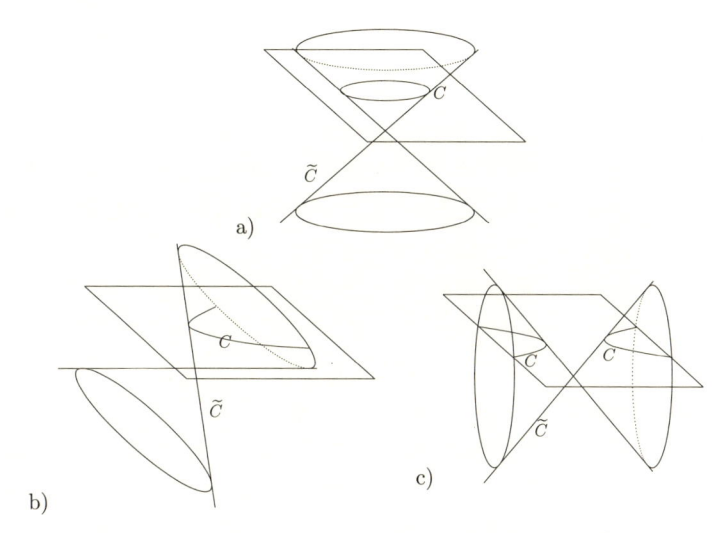

図 9.1. C が a) 楕円，b) 放物線，c) 双曲線であるときの C と $\tilde{C}$ の様子

命題 9.1.15 により，$\mathbb{R}^n$ を g を通じて H と同一視することにすれば Q は最初から式 (9.1.14) の形をしているとしてよい．また，二次曲線や二次曲面 X の形は標準形から定まる図形 $\tilde{X}$ の形に大きく影響されることも分かる．一方，例 9.1.2 と例 9.1.3 が示すように，X を調べるのには標準形あるいは式 (9.1.14) だけでは必ずしも十分でない．そこで二次形式の次の性質に着目する．

命題 9.1.18. $P \in \mathrm{GL}_n(\mathbb{R})$, $u_0 \in \mathbb{R}^n$ とし，$g(u) = Pu + u_0$ と置く．ここで $u = {}^t(u_1, \ldots, u_n) \in \mathbb{R}^n$ である．$F'(u) = F(g(u))$ とすると，F' は $u_1, \ldots, u_n$ の二次式である．また，F の二次の項だけを取り出して得た二次形式を $q(u)$, F' の二次の項だけを取り出して得た二次形式を $q'(u)$ とすれば $q'(u) = q(Pu)$ が成り立つ．特に $\mathrm{sgn}\, q' = \mathrm{sgn}\, q$ である．また，適当に P を選べば q' は q の標準形であるようにできる．あるいは P を $\mathrm{SO}_n(\mathbb{R})$ から選ぶのであれば q' は

[†6] 英語では Conics．ちなみに「アポロニウス」はラテン語（のカタカナ読み）で，ギリシア語だと「アポローニオス」に近い．

式 (9.1.14) の形にすることができる．

証明． 対称行列を用いて $F(u) = A[\tilde{u}]$, $\tilde{u} = \begin{pmatrix} u \\ 1 \end{pmatrix}$ と表す．$A = \begin{pmatrix} A' & b \\ {}^t b & c \end{pmatrix}$ と区分けすると $q(u) = A'[u]$ が成り立つ．また，$F(g(u)) = A'[Pu] + 2({}^t u_0 A' + {}^t b)Pu + ({}^t u_0 A' u_0 + 2({}^t b)u_0 + c)$ が成り立つことから主張が従う． □

命題 9.1.18 は，アフィン変換や合同変換で二次曲線や二次曲面を写しても F の二次の項から定まる二次形式は標準形や式 (9.1.14) を考える限り変化しないことを意味している．したがってこれも図形を分類するのに用いることができる．例えば例 9.1.2 においては $q(x,y) = (ax)^2 + (by)^2$ であって二次形式としての符号は $(2,0)$ であり，例 9.1.3 においては $q(x,y) = (ax)^2$ であって二次形式としての符号は $(1,0)$ である．

これらのことを踏まえて，以下の要領で二次式 F から定まる二次曲線や二次曲面を分類する．まず $\mathbb{R}^n$ の等長変換[7]を用いて F の二次の項から定まる二次形式を式 (9.1.14) の形に直す．次いで，SO_{n+1} の元で定まる $\mathbb{R}^{n+1}$ のアフィン変換[8]を用いて F に対応する二次形式 Q について，式 (9.1.14) の形を調べる．もうすこし大雑把な（合同にはこだわらない）分類は，アフィン変換と標準形を用いて以下と同様に行えばよい．

改めて $C \subset \mathbb{R}^n$ を $u_1, u_2, \ldots, u_n$ の二次式 F を用いて $F(u_1, u_2, \ldots, u_n) = 0$ で与えられる二次曲線とする．$Q(x_1, x_2, \ldots, x_{n+1})$ を F から定まる $\mathbb{R}^{n+1}$ 上の二次形式，$q(u_1, u_2, \ldots, u_n)$ を F の二次の項から定まる二次形式とする．また，$\tilde{C} = \{v \in \mathbb{R}^{n+1} \mid Q(v) = 0\}$ と置く．$Q(v) = A[v]$, $v = {}^t(x_1, \ldots, x_{n+1})$, と $(n+1)$ 次実対称行列 A を用いて表す．$u = {}^t(u_1, \ldots, u_n) \in \mathbb{R}^n$, $\tilde{u} = \begin{pmatrix} u \\ 1 \end{pmatrix}$ とすると，$F(u) = Q(\tilde{u})$ である．さて，$A = \begin{pmatrix} A' & b \\ {}^t b & c \end{pmatrix}$ と区分けすれば $q(u) = A'[u]$ が成り立つ．$\operatorname{sgn} q = (r, s)$ とすると $P \in SO_n(\mathbb{R})$ が存在して $q(Pu) = \sum_{i=1}^{r} \alpha_i^2 u_i^2 - \sum_{j=r+1}^{r+s} \alpha_j^2 u_j^2$, ただし $\alpha_i > 0$, が成り立つ[9]．

---

[7]．分類のためには，この段階で等長変換を用いる必要はないが，せっかくなので用いることにする．
[8]．一方，この段階では一般のアフィン変換を用いると，合同より少し大雑把な分類となる．
[9]．もし P を $GL_n(\mathbb{R})$ から選ぶのであれば $\alpha_1 = \cdots = \alpha_{r+s} = 1$ としてよい．また，$K = \mathbb{C}$ のときには $q(Pu) = \sum_{i=1}^{r} \alpha_i^2 u_i^2$ あるいは $q(Pu) = \sum_{i=1}^{r} u_i^2$ となる．

9.1 二次曲線・二次曲面とアフィン変換・合同変換 | 301

$R = \begin{pmatrix} P & 0 \\ 0 & 1 \end{pmatrix}$ と置けば $R \in \mathrm{SO}_{n+1}(\mathbb{R})$ であって，${}^tRAR$ は対称行列である．また，$g_1(v) = R^{-1}v$ として $H = \mathrm{Im}\, g_1$ と置くと，H は $\mathbb{R}^{n+1}$ の原点を通らない超平面である．u を $g_1\begin{pmatrix} u \\ 1 \end{pmatrix}$ に写す写像を h とすると h は $\mathbb{R}^n$ から H への等長写像である．${}^tRAR = \begin{pmatrix} {}^tPA'P & b' \\ {}^tb' & c \end{pmatrix}$ と区分けし，${}^tb' = (b_1, \ldots, b_n)$ とすると，

$$Q(g_1^{-1}(v)) = \sum_{i=1}^r \alpha_i{}^2 x_i{}^2 - \sum_{j=r+1}^{r+s} \alpha_j{}^2 x_j{}^2 + 2\sum_{k=1}^n b_{k,n+1} x_k x_{n+1} + c x_{n+1}{}^2$$

が成り立つ．これで q の部分は標準形になった．また，$\widetilde{C}_1 = g_1(\widetilde{C})$ と置くと $h_1(C) = \widetilde{C}_1 \cap H$ が成り立つ．次いで Q の符号を調べる．$g_2\colon \mathbb{R}^{n+1} \to \mathbb{R}^{n+1}$ を $g_2(v) = v + \begin{pmatrix} b \\ 0 \end{pmatrix}$ により定めると，g_2 は $\mathbb{R}^{n+1}$ の合同変換であって，$c' = c - b_{1,n+1}{}^2 - \cdots - b_{r,n+1}{}^2 + b_{r+1,n+1}{}^2 + \cdots + b_{r+s,n+1}{}^2$ と置けば

$$Q(g_1^{-1} \circ g_2^{-1}(v)) = \sum_{i=1}^r \alpha_i{}^2 x_i{}^2 - \sum_{j=r+1}^{r+s} \alpha_j{}^2 x_j{}^2 + 2\sum_{k=r+s+1}^n b_{k,n+1} x_k x_{n+1} + c' x_{n+1}{}^2$$

が成り立つ．$u \in \mathbb{R}^n$ について，$w = u - b$ と置くと $g_2^{-1}(\widetilde{u}) = \begin{pmatrix} u - b \\ 1 \end{pmatrix}$ であることに注意して，$\mathbb{R}^n$ 内の図形 $C + b$ を $C + b = \{u + b \mid u \in C\}$ により定める．$C + b$ は C を b だけ平行移動して得られる図形であるから $C + b$ は C と合同である．また，$h(C + b) = \widetilde{C}_1 \cap H$ が成り立つ．

したがって最初から，

$$q(u) = \sum_{i=1}^r \alpha_i{}^2 u_i{}^2 - \sum_{j=r+1}^{r+s} \alpha_j{}^2 u_j{}^2,$$

$$Q(v) = \sum_{i=1}^r \alpha_i{}^2 x_i{}^2 - \sum_{j=r+1}^{r+s} \alpha_j{}^2 x_j{}^2 + 2 \sum_{k=r+s+1}^n b_{k,n+1} x_k x_{n+1} + c x_{n+1}{}^2,$$

$$F(u) = \sum_{i=1}^r \alpha_i{}^2 u_i{}^2 - \sum_{j=r+1}^{r+s} \alpha_j{}^2 u_j{}^2 + 2 \sum_{k=r+s+1}^n b_{k,n+1} u_k + c$$

であると仮定してよい．ここで A' を対角成分が $\alpha_1{}^2, \ldots, \alpha_r{}^2, -\alpha_{r+1}{}^2, \ldots,$ $-\alpha_{r+s}{}^2, \underbrace{0, \ldots, 0}_{n-(r+s)}$ であるような対角行列，${}^tb = (\underbrace{0, \ldots, 0}_{r+s}, b_{r+s+1}, \ldots, b_n)$ とし，

$A = \begin{pmatrix} A' & b \\ {}^tb & c \end{pmatrix}$ とすれば $q(u) = A'[u]$, $Q(v) = A[v]$ である．このとき次が成り立つ．

補題 9.1.19. $b \neq 0$ であれば $\operatorname{sgn} Q = (r+1, s+1)$ である．$b = 0$ であれば $\operatorname{sgn} Q$ は $(r+1, s)$, $(r, s+1)$, (r, s) のいずれかに等しい．

証明． $b_{r+s+1} = \cdots = b_n = 0$ とする．$c > 0$ であれば $\operatorname{sgn} Q = (r+1, s)$ が，$c < 0$ であれば $\operatorname{sgn} Q = (r, s+1)$, $c = 0$ であれば $\operatorname{sgn} Q = (r, s)$ がそれぞれ成り立つ．そこで $b_{r+s+1}, \ldots, b_n$ のいずれかは 0 でないとして l を $b_k \neq 0$ であるような最小の k とする．$c \neq 0$ であれば，

$$h({}^t(x_1, \ldots, x_{n+1}))$$
$$= {}^t\left(x_1, \ldots, x_{l-1}, \sum_{k=r+s+1}^{n} \frac{b_k}{c} x_k, x_{l+1}, \ldots, x_n, x_{n+1} + \sum_{k=r+s+1}^{n} \frac{b_k}{c} x_k\right)$$

とすると[†10] $Q(h^{-1}(v)) = \sum_{i=1}^{r} \alpha_i^2 x_i^2 - \sum_{j=r+1}^{r+s} \alpha_j^2 x_j^2 - c x_l^2 + c x_{n+1}^2$ が成り立つので $\operatorname{sgn} Q = (r+1, s+1)$ が成り立つ．$c = 0$ であれば，

$$h({}^t(x_1, \ldots, x_{n+1}))$$
$$= {}^t\left(x_1, \ldots, x_{l-1}, \sum_{k=r+s+1}^{n} b_k x_k + x_{n+1}, x_{l+1}, \ldots, x_n, \sum_{k=r+s+1}^{n} b_k x_k - x_{n+1}\right)$$

とすれば $Q(h^{-1}(v)) = \sum_{i=1}^{r} \alpha_i^2 x_i^2 - \sum_{j=r+1}^{r+s} \alpha_j^2 x_j^2 + \frac{1}{2} x_l^2 - \frac{1}{2} x_{n+1}^2$ が成り立つので $\operatorname{sgn} Q = (r+1, s+1)$ である． □

注 9.1.20. ここでは $K = \mathbb{R}$ として議論したが，$K = \mathbb{C}$ の場合にはユニタリ行列を直交行列の代わりに用いて合同変換を定義する（ユークリッド計量とエルミート計量が対応するのと同様である）．$\mathbb{C}^n$ 上の二次曲線や二次曲面については，アフィン変換を用いる場合には計量は関係ないので $\mathbb{R}^n$ の場合と同様に議論することができる．また，$K = \mathbb{C}$ の場合にも問 6.3.15 の要領で二次形式をユニタリ行列を用いて式 (9.1.14) の形に直せるので，等長写像を用いても $K = \mathbb{R}$ の場合と同様の議論ができる．ただし，いずれの場合も二

---

†10．ここでは Q の符号を調べるだけなのでアフィン変換や合同変換にこだわる必要はない．

次形式の符号には意味がなくなる．一方，エルミート二次形式から定まる $\mathbb{C}^n$ 内の図形については符号も込めて $\mathbb{R}^n$ のときとほぼ同様の方針での分類が可能である．

9.2 二次曲線・二次曲面の分類

$\operatorname{sgn} Q = (R, S)$ とすると，必要であれば最初から F の代わりに $-F$ を考えることにすれば $R \geq S$ としてよい．このとき，$\operatorname{sgn} q = (r, s)$ とすれば補題 9.1.19 により $r + 1 \geq s$ が成り立つ．あとは $\operatorname{sgn} q$ と $\operatorname{sgn} Q$ に応じて場合分けをすれば分類が完成する．方法自体は既に述べたので，ここでは原則として結果のみを示す．

9.2.1 二次曲線の分類

$u = {}^t(u_1, u_2) \in \mathbb{R}^2$, $v = {}^t(v_1, v_2, v_3) \in \mathbb{R}^3$ である．$\widetilde{C}^+ = \{v \in \mathbb{R}^3 \mid Q(v) = 0 \text{ かつ } v \neq 0\}$ とする．ここで原点を考えないのは命題 9.1.15 によって $C = \widetilde{C} \cap H$ と，ある平面 H を用いて表すことができるが，この H は原点を通らないので $C = \widetilde{C}^+ \cap H$ が成り立つからである．

$\operatorname{sgn} Q = (3, 0)$ のとき．

補題 9.1.19 により $\operatorname{sgn} q$ は $(2, 0)$ に等しいことが分かる．$\widetilde{C}^+$ は**空集合**である[†11]．したがって $C = \widetilde{C}^+ \cap H$ も空集合である．

$\operatorname{sgn} Q = (2, 1)$ のとき．$\widetilde{C}$ は**円錐**から原点を除いたものである．楕円，放物線，双曲線を狭義の二次曲線と総称することにすると，$\widetilde{C}^+ \cap H$ は狭義の二次曲線である．$\operatorname{sgn} q$ に応じて以下の三つの場合が起こる．

1) $\operatorname{sgn} q = (1, 0)$ のとき．$F(u) = (\alpha_1 u_1)^2 + 2b_2 u_2 + c$ である．補題 9.1.19 により，$b_2 \neq 0$ が成り立つから，C は**放物線**である．合同変換 g を $g(u) = {}^t\left(-u_2, u_1 - \dfrac{c}{2b_2}\right)$ で定めれば $F(g(u)) = 0$ は $2b_2 u_1 + (\alpha_1 u_2)^2 = 0$ と同値であるからこれを $-4p u_1 + u_2^2 = 0$ の形に書き直して放物線の標

---

†11. これは $K = \mathbb{R}$ だからである．$K = \mathbb{C}$ の場合には $\{{}^t(x_1, x_2, x_3) \in \mathbb{C}^3 \mid x_1^2 + x_2^2 + x_3^2 = 0\}$ は空集合ではない．このように式の形が同じでも $K = \mathbb{R}$ の場合と $K = \mathbb{C}$ の場合では大きな差異が生じることがある．本書の範囲を大きく越えるので $K = \mathbb{C}$ の場合の分類については複素代数幾何学の入門書などに譲る．また，$\mathbb{R}^3$ や $\mathbb{C}^3$ に限らず，一般に $\mathbb{R}^n$, $\mathbb{C}^n$ ($n \geq 4$) についても同様のことが起きる．

準形と呼ぶ．

2) $\mathrm{sgn}\,q = (1, 1)$ のとき．$F(u) = (\alpha_1 u_1)^2 - (\alpha_2 u_2)^2 + \alpha_3{}^2$ が成り立つことが分かる．C は**双曲線**である．$\gamma_1 = \dfrac{\alpha_3}{\alpha_1}$, $\gamma_2 = \dfrac{\alpha_3}{\alpha_1}$ と置き，$F(u) = 0$ を $\left(\dfrac{u_1}{\gamma_1}\right)^2 - \left(\dfrac{u_2}{\gamma_2}\right)^2 = -1$ と表して，双曲線の標準形と呼ぶ．また，$\left(\dfrac{u_1}{\gamma_1}\right)^2 - \left(\dfrac{u_2}{\gamma_2}\right)^2 = 0$ で表される二本の直線を**漸近線**と呼ぶ．標準形については，$g\begin{pmatrix}u_1\\u_2\end{pmatrix} = \begin{pmatrix}-u_2\\u_1\end{pmatrix}$ で定まる合同変換を施して $\left(\dfrac{u_1}{\gamma_2}\right)^2 - \left(\dfrac{u_2}{\gamma_1}\right)^2 = 1$ と，右辺を 1 にすることも多い．

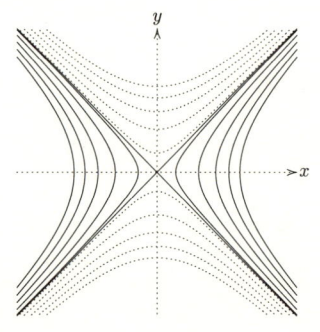

図 9.2. $x^2 - y^2 = c$ で表される双曲線を c を変化させていくつか描いたもの．実線は $c > 0$ の場合，点線は $c < 0$ の場合である．二本ある直線がこれらの双曲線の漸近線である．

3) $\mathrm{sgn}\,q = (2, 0)$ のとき．このときには C は**楕円**である．$F(u) = 0$ は $\left(\dfrac{u_1}{\gamma_1}\right)^2 + \left(\dfrac{u_2}{\gamma_2}\right)^2 = 1$ と書き直すことができる．これを楕円の標準形と呼ぶ．

$\mathrm{sgn}\,Q = (2, 0)$ のとき．

Q の標準形は $x_1{}^2 + x_2{}^2$ であるから，$\widetilde{C}^+$ は**直線から原点を除いたもの**である．$\widetilde{C}^+ \cap H$ はほとんどの場合一点であるが，H が x_3-軸と交わらなければ空集合となる．

1) $\mathrm{sgn}\,q = (1, 0)$ の場合．C は**空集合**である．
2) $\mathrm{sgn}\,q = (2, 0)$ の場合．C は**一点**である．

$\mathrm{sgn}\,Q = (1, 1)$ のとき．

$\widetilde{C}^+$ は**交わる二平面から原点を除いたもの**である．$\mathrm{sgn}\,q = (0, 0), (0, 1),$

$(1,0)$, $(1,1)$ のいずれかに等しい．ここで，Q の代わりに $-Q$ を考えることにすれば $\operatorname{sgn} q = (0,1)$ の場合は $\operatorname{sgn} q = (1,0)$ の場合に帰着できる．

1) $\operatorname{sgn} q = (0,0)$ のとき．C は**直線**である．
2) $\operatorname{sgn} q = (1,0)$ のとき．$F(u) = (\alpha_1 u_1)^2 - \alpha_3^2$, $\alpha_3 > 0$, と表すことができる．C は $x = \pm \dfrac{\alpha_3}{\alpha_1}$ で表される**交わらない（平行な）二直線**である．
3) $\operatorname{sgn} q = (1,1)$ のとき．$F(u) = (\alpha_1 u_1)^2 - (\alpha_2 u_2)^2$ と表すことができる．C は**一点で交わる二直線** $\alpha_1 u_1 \pm \alpha_2 u_2 = 0$ である．

$\operatorname{sgn} Q = (1,0)$ のとき．

Q の標準形は $x_1{}^2$ であるから，$\widetilde{C}^+$ は平面から原点を除いたものである．このようなときには，例えば $(x_1 - 1)(x_1 - 2) = 0$ は平行な二平面を表すと考えるように，$x_1{}^2 = 0$ は二平面 $x_1 = 0$ と $x_1 = 0$（同じ）を定めると考えるとよいことが多い．ここでもこのように考えることにする．$\widetilde{C}^+$ は**重なった二平面**から原点を除いたものである．

1) $\operatorname{sgn} q = (0,0)$ のとき．C は**空集合**である．
2) $\operatorname{sgn} q = (1,0)$ のとき．C は $(\alpha_1 u_1)^2 = 0$ で与えられる．これは $\widetilde{C}^+$ と同様に**重なった二直線**と考えることにする．

$\operatorname{sgn} Q = (0,0)$ のとき．

$\widetilde{C}^+$ は**空間**全体から原点を除いたものである．$\operatorname{sgn} q = (0,0)$ であって，$\widetilde{C}^+ \cap H$ は**平面** ($\mathbb{R}^2$) となる．

得られた分類をまとめると表 9.1 を得る（起こらない場合は省略してある）．一番右の $\widehat{C}$ は $\widetilde{C}^+$ から定まる図形である．正確な定義は 9.3 節で与えるので，ここではさしあたり $\widetilde{C}^+ \cap H$ の代表的な形と考えておけばよい．$\operatorname{sgn} Q = (0,0)$ の場合の $\widehat{C}$ は $\mathbb{R}P^2$ で表す．詳しくは 9.3 節を参照のこと．表 9.1 には C が空集合である場合や一本の直線の場合が複数出てくるが，$\widehat{C}$ を見れば分かるようにこれらは意味合いが多少異なる．また，$\operatorname{sgn} Q = (1,0), \operatorname{sgn} q = (1,0)$ の場合には C は見掛け上は一本の直線である．二次曲線に関しては**焦点**や**準線**などの重要な概念があるが，割愛する．

9.2.2　二次曲面の分類

$u = {}^t(u_1, u_2, u_3) \in \mathbb{R}^3$, $v = {}^t(v_1, v_2, v_3, v_4) \in \mathbb{R}^4$ である．$\widetilde{S}^+ = \{ v \in \mathbb{R}^4 \mid Q(v) = 0 \text{ かつ } v \neq 0 \}$ とすると，$\mathbb{R}^4$ の適当な超平面 H を用いて $S = \widetilde{S}^+ \cap H$ と表される．ここで原点を考えないのは曲線の場合と同様の理

表 9.1. 二次曲線の分類表

sgn Q	sgn q	C	$\widehat{C}$
(3,0)	(2,0)	空集合	空集合
(2,1)	(2,0)	楕円	狭義の二次曲線
	(1,1)	双曲線	
	(1,0)	放物線	
(2,0)	(2,0)	一点	一点
	(1,0)	空集合	
(1,1)	(1,1)	一点で交わる二直線	一点で交わる二直線（一次曲線）
	(1,0)	平行な二直線	
	(0,0)	一本の直線	
(1,0)	(1,0)	重なった二直線	重なった二直線
	(0,0)	空集合	
(0,0)	(0,0)	平面 ($\mathbb{R}^2$)	平面 ($\mathbb{R}P^2$)

由による．$\widehat{S}$ は $\widetilde{S}^+$ から定まる図形である．$\widehat{S}$ は $\mathbb{R}^4$ の超平面 H' を用いて $\widetilde{S}^+ \cap H'$ として得られる図形の代表的なものであると考えておけばよい．

sgn $Q = (4,0)$ のとき．

$\widetilde{S}^+$ は**空集合**である．sgn $q = (3,0)$ であって，$S = \widetilde{S}^+ \cap H$ も**空集合**である．

sgn $Q = (3,1)$ のとき．

Q の標準形は $x_1{}^2 + x_2{}^2 + x_3{}^2 - x_4{}^2$ である．$\widehat{S}$ は**狭義の（本来の）二次曲面**と呼ばれる．

1) sgn $q = (2,0)$ のとき．$F(u) = (\alpha_1 u_1)^2 + (\alpha_2 u_2)^2 + 2b_3 u_3 + c$, $b_3 \neq 0$, が成り立つ．S と $u_1 u_2$-平面に平行な平面 $\{u_3 = u_0\}$ の共通部分は，

$$(\alpha_1 u_1)^2 + (\alpha_2 u_2)^2 = -2b_3 u_0 - c$$

で表され，この図形は $u_0 < -\dfrac{c}{2b_3}$ ならば楕円，$u_0 = -\dfrac{c}{2b_3}$ ならば一点，$u_0 > -\dfrac{c}{2b_3}$ ならば空集合である．また，S と $u_2 u_3$-平面に平行な平面 $\{u_1 = u_0\}$ の共通部分は，

$$u_3 = -\frac{\alpha_2{}^2}{2b_3} u_2{}^2 - \frac{\alpha_1{}^2}{2b_3} u_0{}^2 - \frac{c}{2b_3}$$

で表され，放物線である．これらのことから S は全体として一繋がりの図形である[†12]ことが分かる．S は**楕円放物面**と呼ばれる．

---

†12. 連結であると言う．

2) $\operatorname{sgn} q = (2,1)$ のとき．$\operatorname{sgn} q = (2,0)$ の場合と同様に調べると S は二つの繋がった部分[13]からなることが分かる．S は**二葉双曲面**と呼ばれる．また，$F(u) = 0$ は双曲線や楕円のときと同様に $\left(\dfrac{u_1}{\gamma_1}\right)^2 + \left(\dfrac{u_2}{\gamma_2}\right)^2 - \left(\dfrac{u_3}{\gamma_3}\right)^2 = -1$ の形に変形できる．この形を二葉双曲面の標準形と呼ぶ．

3) $\operatorname{sgn} q = (3,0)$ のとき．S は**楕円面**と呼ばれる．楕円面は一繋がりの図形である．$F(u) = 0$ は $\left(\dfrac{x}{\gamma_1}\right)^2 + \left(\dfrac{y}{\gamma_2}\right)^2 + \left(\dfrac{z}{\gamma_3}\right)^2 = 1$ と変形される．この形を楕円面の標準形と呼ぶ．

$\operatorname{sgn} Q = (2,2)$ のとき．この場合にも $\widehat{S}$ は**狭義の（本来の）二次曲面**と呼ばれる．

1) $\operatorname{sgn} q = (1,1)$ のとき．$F(u) = (\alpha_1 u_1)^2 - (\alpha_2 u_2)^2 + 2b_3 u_3 + c$, $b_3 \neq 0$, が成り立つ．S と $u_1 u_2$-平面に平行な平面 $\{u_3 = u_0\}$ の共通部分は，

$$(\alpha_1 u_1)^2 - (\alpha_2 u_2)^2 = -2b_3 u_0 - c$$

で与えられる．これは $u_0 = -\dfrac{c}{2b_3}$ であれば一点で交わる二直線 $u_2 = \pm \dfrac{\alpha_1}{\alpha_2} u_1$ であり，$u_0 \neq -\dfrac{c}{2b_3}$ であればこれらの二直線を漸近線とする双曲線である．ここで $u_0 > -\dfrac{c}{2b_3}$ のときと $u_0 < -\dfrac{c}{2b_3}$ のときでは双曲線の現れる場所が変わることに注意せよ（図 9.2 も参照のこと）．一方 S と $u_2 u_3$-平面に平行な平面 $\{u_1 = u_0\}$ の共通部分は，

$$u_3 = \dfrac{1}{2b_3}(\alpha_2 u_2)^2 - \dfrac{1}{2b_3}(\alpha_1 u_0)^2 - \dfrac{c}{2b_3}$$

で与えられる放物線である．これらのことから S は全体として一繋がりの図形であることが分かる．S は**双曲放物面**と呼ばれる．

2) $\operatorname{sgn} q = (2,1)$ のとき．S は**一葉双曲面**と呼ばれる．一葉双曲面は一繋がりの図形であることが分かる．楕円面のときと同様に $F(u) = 0$ は $\left(\dfrac{u_1}{\gamma_1}\right)^2 + \left(\dfrac{u_2}{\gamma_2}\right)^2 - \left(\dfrac{u_3}{\gamma_3}\right)^2 = 1$ の形に変形できる．この形を一葉双曲面の標準形と呼ぶ．

$\operatorname{sgn} Q = (3,0)$ のとき．
$\widehat{S}$ は**一点**となる．

1) $\operatorname{sgn} q = (2,0)$ のとき．S は**空集合**である．

---

[13]. 連結成分と呼ばれる．S の連結成分が一つであれば S は連結であるが，二葉双曲面は連結ではない．

2) $\operatorname{sgn} q = (3, 0)$ のとき．S は一点である．

$\operatorname{sgn} Q = (2, 1)$ のとき．

Q の標準形は $x_1{}^2 + x_2{}^2 - x_3{}^2$ である．$\widehat{S}$ をここでは**柱面**と呼ぶ[†14]．

1) $\operatorname{sgn} q = (1, 0)$ のとき．S は合同変換により，$u_1 u_2$-平面に描かれた放物線を u_3-軸方向に平行移動して得られる図形に写すことができる．S を**放物柱面**と呼ぶ．

2) $\operatorname{sgn} q = (1, 1)$ のとき．S は合同変換により，$u_1 u_2$-平面に描かれた双曲線を u_3-軸方向に平行移動して得られる図形に写すことができる．S を**双曲柱面**と呼ぶ．

3) $\operatorname{sgn} q = (2, 0)$ のとき．S は合同変換により，$u_1 u_2$-平面に描かれた楕円を u_3-軸方向に平行移動して得られる図形に写すことができる．S を**楕円柱面**と呼ぶ．

4) $\operatorname{sgn} q = (2, 1)$ のとき．S は原点を頂点とする対称な楕円錐を二つ合わせたものであり，**楕円錐面**と呼ばれる．

$\operatorname{sgn} Q = (2, 0)$ のとき．

$\widehat{S}$ は**直線**となる．

1) $\operatorname{sgn} q = (1, 0)$ のとき．S は**空集合**である．
2) $\operatorname{sgn} q = (2, 0)$ のとき．S は**直線**である．

$\operatorname{sgn} Q = (1, 1)$ のとき．

$\widehat{S}$ は**相異なる二平面**となる．

1) $\operatorname{sgn} q = (0, 0)$ のとき．S は**平面**である．
2) $\operatorname{sgn} q = (1, 0)$ のとき．S は**交わらない（平行な）二平面**である．
3) $\operatorname{sgn} q = (1, 1)$ のとき．S は**直線で交わる二平面**である．

$\operatorname{sgn} Q = (1, 0)$ のとき．

Q の標準形は $x_1{}^2$ である．$\widehat{S}$ は**重なった二平面**となる．

1) $\operatorname{sgn} q = (0, 0)$ のとき．S は**空集合**である．
2) $\operatorname{sgn} q = (1, 0)$ のとき．S は $(\alpha_1 u_1)^2 = 0$ で与えられる，見掛け上一つの平面であるが，**重なった二平面**と考える．

$\operatorname{sgn} Q = (0, 0)$ のとき．

$\operatorname{sgn} q = (0, 0)$ である．$\widehat{S}$ は**空間全体**となる．この空間を**射影空間**と呼び，

[†14] 柱面というのは一般的な用語ではない．

$\mathbb{R}P^3$ で表す（定義 9.3.4 を参照のこと）．S も**空間**である．こちらは $\mathbb{R}^3$ である．

結果を改めて表にすると表 9.2 のようになる（図 9.3 から 9.8 も参照のこと）．

表 9.2. 二次曲面の分類表

sgn Q	sgn q	S	$\widehat{S}$
(4, 0)	(3, 0)	空集合	空集合
(3, 1)	(3, 0)	楕円面	狭義の二次曲面
	(2, 1)	二葉双曲面	
	(2, 0)	楕円放物面	
(2, 2)	(2, 1)	一葉双曲面	
	(1, 1)	双曲放物面	
(3, 0)	(3, 0)	一点	一点
	(2, 0)	空集合	
(2, 1)	(2, 1)	楕円錐面	柱面
	(2, 0)	楕円柱面	
	(1, 1)	双曲柱面	
	(1, 0)	放物柱面	
(2, 0)	(2, 0)	直線	直線
	(1, 0)	空集合	
(1, 1)	(1, 1)	直線で交わる二平面	直線で交わる二平面
	(1, 0)	交わらない二平面	
	(0, 0)	平面	
(1, 0)	(1, 0)	重なった二平面	重なった二平面
	(0, 0)	空集合	
(0, 0)	(0, 0)	$\mathbb{R}^3$	$\mathbb{R}P^3$

例えば S が平面である場合が二つあるが，曲線の場合と同様にこれらは意味合いが異なる．

最後に，二次曲面に関する用語をいくつか紹介しておく．

定義 9.2.1. $\mathbb{R}^3$ 内の二次曲面 S が**有心**であるとは，$\mathbb{R}^3$ のある点 p に関して S が点対称であることを言う．すなわち，$S' = \{u' \in \mathbb{R}^3 \,|\, \exists u \in S \text{ s.t. } u' = 2p - u\}$ と置くと $S' = S$ が成り立つことを言う．また，p を**中心**と呼ぶ．二次曲面が有心でないとき**無心**であるという．

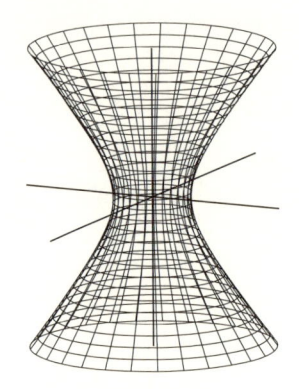

図 9.3. 一葉双曲面 ($x^2+y^2-z^2=1$)　図 9.4. 円錐面 ($x^2+y^2-z^2=0$)

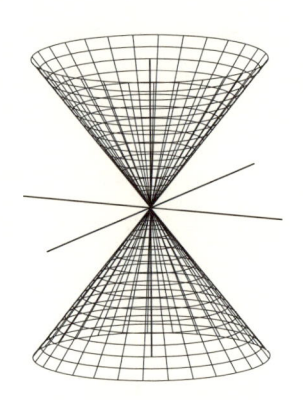

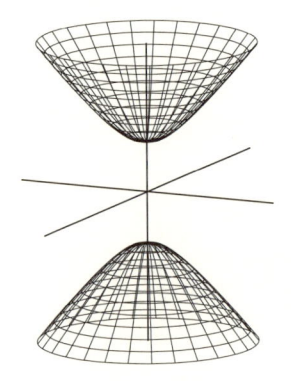

図 9.5. 二葉双曲面 ($x^2+y^2-z^2=-1$)　図 9.6. 三つの曲面を重ねて描いた図

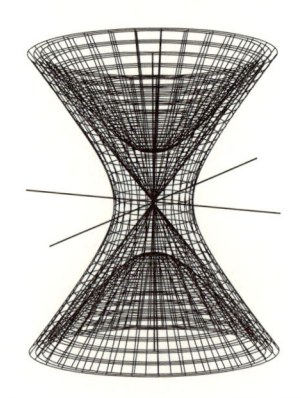

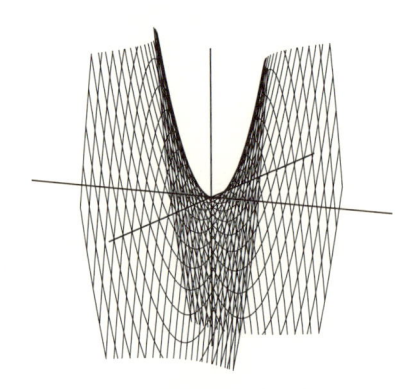

図 9.7. 双曲放物面 ($x^2-y^2=z$)　図 9.8. 楕円放物面 ($x^2+y^2=z$)

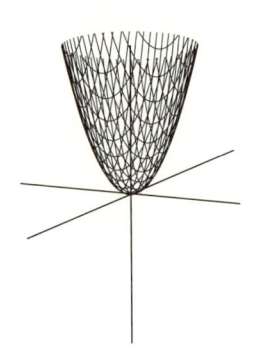

二葉双曲面，楕円面，一葉双曲面は有心である．一方，楕円放物面，双曲放物面は無心である．また，放物柱面も無心である．これら以外の二次曲面は有心である．直線は点対称であるが通常は有心とも無心とも言わない．

定義 9.2.2. $\mathbb{R}^3$ 内の二次曲面 S が**線織面**[†15]であるとは，S が直線の和集合として表されることを言う．それぞれの直線のことを**母線**と呼び，全体をひとまとまりにして考えて**母線群**と呼ぶ．

一葉双曲面，双曲放物面および柱面，錐面は線織面である．直線は直線の和集合ではあるが，線織面とは通常呼ばない．

9.3 射影平面・射影空間と二次曲線・二次曲面 *

この節ではアフィン変換を用いた分類を考える．X を二次形式 Q によって定まる二次曲線あるいは二次曲面とする．Q' を Q の標準形とし，$\tilde{X} = \{v \in \mathbb{R}^{n+1} \mid Q'(v) = 0\}$ と置くと，$\mathbb{R}^{n+1}$ の原点を通らない超平面 H と $\mathbb{R}^n$ から H へのアフィン同型写像 g が存在して $g(X) = \tilde{X} \cap H$ が成り立つのであった（命題 9.1.15）．ここで $\mathbb{R}^{n+1}$ の標準計量を $\langle \cdot | \cdot \rangle$ で表して $H = \{v \in \mathbb{R}^{n+1} \mid \langle a|v \rangle = 1\}$ と表す．$c \neq 0$ のとき $H_c = \{v \in \mathbb{R}^{n+1} \mid \langle a|v \rangle = c\}$ と置くと $g(X) = X_1$ である．そして $X_c = \tilde{X} \cap H_c$ と置くと，$X_c = \{c \in \mathbb{R}^{n+1} \mid \langle a|v \rangle = c$ かつ $Q'(v) = 0\}$ が成り立つ．このように定めた X_c は次のように X_1（したがって X）と同一視できる．

補題 9.3.1. $v \in X_1$ に対して $f(v) = cv$ と定めると f は X_1 から X_c への全単射である．

ここで次のように定める．前節までは $\mathbb{R}^{n+1}$ の元を ${}^t(x_1, \ldots, x_{n+1})$ と表してきたが，この節の残りでは添え字は 0 から始める．

定義 9.3.2. $v = {}^t(x_0, x_1, \ldots, x_n) \in \mathbb{R}^{n+1} \setminus \{o\}$ とする．このとき $[v]$ あるいは $[x_0 : x_1 : \cdots : x_n]$ で原点と v を通る $\mathbb{R}^{n+1}$ 内の直線を表す．

補題 9.3.3. $p, q \in \mathbb{R}^{n+1} \setminus \{o\}$ とする．$[p] = [q]$ であることと，$\exists \lambda \neq 0, q = \lambda p$

[†15]．『岩波数学辞典 第 4 版』，岩波書店 (2007) では「せんしょくめん」であるが，「せんしきめん」とすることも多いのでここでは後者に従った．

が成り立つことは同値である.

したがって $p, q \in H_c$ について $[p] = [q]$ が成り立つのは $p = q$ のとき，そのときのみである.

$v \in X$ とすると，補題 9.3.1 によって v に対応する X_c の点は常に $[v]$ と H_c の交点である．したがって $X_c = \{w \in H_c \mid w \text{ は } [v] \ (v \in X) \text{ 上にある}\}$ と書き換えることができる．これらのことを踏まえて次のような集合を考える.

定義 9.3.4. $\mathbb{R}P^n$ で $\mathbb{R}^{n+1}$ の原点を通る直線全体のなす集合[†16]を表し，**実射影空間**と呼ぶ（添字が n と $n+1$ で異なるので注意せよ）．$n = 1$ のときには実射影直線，$n = 2$ のときには実射影平面としばしば呼ぶ．上の記号を用いれば，

$$\mathbb{R}P^n = \{[v] \mid v \in \mathbb{R}^{n+1} \setminus \{o\}\}$$
$$= \{[x_0 : x_1 : \cdots : x_n] \mid {}^t(x_0 : x_1 : \cdots : x_n) \in \mathbb{R}^{n+1} \setminus \{o\}\}$$

が成り立つ．また，$\pi \colon \mathbb{R}^{n+1} \setminus \{o\} \to \mathbb{R}P^n$ を $\pi(v) = [v]$ により定める．$\mathbb{R}P^n$ は $P^n(\mathbb{R})$, $P^n_{\mathbb{R}}$ などで表すこともある．また，P の代わりに $\mathbb{P}$ を用いることも多い.

まず $\mathbb{R}P^n$ と H_c の関係について述べる.

定義 9.3.5. ある $a_0, \ldots, a_n \in \mathbb{R}$ で，いずれかの a_i は 0 でないような組を用いて $\mathcal{H} = \{[x_0 : \cdots : x_n] \in \mathbb{R}P^n \mid a_0 x_0 + \cdots + a_n x_n = 0\}$ と表すことのできる $\mathbb{R}P^n$ の部分集合を $\mathbb{R}P^n$ の**超平面**と呼ぶ．また，$\mathbb{R}P^n$ の部分集合であって，$\mathbb{R}P^1$ や $\mathbb{R}P^2$ との間に（一定の条件を充たす）全単射が存在するようなものをそれぞれ**直線**，**平面**と呼ぶ．$\mathbb{R}P^2$ の超平面は**直線**，$\mathbb{R}P^3$ の超平面は**平面**である（命題 A.1.6 および A.1.12 も参照のこと）.

補題 9.3.6. $\mathcal{H}$ は well-defined である.

証明. $[x_0 : \cdots : x_n] = [y_0 : \cdots : y_n]$ とすると，ある $c \neq 0 \in \mathbb{R}$ が存在して $(y_0, \ldots, y_n) = c(x_0, \ldots, x_n)$ が成り立つ．したがって $ax_0 + \cdots + ax_n = 0$ が成り立てば，$[y_0 : \cdots : y_n] = [x_0 : \cdots : x_n]$ なる任意の $(y_0, \ldots, y_n)$ について

[†16] $\mathbb{R}P^n$ は単なる集合ではなく，多様体と呼ばれる，ある意味で $\mathbb{R}^n$ に似た構造を持つ.

$a_0 y_0 + \cdots + a_n y_n = 0$ が成り立つ. したがって $\mathcal{H}$ の定義にある条件は意味を持ち, $\mathcal{H}$ は well-defined である. □

補題 9.3.7. $a = {}^t(a_0, \ldots, a_n) \in \mathbb{R}^{n+1} \setminus \{o\}$, $c \neq 0$ とし, $H_c = \{v \in \mathbb{R}^{n+1} \mid \langle a|v\rangle = c\}$ とする. このとき π の H_c への制限は単射である. また, $\mathbb{R}P^n$ の超平面 $\mathcal{H}$ を $\mathcal{H} = \{[x_0 : \cdots : x_n] \in \mathbb{R}P^n \mid a_0 x_0 + \cdots + a_n x_n = 0\}$ により定めると, $\mathbb{R}P^n \setminus \pi(H_c) = \mathcal{H}$ が成り立つ.

証明. π の定義から, $p, q \in \mathbb{R}P^n$ について $\pi(p) = \pi(q)$ が成り立つことは $[p] = [q]$ が成り立つことと同値である. 一方, $[v] \in \mathbb{R}P^n$ とすると H_c と $[v]$ の交点は高々 1 点から成るので, $p, q \in H_c$ について $\pi(p) = \pi(q)$ が成り立てば $p = q$ である. $[v] \in \pi(H_c)$ とすると, ある ${}^t(x_0, \ldots, x_n) \in H_c$ を用いて $[v] = [x_0 : \ldots : x_n]$ と表すことができる. H_c の定義から $a_0 x_0 + \cdots + a_n x_n \neq 0$ が成り立つので, 補題 9.3.6 により $[v] \notin \mathcal{H}$ が成り立つ. 逆に $[x_0 : \ldots : x_n] \notin \mathcal{H}$ とする. すると $v \in \mathbb{R}^{n+1}$ を用いて $[x_0 : \ldots : x_n] = [v]$ と表すことができる. $c' = a_0 x_0 + \cdots + a_n x_n$ と置くと, $c' \neq 0$ が成り立つ. そこで $w = \dfrac{c}{c'} v$ と置けば $w \in H_c$ かつ $[v] = [w] = \pi(w)$ が成り立つ. よって $\mathbb{R}P^n \setminus \pi(H_c) = \mathcal{H}$ が成り立つ. □

次に $\widetilde{X}$ と $\mathbb{R}P^n$ の関係について述べる. $v \in \mathbb{R}^{n+1} \setminus \{o\}$ とする. $[v]$ の o でないある元 w について $Q'(w) = 0$ が成り立つとする. すると, w' が $[v]$ の o でない元であれば $w' = \lambda w, \lambda \neq 0$ と表すことができるから, $Q(w') = \lambda^2 Q(w) = 0$ が成り立つ. したがって「$[v]$ 上の原点以外の点 w が $Q'(w) = 0$ を充たす」という条件は w に関するものではなく $[v]$ に関する条件である. そこでこの条件が成り立つことを $Q'([v]) = 0$ と表すことにして, $\widehat{X} = \{[v] \in \mathbb{R}P^n \mid Q'([v]) = 0\}$ と置く. また, $Q'([v]) = 0$ が成り立たないことを $Q'([v]) \neq 0$ と表すことにする. なお, $Q'([v])$ は 0 か否かだけが意味を持つのであって, 例えば 1 であるとか 2 であるという区別は意味を持たない[†17].

ところで, H_c は原点を通らないので $\widetilde{X} \cap H_c$ は原点を含まない. そこであらかじめ $\widetilde{X}$ からも原点を除いておくこととし, これを $\widetilde{X}^+$ で表す. すると $X_c = \widetilde{X} \cap H_c = \widetilde{X}^+ \cap H_c$ が成り立つ.

補題 9.3.8. π の X_c への制限は単射である. また, $\pi(X_c)$ は $\widehat{X}$ の部分集合

[†17] 定義 9.3.5 と補題 9.3.6 も同様のことを意味している. 考えてみよ.

であって，$\widehat{X} \setminus \pi(X_c) = \widehat{X} \cap \mathcal{H}$ が成り立つ．

証明． $X_c \subset H_c$ であるから，補題 9.3.7 により π の X_c への制限は単射である．また，$v \in X_c$ であれば $Q'(v) = 0$ であるから，$\pi(v) = [v] \in \widehat{X}$ が成り立つ．さらに，$v \in H_c$ であるから $v \notin \mathcal{H}$ が成り立つので $[v] \in \widehat{X} \setminus \mathcal{H}$ である．逆に $[v] \in \widehat{X} \setminus \mathcal{H}$ とする．補題 9.3.6 により，ある $w \in H_c$ が存在して $[v] = [w]$ が成り立つ．すると $Q'([w]) = 0$ が成り立つが，上に述べたことからこのことは $Q'(w) = 0$ と同値である．したがって $w \in X_c$ が成り立つ．よって $\pi(X_c) = \widehat{X} \setminus \mathcal{H}$ が成り立つが，これは後半の主張と同値である． □

したがって X_c と $\pi(X_c)$ を同一視すれば X_c は $\widehat{X} \cap \mathcal{H}_c$ の部分集合として表される．また，X_c と $\widehat{X} \cap \mathcal{H}_c$ の差も式で表せる程度に分かる．ところで，X_1 と X_c は $v \in X_1$ に $f(v) = cv \in X_c$ を対応させることにより同一視された．π の定義により $\pi \circ f(v) = \pi(v)$ が成り立つ．つまり，$\mathbb{R}^{n+1} \setminus \{o\}$ の部分集合として考えたときに生じる X_1 と X_c の間の差違は $\mathbb{R}P^n$ の部分集合としては存在しない．前節に現れた $\widehat{C}$ や $\widehat{S}$ は上で定義した $\widehat{X}$ である．X の形は $\widehat{X}$ とほぼ等しいが，一般には $\widehat{X}$ は X よりも少し大きな集合である．

9.3.1　二次曲線の分類

ここでは $\widehat{C}$ について述べる．ほとんどの場合には $\widehat{C}$ は既に知っている集合であるので，詳細は省略する．

$\operatorname{sgn} Q = (3,0)$ のとき．$\widehat{C}$ は**空集合**である．
$\operatorname{sgn} Q = (2,1)$ のとき．$\widehat{C}$ は**狭義の二次曲線**と呼ばれる．
$\operatorname{sgn} Q = (2,0)$ のとき．$\widehat{C}$ は**一点**である．
$\operatorname{sgn} Q = (1,1)$ のとき．$\widehat{C}$ は**一点で交わる二直線**である．
$\operatorname{sgn} Q = (1,0)$ のとき．$\widehat{C}$ は**重なった二直線**と考えることができる．
$\operatorname{sgn} Q = (0,0)$ のとき．$\widehat{C} = \mathbb{R}P^2$（射影平面）である．$\mathbb{R}P^2$ の形については後で調べる．

9.3.2　二次曲面の分類

ここでは $\widehat{S}$ について述べる．$\widehat{C}$ の場合と同様に詳細は省略する．また，9.2 節とは異なり，アフィン変換を用いて分解する（したがって Q' は標準形である）．

$\operatorname{sgn} Q = (4,0)$ のとき，$\widehat{S}$ は**空集合**である．

$\operatorname{sgn} Q = (3,1)$ のとき，$\widehat{S}$ は**狭義の二次曲面**と呼ばれる．

$\operatorname{sgn} Q = (3,0)$ のとき，$\widehat{S}$ は**一点**である．

$\operatorname{sgn} Q = (2,1)$ のとき，$\widehat{S} = \{[x_0 : x_1 : x_2 : x_3] \in \mathbb{R}P^3 \mid x_0{}^2 + x_1{}^2 - x_2{}^2 = 0\}$ である．平面（超平面）$\mathcal{H}_\infty$ を $\mathcal{H}_\infty = \{[x_0 : x_1 : x_2 : x_3] \in \mathbb{R}P^2 \mid x_2 = 0\}$ により定めると，$\widehat{S} \cap \mathcal{H}_\infty = \{[0:0:0:1]\}$ が成り立つ．一方，$[x_0 : x_1 : x_2 : x_3] \in \widehat{S} \setminus \mathcal{H}_\infty$ に対して，$\left[\dfrac{x_0}{x_2} : \dfrac{x_1}{x_2} : \dfrac{x_3}{x_2}\right]$ を対応させると $\mathbb{R}^3$ 内の図形が得られる．$\mathbb{R}^3$ を xyz-空間と考えると，$\widehat{S} \setminus \mathcal{H}_\infty$ は xy-平面上の二次曲線を z-軸方向に平行移動して得られる図形であることが分かる．したがって $\widehat{S}$ は，この柱状の図形に一点 $p = [0:0:0:1]$ を付け加えて得られる図形である．$\widehat{S}$ をここでは**柱面**と呼ぶこととする[†18]．

$\operatorname{sgn} Q = (2,0)$ のとき，$\widehat{S} = \{[x_0 : x_1 : x_2 : x_3] \in \mathbb{R}P^3 \mid x_0{}^2 + x_1{}^2 = 0\} = \{[0 : 0 : x_2 : x_3] \in \mathbb{R}P^3\}$ が成り立つ．$\widehat{S}$ は**直線**である．

$\operatorname{sgn} Q = (1,1)$ のとき，$\widehat{S}$ は**直線で交わる二平面**である．

$\operatorname{sgn} Q = (1,0)$ のとき，$\widehat{S}$ は**重なった二平面**である．

$\operatorname{sgn} Q = (0,0)$ のとき，$\widehat{S} = \mathbb{R}P^3$（**射影空間**）である．

9.3.3 射影直線と射影平面

ここでは $\mathbb{R}P^1$ と $\mathbb{R}P^2$ の図形的意味について考える．まず $n = 1$ とする．$\mathcal{P}_\infty = \{[x_0 : x_1] \in \mathbb{R}P^1 \mid x_1 = 0\}$ とすると $\mathcal{P}_\infty = \{[1:0]\}$ である．また，$L = \mathbb{R}P^1 \setminus \mathcal{P}_\infty$ とすると $L = \{[x_0 : x_1] \in \mathbb{R}P^1 \mid x_1 \neq 0\} = \{[x : 1] \in \mathbb{R}P^1 \mid x \in \mathbb{R}\}$ が成り立つ．そこで $\varphi_1 : \mathbb{R} \to \mathbb{R}P^1$ を $\varphi_1(x) = [x : 1]$ によって定めれば φ_1 は $\mathbb{R}$ から L への全単射である．したがって $\mathbb{R}P^1$ は直線に一点を付け加えて得られる集合である．L は $\mathbb{R}^2$ 内の平面 $\{{}^t(x_0, x_1) \in \mathbb{R}^2 \mid x_1 = 1\}$ と共通部分を持つ $\mathbb{R}^2$ 内の直線全体でもある．今は $[1:0]$ を特別視したが，例えば座標の役割を入れ替えれば $\mathbb{R}P^1$ を $\mathbb{R}$ に $[0:1]$ を付け加えて得られる集合と考えることができる．

$\mathbb{R}P^1$ は $\mathbb{R}^2$ の原点を通る直線全体のなす集合であるから，$\mathbb{R}P^1$ の元を単位円周 $S^1 = \{(x_0, x_1) \in \mathbb{R}^2 \mid x_0{}^2 + x_1{}^2 = 1\}$ の元を用いて表すことができる．つまり，$[p] \in \mathbb{R}P^1, p \in \mathbb{R}^2 \setminus \{o\}$ とすると，o と p を通る直線は S^1 と二点

[†18]. 柱面というのは一般的な用語ではない．

$\pm\dfrac{p}{\|p\|}$ で交わる ($\|\cdot\|$ は標準的なノルムとする). 逆に S^1 上の点 q が与えられれば $[q] \in \mathbb{R}P^1$ であって, $q, q' \in S^1$ について $[q] = [q']$ と $q' = \pm q$ が成り立つことは同値である. したがって $\mathbb{R}P^1$ の点は S^1 の点の組 $\{q, -q\}$ と対応し, 直感的には $\mathbb{R}P^1$ は S^1 の「半分」ということになる. 一方, 次のようにすると S^1 と $\mathbb{R}P^1$ は同一視できる. $f \colon S^1 \to \mathbb{R}P^1$, $g \colon \mathbb{R}P^1 \to S^1$ をそれぞれ

$$f({}^t(\cos\theta, \sin\theta)) = \left[\cos\frac{\theta}{2} : \sin\frac{\theta}{2}\right],$$
$$g([x_0 : x_1]) = {}^t\left(\frac{x_0{}^2 - x_1{}^2}{x_0{}^2 + x_1{}^2}, \frac{2x_0 x_1}{x_0{}^2 + x_1{}^2}\right)$$

により定めると $g = f^{-1}$ である. ここで次のことに注意する必要がある. S^1 の点を ${}^t(\cos\theta, \sin\theta)$ と表す方法は一通りではなく, 実際 $\theta' = \theta + 2n\pi$, $n \in \mathbb{Z}$, であることと ${}^t(\cos\theta', \sin\theta') = {}^t(\cos\theta, \sin\theta)$ であることは同値である. このとき, 直接計算することにより $f({}^t(\cos\theta', \sin\theta')) = f({}^t(\cos\theta, \sin\theta))$ が成り立つことが分かる. したがって $f({}^t(\cos\theta, \sin\theta))$ は S^1 の点の表し方に依らず well-defined である. 同様に g も well-defined であることを確かめる必要がある. これは演習問題とする.

$\mathbb{R}P^1 \setminus \{[1:0]\}$ と $\mathbb{R}P^1 \setminus \{[0:1]\}$ はそれぞれ $\mathbb{R}$ と同一視できたが, 一般には次が成り立つ.

補題 9.3.9.(補題 9.3.8 も参照のこと) i を 0 以上 n 以下の整数とする. $\varphi_i \colon \mathbb{R}^n \to \mathbb{R}P^n$ を $\varphi_i({}^t(y_1, \ldots, y_n)) = [y_1 : y_2 : \cdots : y_i : 1 : y_{i+1} : \cdots : y_n]$ により定める. また, $\mathbb{R}P^n$ の部分集合 U_i を $U_i = \{[x_0 : x_1 : \cdots : x_n] \in \mathbb{R}P^n \mid x_i \neq 0\}$ により定める. すると, φ_i は $\mathbb{R}^n$ から U_i への全単射である. また $\mathbb{R}P^n = U_0 \cup U_1 \cup \cdots \cup U_n$ が成り立つ.

証明. まず φ_0 が $\mathbb{R}^n$ から U_0 への全単射であることを示す. i がその他の値である場合も全く同様である. まず φ_0 の最初の成分は定義により 1 であるから, φ_0 の像は U_0 に含まれる. ここで $\varphi_0({}^t(y_1, \ldots, y_n)) = \varphi_0({}^t(z_1, \ldots, z_n))$ とする. $[1 : y_1 : \cdots : y_n] = [1 : z_1 : \cdots : z_n]$ であるから, 補題 9.3.3 によりある 0 でない実数 λ が存在して ${}^t(1, z_1, \ldots, z_n) = \lambda {}^t(1, y_1, \ldots, y_n)$ が成り立つ. したがって $\lambda = 1$ であって ${}^t(y_1, \ldots, y_n) = {}^t(z_1, \ldots, z_n)$ が成り立つ. また, $[x_0 : \cdots : x_n] \in U_i$ とすると $[x_0 : \cdots : x_n] = \left[\dfrac{x_0}{x_i} : \cdots : \dfrac{x_{i-1}}{x_i} : 1 : \dfrac{x_{i+1}}{x_i} : \cdots : \dfrac{x_n}{x_i}\right]$

$$= \varphi_i\left(\frac{x_0}{x_i}, \ldots, \frac{x_{i-1}}{x_i}, \frac{x_{i+1}}{x_i}, \ldots, \frac{x_n}{x_i}\right)$$
が成り立つので $[x_0 : \cdots : x_n] \in \varphi_i(\mathbb{R}^n)$ である．また，$[x_0 : \cdots : x_n] \in \mathbb{R}P^n$ とすれば $x_0, \ldots, x_n$ のいずれかは 0 ではないので，そのうちの一つを x_i とすれば $[x_0 : \cdots : x_n] \in U_i$ が成り立つ． □

問 9.3.10. $\mathcal{H} \subset \mathbb{R}P^n$ を超平面とする．$U_0 \cap \mathcal{H} \neq \varnothing$ ならば $U_0 \cap \mathcal{H}$ は (U_0 と同一視した) $\mathbb{R}^n$ の超平面であることを示せ．

$\mathbb{R}P^n$ のうち U_0 の部分は $\mathbb{R}^n$ と考えてよいのでよく分かっていると考えることができる (U_0 以外の U_i でも同様であるが，ここでは U_0 とする)．

定義 9.3.11. L_∞ を $\mathbb{R}P^2$ の点で，U_0 に含まれない点全体とする．つまり，$L_\infty = \{[x_0 : x_1 : x_2] \in \mathbb{R}P^2 \,|\, x_0 = 0\}$ と置き，**無限遠直線**と呼ぶ．

今は U_0 を考えているが，U_1 を考えているときには無限遠直線は $\{[x_0 : x_1 : x_2] \in \mathbb{R}P^2 \,|\, x_1 = 0\}$ で与えられ，上の L_∞ とは異なる．他の U_i についても同様である．

無限遠直線については次が成り立つ．証明は容易なので省略する．

補題 9.3.12. $f \colon L_\infty \to \mathbb{R}P^1$ を $f([0 : x_1 : x_2]) = [x_1 : x_2]$ により定めることができて，f は全単射である．

したがって L_∞ は $\mathbb{R}P^1$ と，さらに S^1 とも同一視できる．

最後に $\mathbb{R}P^2$ の形について考えてみる．$\mathbb{R}P^2$ は $\mathbb{R}^3$ の原点を通る直線全体のなす集合であるから，$\mathbb{R}P^1$ のときと同様に考えると単位球面 $S^2 = \{(x_0, x_1, x_2) \in \mathbb{R}^3 \,|\, x_0{}^2 + x_1{}^2 + x_2{}^2 = 1\}$ の「半分」と考えることができる．つまり，S^2 において $p \in S^2$ と $-p \in S^2$ (p の**対蹠点**と呼ぶ) を同一視して得られる図形と考えることができる (図 9.9 も参照のこと)．このことについて U_0 と L_∞ を用いてもう少し細かく考えてみる．$\mathbb{R}P^2 = U_0 \cup L_\infty$ であって，$U_0 \cap L_\infty = \varnothing$ である．つまり，$\mathbb{R}P^2$ は U_0 と L_∞ を何らかの意味で貼り合わせて得られる[†19]．貼り合わせの様子を調べてみる．まず $[1 : x_1 : x_2]$ を U_0 の点とする．$p \in S^2$ を $p = \dfrac{1}{\sqrt{1 + x_1{}^2 + x_2{}^2}}(1, x_1, x_2)$ により定めると $[1 : x_1 : x_2] = [\pm p]$ が成

[†19] U_0 は平面 $\mathbb{R}^2$ と，L_∞ は円周 S^1 と同一視できるので，$\mathbb{R}P^2$ は $\mathbb{R}^2$ に S^1 を貼り合わせて得られるとも考えられる．

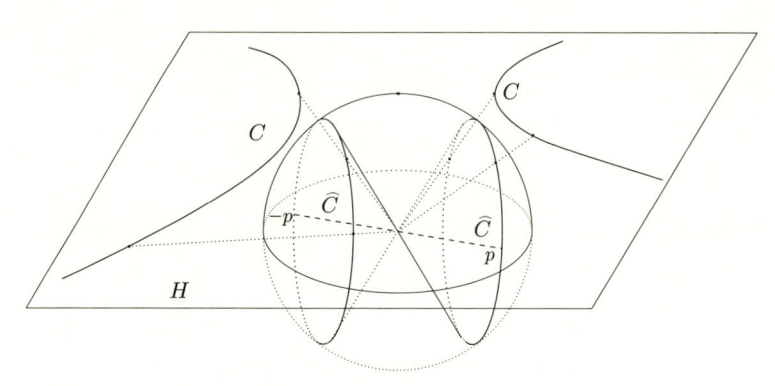

図 9.9. $\mathbb{R}P^2$ や $\widehat{C}$ の様子は球面 S^2 を用いると想像しやすい．図は $\widehat{C}$ が $\widetilde{C} \cap S^2$ として，双曲線が $\widetilde{C} \cap H$, $H = \{(1, x_1, x_2) \in \mathbb{R}^3\}$ としてそれぞれ現れる様子である（図では x-軸が垂直になっているので注意）．$\mathbb{R}P^2$ の点と考えたときには，北半球の点 p は南半球の点 $-p$ と同一視される．したがって球面上に二つあるように見える円周のような図形は $\mathbb{R}P^2$ 上の図形としては一つである．H の点 $(1, x_1, x_2)$ を U_0 の点 $[1 : x_1 : x_2]$ として $H = U_0$ とみなす．yz-平面と球面の共通部分の円周（球面の赤道）は U_0 から見た無限遠直線 L_∞ であり，U_0 からは「見えない」．したがって $\widehat{C}$ を U_0 上で観察する，つまり $\widehat{C} \cap U_0$ を考えると $\widehat{C} \cap L_\infty$ に属する 2 点が除かれて，二つの部分に分かれた曲線が得られる．これが命題 9.1.15 で $\widetilde{X} \cap H$ として，また補題 9.3.8 で $\pi(X_c)$ として得られた双曲線である．もし楕円錐が yz-平面に接しているならば，$\widehat{C}$ から 1 点が除かれ，放物線が得られる．もし楕円錐と yz-平面の共通部分が原点のみであれば $\widehat{C}$ からは点は除かれず，楕円が得られる（図 9.1 も参照のこと）．

り立つ．また，L_∞ の点 $[0 : x_1 : x_2]$ については $p = \dfrac{1}{\sqrt{x_1{}^2 + x_2{}^2}}(0, x_1, x_2)$ と置けば $[0 : x_1 : x_2] = [\pm p]$ が成り立つ．いずれの場合も対蹠点を用いて表されているので，$\mathbb{R}P^2$ の点を S^2 の点 p を用いて $\{p, -p\}$ と表してみる．U_0 の点 $[1 : x_1 : x_2]$ を (x_1, x_2) として $U_0 = \mathbb{R}^2$ とみなした上で，$\mathbb{R}^2$ の点 q が直線 $bx_1 - ax_2 = 0$ に沿って原点から離れていく（無限に遠ざかっていく）と考えてみる．これは $q = (at, bt)$ として $t \to +\infty$ あるいは $t \to -\infty$ における極限を考えることにあたる．q は U_0 の点としては $[1 : at : bt]$ なので，対応する S^2 の点は $\dfrac{1}{\sqrt{1 + (a^2 + b^2)t^2}}(1, at, bt)$ である．$t \to \pm\infty$ とするとこの点は $\pm \dfrac{1}{\sqrt{a^2 + b^2}}(0, a, b)$ に収束する（複号同順）．見掛け上 2 点あるが，$\mathbb{R}P^2$ においては対蹠点は同一であるから，これらの定める $\mathbb{R}P^2$ の点は同じである．言い換えると，対蹠点を同一と考えているので，大雑把には U_0 の点 $[1 : x_1 : x_2] = \{r, -r\}$ の，L_∞ の点 $\{p, -p\}$ への近づき方には r が p に近づくか，あるいは $-p$ に近づくかの二通りが考えられる．しかし，少なくと

も原点を通る直線に沿って $U_0 = \mathbb{R}^2$ の点が L_∞ の点に近づく限りは r が p に近づいても，$-p$ に近づいても，$\mathbb{R}P^2$ の点としては $\{r, -r\}$ は $\{p, -p\}$ に近づいている．正しくはもっと慎重に調べる必要があるが，このように L_∞ は U_0 の点が無限遠に遠ざかったときに辿り着く点全体のなす集合と考えることができる．

付録 A 平面や空間内の直線・平面などについて

ここでは K^2 や K^3 内の直線や平面についての基本的な事項のいくつかをまとめておく．ここでの議論をより系統的に行ったのが第 1 章である．本文の内容はこの章の内容を踏まえてはいるが，論理的には独立である．

A.1 直線・平面と超平面

ここでは xy-平面や xyz-空間の点を列ベクトルを用いて表す．xy-平面は $\mathbb{R}^2$ と，xyz-空間は $\mathbb{R}^3$ と同一視できる．ここではより一般に K^n の場合を扱うが，慣れないうちは $K = \mathbb{R}$ だと考えればよい．以下では K^n の零ベクトルを o で表す．また，特に断らなければ $a \in K^n$ であるとき，a の成分を $a_1, \ldots, a_n$ で表す．$a \in K^n$ であれば $a = \begin{pmatrix} a_1 \\ \vdots \\ a_n \end{pmatrix}$ である．

定義 A.1.1.
1) K^n の部分集合 L であって，ある $v, c \in K^n$, $v \neq o$, を用いて，
$$L = \{x \in K^n \mid \exists t \in K, x = tv + c\}$$
と表されるものを K^n 内の**直線**と呼ぶ．v を L の**方向ベクトル**と呼ぶ．

2) K^n の部分集合 H であって，ある $a \in K^n$, $a \neq o$, と $c \in K$ を用いて，
$$H = \{x \in K^n \mid a_1 x_1 + \cdots + a_n x_n + c = 0\}$$
と表されるものを K^n の**超平面**と呼ぶ．$K = \mathbb{R}$ であれば a, $K = \mathbb{C}$ であれば $\overline{a}$ を H の**法線ベクトル**と呼ぶ．ここで $a_i \in \mathbb{C}$ のとき $\overline{a_i}$ を a_i の共役複素数とし，$\overline{a} = \begin{pmatrix} \overline{a_1} \\ \vdots \\ \overline{a_n} \end{pmatrix}$ と置く．

注 A.1.2. 直線の方向ベクトル，超平面の法線ベクトルは一般には一意的ではない．

補題 A.1.3. 直線，超平面は空集合ではない．

証明は易しいので省略する．

問 A.1.4. $a, b, c, d \in \mathbb{R}$ とする. $\mathbb{R}^3$ の部分集合 $\{x \in \mathbb{R}^3 \mid ax_1 + bx_2 + cx_3 + d = 0\}$ を図示せよ.
注意：a, b, c, d の値によっては X は超平面ではない.

問 A.1.5.
1) $v, v', c, c' \in \mathbb{R}^n$ とする. また v, v' はいずれも o でないとする. $\mathbb{R}^n$ 内の二直線 $L = \{x \in \mathbb{R}^n \mid \exists t \in \mathbb{R}, \, x = tv + c\}$ と $L' = \{x \in \mathbb{R}^n \mid \exists t \in \mathbb{R}, \, x = tv' + c'\}$ が一致するための v, v', c, c' に関する条件を求めよ.
2) $a, a' \in \mathbb{R}^n, c, c' \in \mathbb{R}$ とする. また a, a' はいずれも o でないとする. $\mathbb{R}^n$ の超平面 $\{x \in \mathbb{R}^n \mid a_1 x_1 + \cdots + a_n x_n = c\}$ と $\{x \in \mathbb{R}^n \mid a'_1 x_1 + \cdots + a'_n x_n = c'\}$ が一致するための $a_1, \ldots, a_n, c, a'_1, \ldots, a'_n, c'$ に関する条件を求めよ.

命題 A.1.6. K^2 内の直線は K^2 の超平面であり，逆も正しい.

証明. L を K^2 内の直線とすると，ある $v, c \in K^2, v \neq o$, が存在して $L = \{x \in K^2 \mid \exists t \in K, \, x = tv + c\}$ が成り立つ. $x \in L$ とすると，x, v, c の成分について $x_1 = tv_1 + c_1$, $x_2 = tv_2 + c_2$ が成り立つ. したがって $v_2 x_1 - v_1 x_2 - (v_2 c_1 - v_1 c_2) = 0$ が成り立つ. そこで $H = \{x \in K^2 \mid v_2 x_1 - v_1 x_2 - (v_2 c_1 - v_1 c_2) = 0\}$ と置けば $L \subset H$ が成り立つ. $v \neq o$ であることから，少なくとも v_1 と v_2 の一方は 0 でないので，$\begin{pmatrix} v_2 \\ -v_1 \end{pmatrix} \neq o$ が成り立つ. よって H は K^2 の超平面である. 次に $H \subset L$ を示す. まず $v_2 \neq 0$ と仮定する. $x \in H$ とすると $x_1 - \dfrac{v_1}{v_2} x_2 - \dfrac{v_2 c_1 - v_1 c_2}{v_2} = 0$ が成り立つ. したがって $x = \begin{pmatrix} x_1 \\ x_2 \end{pmatrix} = \dfrac{x_2 - c_2}{v_2} \begin{pmatrix} v_1 \\ v_2 \end{pmatrix} + \begin{pmatrix} c_1 \\ c_2 \end{pmatrix}$ が成り立つので $x \in L$ である. $v_2 = 0$ であるときには，$v \neq o$ より $v_1 \neq 0$ であることを用いて上と同様に考えれば $x \in L$ であることが分かる. したがって $H \subset L$ なので $L = H$ が成り立つ. よって K^2 内の直線は K^2 の超平面である.

H' を K^2 の超平面とすると，ある $a \in K^2, a \neq o$, と $c \in K$ が存在して $H' = \{x \in K^2 \mid a_1 x_1 + a_2 x_2 + c = 0\}$ が成り立つ. ここで $v = \begin{pmatrix} -a_2 \\ a_1 \end{pmatrix}$ と置く. また，$a_1 \neq 0$ であれば $d = \begin{pmatrix} -\frac{c}{a_1} \\ 0 \end{pmatrix}$, $a_2 \neq 0$ であれば $d = \begin{pmatrix} 0 \\ -\frac{c}{a_2} \end{pmatrix}$ として $L' = \{x \in K^2 \mid \exists t \in K, \, x = tv + d\}$ と置けば，上と同様の議論により $H' = L'$ であることが示される. $v \neq o$ であるから，L' は直線であるので K^2 の超平面は K^2 内の直線である. □

定義 A.1.1 の意味での $\mathbb{R}^3$ 内の直線が日常的な意味での空間内の直線を表していると考えることは，例えば図示してみれば納得されるであろう. 次に $\mathbb{R}^3$ 内の平面について考えてみる. 平面は直線とは異なり「広がり」を持つ. 直線を表すのには変数が一つ必要であった. これを，$\mathbb{R}$ を直線と考えることができることに対応すると考えることにする. すると，平面に対応するのは $\mathbb{R}^2$ であるから，平面を表すには変数が二つ必要で

あると考えられる．これを踏まえて次のように定める．

定義 A.1.7. K^n の部分集合 P が K^n 内の**平面**であるとは，
$$P = \{x \in K^n \,|\, \exists t, s \in K, x = tv + sw + p\}$$
が成り立つことである．ここで $v, w, p \in K^n$ であって，v, w は互いに平行ではないとする．

定義 A.1.7 に「平行」という概念が現れるが，これは次のように定める．

定義 A.1.8. $v, w \in K^n$ が互いに**平行**であるとは，ある $\lambda \in K$ が存在して $w = \lambda v$ あるいは $v = \lambda w$ が成り立つことを言う．

特に $o \in K^n$ は任意の K^n の元と平行である（したがって定義 A.1.7 において v, w はいずれも o ではない）．

$n = 2$ あるいは $n = 3$ のときには次が成り立つ．$n > 3$ でも同様のことが成り立つが，ここでは用いないので省略する．

補題 A.1.9.
1) $v, w \in K^2$ が平行であることと $v_1 w_2 - v_2 w_1 = 0$ が成り立つことは同値である．
2) $v, w \in K^3$ が平行であることと，$v_2 w_3 - v_3 w_2 = v_3 w_1 - v_1 w_3 = v_1 w_2 - v_2 w_1 = 0$ が成り立つことは同値である．また，v, w が平行でないとする．$a = \begin{pmatrix} v_2 w_3 - v_3 w_2 \\ v_3 w_1 - v_1 w_3 \\ v_1 w_2 - v_2 w_1 \end{pmatrix}$ と置くと $a \neq o$ であって，$v_1 a_1 + v_2 a_2 + v_3 a_3 = w_1 a_1 + w_2 a_2 + w_3 a_3 = 0$ が成り立つ．

証明. 1) の証明は以下に示す 2) の前半の証明をまねすればできるので省略する．2) を示す．$v_2 w_3 - v_3 w_2 = v_3 w_1 - v_1 w_3 = v_1 w_2 - v_2 w_1 = 0$ が成り立つとする．$v = o$ であれば定義により v, w は平行であるので $v \neq o$ とする．$v_1 \neq 0$ とすると，$w_2 = \dfrac{w_1}{v_1} v_2$，$w_3 = \dfrac{w_1}{v_1} v_3$ が成り立つから v と w は平行である．他の場合も同様である．逆は容易に示せる．後半は直接計算すれば示せるが，ここでは a の見付け方を簡単に述べる．$v_2 w_3 - v_3 w_2 \neq 0$ とする．$v_1 a_1 + v_2 a_2 + v_3 a_3 = 0$ と $w_1 a_1 + w_2 a_2 + w_3 a_3 = 0$ にそれぞれ w_3 と v_3 を掛けて差を取ると $(v_1 w_3 - v_3 w_1) a_1 + (v_2 w_3 - v_3 w_2) a_2 = 0$ を得る．また，それぞれに w_2 と v_2 を掛けて差を取ると $(v_1 w_2 - v_2 w_1) a_1 + (v_3 w_2 - v_2 w_3) a_3 = 0$ を得る．よって $a' = \begin{pmatrix} 1 \\ \dfrac{v_3 w_1 - v_1 w_3}{v_2 w_3 - v_3 w_2} \\ \dfrac{v_1 w_2 - v_2 w_1}{v_2 w_3 - v_3 w_2} \end{pmatrix}$ とすると，a' は条件を充たす．a' に $v_2 w_3 - v_3 w_2 \neq 0$ を掛けて a を得る． □

零でないベクトル v,w が平行であるとは，v と w の表す点が原点を通るある直線に属することである．v,w が平行なときに定義 A.1.7 にある式で形式的に P を定めると P は直線になってしまうので，このような場合は排除している．逆に，v,w が平行でなければ次が成り立つ．

補題 A.1.10. $v,w \in K^n$ が平行ではないとする．$t,s \in K$ とすると $tv+sw=o$ と $t=s=0$ は同値である．また，$t,t',s,s' \in K$ とすると，$tv+sw=t'v+s'w$ が成り立つことと $(t,s)=(t',s')$ が成り立つことは同値である．

証明． $tv+sw=o$ とする．もし $t \neq 0$ であれば $v=-\frac{s}{t}w$ が成り立つし，$s \neq 0$ であれば $w=-\frac{t}{s}v$ が成り立つから v,w が平行でないことに反する．逆に $t=s=0$ であれば $tv+sw=o$ が成り立つ．後半を示す．$tv+sw=t'v+s'w$ が成り立てば $(t-t')v+(s-s')w=o$ が成り立つから，前半から $(t,s)=(t',s')$ が成り立つ． □

したがって v,w が平行でないとすると P の点と数の組 (t,s) は一対一に対応する．そこで (t,s) は K^2 の点を表す座標と考えることにすれば，P は平面を表すと考えてよさそうである．

次の補題は易しいので証明は省略する．

補題 A.1.11. K^n 内の平面は空集合ではない．

超平面と平面を上のように定めると次が成り立つ．

命題 A.1.12. K^3 の超平面は K^3 内の平面であり，逆も正しい．

証明． $H=\{x \in K^3 \mid a_1x_1+a_2x_2+a_3x_3+c=0\}$ を K^3 の超平面とする．ここで，$a \in K^3, c \in K$ であって $a \neq o$ である．a の成分 a_1,a_2,a_3 のいずれかは 0 ではないので $a_1 \neq 0$ とする．そのほかの場合でも議論は同様である．$x \in H$ とすると $x_1+\frac{a_2}{a_1}x_2+\frac{a_3}{a_1}x_3+\frac{c}{a_1}=0$ が成り立つ．よって $x=\begin{pmatrix}x_1\\x_2\\x_3\end{pmatrix}=x_2\begin{pmatrix}-\frac{a_2}{a_1}\\1\\0\end{pmatrix}+x_3\begin{pmatrix}-\frac{a_3}{a_1}\\0\\1\end{pmatrix}+\begin{pmatrix}-\frac{c}{a_1}\\0\\0\end{pmatrix}$ が成り立つ．そこで $v=\begin{pmatrix}-\frac{a_2}{a_1}\\1\\0\end{pmatrix}, w=\begin{pmatrix}-\frac{a_3}{a_1}\\0\\1\end{pmatrix}, p=\begin{pmatrix}-\frac{c}{a_1}\\0\\0\end{pmatrix}$ と置き，$P=\{x \in K^3 \mid \exists t,s \in K, x=tv+sw+p\}$ とする．定義から $x \in P$ が成り立つ．また，v,w は互いに平行ではないから P は平面である．逆に $x \in P$ であれば，命題 A.1.6 の証明と同様に $x \in H$ であることが示せる．よって $H=P$ が成り立つので，K^3 の超平面は K^3 内の平面である．

逆に P' を K^3 内の平面とし，$P'=\{x \in K^3 \mid \exists t,s \in K, x=tv+sw+p\}$ とする．ここで $a \in K^3$ と c は後で決めることにして，$H'=\{x \in K^3 \mid a_1x_1+a_2x_2+a_3x_3+c=0\}$ とする．もし $P'=H'$ が成り立つのであれば，$p \in P'$ であるから $a_1p_1+a_2p_2+a_3p_3+c=0$ が成り立つ．また，$v+p \in P'$ であるから $a_1(v_1+p_1)+a_2(v_2+p_2)+a_3(v_3+p_3)+c=0$ が成り立つので，上の式と合わせて $a_1v_1+a_2v_2+a_3v_3=0$ が成り立つ．同様に

$a_1 w_1 + a_2 w_2 + a_3 w_3 = 0$ が成り立つ. そこで a を補題 A.1.9 のように定め, また $c = -(a_1 p_1 + a_2 p_2 + a_3 p_3)$ と置く. すると $P' \subset H'$ が成り立つ. v, w は平行でないので $a \neq o$ だから H' は K^3 の超平面である. また, $H' \subset P'$ が成り立つ. 実際 $a_1 = v_2 w_3 - v_3 w_2 \neq 0$ であれば $v_1 + \frac{a_2}{a_1} v_2 + \frac{a_3}{a_1} v_3 = 0$ と $w_1 + \frac{a_2}{a_1} w_2 + \frac{a_3}{a_1} w_3 = 0$ が成り立つ. また, $x \in H'$ であれば $x_1 + \frac{a_2}{a_1} x_2 + \frac{a_3}{a_1} x_3 + \frac{c}{a_1} = 0$ が成り立つので, $x_1 - p_1 + \frac{a_2}{a_1}(x_2 - p_2) + \frac{a_3}{a_1}(x_3 - p_3) = 0$ が成り立つ. したがって,

$$\begin{pmatrix} x_1 \\ x_2 \\ x_3 \end{pmatrix} - \begin{pmatrix} p_1 \\ p_2 \\ p_3 \end{pmatrix} = (x_2 - p_2) \begin{pmatrix} -\frac{a_2}{a_1} \\ 1 \\ 0 \end{pmatrix} + (x_3 - p_3) \begin{pmatrix} -\frac{a_3}{a_1} \\ 0 \\ 1 \end{pmatrix}$$

が成り立つが, 一方 $\frac{1}{a_1}(w_3 v - v_3 w) = \frac{1}{a_1} \begin{pmatrix} v_1 w_3 - v_3 w_1 \\ 1 \\ 0 \end{pmatrix} = \begin{pmatrix} -\frac{a_2}{a_1} \\ 1 \\ 0 \end{pmatrix}$ と

$\frac{1}{a_1}(w_2 v - v_2 w) = \frac{1}{a_1} \begin{pmatrix} v_1 w_2 - v_2 w_1 \\ 0 \\ -1 \end{pmatrix} = \begin{pmatrix} \frac{a_3}{a_1} \\ 0 \\ -1 \end{pmatrix}$ がそれぞれ成り立つので $x = \frac{w_3(x_2 - p_2) - w_2(x_3 - p_3)}{a_1} v + \frac{-v_3(x_2 - p_2) + v_2(x_3 - p_3)}{a_1} w + p$ が成り立つ. したがって $H' \subset P'$ が成り立つので, $H' = P'$ である. よって K^3 内の平面は K^3 の超平面である. □

問 A.1.13. L を K^n 内の直線, H を K^n の超平面とする. $L \cap H = \varnothing$, $L \cap H = \{p\}$ (ただし, $p \in K^n$) あるいは $L \subset H$ のいずれかが成り立つことを示せ.

A.2 K^2 内の二直線の交わり

平面内の二直線の交わりの様子は連立方程式

$$\begin{cases} a_{11} x_1 + a_{12} x_2 + c_1 = 0, \\ a_{21} x_1 + a_{22} x_2 + c_2 = 0 \end{cases}$$

の解の様子を調べれば分かるはずである. ここではこれらの二式が直線を表すとし, 第一式が表す図形を L_1, 第二式が表す図形を L_2 と置く. ただし $L_1 = L_2$ の場合も考慮に入れることにする.

まず一つ用語を導入しておく.

定義 A.2.1. 二本の直線が互いに平行であるとはそれぞれの方向ベクトルが互いに平行であることを言う. 特に二本の直線が同一の場合にはそれらは平行である.

命題 A.1.6 の証明から, L_1, L_2 の方向ベクトルとしてそれぞれ $\begin{pmatrix} -a_{12} \\ a_{11} \end{pmatrix}, \begin{pmatrix} -a_{22} \\ a_{21} \end{pmatrix}$ が取れる. L_1 と L_2 は直線を表すとしているのでこれらのベクトルは o ではない. ま

た、$a_{11}a_{22} - a_{21}a_{12} \neq 0$ が成り立つことと、L_1 と L_2 が平行でないことは同値である。

さて、最初の連立方程式の第一式の a_{22} 倍と第二式の a_{12} 倍の差を取ると $(a_{11}a_{22} - a_{21}a_{12})x_1 + (a_{11}c_1 - a_{12}c_2) = 0$ を得る。もし $a_{11}a_{22} - a_{21}a_{12} \neq 0$ であれば、これから x_1 が定まり、最初の方程式から x_2 も定まる。具体的には $x_1 = -\dfrac{a_{22}c_1 - a_{12}c_2}{a_{11}a_{22} - a_{21}a_{12}}$, $x_2 = -\dfrac{-a_{21}c_1 + a_{11}c_2}{a_{11}a_{22} - a_{21}a_{12}}$ が成り立つ。逆にこれらは最初の方程式の解である。よって L_1 と L_2 が平行でなければ $L_1 \cap L_2$ は一点からなる。一方 L_1 と L_2 が平行であるとする。するとある $\lambda \in K$ が存在して $\begin{pmatrix} -a_{22} \\ a_{21} \end{pmatrix} = \lambda \begin{pmatrix} -a_{12} \\ a_{11} \end{pmatrix}$ が成り立つ。$\begin{pmatrix} -a_{22} \\ a_{21} \end{pmatrix} \neq o$ であるから $\lambda \neq 0$ が成り立つ。このとき、最初の方程式の第二式は $\lambda a_{11} x_1 + \lambda a_{12} x_2 + c_2 = 0$ と同値である。$\lambda \neq 0$ であるから、これはさらに $a_{11} x_1 + a_{12} x_2 + \dfrac{c_2}{\lambda} = 0$ と同値である。一方 $a_{11} x_1 + a_{12} x_2 + c_1 = 0$ であるから、最初の方程式は $c_1 = \dfrac{c_2}{\lambda}$ であれば、唯一つの方程式 $a_{11} x_1 + a_{12} x_2 + c_1 = 0$ と同値である。したがって解全体のなす集合は L_1 に等しく、$L_1 \cap L_2 = L_1$ が成り立つ。一方 $c_1 \neq \dfrac{c_2}{\lambda}$ であれば最初の方程式は解を持たない。したがって $L_1 \cap L_2 = \emptyset$（空集合）が成り立つ。

A.3　K^3 内の二直線の交わり

L_1, L_2 を K^3 内の直線とし、$L_1 = \{x \in K^3 \,|\, \exists t \in K, x = tv_1 + c_1\}$, $L_2 = \{x \in K^3 \,|\, \exists t \in K, x = tv_2 + c_2\}$ とする。ここで $v_1, v_2, c_1, c_2 \in K^3$ であって、v_1, v_2 はいずれも零ベクトルではないとする。

<u>v_1 と v_2 が互いに平行なとき</u>．

$v_1 = \lambda v_2$, $\lambda \neq 0 \in K$, とすると $L_1 = \{x \in K^3 \,|\, \exists t \in K, x = t\lambda v_2 + c_1\}$ が成り立つ。$\lambda \neq 0$ であるから $L_1 = \{x \in K^3 \,|\, \exists t \in K, x = tv_2 + c_1\}$ が成り立つ（$\lambda = 0$ であると何がどのように変わるか考えてみよ）。もし $x \in L_1 \cap L_2$ が成り立てば、$\exists t, s \in K, x = tv_2 + c_1 = sv_2 + c_2$ が成り立つ。このとき $c_1 = (s - t)v_2 + c_2$ である。したがって $c_1 - c_2 = \mu v_2$ が成り立つような $\mu \in K$ が存在する。逆にこのような μ が存在すれば、$L_1 = \{x \in K^3 \,|\, \exists u \in K, x = uv_2 + \mu v_2 + c_2\} = \{x \in K^3 \,|\, \exists u \in K, x = (u + \mu)v_2 + c_2\} = \{x \in K^3 \,|\, \exists u \in K, x = uv_2 + c_2\} = L_2$ が成り立つ。よって $L_1 \cap L_2 \neq \emptyset$, $L_1 = L_2$, $\exists \mu \in K, c_1 - c_2 = \mu v_2$ はすべて同値である。特に、このような μ が存在しなければ $L_1 \cap L_2 = \emptyset$ である。ここまでは K^2 のときと同様である。

<u>v_1 と v_2 が互いに平行ではないとき</u>．

$t, s, t', s' \in K$ とすると、補題 A.1.10 により $tv_1 + sv_2 = t'v_1 + s'v_2$ が成り立つことと $t = t'$ かつ $s = s'$ が成り立つことは同値である。一方、$x \in L_1 \cap L_2 \subset K^3$ が成り立つことは $\exists t, s \in K, x = tv_1 + c_1 = sv_2 + c_2$ が成り立つことと同値である。したがって $L_1 \cap L_2 \neq \emptyset$ であれば $\exists t, s \in K, tv_1 - sv_2 = -c_1 + c_2$ が成り立つ。補題 A.1.10 により、このような t, s は存在すれば唯一つである。逆にこのような t, s が存在すれば、$tv_1 + c_1 \in L_1 \cap L_2$ が成り立つから、これらの条件は同

値である．一方，このような t,s が存在しなければ $L_1 \cap L_2 = \emptyset$ である．例えば $v_1 = \begin{pmatrix} 1 \\ 0 \\ 0 \end{pmatrix}$, $v_2 = \begin{pmatrix} 0 \\ 1 \\ 0 \end{pmatrix}$, $c_1 = \begin{pmatrix} 0 \\ 0 \\ 0 \end{pmatrix}$, $c_2 = \begin{pmatrix} 0 \\ 0 \\ 1 \end{pmatrix}$ とすると $tv_1 - sv_2 = -c_1 + c_2$ が成り立つような $t,s \in K$ は存在せず，$L_1 \cap L_2 = \emptyset$ が成り立つ．まとめると，v_1 と v_2 が平行でなければ $L_1 \cap L_2 = \{x\}$ （つまり L_1 と L_2 は一点 x で交わる）あるいは $L_1 \cap L_2 = \emptyset$ が成り立つ．K^2 のときには互いに平行でない二直線は必ず交点を持ったが，K^3 の場合には，このように交わりを持たない場合が起きる．このような状況を L_1 と L_2 は互いに**捩れ**の位置にあるという．$n \geq 3$ であれば K^n 内には互いに捩れの位置にある直線の組が無限に存在する．

A.4　K^3 内の二平面の交わり

ここでは K^3 内の平面を K^3 の超平面として考える．定義 A.1.7 を用いて考察しても，もちろん同一の結論が得られるが，これは各自に任せる．

二平面や二超平面が互いに平行であることを次のように定める．

定義 A.4.1.　K^n の超平面 H_1 と H_2 が互いに平行であるとは，H_1, H_2 の法線ベクトルが互いに平行であることを言う．

問 A.4.2.　K^2 の二直線が互いに平行であること（定義 A.2.1）と，これらを K^2 の超平面と見たときに平行であることは同値であることを示せ．

定義 A.4.3.　K^n 内の平面 $P_1 = \{x \in K^n \mid \exists t, s \in K, x = tv + sw + p\}$ と $P_2 = \{x \in K^n \mid \exists t, s \in K, x = tv' + sw' + p'\}$ が互いに平行であるとは，$\{x \in K^n \mid \exists t, s \in K, x = tv + sw\} = \{x \in K^n \mid \exists t, s \in K, x = tv' + sw'\}$ が成り立つことを言う．

つまり，P_1, P_2 を原点を通るように平行移動したときに一致することと，P_1 と P_2 は互いに平行であることは同値である．

問 A.4.4.　K^3 の超平面 H_1, H_2 が超平面として互いに平行であること（定義 A.4.1）と，平面として平行であること（定義 A.4.3）は同値であることを示せ．

P_1, P_2 を K^3 内の平面とする．
<u>P_1 と P_2 が互いに平行なとき．</u>
このときには $P_1 = P_2$ であるか，$P_1 \cap P_2 = \emptyset$ が成り立つ．これは例えば P_1, P_2 を超平面とみなして K^2 内の二直線のときと同様にして調べることができるし，K^3 内の二直線の交わりのときと同様にして調べることもできる．詳細は読者に任せる．
<u>P_1 と P_2 が互いに平行ではないとき．</u>
ここでは P_1 と P_2 を超平面として扱う．$P_1 = \{x \in K^3 \mid a_{11}x_1 + a_{12}x_2 + a_{13}x_3 + c_1 = 0\}$, $P_2 = \{x \in K^3 \mid a_{21}x_1 + a_{22}x_2 + a_{23}x_3 + c_2 = 0\}$ とする．$a \neq o$ なので，ここで

は $a_{11} \neq 0$ とする. $x \in P_1 \cap P_2$ と, x が連立方程式

(A.4.5) $$\begin{cases} a_{11}x_1 + a_{12}x_2 + a_{13}x_3 + c_1 = 0, \\ a_{21}x_1 + a_{22}x_2 + a_{23}x_3 + c_2 = 0 \end{cases}$$

の解であることは同値である. ところで, $a_{11} \neq 0$ であるから, 上の方程式は

(A.4.6) $$\begin{cases} x_1 + \dfrac{a_{12}}{a_{11}}x_2 + \dfrac{a_{13}}{a_{11}}x_3 + \dfrac{c_1}{a_{11}} = 0, \\ a_{21}x_1 + a_{22}x_2 + a_{23}x_3 + c_2 = 0 \end{cases}$$

と同値である. ここで第二式から第一式の a_{21} 倍を引くと

(A.4.7) $$\begin{cases} x_1 + \dfrac{a_{12}}{a_{11}}x_2 + \dfrac{a_{13}}{a_{11}}x_3 + \dfrac{c_1}{a_{11}} = 0, \\ \left(a_{22} - a_{21}\dfrac{a_{12}}{a_{11}}\right)x_2 + \left(a_{23} - a_{21}\dfrac{a_{13}}{a_{11}}\right)x_3 + \left(c_2 - a_{21}\dfrac{c_1}{a_{11}}\right) = 0 \end{cases}$$

が得られる. もし x が式 (A.4.6) を充たせば, x は式 (A.4.7) を充たす. 逆に x が式 (A.4.7) を充たせば, 第二式に第一式の a_{21} 倍を加えれば式 (A.4.6) の第二式が得られるので, x は式 (A.4.6) を充たす. したがって x が式 (A.4.5) の解であることは x が式 (A.4.7) の解であることと同値である. ところで P_1 と P_2 は互いに平行ではないので, $\left(a_{22} - a_{21}\dfrac{a_{12}}{a_{11}}\right)$ と $\left(a_{23} - a_{21}\dfrac{a_{13}}{a_{11}}\right)$ がともに 0 となることはない. そこでここでは $a_{22} - a_{21}\dfrac{a_{12}}{a_{11}} \neq 0$ と仮定する. 式 (A.4.7) を導いたときと同様に考えれば, x が式 (A.4.5) の解であることと, x が

(A.4.8) $$\begin{cases} x_1 + \dfrac{a_{13}a_{22} - a_{12}a_{23}}{a_{11}a_{22} - a_{21}a_{12}}x_3 + \dfrac{a_{22}c_1 - a_{12}c_2}{a_{11}a_{22} - a_{21}a_{12}} = 0, \\ x_2 + \dfrac{a_{11}a_{23} - a_{21}a_{13}}{a_{11}a_{22} - a_{21}a_{12}}x_3 + \dfrac{a_{11}c_2 - a_{21}c_1}{a_{11}a_{22} - a_{21}a_{12}} = 0 \end{cases}$$

の解であることは同値であることが分かる. ここで, $v = \begin{pmatrix} -\dfrac{a_{13}a_{22} - a_{12}a_{23}}{a_{11}a_{22} - a_{21}a_{12}} \\ -\dfrac{-a_{21}a_{13} + a_{11}a_{23}}{a_{11}a_{22} - a_{21}a_{12}} \\ 1 \end{pmatrix}$,

$c = \begin{pmatrix} -\dfrac{a_{22}c_1 - a_{12}c_2}{a_{11}a_{22} - a_{21}a_{12}} \\ -\dfrac{-a_{21}c_1 + a_{11}c_2}{a_{11}a_{22} - a_{21}a_{12}} \\ 0 \end{pmatrix}$ と置けば, x が式 (A.4.8) を充たすことは $\exists t \in K, x = tv + c$

が成り立つことと同値である. したがって次の定理の前半が示された.

定理 A.4.9. K^3 内の互いに平行ではない二平面は必ず交わり, その交わりは直線である. 逆に, K^3 内の直線は互いに平行ではない二平面の交わりとして表すことができる.

証明. 後半を示す. L を K^3 内の直線とし, v を L の方向ベクトル, $p \in L$ とする. また, $e_1 = \begin{pmatrix} 1 \\ 0 \\ 0 \end{pmatrix}$, $e_2 = \begin{pmatrix} 0 \\ 1 \\ 0 \end{pmatrix}$, $e_3 = \begin{pmatrix} 0 \\ 0 \\ 1 \end{pmatrix}$ と置く. $v_1 \neq 0$ のとき, v と e_2, v と e_3 はそれぞれ平行ではないので $P_1 = \{x \in K^3 \mid \exists t, s \in K, x = tv + se_2 + p\}$, $P_2 = \{x \in K^3 \mid \exists t, s \in K, x = tv + se_3 + p\}$ と置けば, P_1, P_2 はそれぞれ平面である. また, 定理の前半の証明と同様にして $P_1 \cap P_2 = L$ であることが分かる. $v_2 \neq 0$, $v_3 \neq 0$ の場合も e_1 と e_3, e_1 と e_2 を用いて同様に $P_1 \cap P_2 = L$ であるような P_1, P_2 を定めることができる. □

定理 A.4.9 を用いると, K^3 の二直線の交わりは四つの超平面の交わりとして調べることができる. 式の上では

$$\begin{cases} a_{11}x_1 + a_{12}x_2 + a_{13}x_3 + c_1 = 0, \\ a_{21}x_1 + a_{22}x_2 + a_{23}x_3 + c_2 = 0, \\ a_{31}x_1 + a_{32}x_2 + a_{33}x_3 + c_3 = 0, \\ a_{41}x_1 + a_{42}x_2 + a_{43}x_3 + c_4 = 0 \end{cases}$$

の形をした連立方程式の解を調べることになる. 作業は複雑になるが, 結果は A.3 節で調べたのと同じになる. ここでは a_{11} などは直線から定まる値であるので一定の条件が付く. このことを忘れてしまって, a_{11} などに任意の K の元であることを許して考えると, A.3 節で現れたもの以外にもいろいろな場合が出てくる. これらの場合も含めた詳しいことは第 1 章に譲る.

問 A.4.10. L を $\mathbb{R}^3$ 内の, 原点を通る直線とする.

1) $\mathbb{R}^3$ 内の平面 P_1, P_2 について $L = P_1 \cap P_2$ が成り立つとする. また, P_3 を $\mathbb{R}^3$ 内の平面とし, $P_i = \{x \in \mathbb{R}^3 \mid a_{i,1}x_1 + a_{i,2}x_2 + a_{i,3}x_3 = 0\}, i = 1, 2, 3$, と表しておく. $P_1 \cap P_2 \cap P_3 = L$ が成り立つことと, o でないある 2 次の行ベクトル $(\lambda_1 \ \lambda_2) \in M_{1,2}(\mathbb{R})$ が存在して,

$$\begin{pmatrix} a_{3,1} & a_{3,2} & a_{3,3} \end{pmatrix} = \begin{pmatrix} \lambda_1 & \lambda_2 \end{pmatrix} \begin{pmatrix} a_{1,1} & a_{1,2} & a_{1,3} \\ a_{2,1} & a_{2,2} & a_{2,3} \end{pmatrix}$$

が成り立つことは同値であることを示せ[†1].

2) 原点を含む $\mathbb{R}^3$ 内の平面 $Q_i = \{x \in \mathbb{R}^3 \mid b_{i,1}x_1 + b_{i,2}x_2 + b_{i,3}x_3 = 0\}, i = 1, 2,$ についても $L = Q_1 \cap Q_2$ が成り立つとする. このとき, ある 2 次正方行列 $A \in M_2(\mathbb{R})$ が存在して $\begin{pmatrix} b_{1,1} & b_{1,2} & b_{1,3} \\ b_{2,1} & b_{2,2} & b_{2,3} \end{pmatrix} = A \begin{pmatrix} a_{1,1} & a_{1,2} & a_{1,3} \\ a_{2,1} & a_{2,2} & a_{2,3} \end{pmatrix}$ が成り立つことを示せ. また, A は逆行列を持つことを示せ. ここで, $A \in M_2(\mathbb{R})$ が逆行列を持つとは, $B \in M_2(\mathbb{R})$ であって $AB = BA = \begin{pmatrix} 1 & 0 \\ 0 & 1 \end{pmatrix}$ が成り立つものが存在することである.

[†1]. 行列の演算については第 1 章を参照せよ.

付録 B 行列の指数写像と行列群

　ここでは行列の指数写像（指数函数）と，それに関連するいくつかの事柄について述べる．行列の指数写像は例えば常微分方程式などを扱う際に現れるが，これらの応用については他書に譲る．

定義 B.1. $X \in M_n(\mathbb{C})$ に対して $\exp X \in M_n(\mathbb{C})$ を，

$$\exp X = \sum_{k=0}^{\infty} \frac{1}{k!} X^k = E_n + X + \frac{1}{2} X^2 + \frac{1}{3!} X^3 + \cdots$$

により定める．$\exp$ を（行列の）**指数写像**あるいは**指数函数**と呼ぶ．

例 B.2. $\exp O_n = E_n$, $\exp \begin{pmatrix} 0 & -t \\ t & 0 \end{pmatrix} = \begin{pmatrix} \cos t & -\sin t \\ \sin t & \cos t \end{pmatrix}$ が成り立つ．

　次の定理は基礎的であるが，微積分学の知識が少し必要であるので未習であればさしあたり「都合よく収束する」くらいに考えておけばよい．

定理 B.3. 定義 B.1 における級数は行列の 2-ノルムに関して広義一様に収束する．特に，級数における任意の (i,j) 成分は $\exp X$ の (i,j) 成分に広義一様に絶対収束する．

証明． 行列の 2-ノルムを $\|\cdot\|$ により表す．K を $M_n(\mathbb{C})$ の有界閉集合（コンパクト集合）とする．$M > 0$ に対して $B_M = \{X \in M_n(\mathbb{C}) \mid \|X\| \leq M\}$ とすると，B_M は有界閉集合であって，十分大きな M について $K \subset B_M$ が成り立つ．よって $\exp X$ が B_M 上一様に収束することを示せば十分である．$Y_m = \sum_{k=0}^{m} \frac{1}{k!} X^k$ と置く．$X \in B_M$ であれば X の任意の成分 x_{ij} について $|x_{ij}| \leq M$ であるから，

$$\|Y_m - Y_l\| = \left\| \sum_{k=l+1}^{m} \frac{1}{k!} X^k \right\| \leq n^2 \sum_{k=l+1}^{m} \frac{1}{k!} M^k$$

が成り立つ．したがって $\{Y_m\}$ はコーシー列である[†1]から，$\{Y_m\}$ はある行列 $Y = Y(X) \in M_n(\mathbb{C})$ に収束する．このことから，任意の $\varepsilon > 0$ に対してある $L > 0$ が存在し，$m > L$ であれば任意の $X \in B_M$ について $\|Y_m - Y(X)\| < \varepsilon$ が成り立つことが従う（詳しくは複素数あるいは実数の指数函数の収束の証明を参照のこと）．後半の主張は $X \in M_n(\mathbb{C})$ の任意の成分 x_{ij} について $|x_{ij}| \leq \|X\|$ であることから従う． □

　指数写像の基本的な性質をいくつか挙げておく．

[†1] 各成分がコーシー列であると言っても今の場合は同じである．

命題 B.4.

1) $X, Y \in M_n(\mathbb{C})$ が $XY = YX$ を充たせば $\exp(X+Y) = \exp X \exp Y = \exp Y \exp X$ が成り立つ.
2) 任意の $X \in M_n(\mathbb{C})$ について $\exp X \in \mathrm{GL}_n(\mathbb{C})$ であって, $(\exp X)^{-1} = \exp(-X)$ が成り立つ.
3) $X \in M_n(\mathbb{C})$ とすると $\exp {}^t X = {}^t(\exp X), \overline{\exp X} = \exp \overline{X}$ が成り立つ.
4) $P \in \mathrm{GL}_n(\mathbb{C}), X \in M_n(\mathbb{C})$ であれば $\exp(P^{-1}XP) = P^{-1}(\exp X)P$ が成り立つ.

証明. 定理 B.3 により $\exp X$ に関する計算は項別に行えるので 1) が成り立つ. すると, $X(-X) = (-X)X$ であるから $\exp X \exp(-X) = \exp(-X) \exp X = \exp(X+(-X)) = \exp O_n = E_n$ が成り立つ. したがって 2) が成り立つ. 3) は定義から直接従う. また, $\exp X$ の各成分は収束する級数であるから

$$\exp(P^{-1}XP) = \sum_{k=0}^{\infty} \frac{1}{k!} (P^{-1}XP)^k = \sum_{k=0}^{\infty} \frac{1}{k!} P^{-1} X^k P = P^{-1} \left(\sum_{k=0}^{\infty} \frac{1}{k!} X^k \right) P$$

が成り立つ. □

問 B.5.

1) 命題 B.4 の 1) を示せ. 微積分学について未習であれば形式的な (つまり, 収束について気にしないで) 計算をすればよい.
2) $n > 1$ であれば $X, Y \in M_n(\mathbb{C})$ であって $\exp(X+Y), \exp X \exp Y, \exp Y \exp X$ のうちどの二つも等しくないものの組が存在する. このような例を挙げよ.
3) X が対称行列であれば $\exp X$ も対称行列であることを示せ. また, X がエルミート行列であれば $\exp X$ もエルミート行列であることを示せ.
4) X が上三角 (下三角) 行列であれば $\exp X$ も上三角 (下三角) 行列であることを示せ. また, X が対角行列であれば $\exp X$ も対角行列であることを示せ.

問 B.6.
$J_n(\alpha)$ を n 次の Jordan block とする. t を変数とし, $\exp t J_n(\alpha)$ を求めよ.

定理 B.7.
$A \in M_n(\mathbb{C})$ とし, t を変数とする. $\dfrac{d}{dt} \exp tA = A \exp tA = (\exp tA)A$ が成り立つ.

証明. 定理 B.3 により項別微分が可能であるので,

$$\begin{aligned}
\frac{d}{dt} \exp tA &= \frac{d}{dt} \left(\sum_{k=0}^{\infty} \frac{1}{k!} t^k A^k \right) = \sum_{k=0}^{\infty} \frac{1}{k!} k t^{k-1} A^k \\
&= \sum_{k=1}^{\infty} \frac{1}{(k-1)!} t^{k-1} A^k \\
&= A \sum_{k=0}^{\infty} \frac{1}{k!} t^k A^k \\
&= A \exp tA
\end{aligned}$$

が成り立つ．同様に $\dfrac{d}{dt}\exp tA = (\exp tA)A$ も成り立つ． □

例 B.8. （例 B.2 も参照のこと）$f\colon \mathbb{R}^2 \to \mathbb{R}^2$ を $f(v) = \dfrac{1}{\sqrt{2}}\begin{pmatrix} 1 & -1 \\ 1 & 1 \end{pmatrix} v$ により定める．直感的には f は正の向きの $\dfrac{\pi}{4}$ 回転である．この操作を連続的に行うためには，例えば徐々に正の向きに $\mathbb{R}^2$ を回転させていけばよい．ここで $t \in \mathbb{R}$ として，$f_t\colon \mathbb{R}^2 \to \mathbb{R}^2$ を $f_t(v) = \exp\begin{pmatrix} 0 & -t \\ t & 0 \end{pmatrix} v$ により定める．v を固定して $0 \le t \le \dfrac{\pi}{4}$ の範囲で t を変化させると $f_t(v)$ は v で表される点を徐々に回転させていく様子を表していると考えることができる．また，$\begin{pmatrix} 0 & -1 \\ 1 & 0 \end{pmatrix} f_t(v) \in \mathbb{R}^2$ は，時刻 t における位置が $f_t(v)$ で表されるような点運動の，時刻 t における（したがって点は $f_t(v)$ にある）速度ベクトルに対応する．やや進んだ事柄になるので詳細は省略する．

問 B.9. $X\colon \mathbb{R} \to M_n(\mathbb{C})$ を行列に値を取る函数とする．$n > 1$ であれば $\dfrac{d}{dt}\exp X(t)$, $X(0)\exp X(t)$, $(\exp X(t))X(0)$ のうちどの二つも等しくないような X が存在する．このような例を挙げよ．

定理 B.10. $A \in M_n(\mathbb{C})$ とし，$\alpha_1, \ldots, \alpha_r$ を A の相異なるすべての固有値，p_i を α_i の重複度とする．すると $\exp A$ の相異なる固有値は $e^{\alpha_1}, \ldots, e^{\alpha_r}$ であって，e^{α_i} の重複度は p_i である．また，$e^{\operatorname{tr} A} = \det \exp A$ が成り立つ．

証明． 定理 6.1.23 によりユニタリ行列 P であって，$P^{-1}AP$ は上三角行列であり，その対角成分には α_i が p_i 個ずつ並ぶようなものが存在する．すると $P^{-1}(\exp A)P = \exp(P^{-1}AP)$ も上三角行列であって，その対角成分には e^{α_i} が p_i 個ずつ並ぶ．したがって再び定理 6.1.23 により $\exp A$ の相異なる固有値は $e^{\alpha_1}, \ldots, e^{\alpha_r}$ であって，e^{α_i} の重複度は p_i である．また，定理 6.1.25 により $\det \exp A = (e^{\alpha_1})^{p_1}\cdots(e^{\alpha_r})^{p_r} = e^{p_1\alpha_1 + \cdots + p_r\alpha_r} = e^{\operatorname{tr} A}$ が成り立つ． □

命題 B.11. K, K' は $\mathbb{R}$ あるいは $\mathbb{C}$ とする（$K \subset K'$ とするが，必ずしも $K = K'$ とは限らない）．$X \in M_n(K)$ が K' 上対角化可能であるならば $\exp X \in \mathrm{GL}_n(K)$ も K' 上対角化可能である．

証明． 仮定によりある $P \in \mathrm{GL}_n(K')$ が存在して $P^{-1}XP$ は対角行列である．したがって $P^{-1}(\exp X)P = \exp(P^{-1}XP)$ も対角行列である． □

問 B.12. $A \in M_n(\mathbb{C})$ を対角化可能な行列とし，$A = \alpha_1 P_1 + \cdots + \alpha_r P_r$ を A のスペクトル分解とする．$\exp A$ のスペクトル分解は $\exp A = e^{\alpha_1}P_1 + \cdots + e^{\alpha_r}P_r$ で与えられることを示せ．

$\mathrm{GL}_n(K)$ 群には名前が付いている．

定義 B.13. $\mathrm{SL}_n(K) = \{X \in M_n(K) \mid \det X = 1\}$ と置き，これらを $\mathrm{GL}_n(K)$ などと

あわせて次のように呼ぶ．

$\mathrm{GL}_n(K)$	一般線型群 (General Linear group)
$\mathrm{SL}_n(K)$	特殊線型群 (Special Linear group)
U_n	ユニタリ群 (Unitary group)
SU_n	特殊ユニタリ群 (Special Unitary group)
$\mathrm{O}_n(K)$	直交群 (Orthogonal group)
$\mathrm{SO}_n(K)$	特殊直交群 (Special Orthogonal group)

$\mathrm{O}_n(\mathbb{R})$, $\mathrm{SO}_n(\mathbb{R})$ はそれぞれ O_n, SO_n とも記す．これらはすべて群（定義 C.1）である．$\mathrm{GL}_n(K)$ の部分群[†2]を**行列群**と呼ぶことがある（補題 5.2.7 も参照のこと）．

問 B.14. 正則な上三角（下三角）行列全体のなす集合や，正則な対角行列全体のなす集合も行列群であることを示せ．

今まで見てきたように X がある性質を充たすと $\exp X$ も一定の性質を充たす．このような例をいくつかまとめておくために記号を用意する．

定義 B.15.（定義 5.2.3 も参照のこと）

$$\mathfrak{gl}_n(K) = M_n(K),$$
$$\mathfrak{sl}_n(K) = \{X \in \mathfrak{gl}_n(K) \mid \operatorname{tr} X = 0\},$$
$$\mathfrak{so}_n(K) = \mathfrak{o}_n(K) \cap \mathfrak{sl}_n(K) = \{X \in \mathfrak{o}_n(K) \mid \operatorname{tr} X = 0\},$$
$$\mathfrak{su}_n = \mathfrak{u}_n \cap \mathfrak{sl}_n(\mathbb{C}) = \{X \in \mathfrak{u}_n \mid \operatorname{tr} X = 0\}$$

と置く．$\mathfrak{so}_n(\mathbb{R})$ を $\mathfrak{so}_n$ とも記す．

補題 B.16.（命題 B.17 の 2) も参照のこと）　$\mathfrak{o}_n(\mathbb{R}) = \mathfrak{so}_n(\mathbb{R})$．

証明． $X \in \mathfrak{o}_n(\mathbb{R})$ であれば $X = -{}^t X$ であることから X の対角成分はすべて 0 である．特に $\operatorname{tr} X = 0$ である． □

命題 B.17.（記号については定義 5.2.3 を参照のこと）
1) $\forall A \in \mathfrak{u}_n$, $\exp A \in \mathrm{U}_n$ が成り立つ．逆に，$\forall U \in \mathrm{U}_n$, $\exists A \in \mathfrak{u}_n$ s.t. $U = \exp A$ が成り立つ．
2) $\forall A \in \mathfrak{o}_n(K)$, $\exp A \in \mathrm{O}_n(K)$ が成り立つ．特に $A \in \mathfrak{o}_n = \mathfrak{o}_n(\mathbb{R})$ ならば $\exp A \in \mathrm{SO}_n = \mathrm{SO}_n(\mathbb{R})$ である．逆に，$\forall X \in \mathrm{SO}_n$, $\exists A \in \mathfrak{o}_n$ s.t. $X = \exp A$ が成り立つ．

[†2]. $\mathrm{GL}_n(K)$ の部分集合であって，演算は $\mathrm{GL}_n(K)$ のものと同じ（つまり，行列の掛け算）であるもの．

問 B.18. 命題 B.17 を示せ（例えば命題 B.4，定理 6.3.3 と系 6.3.11 を用いるとよい）．

注 B.19. 命題 B.17 の 2) の後半は $\mathrm{SO}_n(\mathbb{C})$ については必ずしも成り立たない．つまり主張

$$\forall X \in \mathrm{SO}_n(\mathbb{C}),\ \exists A \in \mathfrak{so}_n(\mathbb{C})\ \mathrm{s.t.}\ X = \exp A$$

は n によって正しいことも正しくないこともある．$n > 2$ のときにはこれは本書の範囲を越えるので扱わない．問 B.24, B.25 も参照のこと．

次が成り立つ．

定理 B.20. $(\mathfrak{g}, G)$ を次のいずれかの組とする．$(\mathfrak{gl}_n(K), \mathrm{GL}_n(K))$, $(\mathfrak{sl}_n(K), \mathrm{SL}_n(K))$, $(\mathfrak{o}_n(K), \mathrm{O}_n(K))$, $(\mathfrak{so}_n(K), \mathrm{SO}_n(K))$, $(\mathfrak{u}_n, \mathrm{U}_n)$, $(\mathfrak{su}_n, \mathrm{SU}_n)$, $(\{n\text{ 次の上三角（下三角）行列全体}\}, \{\text{正則な } n \text{ 次の上三角（下三角）行列全体}\})$, $(\{n\text{ 次の対角行列全体}\}, \{n\text{ 次の正則な対角行列全体}\})$ [†3]．すると，$X \in \mathfrak{g}$ ならば $\exp X \in G$ が成り立つ．

$\mathfrak{g}$ は G の**リー環**[†4]，G は**リー群**とそれぞれ呼ばれる[†5]．上の定理は指数写像を通じてリー環とリー群が対応することを示している．本書ではこれ以上挙げないがほかにも重要なリー環やリー群がたくさん存在する．

注 B.21. $(\mathfrak{g}, G)$ を $(\{n\text{ 次の対称行列全体}\}, \{n\text{ 次の正則な対称行列全体}\})$ あるいは $(\{n\text{ 次のエルミート行列全体}\}, \{n\text{ 次の正則なエルミート行列全体}\})$ としても $X \in \mathfrak{g} \Rightarrow \exp X \in G$ が成り立つ．しかし，対称行列全体のなす集合やエルミート行列全体のなす集合は行列の次数が 2 以上であれば群ではない．

定義 B.22. $X, Y \in M_n(K)$ について $[X, Y] = XY - YX$ と置き，X, Y の**交換子**，**リー括弧積**などと呼ぶ．

交換子は双線型性を持つ．また，交代性を持つ．つまり，$\forall X \in M_n(K), [X, X] = O_n$ が成り立つ．

問 B.23. $\mathfrak{g}$ を $\mathfrak{gl}_n(K)$, $\mathfrak{sl}_n(K)$, $\mathfrak{o}_n(K)$, $\mathfrak{so}_n(K)$, $\mathfrak{u}_n$, $\mathfrak{su}_n$, $\{n\text{ 次の上三角（下三角）行列全体}\}$ あるいは $\{n\text{ 次の対角行列全体}\}$ のいずれかとする．すると，$X, Y \in \mathfrak{g}$ ならば $[X, Y] \in \mathfrak{g}$ が成り立つことを示せ．また，$\forall X, Y \in \mathfrak{g}, [Y, X] = -[X, Y]$ および $\forall X, Y, Z \in \mathfrak{g}, [[X, Y], Z] + [[Y, Z], X] + [[Z, X], Y] = O_n$ が成り立つことを示せ．後者を**ヤコビ律**と呼ぶ．

[†3] （正則な）上三角（下三角）行列全体のなす集合や，（正則な）対角行列全体のなす集合を表す一般的な記号は存在しないように思う．

[†4] リー環はリー括弧積（定義 B.22）を積とする環（定義 C.3）である．問 B.23 も参照のこと．

[†5] $K = \mathbb{R}$ あるいは $K = \mathbb{C}$ とすることが多いが，それ以外の K を考えることもある．

問 B.24. ($K = \mathbb{R}$ あるいは $K = \mathbb{C}$ とする.)
1) $A \in \mathrm{SO}_2(K)$ とすると $a^2 + b^2 = 1$ であるような $a, b \in K$ が存在して $A = \begin{pmatrix} a & -b \\ b & a \end{pmatrix}$ が成り立つことを示せ.
2) 任意の $A \in \mathrm{SO}_2(K)$ に対してある $X \in \mathfrak{so}_2(K)$ が存在して $A = \exp X$ が成り立つことを示せ.
3) $A \in \mathrm{SO}_2(K)$ を $A = \begin{pmatrix} a & -b \\ b & a \end{pmatrix}$ と表して $F(A) = \begin{pmatrix} a \\ b \end{pmatrix} \in K^2$ と置く.
   a) $K = \mathbb{R}$ であれば $\{F(A) \,|\, A \in \mathrm{SO}_2(\mathbb{R})\}$ は $\mathbb{R}^2$ の有界閉集合であることを示せ.
   b) $K = \mathbb{C}$ とすると $\{F(A) \,|\, A \in \mathrm{SO}_2(\mathbb{C})\}$ は $\mathbb{C}^2$ の有界閉集合ではないことを示せ.

問 B.25. $A = \begin{pmatrix} 2 & -\dfrac{\sqrt{-1}}{\sqrt{3}} & \dfrac{2\sqrt{-2}}{\sqrt{3}} \\ \sqrt{-3} & \dfrac{2}{3} & -\dfrac{4\sqrt{2}}{3} \\ 0 & \dfrac{2\sqrt{2}}{3} & \dfrac{1}{3} \end{pmatrix}$ と置く.
1) $A \in \mathrm{SO}_3(\mathbb{C})$ であることを示せ.
2) A の固有多項式を求めよ. 特に A の固有値は 1 のみであることを示せ.
3) $v \in \mathbb{C}^3$ を A の固有ベクトルとする. $v = \begin{pmatrix} x_1 \\ x_2 \\ x_3 \end{pmatrix}$ とすると $x_1{}^2 + x_2{}^2 + x_3{}^2 = 0$ が成り立つことを示せ.
4) A は対角化可能でないことを示せ. また, A のジョルダン標準形を求めよ.

問 B.24 が示すように $\mathrm{SO}_2(\mathbb{C})$ は $\mathrm{SO}_2(\mathbb{R})$ と共通の性質も持つし, 異なる性質も持つ. また, 問 B.25 が示すように $\mathrm{SO}_3(\mathbb{C})$ は $\mathrm{SO}_3(\mathbb{R})$ とは異なる性質を持つ. しかし, 例えば指数写像 $\exp\colon \mathfrak{so}_3(\mathbb{C}) \to \mathrm{SO}_3(\mathbb{C})$ は全射であることが知られている (難しい) など, 依然として共通の性質も持つ.

付録C 群・環・体について

本書で扱っている線型代数に関する事柄の多くは K が体と呼ばれる，$\mathbb{R}$ や $\mathbb{C}$ と同様の演算規則（代数的構造と言う）を持つものであっても成り立つ[†1]．

定義 C.1. 空でない集合 G が**群**であるとは，任意の $g, h \in G$ に対して g と h の**積**と呼ばれる G の元 $g \cdot h$ が定義されていて，以下の性質が充されることを言う．

1) $\forall g, h, k \in G, (g \cdot h) \cdot k = g \cdot (h \cdot k)$ が成り立つ（結合則）．
2) $\exists e \in G$ s.t. $\forall g \in G, g \cdot e = e \cdot g = e$ が成り立つ．このような e を G の**単位元**と呼ぶ．
3) $\forall g \in G, \exists h \in G$ s.t. $g \cdot h = h \cdot g = e$ が成り立つ．この h を g の**逆元**と呼び，g^{-1} で表す．

$g \cdot h$ をしばしば gh と略記する．

G を群とすると，G の単位元は唯一つである．また，$g \in G$ であれば g の逆元も唯一つである[†2]．

定義 C.2. G が**可換群**あるいは**アーベル群**であるとは，$\forall g, h \in G, gh = hg$ が成り立つことを言う．アーベル群の積のことをしばしば**和**と呼び，$+$ で表す．

定義 C.3. 集合 R が**環**であるとは，R に**和**と呼ばれる演算 $+$ と**積**と呼ばれる演算 $\cdot$ が定義されていて以下が成り立つことをいう．

1) ある元 $0 \in R$ が存在して R は演算 $+$ に関して 0 を単位元とする可換群である．0 は R の**零元**あるいは**零**と呼ばれる．
2) $x, y \in R$ について $x \cdot y$ を xy で表すことにすると以下が成り立つ．
    a) $\forall x, y, z \in R, (xy)z = x(yz)$.
    b) $\forall x, y, z \in R, (x+y)z = xz + yz$.
    c) $\forall x, y, z \in R, x(y+z) = xy + xz$.

R を環とする．

1) 0 とは異なる元 $1 \in R$ が存在して，$\forall x \in R, x1 = 1x = x$ が成り立つとき，R を**単位環**と呼ぶ．また，1 を R の**単位元**と呼ぶ．また，単位環 R の元 x が**可逆元**あるいは**単元**であるとは，$\exists y \in R$ s.t. $xy = yx = 1$ が成り立つことを言う．y を x の（積に関する）**逆元**と呼び x^{-1} で表す[†3]．R の可逆元全体のなす集合

[†1] さらにいくつかの事柄は K が環であっても成り立つ．K が環の場合には「線型空間」は「加群」と呼ばれる．
[†2] 補題 3.1.3 や 1.4.10 の証明を参考に証明を考えてみよ．
[†3] x が可逆元であれば x の逆元は唯一である．

を $R^\times$ で表す.

2) $\forall x, y \in R$, $xy = yx$ が成り立つとき,R を**可換環**と呼ぶ.

単位環かつ可換環であるような環を**単位可換環**と呼ぶ.単位可換環を単に環と呼ぶことが多いが,例えばリー環(定義 B.15,定理 B.20)のように単位環でも可換環でもない環も重要である(ただし,リー環はリー代数と呼ばれることも多い).

定義 C.4. K が**斜体**(非可換体)であるとは[†4],K は単位環であって,かつ任意の零でない K の元が可逆であることをいう.さらに K が可換環であるとき,K は**体**(可換体)であるという.

例 C.5. (群・環・体の例)
1) $\mathrm{GL}_n(K)$, O_n, U_n は行列の積に関して群であって,単位元は E_n である.これらは環ではない.
2) K^n はベクトルの和に関して,零ベクトルを単位元とする可換群である.より一般に V を K-線型空間とすれば,V は零ベクトルを単位元とする可換群である.しかし,一般には K^n ($n \neq 1$) や V には積が定義されていないのでこれらも環ではない[†5].
3) $\mathbb{Z}$, $\mathbb{Q}$, $\mathbb{R}$, $\mathbb{C}$ において数の和,数の積を演算として考える.するとこれらは数の和を和(群としての積)とする可換群である.単位元はいずれの場合でも 0 である.加えて,数の積を積とすると $\mathbb{Z}$ は単位可換環であり(体ではない),$\mathbb{Q}$, $\mathbb{R}$, $\mathbb{C}$ は体である(命題 0.2.2 も参照のこと).また,$M_n(K)$ は行列の和を和,行列の積を積とする単位環である.$n \neq 1$ であれば $M_n(K)$ は可換ではない(非可換である).一方,$\mathbb{N}$ は数の和について群ではない.
4) 置換群 $\mathfrak{S}_n$(定義 2.4.1)は定義 2.7.3 で定めた積に関して群である.
5) $\mathrm{GL}_n(\mathbb{Q})$ と $\mathrm{GL}_n(\mathbb{Z})$ を定義 1.4.6 において $K = \mathbb{Q}$ あるいは $K = \mathbb{Z}$ として定める.すると $\mathrm{GL}_n(\mathbb{Q})$, $\mathrm{GL}_n(\mathbb{Z})$ は群である.$n > 1$ であればいずれも非可換である.
6) K を体とすると,$K[x]$ は多項式の和・積に関して単位可換環である.
7) $\mathbb{Q}(\sqrt{-1}) = \{p + q\sqrt{-1} \mid p, q \in \mathbb{Q}\}$ として,$\mathbb{Q}(\sqrt{-1})$ の演算を $\mathbb{C}$ の演算と同様に定めれば $\mathbb{Q}(\sqrt{-1})$ は体である.
8) 例 C.21 で構成される四元数体 $\mathbb{H}$ は斜体である.
9) リー環はリー括弧積(定義 B.22)を積とする環である.リー環は単位環でない.リー環には可換なものと非可換なものが存在する.

注 C.6. $\mathfrak{gl}_n(K) = M_n(K)$ は(少なくとも)二通りの方法で環と考えることができる.

[†4] 正確には可換体であっても斜体であるが,わざわざ「斜体」というときには非可換体を表すことが多い.
[†5] 何らかの積を定義して環とみなせる場合もあるが,線型空間としての構造だけでは環にはならない.うるさく言えば K も積を考えなければ環ではない.

すなわち，通常の行列の積を入れた場合と，リー括弧積を入れた場合である．前者の場合には単位環であるし，後者の場合にはそうではない．いずれの場合にも $n > 1$ であれば可換環ではない．

問 C.7.
1) $\mathrm{GL}_n(\mathbb{Q}) = M_n(\mathbb{Q}) \cap \mathrm{GL}_n(\mathbb{R}) = M_n(\mathbb{Q}) \cap \mathrm{GL}_n(\mathbb{C})$ が成り立つことを示せ．
2) $A \in \mathrm{GL}_n(\mathbb{Z})$ とする．A の各行（各列）について，その行（列）に含まれる整数たちは互いに素（最大公約数が 1）であることを示せ．

上に述べたように $\mathbb{Z}$ は体ではないが，p を素数とすると次のように体を構成できる．

定義 C.8. $m, n \in \mathbb{Z}$ とする．$(m - n)$ が p で割り切れるとき，$[m] = [n]$ と定める[†6]．また，$\mathbb{Z}/p\mathbb{Z} = \{[n] \,|\, n \in \mathbb{Z}\}$ と置く．

$\mathbb{Z}/p\mathbb{Z} = \{[0], [1], \ldots, [p-1]\}$ である．$[n]$ は直感的には n を p で割った余りと考えられる．

定義 C.9. $a, b \in \mathbb{Z}/p\mathbb{Z}$ とする．
1) $a + b \in \mathbb{Z}/p\mathbb{Z}$ を $a = [m], b = [n]$ と表して $a + b = [m + n]$ と置く．
2) $ab \in \mathbb{Z}/p\mathbb{Z}$ を $a = [m], b = [n]$ と表して $ab = [mn]$ と置く．

補題 C.10. 定義 C.9 における和と積は well-defined である．また，$a + b = b + a$，$ab = ba$ が任意の $a, b \in \mathbb{Z}/p\mathbb{Z}$ について成り立つ．

証明． 積が well-defined であることを示す．$a = [m] = [m'], b = [n] = [n']$ であるとする．定義 C.8 により $m - m' = kp, n - n' = lp$ がある $k, l \in \mathbb{Z}$ について成り立つ．すると，$mn = (m' + kp)(n' + lp) = m'n' + (m'l + kn' + klp)p$ が成り立つので，再び定義 C.8 により $[mn] = [m'n']$ が成り立つ．和が well-defined であることの証明は易しいので演習問題とする．後半は和と積の定義から従う． □

定義 C.11. $0 \in \mathbb{Z}/p\mathbb{Z}$ を $0 = [0]$，$1 \in \mathbb{Z}/p\mathbb{Z}$ を $1 = [1]$ により定める．

定義から $a + 0 = 0 + a = a, a1 = 1a = a$ が任意の $a \in \mathbb{Z}/p\mathbb{Z}$ について成り立つ．また，次の性質は容易に確かめることができる．

補題 C.12. $a, b, c \in \mathbb{Z}/p\mathbb{Z}$ とする．すると，$(ab)c = a(bc)$，$a(b + c) = ab + ac$，$(a + b)c = ac + bc$ がそれぞれ成り立つ．

定義 C.13. $m_1, \ldots, m_r \in \mathbb{Z}$ とし m_i はいずれも 0 でないとする．各 i について $k_i \in \mathbb{Z}$ が存在して $m_i = k_i q$ が成り立つような整数 q を $m_1, \ldots, m_r$ の**公約数**と呼ぶ．また，正の公約数で最大のものを**最大公約数**と呼ぶ．

[†6]. $[n]$ を $n \mod p$, $n(p)$ などと表すことも多い．

問 C.14. 8.1 節を参考にして次を示せ：$m_1, \ldots, m_r$ をいずれも 0 でない整数とし，q を $m_1, \ldots, m_r$ の最大公約数とする．このとき，ある $t_1, \ldots, t_r \in \mathbb{Z}$ が存在して $\sum_{i=1}^{r} t_i m_i = q$ が成り立つ．

ヒント：$K[x]$ の代わりに $\mathbb{Z}$ を考え，deg を絶対値で置き換えると，補題 8.1.3 以降はほぼ同じ形で成り立つ[7]．

補題 C.15. $\mathbb{Z}/p\mathbb{Z}$ について次が成り立つ．
1) $\forall a \in \mathbb{Z}/p\mathbb{Z}, \exists b \in \mathbb{Z}, a + b = b + a = 0$.
2) $(\mathbb{Z}/p\mathbb{Z})^\times = \{a \in \mathbb{Z}/p\mathbb{Z} \,|\, a \neq 0\}$.

証明． まず前半を示す．$a \in \mathbb{Z}/p\mathbb{Z}$ とし，$a = [m]$ ($m \in \mathbb{Z}$) と表す．$b = [-m]$ とすれば $a + b = [m + (-m)] = [0] = 0$ が成り立つ．$b + a = 0$ も同様に成り立つ．次に後半を示す．$S = \{a \in \mathbb{Z}/p\mathbb{Z}\,|\,a \neq 0\}$ と置く．$0 \in \mathbb{Z}/p\mathbb{Z}$ は可逆な元ではないから $(\mathbb{Z}/p\mathbb{Z})^\times \subset S$ が成り立つ．$a \in S$ とする．$a = [m]$ とすれば，m は p で割り切れない．すると問 C.14 により，ある $t, s \in \mathbb{Z}$ が存在して $tm + sp = 1$ が成り立つ．したがって $[tm + sp] = 1 \in \mathbb{Z}/p\mathbb{Z}$ が成り立つが，左辺は $[t][m]$ に等しいので，$b = [t]$ と置けば $b = a^{-1}$ が成り立つ．よって $S \subset (\mathbb{Z}/p\mathbb{Z})^\times$ が成り立つ． $\square$

ここまでに示した $\mathbb{Z}/p\mathbb{Z}$ の和と積の性質と定義 C.4 を比べれば，次が従う．

定理 C.16. $\mathbb{Z}/p\mathbb{Z}$ は（可換な）体である．

以下では煩雑さを避けるために $[n] \in \mathbb{Z}/p\mathbb{Z}$ を単に n と記す．$\mathbb{Z}/p\mathbb{Z} = \{0, 1, \ldots, p-1\}$ であって，有限集合である．このように有限個の元からなる体を有限体と呼ぶ．

本文で述べた線型空間に関する事項のほとんどは K を $\mathbb{Z}/p\mathbb{Z}$ のような体としてもそのまま成り立つ．例えば一次方程式の解空間の構造などは全く同一の方法で記述される．

ところで，$\mathbb{Z}/p\mathbb{Z}$ は $\mathbb{R}$ や $\mathbb{C}$ と際だって異なる特徴を持つ．$1 \in \mathbb{Z}/p\mathbb{Z}$ について，$\underbrace{1 + 1 + \cdots + 1}_{p\text{ 個}} = 0$ が成り立つ．このようなことは $\mathbb{R}$ や $\mathbb{C}$ ではあり得ないことである．

定義 C.17. K を体とする．$\underbrace{1 + 1 + \cdots + 1}_{p\text{ 個}} = 0$ が成り立つような最小の正の整数を K の**標数** (characteristic) と呼び，$\text{char}\, K$ などで表す．このような p が存在しないときには $\text{char}\, K = 0$ とする．

$\text{char}\, \mathbb{R} = \text{char}\, \mathbb{C} = 0$ である．また，$\text{char}\, \mathbb{Z}/p\mathbb{Z} = p$ である．一般に，標数は 0 または素数であることが知られている．標数が $p > 0$ の場合には「p での割り算」ができない ($p = 0$ である) ので注意が必要である．例えば $\mathbb{Z}/2\mathbb{Z}$ において方程式 $2x = 1$ を考えてみる．$\mathbb{Z}/2\mathbb{Z}$ においては $[2] = [0]$ が成り立つので，この方程式は $[0] = [1]$ と同値である．$[0] \neq [1]$ だから，この方程式は解を持たない．

---

†7. これは偶然ではなく，$\mathbb{Z}$ や $K[x]$ が単項イデアル整域と呼ばれる環であることによる．

例 C.18. $(\mathbb{Z}/2\mathbb{Z})^2$ 上の二次形式 q を $q(x_1,x_2) = x_1 x_2$ により定める。$\mathbb{Z}/2\mathbb{Z}$ の元を成分とする対称行列 $A = (a_{ij})$ であって $q(v) = A[v]$ が成り立つとする。$\mathbb{Z}/2\mathbb{Z}$ においては $m = 0$ であっても $m = 1$ であっても $2m = 0$ である。また、$m^2 - m = m(m-1)$ であるから $m^2 = m$ も成り立つ。したがって、$v = {}^t(x_1,x_2)$ とすれば $A[v] = a_{11}x_1 + a_{22}x_2$ が成り立つ。$x_1 = 0, x_2 = 1$ とすることにより、$a_{22} = 0$ であることが分かる。同様に $a_{11} = 0$ も成り立つ。したがって $\forall v \in (\mathbb{Z}/2\mathbb{Z})^2$, $A[v] = 0$ が成り立つ。一方 $v = {}^t(1,1)$ とすれば $q(v) = 1$ なので、q を対称行列を用いて $A[v]$ の形に表すことはできない。対称行列でなくてよければ、例えば $A = \begin{pmatrix} 0 & 1 \\ 0 & 0 \end{pmatrix}$ とすれば $q(v) = {}^tvAv$ が成り立つ。

例 C.18 は、補題 7.1.9 が $K = \mathbb{Z}/2\mathbb{Z}$ の場合には成り立たないことを示している。補題 7.1.9 の証明には 2 で割る箇所があることはこれを示唆している。このように、標数が正の体については $K = \mathbb{R}$ や $K = \mathbb{C}$ の場合と様子がかなり異なる場面が出てくる。体により様子が異なる場面としては、他には例えば固有値を考えることが挙げられる。本文においては $\mathbb{R}$ と $\mathbb{C}$ はほぼ同一に扱っていたが固有値を考える際には、固有方程式が常に解けるかどうかで差違が生じた。つまり、$x^n + a_{n-1}x^{n-1} + \cdots + a_0 \in K[x]$ は $K = \mathbb{C}$ であれば $\mathbb{C}$ 内に根を持つが、$K = \mathbb{R}$ では必ずしもそうではないことが影響した。このような差は重要であるので、次のように定める。

定義 C.19. K が代数的に閉じている、あるいは代数的に閉であるとは、任意の $f \in K[x]$, $f \neq 0$ が K 内に根を持つことを言う。このとき K を**代数閉体**と呼ぶ。

$\mathbb{C}$ は代数的に閉であり、$\mathbb{Q}$ や $\mathbb{R}$ はそうではない。また、標数が正であるような代数閉体も存在する[†8]。一方、次が成り立つ。

補題 C.20. $\mathbb{Z}/p\mathbb{Z}$ (p は素数) は代数的に閉ではない。

証明. まず $p > 2$ とする。$\mathbb{Z}/p\mathbb{Z}$ において $(p-n)^2 = p^2 - 2pn + n^2 = n^2$ が成り立つ。よって、$X = \{1^2, 2^2, \ldots, (p-1)^2\}$ と置くと $X = \left\{1^2, 2^2, \ldots, \left(\dfrac{p-1}{2}\right)^2\right\}$ が成り立つ。元の数を比べれば、$X \subsetneq \{1,2,\ldots,p-1\}$ であることが分かるから、$\{1,2,\ldots,p-1\} \setminus X$ の元 a を選ぶ。すると、方程式 $x^2 - a = 0$ は $\mathbb{Z}/p\mathbb{Z}$ において解を持たない。$p = 2$ のときは方程式 $x^2 + x + 1 = 0$ を考える。$\mathbb{Z}/2\mathbb{Z}$ においては $1^2 + 1 + 1 = 1$, $0^2 + 0 + 1 = 1$ であるから、この方程式も解を持たない。 □

したがって $K = \mathbb{Z}/p\mathbb{Z}$ とすると、固有値を扱う際には $K = \mathbb{R}$ のときと同様の困難が生ずる。

また、次のような差違も重要である。$\{a_n\}_{n \in \mathbb{N}}$ を K の点列とする。$K = \mathbb{R}$ や $K = \mathbb{C}$ の場合には $\{a_n\}$ がコーシー列であれば $\{a_n\}$ は K の元に収束する。一方、$K = \mathbb{Q}$ の場合には $\{a_n\}$ がコーシー列であるからといって K の元に収束するとは限らない。この

[†8]. 体論の教科書を参照のこと。

ことを，$\mathbb{R}$ や $\mathbb{C}$ は**完備**であり，$\mathbb{Q}$ は完備ではないと言う[†9]．完備性は例えば定理 5.5.8 などに関わっている．

最後に，$\mathbb{R}, \mathbb{C}, \mathbb{Z}/p\mathbb{Z}$ はいずれも可換な体であるが，そうでない体（斜体）も存在するので，そのような例を挙げる．

例 C.21. $V = \mathbb{C}$ とし，V における $\sqrt{-1}$ 倍を i で表す．複素数を実部と虚部に分けることにより $V = \mathbb{R} \oplus \mathbb{R}$ とみなし，$e_1 = (1,0), e_2 = (0,1)$ とする．$\mathbb{C}$ の元としては $e_1 = 1, e_2 = i$ である．また，$V_\mathbb{C} = \mathbb{C} \oplus \mathbb{C}$ とし，$(x_1, x_2) \in V$ を $x_1, x_2 \in \mathbb{C}$ とみなすことにより $(x_1, x_2) \in V_\mathbb{C}$ とみなす．すると $V \subset V_\mathbb{C}$ と考えてよい．さて，V における i 倍を V の $\mathbb{R}$-線型変換とみなして I' で表す．$I'(e_1) = e_2, I'(e_2) = -e_1$ である．$\{e_1, e_2\}$ は $V_\mathbb{C}$ の $\mathbb{C}$ 上の基底であることに注意して，$V_\mathbb{C}$ の $\mathbb{C}$-線型変換 $I'_\mathbb{C}$ を条件 $I'_\mathbb{C}(e_1) = e_2, I'_\mathbb{C}(e_2) = -e_1$ により定める（$I'_\mathbb{C}$ は I' の**複素化**と呼ばれる）．そして $V_\mathbb{C}$ の $\mathbb{R}$-線型変換 I を $I(z_1, z_2) = \overline{I'_\mathbb{C}(z_1, z_2)}$ により定める．$h = (z_1, z_2) \in V_\mathbb{C}$ とし，$z_1 = x_1 + \sqrt{-1}x_3, z_2 = x_2 + \sqrt{-1}x_4, x_1, x_2, x_3, x_4 \in \mathbb{R}$，とすれば

$$I(h) = \overline{(-x_2 - \sqrt{-1}x_4, x_1 + \sqrt{-1}x_3)} = (-x_2 + \sqrt{-1}x_4, x_1 - \sqrt{-1}x_3)$$

が成り立つ．また，$V_\mathbb{C} = \mathbb{C} \oplus \mathbb{C}$ における $\sqrt{-1}$ 倍を $V_\mathbb{C}$ の $\mathbb{C}$-線型変換とみなして J で表すと $J(h) = (-x_3 + \sqrt{-1}x_1, -x_4 + \sqrt{-1}x_2)$ が成り立つ．したがって $J \circ I(h) = -I \circ J(h) = (-x_4 - \sqrt{-1}x_2, x_3 + \sqrt{-1}x_1)$ が成り立つ．また，$I^2 = J^2 = -\mathrm{id}_{V_\mathbb{C}}$ が成り立つ（'$\circ$' は省略した．以下同様）．ここで $K = JI$ と置けば $K^2 = JIJI = -JJII = -\mathrm{id}_{V_\mathbb{C}}, IK = IJI = -JII = J, KI = JII = -J, JK = JJI = -I, KJ = JIJ = -IJJ = -I$ がそれぞれ成り立つ．ここで $(\sqrt{-1}, 0) = J(e_1), (0, 1) = I(e_1), (0, \sqrt{-1}) = K(e_1)$ であるから，$h = x_1 e_1 + x_2 I(e_1) + x_3 J(e_1) + x_4 K(e_1) = (x_1 + x_2 I + x_3 J + x_4 K)(e_1)$ である．このことを単に $h = x_1 + x_2 i + x_3 j + x_4 k$ と表すことにして $\mathbb{H} = \{x_1 + x_2 i + x_3 j + x_4 k \mid x_1, x_2, x_3, x_4 \in \mathbb{R}\}$ とし，和は写像の和，積は写像の合成により定めると，$\mathbb{H}$ は体であることが分かる．これを（ハミルトンの）**四元数体**と呼ぶ．例えば $ij \neq ji$ であることから分かるように $\mathbb{H}$ は非可換な体である．

問 C.22. 問 3.12.6 の方法をまねて，

$$H' = \left\{ \begin{pmatrix} a & -b \\ b & a \end{pmatrix} \middle| a, b \in \mathbb{C} \right\} \subset M_2(\mathbb{C}),$$

$$H = \left\{ \begin{pmatrix} a & -b \\ \overline{b} & \overline{a} \end{pmatrix} \middle| a, b \in \mathbb{C} \right\} \subset M_2(\mathbb{C})$$

と置く．

1) $g_1, g_2 \in H$ であれば $g_1 + g_2 \in H, g_1 g_2 \in H$ が成り立つことを示せ．H を H' としても同様であることも示せ．

[†9] 標数が正であっても完備な体とそうでない体がある．ただし，コーシー列を定義する必要があるため，体に絶対値にあたるものが定義されることが必要である．

2) $g_1, g_2, g_3 \in H$ のとき，$(g_1+g_2)g_3 = g_1g_3 + g_2g_3$, $g_1(g_2+g_3) = g_1g_3 + g_2g_3$ が成り立つことを示せ．

3) $\iota: \mathbb{C} \to H$ を $z \in \mathbb{C}$ に対して $\begin{pmatrix} z & 0 \\ 0 & \bar{z} \end{pmatrix}$ として定める．$\iota(z+w) = \iota(z) + \iota(w)$, $\iota(0) = O_2$, $\iota(zw) = \iota(z)\iota(w)$, $\iota(1) = E_2$ であることを示せ．同様に，$\iota': \mathbb{C} \to H'$ を $\iota'(z) = \begin{pmatrix} z & 0 \\ 0 & z \end{pmatrix}$ で定めると，ι' も同様の性質を持つことを示せ．

3) から，$\mathbb{R} \subset \mathbb{C}$ であることと同様に，$\mathbb{C} \subset H$ あるいは $\mathbb{C} \subset H'$ とみなせることが分かる．

4) $g = \begin{pmatrix} a & -b \\ \bar{b} & \bar{a} \end{pmatrix} \in H$ が正則であることと，$g \neq O_2$ であることは同値であることを示せ．また，g が正則であるとき，その逆行列を求めよ．

5) $g \in H$ のとき，g^* を g の随伴行列とすると $g^*g = gg^* = |\det g|^2 E_2$ が成り立つことを示せ．また，$g \neq 0$ のとき，g^{-1} を g^* を用いて表せ．

6) $g' = \begin{pmatrix} a & -b \\ b & a \end{pmatrix} \in H'$ が正則であるための条件を求めよ．また，g' が正則であるとき，その逆行列を求めよ．

4), 6) の意味では H の方が H' に比べると複素数体 $\mathbb{C}$ に近い．

7) $g_1, g_2 \in H$ とすると $g_1g_2 = g_2g_1$ とは限らないことを示せ．

8) $g_1, g_2 \in H'$ とすると $g_1g_2 = g_2g_1$ が成り立つことを示せ．

7), 8) の意味では H' の方が H に比べると複素数体 $\mathbb{C}$ に近い．

9) $i, j, k \in H$ を
$$i = \begin{pmatrix} \sqrt{-1} & 0 \\ 0 & -\sqrt{-1} \end{pmatrix}, \; j = \begin{pmatrix} 0 & -1 \\ 1 & 0 \end{pmatrix}, \; k = \begin{pmatrix} 0 & -\sqrt{-1} \\ -\sqrt{-1} & 0 \end{pmatrix}$$
と置くと $i^2 = j^2 = k^2 = -E_2$, $ij = k$, $jk = i$, $ki = j$ が成り立つことを示せ．また，$H = \{xE_2 + yi + zj + wk \,|\, x, y, z, w \in \mathbb{R}\}$ であることを示せ．

10) H における和と積を行列の和と積により定める．すると H は自然に演算込みで四元数体 $\mathbb{H}$（例 C.21）と同一視できる（このことを体として同型であると言う）ことを示せ（問 C.23 の 1), 2) も参照のこと）．

$\mathbb{C}$ は $\mathbb{R}$ 上 2 次元である．$\mathbb{R}$ 上 4 次元であるような体は $\mathbb{H}$ と同じとみなせる（体同型である）ことが知られている．例 C.21 や問 C.22 の 7) が示すように $\mathbb{H}$ は非可換である．$\mathbb{H}$ を用いてさらに

$$O' = \left\{ \begin{pmatrix} a & -b \\ b & a \end{pmatrix} \,\middle|\, a, b \in \mathbb{H} \right\} \subset M_2(\mathbb{H}),$$

$$O = \left\{ \begin{pmatrix} a & -b \\ \bar{b} & \bar{a} \end{pmatrix} \,\middle|\, a, b \in \mathbb{H} \right\} \subset M_2(\mathbb{H})$$

などを考えることはできるが，結合則 $g_1(g_2g_3) = (g_1g_2)g_3$ が必ずしも成り立たないなど，$\mathbb{R}$ や $\mathbb{C}$ とは様子が異なってくる．

問 C.23. 問 3.12.6 を踏まえて, 問 C.22 における $\begin{pmatrix} z & -w \\ \overline{w} & \overline{z} \end{pmatrix}$, $z, w \in \mathbb{C}$ を

$\begin{pmatrix} x & -y & -u & v \\ y & x & -v & -u \\ u & v & x & y \\ -v & u & -y & x \end{pmatrix} \in M_4(\mathbb{R})$ に置き換えて考える.

$I = \begin{pmatrix} 0 & -1 & 0 & 0 \\ 1 & 0 & 0 & 0 \\ 0 & 0 & 0 & 1 \\ 0 & 0 & -1 & 0 \end{pmatrix}$, $J = \begin{pmatrix} 0 & 0 & -1 & 0 \\ 0 & 0 & 0 & -1 \\ 1 & 0 & 0 & 0 \\ 0 & 1 & 0 & 0 \end{pmatrix}$, $K = \begin{pmatrix} 0 & 0 & 0 & 1 \\ 0 & 0 & -1 & 0 \\ 0 & 1 & 0 & 0 \\ -1 & 0 & 0 & 0 \end{pmatrix}$

と置き, $\mathbb{H}' = \{xE_4 + yI + zJ + wK \,|\, x, y, z, w \in \mathbb{R}\}$ とする. また, $f \colon \mathbb{H} \to \mathbb{H}'$ を

$$f(xE_2 + yi + zj + wk) = xE_4 + yI + zJ + wK$$

によって定める.

1) $h_1, h_2 \in \mathbb{H}$ について,

$$f(h_1 + h_2) = f(h_1) + f(h_2),$$
$$f(O_2) = O_4,$$
$$f(h_1 h_2) = f(h_1) f(h_2),$$
$$f(E_2) = E_4$$

が成り立つことを示せ.

2) f は全単射であることを示せ[10].

3) $\det(f(xE_2 + yi + zj + wk))$ を求めよ.

---

[10]. 1), 2) は $\mathbb{H}$ と $\mathbb{H}'$ が体として同型であることを意味する.

付録 D　人名抄録

　本書に関連の深い人名を一部挙げておく．なお，生年などは『岩波数学事典　第3版』，岩波書店 (1985) による（ただし * を除く）．

ピタゴラス	前 6 世紀頃	Pythagoras of Samos
プラトン	前 5–4 世紀	Plato
ユークリッド	前 4–3 世紀	Euclid of Alexandria
アルキメデス	前 3 世紀頃	Archimedes of Syracuse
アポロニウス	前 3 世紀頃	Apollonius of Perga
デカルト	1596–1650	Descartes, René
カヴェリエリ	1598–1647	Cavalieri, Francesco Bonaventura
クラメル	1704–1752	Cramer, Gabriel
オイラー	1707–1783	Euler, Leonhard
ヴァンデルモンド	1735–1796	Vandermonde, Alexandre Théophile
ラグランジュ	1736–1813	Lagrange, Joseph Louis
ラプラス	1749–1827	Laplace, Pierre Simon
フーリエ	1768–1830	Fourier, Jean-Baptiste-Joseph
ガウス	1777–1855	Gauß, Carl Friedrich
コーシー	1789–1857	Cauchy, Augustin Louis
サラス *	1798–1861	Sarrus, Pierre Frédéric
アーベル	1802–1829	Abel, Niels Henrick
ヤコビ	1804–1851	Jacobi, Carl Gustav Jacov
ハミルトン	1805–1865	Hamilton, William Rowan
グラスマン	1809–1877	Grassmann, Hermann Günther
シルヴェスター	1814–1897	Sylvester, James Joseph
ケーリー	1821–1895	Cayley, Arthur
エルミート	1822–1901	Hermite, Charles
リーマン	1826–1866	Riemann, Georg Friedrich
ジョルダン	1838–1922	Jordan, Camille
リー	1842–1899	Lie, Marius Sophus
シュワルツ	1843–1921	Schwarz, Hermann Amandus
グラム	1850–1916	Gram, Jørgen Pedersen

ローレンツ	1853–1928	Lorentz, Hendrik Antoon
ムーア	1862–1932	Moore, Eliakim Hastings
ヒルベルト	1862–1943	Hilbert, David
コレスキー *	1875–1918	Cholesky, André Louis
シュミット	1876–1959	Schmidt, Erhard
バナッハ	1892–1945	Banach, Stefan
ペンローズ	1931–	Penrose, Sir Roger

参考文献

まず，線型代数に関する教科書について，本書の執筆あるいは本書の基にした講義用ノートの作成に際して参考にしたものを中心にいくつか挙げる．伝統的な教科書として

[1] 岩堀長慶，『線形代数学』，裳華房 (1982)

[2] 齋藤正彦，『線型代数入門』，東京大学出版会 (1966)

[3] 齋藤正彦，『線型代数演習』，東京大学出版会 (1985)

[4] 佐竹一郎，『線型代数学』，裳華房 (1974)

などが挙げられる（著者・編者名の五十音順）．[2], [3] は二冊で一組といってもよいかもしれない．本書での用語の多くは [2], [3] によった．また，この二書と本書とでは，念頭に置いている講義がほぼ同一なため，構成や内容の選択について参考にした．このほかの教科書として例えば

[5] 笠原晧司，『線形代数学』，サイエンス社 (1982)

[6] 伊原信一郎・河田敬義，『線型空間・アフィン幾何』，岩波書店 (1990)

などが挙げられる．

本書では扱いきれなかった行列や行列式の性質，あるいはテンソル代数などについては

[7] 杉浦光夫・横沼健雄，『ジョルダン標準形・テンソル代数』，岩波書店 (1990)

[8] 伊理正夫，『一般線形代数』，岩波書店 (2003)

などの入門書がある．これらは本書のような線型代数の入門書よりもやや専門的である．このほか

[9] 柳井晴夫・竹内啓，『射影行列・一般逆行列・特異値分解』，東京大学出版会 (1983)

は主に統計学を用いる分野への応用を意識して書かれていて，一般的な線型代数の入門書では扱われない事柄が多く含まれている．

線型代数に密接に関連する話題として線型不等式が挙げられる．線型不等式は理論的な数学においても，数学を道具として用いる際にも大切であるが，本書では一切触れられなかった．これに関しては例えば

[10] 二階堂副包，『経済のための線型数学』，培風館 (1961)

が挙げられる．線型代数を応用して用いることに関しては数学だけではなく，目的に応じて工学であるとか，統計などに関する教科書にあたることも必要である．

執筆に際してはこれらのほか，

[11] 永田雅宜, 『理系のための線型代数の基礎』, 紀伊國屋書店 (1987)

[12] 笠原晧司, 『線型代数と固有値問題——スペクトル分解を中心に』, 現代数学社 (2005)

[13] 斎藤毅, 『線形代数の世界——抽象数学の入り口』, 東京大学出版会 (2007)

[14] 村上正康・佐藤恒雄・野澤宗平・稲葉尚志, 『教養の線形代数 五訂版』, 培風館 (2008)

なども参考にした（刊行年順）．

また，索引には英訳をなるべくつけた．これについては [2] のほか

[15] Gantmacher, F.R., *The Theory of Matrices*, Vols.1,2, trans. by. K.A. Hirsch, Chelsea Publishing Co. (1959)

などを参考にした．

執筆にあたって特定の文献を引用したつもりはないが，記述が似ている部分は多々あると思う．例えば，定理などの証明や，議論の組み立て方は既存の文献に帰することができるはずである．このようなことについては，内容の性質上避けがたいことであると考え，特に比較考量はしていない．

線型代数の基礎的なことについてとりあえず一通り学んだ後[†1]，さらに進んで数学について学ぼうとする場合，いろいろなことが考えられる．最後に，これらのうちいくつかについて簡単に述べておく．線型代数の知識だけではどうしても限度があるので，微積分学の初歩的な（例えば大学初年次で学ぶような）ことについては学んでおくべきである．

さて，本書では $K = \mathbb{R}$ あるいは $K = \mathbb{C}$ としたが，$K = \mathbb{Z}$ とした場合にあたることや，$K[x]$ の性質に関することなども，線型代数と同様に数学の様々な場面で用いられる．これらは環論と呼ばれる，代数の一分野の教科書で扱われることが多い．例えば

[16] 堀田良之, 『代数入門——群と加群』, 裳華房 (1987)

が挙げられる．

あまり指摘する機会がなかったが，例えば射影や鏡映，計量など幾何に関連する内容も多い．大雑把には線型代数は直線や平面のような真っ直ぐあるいは真っ平らな空間の幾何と考えることができる．この意味では線型代数は球面などの曲がった空間を扱う際の基本である．これらは多様体論と呼ばれる分野と関連が深い．例えば

[†1] ほかの分野について学ぶと理解が深まるのはよくあることである．線型代数について学びたいとしても拘泥するのはかえってよくない．

[17] スピヴァック（齋藤正彦訳），『多変数の解析学——古典理論への現代的アプローチ』，新装版，東京図書 (2007)

  [18] 松島与三，『多様体入門』，裳華房 (1965)

は名著とされる．前者は多変数の微積分に関する入門書としても優れている．関連して

  [19] 田代嘉宏，『テンソル解析』，裳華房 (1981)

も挙げられる．

　本書では原則として有限次元の線型空間を扱った．例えば微分方程式について調べようとしたりすると，函数全体などの空間を扱う必要が生じるが，このようなときには必然的に無限次元の線型空間が現れる．これらは函数解析学と呼ばれる分野などと関連が深い．きちんと学ぼうとするとルベーグ積分に関する知識が必要となるので，ここでは微分方程式に関する基本的な教科書の一つとして

  [20] 笠原皓司，『微分方程式の基礎』，朝倉書店 (1993)

を挙げるにとどめる．

　また，行列群はリー群などと関連が深い．これについては

  [21] 横田一郎，『群と位相』，裳華房 (1971)

を挙げておく（[17] にも関連する記述がある）．

　いずれにせよ，線型代数に引き続いて数学を専門的に学ぼうとすると，位相空間に関する事柄は避けて通れない．例えば

  [22] 森田紀一，『位相空間論』，岩波書店 (1981)

などがある．

　ここに挙げたような事柄はいずれも互いに関連して結び付いている．いろいろなことを学んでおけば少なくとも損はしないので，幅広く学んで欲しい．

索引

記号・A-Z

∀ 3
∃ 4
$\mathbb{C}$ 1
$\mathbb{C}^n$ 12
E_n 14
$\mathfrak{gl}_n(K)$ 333
$\mathrm{GL}_n(K)$ 23, 332
$\mathrm{Hom}_K(V,W)$ 113
I_n 14
Jordan block 239
$K[x]$ 85, 282
K^n 82
　　— の自然基底 139
　　— の標準基底 139
LU 分解 52
$M_{m,n}(K)$ 13
$M_n(K)$ 14
$\mathbb{N}$ 1
$O_{m,n}, O_n$ 14
$\mathrm{O}_n, \mathrm{O}_n(K)$ 184, 332
$\mathfrak{o}_n, \mathfrak{o}_n(K)$ 185
$\mathbb{Q}$ 1
QR 分解 191
$\mathbb{R}$ 1
$\mathbb{R}^n$ 12
$\mathfrak{sl}_n(K)$ 333
$\mathrm{SL}_n(K)$ 332
$\mathfrak{so}_n, \mathfrak{so}_n(K)$ 333
$\mathrm{SO}_n, \mathrm{SO}_n(K)$ 185, 332
$\mathfrak{su}_n$ 333
SU_n 185, 332
U_n 184, 332
$\mathfrak{u}_n$ 185
$\mathbb{Z}$ 1

あ 行

アフィン空間, affine space 111, 293
アフィン写像, affine map 294
アフィン変換, affine transformation 294
　　正則な —, regular — 294
アーベル群, Abelian group 336
一次結合, linear combination 92, 93
一次従属, linearly dependent 136, 137
一次独立, linearly independent 136, 137
一葉双曲面, hyperboloid of one sheet 307
一般固有空間, generalized (generalised) eigenspace 239
一般固有ベクトル, generalized eigenvector 239
一般線型群, general linear group 23, 332
イデアル, ideal 284
　　自明な —, trivial — 284
　　生成される —, — generated (by ⋯) 284
ヴァンデルモンドの行列式, Vandermonde determinant 68
上三角行列, upper triangular matrix 63
エルミート行列, Hermitian matrix 184
　　正値 — (正定値), positive definite — 258
　　半正値 — (半正定値), positive semidefinite — 258
　　半負値 — (半負定値), negative semidefinite — 258
　　負値 — (半負定値), negative definite — 258
エルミート形式, Hermitian (bilinear)

form 267
エルミート計量, Hermitian metric 176
エルミート二次形式, Hermitian form[†1] 269
エルミート変換, Hermitian transformation 200
円錐曲線, conics 299
オイラー角, Euler's angles 264
オイラーの公式, Euler's formula 7

か 行

解, solution 219
　重 —　219
解空間, solution space 27
階乗, factorial 7
階数, rank 33
階段行列, echelon matrix 28, 37
　行階段 —, row — 28
　列階段 —, column — 37
可換, commutative 51, 248
　— 環, — ring 337
　— 群, — group 336
核, kernel 107
角（ベクトルのなす）, angle 182
重ね合わせの原理, superposition principle 42
環, ring, algebra 336
　可換 —　337
　単位 —　336
　リー —　334
完全系 117
基底, basis, base 138
　自然 —　139
　正規直交 —　186
　双対 —　163
　直交 —　186
　— の延長, extension of a — 144
　— の拡大, extension of a — 144
　— の変換, change of basis 156
　— の変換行列, change of basis matrix 156
　標準 —　139
基本行列, elementary matrix 22

基本ベクトル 29
基本変形, elementary transformation(s) (operation(s)) 20, 24
　行に関する —, elementary row operation(s) 20
　左 —, elementary row operation(s) 20
　右 —, elementary column operation(s) 24
　列に関する —, elementary column operation(s) 24
既約, irreducible 283
　— 元, — element 283
　— 多項式, — polynomial 283
逆行列, inverse matrix 23, 39
逆元, inverse element, inverse 84, 336
　（群における）— 336
逆写像, inverse (map) 96, 104
逆像, inverse image, preimage 97, 107
行, row 13
鏡映, reflection, reflexion 118, 207
共通部分, intersection 2
共役, conjugate 194
　— 複素数, — complex number 6
行列, matrix, matrices（複）13
　$(m \times n)$ — 13
　上三角 — 63
　エルミート — 184
　階段 — 28, 37
　　行階段 — 28
　　列階段 — 37
　可換な —, commutative matrices 248
　可逆 —, invertible — 23, 39
　基本 — 21
　既約（行/列）階段 —, reduced (row/column) echelon — 28
　逆 — 23
　— 群, — group 333
　下三角 — 63
　実 —, real — 14
　射影 — 161
　随伴 — 184

---

†1. エルミート形式と同一なので注意が必要である.

正規 — 231
正則 — 23, 39
正方 — 14
零 — 14
対角 — 14
対称 — 184
単位 — 14
直交 — 184
転置 — 36
— の大きさ, size of — 13
— の階数, rank of — 33
— の (行/列) 基本変形, elementary (row/column) transformation of — 20, 24
— の区分け, partition of — 25
— のサイズ, size of — 13
— の成分, entry of — 13
— の多項式, polynomial of — 224
— のノルム, norm of — 212
— の (左/右) 基本変形, elementary (row/column) transformation of — 20, 24
— のランク, rank of — 33
表現 — 101
複素 — 14
複素直交 — 184
ユニタリ — 184
余因子 — 66
歪エルミート — 185
歪対称 — 185
行列式, determinant 55, 220
　ヴァンデルモンドの — 68
　— の交代性, alternating property of — 54, 55, 65
　— の多重線型性, multilinearity of — 54, 65
　— の特徴付け, characterization (characterisation) of — 61
　— の余因子展開, cofactor expansion of — 66
極形式, polar form 6
極分解, polar decomposition 261
虚部, imaginary part 6, 18
距離, distance 183
　— 函数, — function 183

空集合, empty set 2
グラム–シュミットの直交化法, Gram–Schmidt orthogonalization process 190
クラメルの公式, Cramer's rule 71
群, group 185, 336
　アーベル — 336
　一般線型 — 23, 333
　可換 — 336
係数, coefficient 282
係数行列, coefficient matrix 27
　拡大 —, augmented matrix 28
計量, metric 176
　エルミート — 176
　— 線型空間, — linear space 177
　— 同型写像, isometry 196
　— の表現行列 188
　標準 — 178
　標準エルミート — 178
　標準ユークリッド — 178
　ユークリッド — 176
　リーマン —, Riemannian — 176
　— を保つ, isometric, metric preserving 196
元, element 2
　可逆 —, invertible — 336
交換子, commutator 334
広義固有空間, generalized eigenspace 239
広義固有ベクトル, generalized eigenvector 239
合成写像, composite (map) 95
交代性, alternating property 54, 55, 65
合同, congruent 296
恒等写像, identity (map) 96, 103
合同変換, congruent transformation 296
公倍元, common multiple 283, 284
　最小 — 283, 284
公約元, common divisor 283
　最大 — 283
互換, transposition 81
固有空間, eigenspace 217, 220
　一般 — 239

広義 ―　239
固有多項式, characteristic polynomial　217, 221
固有値, eigenvalue　217, 220
　― の (代数的) 重複度, (algebraic) multiplicity of ―　219, 221
固有ベクトル, eigenvector　217, 220
　一般 ―　239
　広義 ―　239
固有方程式, characteristic equation　217, 221
コレスキー分解, Cholesky decomposition　194
根, root　76, 219
　重 ―　76, 219
　単 ―　76, 219

さ 行

最小公倍元, least common multiple　283, 284
最小消去多項式, minimal annihilating polynomial　288
最小多項式, minimal polynomial　286
最大公約元, greatest common divisor　283
最大公約数, greatest common divisor　338
差積, difference product　69
サラスの公式, rule of Sarrus　57
三角化, triangularize　222
　同時 ―, simultaneous ―　250, 251
三角不等式, triangle inequality　182, 212
次元, dimension　107, 142
　線型空間の ―, ― of a linear space　107
　無限 ―, infinite ―, infinite dimensional (形容詞)　142
　有限 ―, finite ―, finite dimensional (形容詞)　142
四元数体, quaternion　341
次数, degree　11
　多項式の ―, ― of a polynomial　282
指数函数, exponential function　7, 330
指数写像, exponential map　330

指数法則　7
自然基底, natural basis　139
下三角行列, lower triangular matrix　63
実射影空間, real projective space　312
実部, real part　6, 18
自明な解, trival solution　48
射影, projection　112, 115
　― 行列, ― matrix　161
　― 子, projector　115
　(商線型空間に関する) ―　112, 118
　正 ―　202
　直交 ―　202
　(直積に関する) ―　120
　(直和に関する) ―　123
　― の完全系　117
　標準 ―　128
写像, map, mapping　3
　アフィン ―　294
　逆 ―　96, 104
　計量同型 ―　196
　合成 ―　95
　恒等 ―　96, 103
　商 ―　112, 128
　随伴 ―　194
　零 ―　103
　線型 ―　98
　定値 ―　96
　等長 ―　196, 296
　― の制限, restriction of ―　98
　包含 ―　98
斜体, skew field　337
重解, mutiple root　219
終結式, resultant　76
集合, set　2
　空 ―　2
　添字 ―　88
　― の共通部分, intersection of ―s　2
　― の差, difference of ―s　2
　― の交わり, intersection of ―s　2
　和 ―　2
重根, multiple root　76, 219
十分条件, sufficient condition　4
主座小行列, principal minor　192
シュワルツの不等式, Schwarzian inequality　180

順像, image, direct image 97, 107
商写像, quotient map 112, 128
商線型空間, quotient linear space 112, 128
ジョルダン標準形, Jordan canonical form 244
シルベスターの慣性律, Sylvester's law of inertia 274
随伴行列, adjoint matrix 184
随伴写像, adjoint map 194
随伴変換, adjoint transformation 194
数ベクトル, column vector 12
　— 空間, coordinate space 82
　実 — 空間, real coordinate space 82
　複素 — 空間, complex coordinate space 82
スペクトル分解, spectral decomposition 254, 255, 258
正規行列, normal matrix 231
　実 — の実標準形 234
正規直交基底, orthonormal basis 186
正規変換, normal transformation 231
制限, restriction 98, 278
斉次方程式, homogeneous equation(s) 48
　— の自明な解, trivial solution to a — 48
　随伴する —, associated — 48
正射影, orthogonal projection 202
生成系, (a set of) generators 93, 94
正則行列, regular matrix 23, 39
正値, positive 177, 258, 273
　— 性, positivity 177
成分, entry, component
　行列の —, — of a matrix 13
　(直積に関する) — 120
　ベクトルの —, — of a vector 11
　基底に関する —, — with respect to a basis 144
正方行列, square matrix 14
積, product
　行列の —, — of matrices 16
跡, trace 220
絶対値, absolute value 6
零行列, zero matrix 14

零元, zero, zero element 84, 336
　環の —, — of a ring 336
零写像, zero map 103
零ベクトル, zero vector 13, 84
漸近線, asymptote 304
線型空間, linear space, vector space 83
　K- —, K- — 83
　計量 — 177
　自明な —, trivial — 84
　商 — 112, 128
　直積 —, direct product (of —s) 120, 121
　直和 —, direct sum (of —s) 123
　— の基底, basis of a — 138
　— の次元, dimension of — 142
　部分 — 86
　有限生成 — 137
線型結合, linear combination 92, 93
線型写像, linear map, linear homomorphism 98
　実 —, real — 99
　直積 —, direct product (of —s) 123
　直和 —, direct sum (of —s) 126
　— の核, kernel of — 107
　— の行列表示, matrix representation of a — 101, 155
　— の像, image of — 107
　— の和, sum of —s 125
　複素 —, complex — 99
線型従属, linearly dependent 136, 137
線型性, linearity 99
　双 — 177
　多重 — 54, 65
　半双 — 177
線型同型写像, linear isomorphism 104
　向きを逆にする —, orientation reversing — 107, 169
　向きを保つ —, orientation preserving — 107, 169
線型独立, linearly independent 136, 137
線型変換, linear transformation 107
　可換な —, commutative —s 248
全射, surjection, surjective 42
全称記号, universal quantifier 3

全単射, bijection　42
像, image, direct image　97, 107
　　逆 ——　97, 107
　　順 ——　97, 107
双一次形式, bilinear form
　　対称 ——　267
双曲線, hyperbola　304
双曲柱面, hyperbolic cylinder　308
双曲放物面, hyperbolic paraboloid　307
相似, similar　160, 219
双線型形式, bilinear form
　　対称 ——　267
双線型性, bilinearity　177
双対, dual
　　—— 基底, —— basis　163
　　—— 空間, —— space　113
　　—— 写像, —— map　115
添字集合, index set　88
族, family　88
存在記号, existential quantifier　3

た 行

体, field　337
　　四元数 ——　341
　　斜 ——　337
　　代数閉 ——　340
　　非可換 ——　337
対角化, diagonalization (diagonalisation)　225
　　正規行列の ——　232
　　同時 ——, simultaneous ——　252
対角行列, diagonal matrix　14
対称行列, symmetric matrix　184
対称双一次形式, symmetric bilinear form　267
対称双線型形式, symmetric bilinear form　267
対称な点　118
対称変換, symmetric transformation　200
代数閉体, algebraically closed field　340
対蹠点, antipodal point　317
楕円, ellipse　304
楕円錐面, elliptic cone　308

楕円柱面, elliptic cylinder　308
楕円放物面, elliptic paraboloid　306
楕円面, ellipsoid　307
互いに素, coprime　283
多項式, polynomial
　　—— 環, —— ring　282
　　既約 ——　283
　　行列の ——, —— of a matrix　224
　　固有 ——　217, 221
　　最小 ——　286
　　最小消去 ——　288
　　特性 ——　217
　　—— における x^i の係数, coefficient of x^i　282
　　—— の次数, degree of ——　282
多重線型性, multilinearity　54, 65
単位可換環, commutative unital ring　337
単位環, unit (unital) ring　336
単位行列, unit matrix, identity matrix　14
単位元, unit, unit element　336
　　(環の ——), —— of a ring　336
　　(群の ——), —— of a group　336
単元, unit　336
単根, simple root　76, 219
単射, injection, injective　42
置換, permutation　69
　　奇 ——, odd ——　81
　　偶 ——, even ——　81
　　—— 群 (対称群), symmetric group　69
中心, center　309
中線定理, parallelogram law　180
重複度, multiplicity　219, 221
　　解の ——, —— of a solution　219
　　根の ——, —— of a root　76
超平面, hypersurface　312, 321
直積, direct product　120, 121, 123
直線, line　321
直和, direct sum　89, 123, 126
　　—— 因子, direct factor　92
　　行列の ——, —— of matrices　26
　　—— 分解, —— decomposition　92
直交, orthogonal　179
　　—— する, perpendicular　179

―― 直和, ―― direct sum 201
直交基底, orthogonal basis 186
　正規 ―― 186
直交行列, orthogonal matrix 184
　―― の実標準形 236
直交群, orthogonal group 333
　特殊 ―― 333
直交系, orthogonal system 186
直交射影, orthogonal projection 202
直交変換, orthogonal transformation 196
直交補空間, orthogonal complement 201
定値写像, constant map 96
デターミナント, determinant 55, 220
転置行列, transposed matrix 36
同値関係, equivalence relation 16
等長写像, isometry 196, 296
等長変換, isometric transformation 196
特異値, singular value 259
　―― 分解, ―― decomposition 259
特異ベクトル, singular vector 259
　左 ――, left ―― 259
　右 ――, right ―― 259
特殊線型群, special linear group 333
特殊直交群, special orthogonal group 333
特殊ユニタリ群, special unitary group 333
特性多項式, characteristic polynomial 217
特性方程式, characteristic equation 217
トレース, trace 220, 262

な 行

内積, inner product 176
　エルミート ―― 176
　標準 ―― 178
　標準エルミート ―― 178
　標準ユークリッド ―― 178
　ユークリッド ―― 176
長さ, length 179
二次曲線, quadratic curve, conic section 291
二次曲面, quadric, quadratic surface 291
二次形式, quadratic form 268
　エルミート ―― 269
二葉双曲面, hyperboloid of two sheets 307
捩れ (ねじれ) の位置, skew position 327
ノルム, norm 179, 182
　行列の ――, ―― of matrices 212
　計量から定まる ―― 179

は 行

掃き出し法, Gaussian elimination 30
パフィアン, Pfaffian 266
ハミルトン‐ケーリーの定理, Hamilton-Cayley's theorem 225
半正値, positive semidefinite 258, 273
半双線型性, semilinearity 177
半負値, negative semidefinite 258, 273
判別式, discriminant 80
非可換体, non(-)commutative field 337
引き戻し, pull(-)back 115
非退化, non(-)degenerate 177, 273
　―― 性, non(-)degeneracy 177
左手系, left-handed (coordinate) system 166
必要十分条件, necessary and sufficient condition 4
必要条件, necessary condition 4
表現行列, matrix associated with …
　アフィン写像の ―― 295
　エルミート形式の ―― 268
　エルミート二次形式の ―― 272
　計量の ―― 188
　線型写像の ―― 101, 155
　対称双一次形式の ―― 268
　二次形式の ―― 272
標準エルミート計量, canonical (standard) Hermitian metric 178
標準エルミート内積, canonical (standard) Hermitian inner product 178
標準基底, canonical (standard) basis

139
標準形, normal form, canonical form 35
　エルミート二次形式の —, diagonal form of a Hermitian form 277
　二次形式の —, diagonal form of a quadratic form 277
標準計量, canonical (standard) metric 178
標準射影, canonical (standard) projection 128
標準内積, canonical (standard) inner product 178
標準ユークリッド内積, canonical Euclidean inner product, standard Euclidean inner product 178
標数, characteristic 339
複素共役, complex conjugate 18
複素行列, complex matrix 14
複素直交行列, complex orthogonal group 184
符号, signature 69, 274
　— 付き体積, signed volume 171
符号数, signature 274
負値, negative definitie 258, 273
部分空間, (linear) subspace 217
部分線型空間, linear subspace 86
　自明な —, trivial — 87
　生成される —, — generated (by ⋯) 92, 94
不変部分空間, invariant (linear) subspace 217
平行, parallel 325, 327
　— 多面体, parallelotope 171
平面, plane 323
冪等, idempotent
　— 行列, — matrix 161
冪零, nilpotent
　— 行列, — matrix 161
ベクトル, vector 11
　基本 — 29
　行 —, row — 11
　固有 — 217, 220
　実 —, real — 12
　零 — 13, 84

特異 — 259
左特異 — 259
複素 —, complex — 12
方向 — 321
法線 — 321
右特異 — 259
列 —, column — 11
偏角, argument 6
変換, transformation
　アフィン — 294
　エルミート — 200
　随伴 — 194
　正規 — 231
　線型 — 107
　対称 — 200
　直交 — 196
　等長 — 196
　ユニタリ — 196
　歪エルミート — 200
　歪対称 — 200
包含写像, inclusion, inclusion map 98, 120, 123
方向ベクトル, direction vector 321
法線ベクトル, normal vector 321
方程式, equation
　固有 — 217, 221
　特性 — 217
放物線, parabola 303
放物柱面, parabolic cylinder 308
補空間, complement 92, 131, 151

ま 行

交わり, intersection 2
右手系, right-handed (coordinate) system 166
向き, orientation 166
　— を逆にする線型同型写像 169
　— を保つ線型同型写像 169
無限遠直線, line at infinity 317
無心, non-central 309
モニック, monic 286

や 行

ヤコビ律, Jacobi identity 334
ユークリッド空間, Euclidean space 177

ユークリッド計量, Euclidean metric 178
ユークリッド内積, Euclidean inner product 176
ユークリッドの互除法, Euclidean algorithm 290
有限生成, finitely generated 137
有心, central 309
ユニタリ行列, unitary matrix 184
ユニタリ群, unitary group 333
ユニタリ変換, unitary transformation 196
余因子, cofactor 56
— 行列, adjugate matrix 66
— 展開, — expansion of the determinant 66, 67

ら 行

ランク, rank 33, 161
　エルミート形式の — 272
　エルミート二次形式の — 273
　対称双一次形式の — 272
　二次形式の — 273
リー括弧積, Lie bracket 334
リー環 (代数), Lie algebra 334
列, column 13

わ 行

和, sum
　行列の —, — of matrices 15
　線型写像の —, — of linear maps 125
歪エルミート行列, skew Hermitian matrix 185
歪エルミート変換, skew Hermitian transformation 200
歪対称行列, skew-symmetric matrix 185
歪対称変換, skew-symmetric transformation 200
和空間, sum (of linear subspaces) 88, 126
和集合, union (of sets) 2

著者紹介

足助太郎（あすけ・たろう）

東京大学大学院数理科学研究科准教授．博士（数理科学）．

線型代数学

2012 年 3 月 21 日　初　版

[検印廃止]

著　者	足助太郎
発行所	財団法人 東京大学出版会
	代表者 渡辺　浩
	113-8654 東京都文京区本郷 7-3-1 東大構内
	http://www.utp.or.jp/
	電話 03-3811-8814　Fax 03-3812-6958
	振替 00160-6-59964
印刷所	三美印刷株式会社
製本所	牧製本印刷株式会社

ⓒ2012 Asuke Taro
ISBN 978-4-13-062914-0 Printed in Japan

[R]〈日本複写権センター委託出版物〉
本書の全部または一部を無断で複写複製（コピー）することは，
著作権法上での例外を除き，禁じられています．本書からの複写
を希望される場合は，日本複写権センター（03-3401-2382）に
ご連絡ください．

基礎数学 1 線型代数入門	齋藤正彦	A5/1900 円
基礎数学 4 線型代数演習	齋藤正彦	A5/2400 円
大学数学の入門 1 代数学 I　群と環	桂 利行	A5/1600 円
大学数学の入門 2 代数学 II　環上の加群	桂 利行	A5/2400 円
大学数学の入門 3 代数学 III　体とガロア理論	桂 利行	A5/2400 円
大学数学の入門 4 幾何学 I　多様体入門	坪井 俊	A5/2600 円
大学数学の入門 6 幾何学 III　微分形式	坪井 俊	A5/2600 円
大学数学の入門 7 線形代数の世界　抽象数学の入り口	斎藤 毅	A5/2800 円
大学数学の入門 8 集合と位相	斎藤 毅	A5/2800 円
線形代数　数理科学の基礎	木村英紀	A5/2400 円
ベクトル解析入門	小林・高橋	A5/2800 円

ここに表示された価格は本体価格です．御購入の際には消費税が加算されますので御了承下さい．